水下岩塞爆破
施工技术

刘美山　崔新秋　李俊彦　付　晖　郑道明　成传欢 ◎ 著

长江出版社
CHANGJIANG PRESS

图书在版编目（CIP）数据

水下岩塞爆破施工技术 / 刘美山等著 . -- 武汉 ：
长江出版社，2024. 6. -- ISBN 978-7-5492-9542-5

Ⅰ．TB41

中国国家版本馆 CIP 数据核字第 2024MX2632 号

水下岩塞爆破施工技术
SHIXIAYANSAIBAOPOSHIGONGJISHU

刘美山等　著

责任编辑： 郭利娜

装帧设计： 彭微

出版发行： 长江出版社

地　　址： 武汉市江岸区解放大道 1863 号

邮　　编： 430010

网　　址： https://www.cjpress.cn

电　　话： 027-82926557（总编室）

　　　　　　027-82926806（市场营销部）

经　　销： 各地新华书店

印　　刷： 武汉市卓源印务有限公司

规　　格： 787mm×1092mm

开　　本： 16

印　　张： 22.5

字　　数： 550 千字

版　　次： 2024 年 6 月第 1 版

印　　次： 2024 年 12 月第 1 次

书　　号： ISBN 978-7-5492-9542-5

定　　价： 148.00 元

前 言

　　本书总结了我国近30年来多个大型水下岩塞爆破工程的施工技术与经验,并参考了20世纪90年代以前国内所完成的水下岩塞爆破工程实践编写而成。

　　我国自1971年开始采用这项技术,已在多个水利水电工程、抢险工程、水库排淤工程、混合式抽水蓄能电话中成功应用这项技术,在深水中成功建成了进、出水口。实践证明,水下岩塞爆破技术是在已建成的水库、天然湖泊中修建水下进、出水口的一种好方法,它具有施工速度快、造价低、能满足工程正常运行等特点,因而得到了越来越多的应用。

　　采用岩塞爆破挡水施工,有其独特的优越性:第一,不需要修建深水高围堰,不需要复杂的机械设备,节省了围堰工程量;第二,在挡水岩塞的保护下,地下洞室可采用常规工艺和机械进行干地施工,施工期间不受水位涨落的影响和季节性条件变化的限制;第三,岩塞爆破施工工效高、工期短、投资少、施工快捷;第四,对已建工程的生态环境无影响,不存在水土流失问题,非常环保。

　　但由于岩塞爆破形成的进、出水口常年在水下运行,需要有良好的运行条件,因此对岩塞爆破的设计、施工、评估要求极为严苛。要求必须一次爆破成型,不允许出现拒爆或爆破不完全;岩塞厚度和强度应满足岩塞体在水压力作用下的稳定,保证爆破施工安全;爆破后岩塞四周的围岩应当具有一定的完整性和稳定性,不遗留潜在的滑坡坍塌等隐患;岩塞开口轮廓应满足出水流态要求,具有良好的水力学条件;同时还需要对岩塞爆破后的爆渣有合理的处理措施,不能危及洞内工程的安全等。

　　基于这些要求,本书从工程施工实用性出发,对近年来国内多个岩塞爆破工程实践进行了总结、分析、提炼和升华,对水下岩塞爆破的测量、施工技术、岸坡处理、灌浆技术、爆破网路、宏观观测、施工质量与安全要求等做了较全面的介绍,并且对水下岩塞爆破施工技术在工程实践中需要解决的一些主要问题,如水下岩塞爆破最后10m开挖技术、炮孔精度控制、导洞与药室开挖、斜孔装药技术、雷管脚线保护、对先进的电磁雷管与数码雷管的爆破网路、施工中的质量控制、岩塞爆破施工中的安全问题均做了重点阐述。同时,还对我国8个不同类型与功能的水下岩塞爆破工程的主要经验及科研成果做了介绍。

本书采用集体讨论、分工合作的方式进行撰写。在编撰中引用了国内外相关标准、规划与文献,在此一并致谢。鉴于编者水平有限,书中难免有错误和不当之处,恭请读者提出批评和指正。

郑道明

2024 年 9 月于中国成都

目 录

第1章 概 述

1.1 岩塞爆破的特点与水下岩塞爆破技术应用

随着水利水电和城市建设的迅速发展,对很多已建成的水库、天然湖泊和海水资源需要做进一步开发利用。对原有的水库进行扩建与改建,以达到扩大取水、排淤、灌溉、发电、泄洪和城市供水等目的,因此提出在已有水库和湖泊水域下修建厂房、引水隧洞及进水口等工程的需求。但因这类进水口一般设置于水面以下十几米至几十米,有的进水口迎水面有深厚淤泥覆盖物,有的还有大坝等重点保护物,距离爆源较近,施工风险很大。当施工采用常规围堰法施工时,需要在湖中修建围堰,将施工的进水口围起来,再把围堰内的水抽干,然后才能进行进水口开挖、衬砌等施工。如果水库或湖泊的水很深,必然造成围堰工程量很大,而且围堰需要在深水中填筑,填筑后要采取高喷进行防渗,势必给工程带来造价偏高、工期延长、施工难度增大等问题,使围堰修筑和拆除都变得十分困难,甚至给施工带来非常难解决的问题。随着国内爆破技术和爆破器材的发展,设计人员在深水中进水口处采用预留一段岩体作为施工挡水之用,技术上称为岩塞,用岩塞代替围堰挡水,当洞内厂房、引水隧洞、闸门井修建完成并全部验收后,再用爆破法一次爆通岩塞,形成进水口,这就是水下岩塞爆破。这样就不需要在深水中修筑工程量大、结构复杂的挡水围堰,又不需要放弃库水来保证围堰的填筑,使工程既经济又快捷。因此,水下岩塞爆破是切实可行、经济而又迅速的施工方法,在国内外工程中已广泛采用。

岩塞爆破有洞室(药室)爆破、排孔爆破、洞室与排孔结合爆破三种方法。我国早期应用岩塞爆破技术时,多采用洞室爆破方法,即在岩塞体内开挖药室,岩塞周边采用预裂爆破控制轮廓,用药室内的药包将预留的岩塞爆通成型。在总结已成功的工程基础上,国内的设计人员开始寻找新的爆破设计方法,在密云水库泄空隧洞工程中采用了大直径排孔装药、预裂爆破控制成型和浅式缓冲坑泄渣的岩塞爆破技术。汾河水库泄洪洞岩塞爆破施工中采用集中药室和排孔装药、预裂爆破控制成型,在岩塞体上有18m淤泥覆盖下成功实施了岩塞爆破。响洪甸抽水蓄能电站进水口岩塞爆破采用上、下两层药室,排孔装药,预裂爆破控制成型,并向集渣坑中充水在岩塞底部形成气垫有效控制了井喷现象,采用电磁雷管和电子雷管起爆系统,改变了原有电子雷管并—串—并的联网方式,使岩塞爆破网路更安全、施工更简便、起爆更加精准,也使国内岩塞爆破技术的应用前进了一大步,而今这些爆破新技术已被人们掌握,并在国内岩塞爆破工程中得到广泛应用。

当采用水下岩塞爆破技术修建水下进水口时,首先是按常规的施工方法修建隧洞,而在靠近库底或湖底处时,预留一定厚度的岩体(即岩塞),最后采用爆破方法,一次爆除预留的岩塞形成进水口。水下岩塞爆破如图1-1所示。

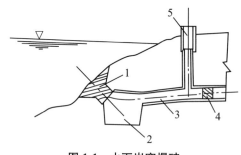

图1-1 水下岩塞爆破

1. 岩塞;2. 集渣坑;3. 引水隧洞;4. 临时堵头;5. 闸门井

在爆破工程中随着预裂爆破及毫秒延期(电子雷管)爆破技术的应用,已能使一次爆破形成的进水口具有预期的形状,能满足水力学方面对进水口的要求,也可以控制岩塞爆破对周围岩体及附近水工建筑物的影响,使其控制在安全可接受的程度。如国内响洪甸水库抽水蓄能水电站进水口位于已建成的响洪甸水库水面以下近30m,采用水下岩塞爆破技术建成了直径9.0m的水下进水口,炸药总量为1965kg,岩塞口距混凝土拱坝210m,岩塞爆破采用了"气垫"缓冲技术,爆破时闸门井未发生"井喷",也保证了大坝的安全。

1.1.1 岩塞爆破的特点

岩塞爆破是水下爆破的一种方式。岩塞爆破方案不受库水位与季节条件影响,可免除围堰修筑与拆除,缩短工期,节约大量材料、设备与资金,提高工效,且不影响水库或湖泊的正常使用,施工与水库运行互不干扰。岩塞一面临水,一面临空,施工条件特殊,需特别注意涌水及漏水处理。岩塞爆破紧邻已完成的隧洞混凝土、进水口闸门井、闸门等水工建筑物,需要采取有效的防护措施,岩塞体的爆渣需要妥善处理,不能留下后患。岩塞爆破只允许一次爆破成功,没有第二次爆破的机会,显然,岩塞爆破是一种特殊的控制爆破。

采用水下岩塞爆破技术,由于省去了修建工程量大的围堰,具有造价低、施工速度快的优点。以国内第一个水下岩塞爆破工程——辽宁清河引水隧洞水下岩塞爆破为例,该工程为在已建成的清河水库水面下 24m 处,修建引水流量 $8m^3/s$ 的引水隧洞。如果进水口采用水下围堰方案施工,则需在水库内修建高达 30m 的土石围堰,围堰土石方量为 15 万/m^3,按 1971 年的施工水平工期需三年,造价 300 万元。而采用水下岩塞爆破方案,仅需开挖石方 $3000m^3$,其造价为 20 万元,工期为一年。当然,水下岩塞爆破所形成的进水口不如常规施工方法形成的进水口那样平整,但也能满足工程使用的要求。除此之外,还可以考虑采用其他方案,但均比较复杂。由于水下岩塞爆破具有明显的优点,在国内修建水下进水口工程中得到了越来越多的应用。

1.1.2　国外水下岩塞爆破技术应用简况

国外采用水下岩塞爆破技术较早,智利于 1877 年开始在天然湖泊与水库中采用岩塞爆破技术。欧洲的挪威是采用水下岩塞爆破技术最多的国家,因为挪威国内天然湖泊较多,为开发利用天然湖泊的水资源,大量采用水下岩塞爆破方法修建取水口。据统计,截止到最近挪威已经完成了 600 多个水下岩塞爆破。

在挪威阿斯卡拉地下水电站进水口施工中采用水下岩塞爆破技术,电站进水口位于水下 85m 深处,岩塞爆破在 1970 年顺利爆通,该电站进水口是当时水下最深的岩塞。

挪威阿斯卡拉地下水电站的岩塞断面尺寸较小(岩塞口断面面积为 $5\sim6m^2$),由于在较深的水下,为保证深水下岩塞爆破成功,施工前做了大量详细的勘察工作,也进行了室内水工模型试验。同时,为确保岩塞爆破的可靠性,设计者为该工程设计了不同高程的岩塞,低位岩塞断面面积 $6m^2$,高位岩塞断面面积为 $5m^2$,两个岩塞的水平距离为40m,其高差为 10m,设计为双岩塞同时起爆。

低位岩塞的覆盖层厚度约 3m,坚硬岩石约 $18m^3$。岩塞部位的炮孔布置成垂直掏槽和楔形掏槽,以及辅助炮孔和周边炮孔。

爆破网路为 4 个并联的平衡网路,2 个起爆体,1 个起爆体布置在底部,1 个布置在顶部,分别放入药室内。2 个起爆体分开联网,以确保安全。

低位岩塞药室内装 250kg 硝化甘油炸药,高位岩塞药室内装 180kg 硝化甘油炸药。垂直掏槽首先起爆。

由于湖水很深,且有两个岩塞进水口,因此对渣坑布置给予了特别的注意。对岩渣处理考虑了两种方式:一种是石渣长期存留在渣坑内,另一种是石渣短时间存留在渣坑内,由爆破后随之而来的高速水流冲出渣坑均匀分布在洞内。最后采用第二种形式,为了充分发挥集渣坑的集渣效应,提出以下要求:爆破时关闭事故检修闸门,使闸门前段无水,爆破石渣留在渣坑内,最后由水流冲出渣坑,但不允许停留在闸门井门槽处。

按照设计惯例,集渣坑的位置多选在岩塞底拱下面。但是这种方式不利于施工,在施工期需要不断排水,浪费时间,而且危险。同时,渣坑开挖到深处后,炮孔装药复杂,出渣较困难。为了避免这些困难,主渣坑设计在洞内,并设置一道高 3m 的混凝土隔墙,按需要扩大隧洞底拱和加宽拱腹,在紧靠岩塞的后面形成一个洞端封闭区。这样做,扩大断面的工作大部分可以和隧洞开挖同时进行。因此,与惯用的集渣坑方法比较,这种新布置是一种对集渣坑的改进。

美国雪湖引水隧洞,是一条新修鱼道。隧洞长 717m,在雪湖面以下 50m 深处开挖隧洞进口,因为大古力坝很高,下游的鱼过不了坝,所以开挖了这条新鱼道。鱼道进口于 1939 年采用水下岩塞爆破技术而建成。

该隧洞为单洞(无支洞)从下游出口向进口开挖,开挖断面 1.5m×2.1m。岩石为密实而坚硬的花岗岩,无支护。进口位置确定以后,从 24+80.8 至 24+65.7 之间挖一条与水平夹角为 $57°30'$ 的斜洞。当接近湖底时,隧洞断面缩小,以减少爆破后大块岩石进入洞内,最后留 2.1m 厚的岩塞打孔装药。并在隧洞底部的不同距离,挖 5 个集渣坑来容纳爆破后的石渣。

在岩塞上共打 32 个炮孔,共装入 100kg 的胶质炸药,要求将岩石爆成碎块,避免爆破进口被大石块堵塞。

最后各炮孔按不同的药量装药,起爆采用了瞬发电爆雷管和 4 个不同的延时段雷管。装药完成后,炸药和雷管起爆前在潮湿环境中会放置一段时间,因此考虑了一套辅助线路,以防部分爆破器材失效影响整个爆破。

当炮孔装完炸药与完成雷管连接后,撤除洞中的支架、梯子及其他材料。然后,关闭闸阀,封堵隧洞,爆破准备工作结束。岩塞于 1930 年 10 月 14 日完成爆破。经两周的观测,闸门全开时的最大流量超过 4m³/s,岩塞爆破口尺寸完全满足隧洞运行要求。

加拿大休德巴斯水电站的调水口水下岩塞是规模较大的岩塞爆破工程。电站总装机容量 74.6 万 kW,为了对下游进行供水调节,而大坝早在 1943 年修建完成,这样要在很深的水库中修建进水口是十分困难的。因此,决定在地上建造控制建筑物,延长引水隧洞,最后在库底预留岩塞,采用水下岩塞爆破,使水库与隧洞连通。

地质条件:该工程坝基岩体由副片麻岩和花岗片麻岩组成,右岸坡度约 45°,有许多平行水流方向的裂隙面,裂隙面向南倾斜 70°。左岸坡度约 30°,也有平行河流方向的明显裂隙面。靠近左岸处有一条断层,在岩塞体施工之前已彻底处理,岩塞附近的破碎带做了灌浆处理。

工程大坝:本岩塞爆破的特点是岩塞爆破距已建成的大坝仅 200m 距离,大坝为混凝土重力坝,最大坝高 48m,大坝长 360m,分为三段:中部闸门段长 160m,两端溢流坝段长分别为 140m、60m,坝块长为 15m。两端溢流坝段顶部装有永久性闸门,全部流量通过顶部闸门和泄水道下泄。由于战争时期对下游电力的迫切需要,该大坝是以正常施工的最高速度修建的,其地震加速度采用 0.055g。因此,大坝没有设置排水或灌浆廊道。为确保大坝在爆破时的安全,岩塞爆破前在现场进行了爆破试验,以确定水下岩塞爆破对坝体的影响。岩塞爆破时对大坝进行了动力观测,测到坝顶的振动加速度为 1.2g、振动速度为 10～15cm/s、振幅为 0.2cm。

进口与岩塞:工程隧洞进口段长约 200m,断面为马蹄形,进口处高约 16m。控制断面处的高度为 25m,这一段隧洞的顶拱全部用混凝土衬砌,边墙和底拱只在穿过断层的 50m 范围内采用混凝土衬砌。岩塞本身略呈圆柱状,直径 18m,厚 21m。岩塞下部做一平直底槛,形似圆柱体的喉管。岩塞净体积约 10000m³。为了确定岩塞和集渣坑的形状和方向,设计进行了多次模型试验。集渣坑用来聚集碎石渣,以防石渣冲到拦污栅和闸门井处。施工中考虑了岩石爆松、超挖及水工上的要求,集渣坑总体积约为 17000m³。岩塞爆破选择洞室爆破法,药室为两个垂直于岩塞轴心的同心马蹄形洞室。外侧药室断面 1.2m×2.1m,然后用沙袋分隔为 6 段,各段药量相等,总装药量为 14000kg。炸药放在洞室的底部和顶部,中间堆放沙袋。内侧药室断面 1.0m×1.5m,炸药放在底部,不做堵塞,总装药量为 6000kg。岩塞所用的炸药为硝化甘油炸药,把炸药制成重 17.5kg、直径 14cm、长 16cm 的圆柱体。

为了控制岩塞爆破的断面形状,尽量减少振动波的传播,沿岩塞周边布置了较密的周边孔,周边孔的孔底距湖底为 46cm,孔径为 76mm 和 48mm 两种,两种不同孔径的孔交替布置。每两个 76mm 孔之间布置一个装药孔,炸药采用一条重 0.45kg、直径 5.0cm 的圆柱形药包,周边孔总装药量为 3100kg。

起爆系统由两套导爆管网路组成,导爆线与药室各段用雷管连接,并从进水口控制建筑物处引到地面,从掩蔽部用电雷管引爆。

该工程的岩塞位于水下 15m,直径 18m,厚度 21m,总装药量 27000kg,爆破石方 10000m³,单位耗药量 2.7kg/m³,岩塞于 1960 年爆破成功。岩塞爆破后坝体仅出现了少量裂缝,对大坝廊道进行检查,廊道内石灰附着物有剥落。爆破前钻孔取的岩芯表明,混凝土与岩石结合良好,爆破后再取的岩芯表明,混凝土和岩石的结合面没有破坏。

芬尼奇湖位于苏格兰西丁沃尔上游 32km 处,从湖的西角往格鲁提河引水,引水隧洞长 6km,直径 3.05m,隧洞末端为压力钢管,钢管长 486m,引水供应格鲁提桥水电站 2 台 12000kW 的机组发电,然后经电站尾水排入格鲁提河。

该工程的隧洞进口与湖的连接采用水下岩塞爆破,这是英国的第二个岩塞爆破工程,第一个岩塞是劳恰勃工程。

岩塞爆破工程的石渣处理采用集渣坑方式,集渣坑的大小定为石渣量的 2 倍,集渣坑宽 5.2m、深 13.7m。规定隧洞衬砌只到进口后面 35m 终止,然后做一个高 2.7m、宽

5.5m 的半圆形导洞继续向前开挖。从隧洞到湖底至少预留 7.6m 厚的岩层,后面为集渣坑。为防止杂物进入隧洞,在渣坑末端挖了一个 1.8m 的台阶,并向前做了 5.8m 的混凝土衬砌,衬砌末端嵌入岩石中,以抵抗最后岩塞爆通时在衬砌后面形成的压力。该工程从施工开始到最后岩塞爆通,工作面都是干的。

最后工程要朝着湖底挖一条长 3m、直径 4.6m 的斜洞,预留 1 个厚 4.6m 的岩塞。按常规施工,需要搭 11m 的脚手架,为了省去这套脚手架,施工中把集渣坑中灌满水,把钻机装在用油桶做的筏子上,筏子固定在岩石边墙上,并保持稳定,有利于钻机打孔。为解决施工通道问题,修建了一条 30m 长的浮桥接到隧洞中。首先在岩塞上打 5 个超前孔,其中 3 孔直接打到湖底,以探查岩塞精确的实际深度,然后用木塞把测深孔堵塞。再采用小药包爆掉多余的岩石,留下 4.8m 厚的岩塞。岩塞共布置 102 个钻孔,钻孔打到距湖底 0.45m。由于岩塞的岩石坚硬,钻孔时只有 1 孔中有少量渗水,有 2 孔是湿的。岩塞中间 9 孔为直眼掏槽,外围打一圈斜孔,略呈楔形,其余钻孔的中心距离湖底均为 0.45m。

岩塞的 4 个掏槽孔及 2 个湿孔不装药,其余 96 个孔共装了 958kg 含硝化甘油的炸药。装药量相当于 $11.75kg/m^3$。雷管安放在每次装药的第一和最后一个药包中,并把整个工作面分成 5 个扇形块,每个扇形块用一个独立的由 7.7kg 起爆药组成的起爆体起爆。这种起爆体密封装在一个圆筒里。各个药包从工作面上通过导爆索与相应的起爆体连接,而起爆体又用导爆索相互连接,以保证瞬间同时起爆。两对电力引爆线拉到闸门井下分别接入各自的接线盒。每个接线盒引出一对引爆线连接每个起爆体的雷管。为了避免断线或盲炮,起爆采用非延发起爆方式。

在岩塞爆破时,设计认真考虑过是充水爆破还是不充水爆破这一问题,并做了水工模型试验来检验不充水爆破时闸门井的涌浪情况。最后决定采用充水爆破方式,使岩塞爆破时闸门井保持 3.6m 的负水头。

1950 年 9 月 7 日,岩塞爆破一次爆通,当时闸门井中的井喷使水流溢出井外,证明原水工模型试验估计的 3.6m 负水头很精确。涌浪持续 30min,事后进行的测量证明与设计完全一致。

国外进行岩塞爆破的工程较多。在工程设计和施工中,他们也比较重视水下岩塞爆破的勘察与地质工作,也很注意选择合适的爆破方案,因此,爆破效果较为满意。但是,也有个别工程因地质条件未勘察清楚、爆破方案选择不合理而严重影响施工或安全。下面是国外一例不成功的岩塞爆破实例。

挪威是采用岩塞爆破较多的国家,从设计到施工都有丰富的经验,但是,在斯科尔格湖水下岩塞爆破中,由于对湖底的地质条件未勘察清楚,同时爆破方案选择不当,在岩塞爆破实施后,进水口被堵塞,被迫进行大量潜水作业和多次爆破处理。

斯科尔格湖在挪威的西海岸,湖面高程为 355m,集水面积较小,湖面面积仅 1km²。该工程是一个生产供水项目,是从斯科尔格湖引 0.6m³/s 的流量。引水隧洞长 270m,断面 1.5m×1.7m,岩塞爆破时水深 30m。闸门井距进水口 55m,闸门井内装 1.0m 的平板闸门。斯科尔格湖引水工程岩塞爆破布置如图 1-2 所示。

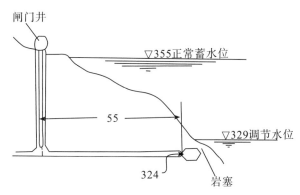

图 1-2　斯科尔格湖引水工程岩塞爆破布置(单位:m)

设计方在爆破前自冬季封冻后的湖面上完成了少量勘探钻孔,根据少量钻孔资料认为岩塞处覆盖层厚仅 0.5m。当隧洞施工到原定岩面 6m 处,通过打探测孔发现掌子面前 3.7m 处有一强透水裂隙,无法继续向前开挖,设计考虑到引水量不大,决定将进水口与裂隙连通使用。集渣坑开挖好后,岩塞进行了一次 93kg 药量的爆破。由于岩塞厚度较大,湖底又有直径超过 1.0m 的大块堆积体,岩塞起爆后未能把进水口爆开,进水口处留下大小块石组成的厚 2m 的顶盖,流入隧洞内的水量仅 15L/s。为了扩大进水量,随后施工单位在湖底进行了两次补充爆破,分别装炸药 15kg 和 32kg,装 15kg 炸药爆破后效果不明显,炸药增加到 32kg 爆破后打开了洞口,洞内水量明显增大,但洞口不久被湖底大块沉积物所封堵,派潜水员下水在湖底也未见到洞口。

第三次爆破时将大量土石带入洞内,使闸门前淤堵了 1/3,有的洞段几乎被石块堵满。进入洞内最大石块的体积达 1.0m³,上面长满了青苔,证明为原先湖底的堆积物。随后又在洞内进行了 4 次水下装药爆破,前两次的爆破目的是清理洞内的堵积物,随后在湖底洞口进行了一次药量为 5kg 的爆破,再次把洞口炸开,涌入洞内的水流将洞内土石推送至闸门前,其中有一块大石将闸门卡住,留下 30cm 的间隙,使闸门不能全关闭,后来通过一根直径 0.7m 的立管,将一个潜水员送到闸门处,安装炸药进行大块石爆破,爆破后才使闸门能自由启闭。通过引水洞放水降低湖水位后,将闸门前的堆积物清理干净,斯科尔格湖引水工程岩塞爆破前后进行了 7 次水下爆破和大量潜水作业,历时两个月,才打开了进水口,使引水隧洞正式投入运行。

1.1.3　国内水下岩塞爆破技术的应用

我国自 20 世纪 70 年代开始研究和采用水下岩塞爆破技术以来,已有近 20 多个工程采用岩塞爆破技术成功修建了水下进水口。修建的进水口有用于引水、泄洪、排淤、抽水蓄能发电、抢险、供水等各种不同功能。

国内第一个采用岩塞爆破形成进水口的引水工程是"二一一工程"。该工程距离清河水库约 4km,是一个从水库内取水的工程。该工程修建一条长 3980m、直径 2.2m 的引水隧洞,引水流量为 8m³/s。因水库已经建成,引水隧洞与水库连接的进水口采用岩塞爆破,该岩塞爆破的岩塞底部直径为 6.0m,岩塞厚度为 7.5m,厚度与直径比值为 1.25,岩塞爆破时的水深 24m。岩塞爆破使用胶质炸药 1190.4kg,爆破石方量 800m³,岩塞集渣采用烟斗形式的集渣坑,储存岩塞爆破后的全部石渣。为了避免岩塞爆破时闸门被冲击变形,爆破时不下闸门,在闸门后的隧洞洞身段设置 2.0m 厚的混凝土堵头挡水。

岩塞进水口岸坡在 135.0m 高程以下地形坡度 30°~50°,在 135.0m 高程以上地形坡度为 15° 左右。本区域岩石均为半风化岩,进水口区域出露有前震旦纪变质岩——长石石英片岩和绿泥石片岩,后期岩浆侵入花岗闪长岩。花岗闪长岩为中生代形成,覆盖在片岩上部,岩石灰绿色呈半风化,岩体裂隙发育,多为张开裂隙,裂隙内充填石英脉及泥质物,裂隙面上有挤压擦痕和铁锈。长石石英片岩与绿泥石片岩两种岩石都较古老,经过多次构造运动影响,岩石完整性差。岩体深绿色,后期岩浆侵入形成混合岩,岩体裂隙发育,裂隙内一般充填方解石和泥质物。

本岩塞爆破工程的爆破设计采用炮孔和条形洞室相配合,毫秒延期电雷管爆破方案。

第一响是水中的 3 个炮孔,这三个炮孔控制厚度为 2.5m,系岸坡坡积物和风化岩中的爆破。其作用是:把水推开,以减弱水对底层药包爆破的影响。同时,剥离覆盖层,为第二响药包创造一个凹形自由面,并达到控制漏斗开度的目的。

第二响是上、下层两个十字形药包,其间距为 3m。上层十字形药室带有一定角度,呈爪状,以求爆破能量更好地向炮孔炸开的凹面集中,加强抛掷并缩小爆破漏斗。下层十字形药室平行岩塞底部自由面。因两层药室之间有施工小竖井,装药后用黄泥回填,为了避免中间开口尺寸不够,爆破后形成"卡脖",又在小竖井中部增加两个小一点的药包。

爆破时为保护渣坑顶拱和控制内侧漏斗开度,在岩塞底部上侧沿周边布置一排较密的预裂孔,孔径为 45mm,孔深为 2.0m,孔距为 25cm。原计划隔孔装药,爆破前因施工不方便,又考虑到该部位在开挖过程中超挖较多,实际抵抗线只有 1.0m 多,估计预裂效果不显著,所以全部预裂孔都没有装药。

十字形药室药量计算:十字形长条药包的计算没有现成的经验公式。设计中把两个交叉的条形药包分别计算,采用的经验公式:

$$Q = K \cdot W^2 L \cdot f(n) \tag{1-1}$$

式中，$f(n)$——爆破指数函数，采用 $f(n) = n^2$；

　　　L——药包长度(m)；

　　　W——最小抵抗线(m)；

　　　K——单位耗药量(kg/m^3)；

　　　Q——药量(kg)。

装药时，因药室开挖时超挖使药量分散，考虑到如果爆破时进口爆不开或开口面积不够，造成的后果会比较严重。经现场研究，对设计药量作了调整。岩塞爆破装药量调整如表 1-1 所示。

表 1-1　　　　　　　　　　　　　　岩塞爆破装药量调整

序号	$K/(kg/m^3)$	$f(n)$	W/m	L/m	Q/kg	实际装药量/kg	备注
1	1.45	2.3	3.1	4.13	305	378.0	下部增加药量
2	1.45	2.3	3.1	3.36	250	280.8	
3	1.45	2.3	2.0	3.00	95	154.8	下部欠挖，增加药量
4	1.45	2.3	2.0	3.01	95	102.6	
5					20×2	32.4	中间点药包
6					20×2	32.4	中间点药包
小计					825	981.0	

原设计 4 个中间药包，各装药 20kg。这次岩塞爆破中十字形药室及炮孔设计用药量 1034.4kg，实际装药量为 1190.4kg。条形药包沿长度的药量分配考虑了以下几点：

1)条形药包两端钳制作用大，试验爆破时 4$^{\#}$ 药包端部形成欠挖。因此，设计中将药量适当向两端集中，以保证过水面积。

2)为保证进水口底槛达到设计 105.0m 高程，加大了 1$^{\#}$ 药包下端爪的药量，以加强爆破时的抛掷作用。

3)爆破时适当地控制 1$^{\#}$ 药包上端爪的药量，以求减弱对上边坡的影响。而 3$^{\#}$ 药包下端出现欠挖，为保证爆破后不留坎，适当增加了药量。

同时，在岩塞爆破药量分配时，还考虑了岩石节理、裂隙等地质影响因素。

在爆破网路设计中，采用"并—串—并"连接方式。每个起爆体由 3 个并联的雷管组成，共 9 个起爆体(包括 1 个传爆线起爆雷管束)，分别串联成 3 个支路(每条支路 3 个起爆体串联)，3 条支路又并联于母线。第 1 支路，3 个炮孔的正起爆体分别引出水面后再串联；第 2 支路，3 个炮孔的副起爆体相串联；第 3 支路，则是药室的正、副起爆体分别引出洞口后再相串联，传爆线的起爆雷管束(3 个雷管并联)也串联于第 3 支路。

毫秒延期爆破间隔时间的确定，经分析试验爆破观测资料，采用 0ms、75ms、150ms、

259ms 四响,从爆破后波形看,振动时间拉长,振幅峰值干扰、错开,达到了减震目的。

该岩塞爆破采用集渣坑容纳爆破下来的石渣,并考虑利用爆后气浪和水流挟带石渣的能力,将集渣坑施工平洞作适当扩大作为集渣坑的延长部分,能容渣 50%。在集渣坑后面设计了拦石坝和拦石坑,阻截被冲入隧洞的石渣。为了避免闸门被冲击变形,爆破时不下闸门,在闸门后侧引水洞中浇筑厚 2m 的混凝土堵塞段挡水。清河岩塞爆破进水口布置如图 1-3 所示。

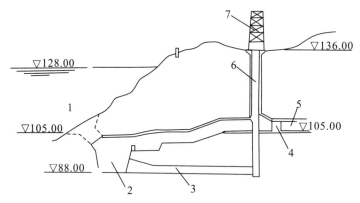

图 1-3 清河岩塞爆破进水口布置(单位:m)

1. 岩塞;2. 集渣坑;3. 集渣平洞;4. 临时堵塞段;5. 引水洞;6. 闸门井;7. 施工井架

清河热电厂供水隧洞进水口是国内第一个水下岩塞爆破工程,于 1971 年 7 月 18 日爆破成功。该岩塞位于已建成的清河水库水面以下 24m 深处,设计过水量 8m³/s。曾对围堰方案与水下岩塞爆破方案进行了比较,如前所述,水下岩塞爆破方案具有造价低、工期短的明显优点。岩塞爆破后引水洞内和进水口外均无石渣堆积,不需要水下清渣。

岩塞爆破后经潜水检查,爆破取水口满足使用要求,但由于岩塞爆破装药量偏多,使岩塞实际取水口尺寸比设计取水口偏大。原设计爆破方量为 590m³,爆破后实测方量约 800m³。原设计过水断面面积为 13m²,实测过水断面面积约为 24m²。打好的周边预裂孔因孔内没有装药,而未收到预期效果。从开口剖面形状看,下破裂线下移。取水口外口设计标高为 105.0m,爆后实测标高为 104.0m 左右,对取水条件有一定好处。岩塞爆破后取水口没有口外堆积,是这次爆破的明显优点。然而岩塞口内超挖,加大了破坏作用,会影响洞口长期运行的稳定性。

我国最大规模的水下岩塞爆破工程是吉林省"250"工程(丰满水电站新增泄水隧洞进水口工程)。丰满水电站位于吉林省松花江中游,为坝后式厂房,装机容量 55.4 万 kW,大坝为混凝土重力坝,坝长 1080m,最大坝高 90.5m,最大库容 107.8 亿 m³,是一个以发电为主综合利用的大型枢纽工程。原水利电力部决定在丰满电站枢纽增建一条泄水隧洞,为丰满水库必要时弃水,降低库水位使用。

泄水隧洞进水口施工选用水下岩塞爆破方案。泄水隧洞进水口岩塞地段为一走向北东、向南东倾斜的斜坡,地形坡度 15°～20°,其坡面上覆盖有 1.0～4.0m 厚的松散堆积物。岩塞位于水库正常蓄水位以下 37m 左右,岩层为二叠系变质砾岩,一般全风化岩层厚小于 2.0m,半风化岩层厚 5m 左右。岩塞轴线方向为北西 309°8′,岩塞中心线与地表近于垂直,与水平面夹角为 60°。岩塞直径 11m,岩塞厚度 18.5m(包括覆盖层),岩塞厚度与直径比为 1.68,岩塞体的岩石厚度为 15m。

在岩塞的下部设有一个集渣坑,其目的是用于收集岩塞爆破下来 90% 以上的石渣。岩塞体爆破下来的实方量 3794m³,其中岩石方量 2690m³,覆盖层方量 1104m³。同时,考虑到覆盖层中有 50% 的方量为石方,以及爆破后岩塞体超挖量为 15%,取岩石松散系数 1.5,这样爆破后的松散方量为 5600m³。丰满水电站岩塞爆破时,选择的集渣坑形状为靴形,包括过渡段其集渣坑开挖容积为 9550m³。集渣坑纵剖面如图 1-4 所示。

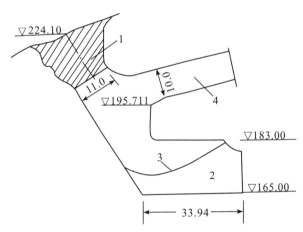

图 1-4　丰满水电站泄水洞岩塞集渣坑剖面(单位:m)

1. 岩塞;2. 集渣坑;3. 设计堆渣线;4. 泄水洞

丰满水电站泄水洞水下岩塞爆破设计采用集中药包布置形式。药包分三层布置:上层为 1 号药包,下层为 2 号药包,中层为 3～8 号药包。1～2 号药包的作用是把岩塞爆通,并达到一定的开口尺寸;中层 3～8 号药包呈"王"字形布置,其作用是把 1～2 号药包爆破后剩余的岩体炸掉,使之达到设计断面。

预裂孔布置:为了有效控制岩塞体周边轮廓,并起到减震作用,沿岩塞的周边布置一圈预裂孔,预裂孔既能控制岩塞爆破成型,又能起到减震作用。预裂孔设计孔深为8.0m,孔径为 40mm,孔距为 30cm,线装药密度为 270g/m。设计预裂孔为 115 个,施工中实际钻孔 104 个,预裂孔实际装药量 201.4kg。

为了方便预裂孔细药卷炸药加工及装药堵塞,预裂孔装药采用了外径 35mm、内径31mm 的聚乙烯薄壁软塑料管,将条状炸药和导爆索固定在竹片上再装入塑料管内,预裂孔装药是事先加工完毕。待岩塞体周边预裂孔装药时,把药筒直接送入孔中并固定,这样使现场装药堵塞时间大幅缩短。预裂孔药卷的起爆是利用起爆体引爆导爆索,从而起爆每个预裂孔。

丰满水电站泄水洞水下岩塞爆破药量计算,是采用陆地大爆破鲍氏经验公式:

$$Q = KW^3(0.4 + 0.6n^3) \tag{1-2}$$

式中: Q——胶质炸药量(kg);

W——最小抵抗线(m);

K——单位耗药量(kg/m³);

n——爆破作用指数。

丰满水电站泄水洞水下岩塞爆破时的各药包药量计算如表1-2所示。

表 1-2　　　　　　　　　各药包药量计算

药包编号	最小抵抗线/m	单位耗药量/(kg/m³)	爆破指数	炸药量/kg	备注
1	8.1	1.6	1.4	1740.0	预裂孔起爆用药量7.2kg,合计岩塞爆破用药量为4075.6kg
2	5.1	1.6	1.0	239.0	
3	4.9	1.6	1.2	268.0	
4	5.3	1.6	1.2	338.0	
5	5.3	1.6	1.2	338.0	
6	5.3	1.6	1.2	338.0	
7	5.3	1.6	1.2	338.0	
8	4.9	1.6	1.2	268.0	
预裂孔				201.4	

岩塞爆破施工主要包括:栈桥架设与拆除、钻预裂孔、药室导洞开挖、药室开挖、装药、爆破网路敷设、堵塞等作业。

丰满水电站泄水洞水下岩塞爆破药室导洞开挖为 43.43m,由于地质条件较好,漏水少,药室及导洞开挖仅 30 天全部完成。药室装炸药 4.1t,药室与导洞堵塞黄泥 15m³,碎石 30m³,灌注水泥浆(水泥约 10t)。仅用 76h 就完成了从装药到拆除栈桥的工作。

丰满水电站泄水洞进水口水下岩塞爆破于 1979 年 5 月 28 日 12 时准时起爆,爆破时的库水位 243.9m。起爆后 2~11.2s 洞口出现浓烟,23.7s 流水到达洞口,水流呈黄黑色,流水中可以看到夹有块石。前 5min 水流较为稳定,到 8min 水流变清。35min 弧门开始关闭,44min 断流,岩塞爆破取得圆满成功。

丰满水电站泄水洞水下岩塞爆破是国内规模最大的水下岩塞爆破工程,岩塞口距大坝的最近距离为 280m,进水口位于已建成的丰满水库水面下 30m 左右深处,岩塞直径为 11m,岩塞体厚度 15m。岩塞爆破装药 4075.6kg,爆破土石方 4419m³。该工程采用的水下岩塞爆破比围堰方法节约了投资,并缩短了工期。

丰满水电站水下岩塞爆破采用较小的爆破作用指数及单位耗药量,为控制岩塞爆破口形状和减少爆破振动影响,采用了毫秒间隔爆破,并在岩塞口四周设预裂孔。爆破后经测量与水下检查,证实爆破口尺寸与设计基本相符。岩塞爆破时还对大坝、隧洞、闸门进行了系统的观测,观测结果表明,爆破没有对这些保护物的安全造成任何影响。

汾河水库是一座大型水利工程,为提高水库的防洪标准、增大水库排淤能力,需要修建一条内径 8.0m 的泄洪排淤隧洞。由于泄洪排淤隧洞开挖是在水库蓄水运行情况下进行的,因此如何打通进水口是工程施工的一个关键环节,工程经过岩坎爆破方案与岩塞爆破方案的技术、经济综合比较后,决定采用岩塞爆破方案。

汾河水库岩塞爆破是在 24m 深的水下,岩塞顶部有 18m 厚的淤泥下实施的大型岩塞爆破工程,有较厚淤积物覆盖,在国内外尚属前例。加之水库大坝在 1.4m 深的水中填筑,大坝为均质土坝,坝体干容重较低,为 1.45,坝脚距爆源最近仅 125m,水库又位于太原市上游。因此,这次岩塞爆破技术的可行性和大坝的安全性得到社会的普遍关注。

本工程岩塞形状为截头圆锥体,其隧洞混凝土衬砌后的直径为 8.0m,岩塞底部开口直径也为 8.0m,顶部开口直径为 29.8m,厚度为 9.05m,岩塞厚度与内口直径比为 1.13,岩塞中心线与水平线夹角为 30°,岩塞体倾角 60°。由于施工中下半部超挖最深处达 2.7m,修补采用浆砌石填补,使岩塞体下半部直立于隧洞底平面。岩塞实际体积为 1743.5m³,爆破时水位 1112.02m,这时爆破中心处淤泥厚为 12m,水深为 18m。岩塞爆破方案选定为:药室与钻孔相结合的爆破方案,利用集中药包的能量集中,爆通岩塞和淤泥,而用钻孔与预裂孔进行岩塞扩大和控制成型,保护洞脸边坡整体稳定。药室与钻孔爆破特性如表 1-3 所示。

表 1-3　　　　　　　　　　　　　药室与钻孔爆破特性

项目	药室	扩大礼			预裂孔		渠底孔	合计
		上内扩孔	下内扩孔	外扩孔	装药孔	空孔		
钻孔直径/mm		50	90	50	42	42	90	
孔数/个	1	8	11	16	28	29	15	108
平均孔深/m		5.00	8.56	5.00	4.50	4.50	15.57	
钻孔长度/m		40.0	94.2	80.0	126.0	130.5	233.5	704.2
每孔药量/(kg/孔)		5.64	36.60	5.64	1.90		68.42	
药量/kg	1291.00	45.12	402.60	90.24	53.28		1026.40	2908.64
爆破岩石量/ m³								1743.5

注:本岩塞爆破采用水胶炸药(型号:SHj-K₁),药室单个药包尺寸为 20cm×30cm×30cm,要求炸药密度为 1.2kg/cm³。防水要求,在水下 15m 浸泡 72h 后,能用 8# 工业雷管引爆。

洞室钻孔方案布置是一个集中药室和岩塞后部钻孔相结合的布置型式。该岩塞爆破药包布置如图1-5所示。

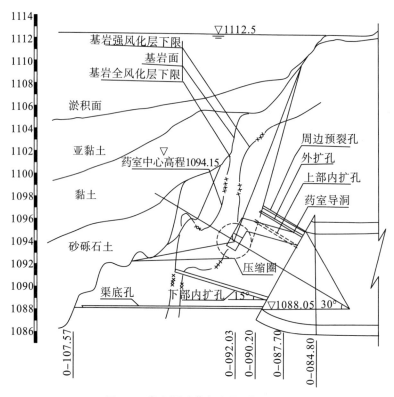

图1-5 岩塞爆破药包布置(单位:m)

集中药室的作用是将岩塞与淤泥爆通并在地表形成较规整的爆破漏斗。岩塞中心线的岩石厚度为9.0m,参考其他岩塞爆破的经验,取$W_上$=4.3m,$W_下$=4.7m,$W_下/W_下$=1.093时,可取得良好的爆破效果。药室的大小根据装药量来确定尺寸,经计算爆破药量为1291kg时,满足大坝安全控制标准,因此最大单响药量1291kg是可以接受的。根据药室总装药量为1291kg时,确定药室开挖尺寸为1.0m×1.0m×1.3m(长×宽×高)。在岩塞体上布置有预裂孔、扩大孔、渠底孔等确保岩塞成型。

预裂孔的作用有两个:其一是在岩塞周边形成较好的轮廓面,使岩塞在岩石部分成型好,从而维持洞脸及洞脸边坡的稳定;其二是预裂面可以起到减震作用,使近距离的混凝土衬砌拱不致在爆破时遭受破坏,而影响进水口运行。本岩塞爆破时的预裂孔布置是沿岩塞体上半圆周边布设,钻孔间距a为20cm,装药孔与空孔间隔布置,方向与岩塞轴线平行且与水平面夹角为30°。装药结构采用隔孔连续减弱装药结构。

其他孔位布置是钻孔方向平行于岩塞中心线的铅垂面,外扩孔和上内扩孔与水平面夹角为30°,下内扩孔与水平面夹角为15°。岩塞底部布置一排底孔,其孔距为1.0m,每个孔终孔位置均打到距离岩面50cm处。原设计底孔为11个孔,钻孔直径为100mm,

由于施工时只有 90mm 钻头,加之岩塞右部岩体较厚,为使爆破时药量平衡,在 $2^{\#}$、$3^{\#}$、$4^{\#}$、$5^{\#}$、$6^{\#}$ 孔中间增布 $12^{\#}$、$13^{\#}$、$14^{\#}$、$15^{\#}$ 孔,最后实施的底孔孔数为 15 个,孔径为 90mm。15 个底孔方向水平且平行于洞轴线,爆破参数取最小抵抗线 $W=3.5m$,孔距 $a=1.0m$,单位岩石耗药量 $K=1.7kg/m^3$,药卷直径 $\phi74mm$,其线装药密度为 4.61kg/m。

岩塞爆破网路,汾河水库岩塞爆破的起爆网路采用"并—串—并"毫秒微差复式电爆网路,网路有 8 条并联支路;$1^{\#}$、$2^{\#}$ 支路为药室正副网路,$3^{\#}$ 支路为预裂孔网路,$4^{\#}$、$5^{\#}$、$6^{\#}$ 支路分别为外扩孔、上内扩孔、下内扩孔网路,$7^{\#}$、$8^{\#}$ 支路为底孔网路。

网路起爆顺序为预裂孔(一段)、集中药室(二段)、内外扩大孔(四段)、渠底孔(五段),起爆时间分别为 25ms、50ms、100ms、125ms,共计四段起爆。岩塞爆破电爆网路共分为 8 条支路,各条支路的电阻应确保平衡,当支路的电阻不平衡时则增设附加电阻保持各支路电阻平衡。

目前,国内外岩塞爆破对岩渣处理有两种方式:一种是渣坑集渣方式,另一种是泄渣方式。岩塞爆破工程证明,泄渣方式比集渣方式具有工程量小、投资省、工期短的显著优点,特别是泄空洞或泄洪洞,具有运行期水头大、流速高的特点,对泄渣更为有利。汾河水库岩塞爆破对岩渣处理采用了泄渣方式。泄洪洞岩塞下口直径为 8.0m,下接弯段洞径及其下游洞径保持 8.0m 不变,底坡从弯坡至末端坡度 $i=1/100$,故无须设置缓冲坑。经模型试验观测,岩塞起爆水位大于 1109m 的各种水位和给定岩渣级配的情况下,水流条件和泄渣情况良好。试验中考虑到出现大块石的特殊情况,还加入过粒径 $4.4m \times 1.78m \times 1.1m$ 的孤石 4～5 块,试验时都能顺畅泄出。

经模型试验观测,当岩塞爆破后,岩渣瞬间即成为散粒体,在水力作用下迅速冲入洞内,随水流排出洞外。洞内开始为明流,岩渣以散粒状随水运动,但很快在闸门井后形成渣团,有时是一个大渣团,有时也为几个小渣团,两渣团之间为清水段,渣团过后,有少许零星渣块沿隧洞底部滚动而下,渣团移动速度为 2～4m/s。试验表明,有淤积时排渣效果好,库水位在 1112.5m 时,泄渣率为 91.0%～92.3%。分析原因有,淤积时使岩渣向库内扩展的数量减少,冲入洞内的数量增加,且淤泥混入岩渣后使水流阻力减小,岩塞入口处的流速相对较高,提高了泄渣率。泄渣主体是以渣团形式排出,渣团移动基本上沿底部滚动,长度为几十米至上百米,高度为 3m 左右。渣团出洞历时 10min 左右,总排渣历时 13～18min,由明流转入压力流时间约 7min,有淤泥时渣团移动速度慢些,因此岩渣至隧洞出口时间及泄渣结束时间要长些。

下游泄水演进计算及防护:汾河水库岩塞爆破后设计计算隧洞最大流量为 620m³/s,而汾河水库建成后 30 余年来,下泄的最大洪水流量仅为 200m³/s。为了确保岩塞爆破后下泄流量对两岸村庄的安全,需要对隧洞出口至保护村庄的危险河段进行断面测量,并对泄水波的演进过程进行估算,根据估算结果安排防护工程。泄水波的演进过程数值模拟,由太原工业大学水利勘测设计研究所进行。计算方法为:按天然河道非恒定流,其水流特征符合圣维南方程组。该方程属于一阶双曲型偏微分方程,采用扩散法对其进行离散化后,编制程序对其进行数值求解。

计算条件是:洞口最大流量为 620m³/s,岩塞爆破后 200s 内从 0 增至最大,保持 15min 后开始关闭进口闸门,8min 后闸门全关闭,并考虑 5m³/s、15m³/s、30m³/s 三种流量情况。计算结果是:距出洞口 0.5km 的下石家村流量为 $Q_{max}=590m³/s$,距出洞口 1.0km 的杜交曲村流量为 $Q_{max}=565m³/s$,距出洞口 3.0km 的罗家曲村的流量为 $Q_{max}=280m³/s$,其余各段流量均在 200m³/s 以下。

根据以上演算成果和河道危险断面测量情况,得知下石家庄河滩部分房屋院落可能要进水,必须采取相应的防护措施,在下石家庄河滩修筑一条长 500m 的护村堰,水库汾河桥杜交曲一边公路要过水,为避免冲毁公路及部分农田,决定从桥头至山崖路边修筑一条 200m 长的护路子堰,同时,为减轻岩塞下泄水对下石家庄村村民房屋的压力,将村下游旧木桥处河道断面扩宽 50m。其余村镇都不存在问题。由于岩塞爆破前对洞口下游村镇采用了有效防护措施,岩塞爆破后对村镇、公路进行检查,防护措施都起到了预期的效果。

为了取得岩塞爆破的成功,爆破前在现场对火工材料做了很多相关试验,如火工材料技术性能检验、岩塞爆破网路试验、药卷现场测试密度、毫秒延期电雷管的电阻值、延时值、最高安全电流、最低准爆电流测试,导爆索用 8# 电雷管引爆试验,火工材料防潮、防水试验。各项工艺在试验中取得成功后,在施工过程中严格按试验程序进行操作,确保岩塞爆破能准确起爆,并达到预期目的。

汾河水库岩塞爆破是在 24m 深的水下,并有 18m 厚的淤泥下实施的大型岩塞爆破工程。与国内外岩塞爆破相比,汾河水库岩塞爆破有两个显著的特点:一是岩塞上底面有深厚淤泥覆盖物;二是水库大坝为土坝,坝体土为可液化土,干容重较低,且距爆破源较近,水库地理位置又十分重要,爆破成败事关重大。岩塞采用了"药室加钻孔"的方案,爆破时集中药包强抛掷爆破,不仅一次爆通岩塞,同时冲开淤泥层,又达到通畅过流的目的。这种方案成功地解决了有较厚淤积物覆盖的水下岩塞爆破技术问题,为国内多泥沙河流水库改(扩)建工程进行岩塞爆破积累了经验。

我国首座抽水蓄能电站进水口岩塞爆破工程,利用响洪甸水库作为上库,扩建抽水蓄能装机容量 2×40MW,为避免影响上库的灌溉和发电等效益,上库进、出水口采用水下岩塞爆破,岩塞爆破用于抽水蓄能电站进、出水口当时在国内尚属首次,爆破形成的进、出水口既要满足进、出水流的运行要求,又要保证岩塞爆破时上库大坝等已建成工程的安全。岩塞位于上库左岸距大坝 210m 处,岩塞岩石为火山角砾岩,水下地表坡度

$40°\sim50°$,地层岩性为弱风化—新鲜的火山角砾岩,强度较高,透水性较严重。岩塞体为锥台形,轴线倾角 $48°$,底面直径 9.0m,上口直径为 12.6m,岩塞平均厚度 11.5m,厚径比为 1.06。岩塞爆破的药包布置采用药室与钻孔爆破相结合,药室按中、上部设两层药室、三个药包,周边布置预裂孔,中层药包和周边孔之间布置三层扩大排孔。起爆网路采用了在岩塞爆破工程上首次应用的毫秒电磁雷管,网路连接时将双路全部 280 发电磁雷管的磁环用一根规格为 $0.7mm^2$、结构为 7/0.37 的绝缘软电线穿过电磁雷管的环状磁环。并将主线两端与母线相接,母线尾端与高频起爆器连接进行起爆。这种起爆网路不需要进行电阻配平,也不需要电压、电流值计算,同时,不需要大量的正、负极脚线连接,也不需要进行网路串、并连计算,有效缩短、简化了爆破网路施工时间。

岩塞进水口采用了上大下小的喇叭形岩塞和断面渐变的斜坡式集渣坑。斜坡式集渣坑既方便了开挖,又加快了集渣坑的施工进度。同时,全部施工机械直接进入渣坑内作业,改善了出渣难度,也改变了原矩形、靴形渣坑施工时的诸多困难。斜坡式集渣坑如图 1-6 所示。

图 1-6　斜坡式集渣坑

针对国内已实施的岩塞爆破时水气浪的冲击力过大,在闸门井产生高达数十米的"井喷",给修建好的闸门启闭机房、安装好的闸门都可能造成损坏,而且爆破石渣冲积到下游闸门槽和隧洞内,存在深水清渣难度大等问题。响洪甸水库抽水蓄能水电站进水口岩塞爆破时为避免发生"井喷"现象,采用由下游闸门井充水,在岩塞体底部形成一个有压力的缓冲气垫,缓冲气垫有效将岩塞体与下游水体隔开,起到一个弹性的缓冲作用,有效减弱了岩塞爆破时的冲击波,并使石渣落入集渣坑前部,且堆渣曲线平缓。距闸门井出口平台还有 5.02m,未发生"井喷"现象,闸门槽和隧洞内也没有进入石渣。爆破时岩塞最大水深 28m,闸门井充水水位 103.7m,气垫水位 78.1m,气垫体积约 1200m³,气垫压力为 0.356MPa,岩塞爆破一举成功,爆破时没有发生"井喷",最高爆破涌浪水位在井口平台(高程 132.5m)以下近 5.0m 处。岩塞爆破后通过水下摄影、测量等检查,石渣平缓堆积在集渣坑范围内,下游闸门井及隧洞内无散落石渣,形成的进水口体型符合设计要求,闸门井及隧洞等结构均完好无损,作用于堵头的最大动水压力仅为 0.5MPa。

响洪甸抽水蓄能电站岩塞体平均厚度为 11.5m,岩塞爆破的药包布置采用药室与钻孔爆破相结合的方式,在岩塞体中、上部设两层药室、三个药包,岩塞周边布置预裂孔,中层药包和周边预裂孔之间又布置三层扩大炮孔。钻孔的关键在于孔位和方向的准确性,由于岩塞底面凹凸不平,为了将炮孔位准确地定在岩石上,制作了带刻度盘和指针的旋转样架,用 4 根锚杆将刻度盘固定在岩塞底面上,并且平行于设计开挖面。钻孔时带定位杆的指针绕刻度盘旋转,按设计角度定出孔位,用红油漆标出孔位与孔号。这时移动钻机将钻杆对准孔位,并按定向杆的方向(即孔的设计扩散角)调整钻杆位置,直到与定向杆方向完全一致,然后固定钻机,开机缓慢钻进。钻孔过程中,遇见钻孔出现漏水时,则停止钻进,退出钻杆,钻机保持不动,随即进行孔内固结灌浆堵漏,灌浆凝固达到一定强度再扫孔继续钻孔,直至完成全孔。

岩塞体为锥台形,轴线倾角 48°,底面直径 9.0m,扩散角 22°37′11″,岩塞为左厚右薄的不对称结构,岩体厚 9～13m。岩塞共布置 129 个炮孔,最大孔深 9.87m,一般孔深为 8m 左右,预裂孔 72 个,主爆孔 57 个。由于两种炮孔(预裂孔与主爆孔)的药卷装药难度大,为保证炮孔装药的质量与安全,采用孔外在硬质(PVC)管内装药和封闭后,炮孔装药时将药管推入孔中并进行固定于堵塞,变高空孔内装药为孔外装药。

预裂孔药管加工:预裂孔采用 ϕ50mm 的 PVC 管,按照设计装药要求间隔将 ϕ25mm 和 ϕ36mm 药卷固定在两块竹片中间,并与两根导爆索共同绑扎,然后把加工好的药串送入 PVC 管中,管子两端用橡胶塞塞紧,管子底端套上气球膜,管口端引出导爆索后用防水胶布扎牢。

主爆孔药管加工:主爆孔采用的 PVC 管为 ϕ85mm 的管子,装 ϕ70mm、长 42cm/节的药卷,装药时在 PVC 管底端第二节药卷反向插入相应段位的两发电磁雷管,在管口端第二节药卷正向插入同段位两发电磁雷管,对采用间隔装药的药卷,还在前后雷管间串两根并联导爆索,把药卷都绑扎在竹片上。管子的封口加工同预裂孔药管一致。加工和堆放好的药管如图 1-7 所示。

图 1-7　响洪甸岩塞爆破加工和堆放好的药管

在斜岩塞的深孔装药难度较大又难稳定药卷的情况下,采用 PVC 管在加工场把炸药按设计的要求固定在竹片上,然后把竹片送入 PVC 管内固定于封闭管子两端,有效解决了炸药、雷管不被水浸泡问题,又解决了深孔装药较难到位和向下滑动等难点,炮孔装药时按编号把药管送到平台上装入炮孔内,提高了装药效率和质量。药管推入炮孔后,对有少量渗水的孔,安装上细塑料管将水引出孔外,然后用防水油腻子堵 15cm 止水,再堵黄泥条,孔口引出导爆索和雷管脚线后再用木塞塞紧。

响洪甸抽水蓄能电站进水口岩塞爆破,爆破时的库水位为 115.2m,岩塞最大水深 28m,闸门井充水水位 103.7m,气垫水位 78.1m,气垫体积约 1200m³,压力为 0.356MPa。岩塞总装药量 1969kg,分 6 段,最大单响药量 610kg。岩塞于 1999 年 8 月 1 日爆破成功。

响洪甸抽水蓄能电站是国内第一座通过水下岩塞爆破形成进水口的抽水蓄能电站,其在集渣坑高水位充水并设置气垫减震技术的应用当时在国内尚属首次,双层药室与排孔相结合的爆破方案是水下岩塞爆破设计技术的重要创新,在岩塞爆破起爆网路中首次采用的毫秒电磁雷管,大大提高了安全性和简化了起爆网路的连接,采用的斜坡式集渣坑也具有水头损失小、施工方便等特点,对国内今后的水下岩塞爆破技术的发展起到了重要的推动作用。

印江岩口抢险工程水下岩塞爆破,贵州印江县峨岭镇岩口处发生一起特大型山体滑坡,230 万～240 万 m³ 的滑坡岩体阻断印江河,河水上涨淹没了距滑坡体上游 4.6km 的朗溪镇,导致直接经济损失 1.5 亿元,造成特大自然灾害。更为严重的是滑坡体上游水位连续上升形成了 3000 万 m³ 的库容,危及下游两岸的安全。

为防止滑坡体溃决、减缓上游灾情,在应急整治兼泄洪工程的设计方案中,在河流左岸布置一条 7m×7m 城门洞型的导流兼泄洪洞,隧洞进口位于滑坡体上游约 250m 处的凹岸河湾地带。该处岸坡地形上陡下缓,上部坡度78°,下部坡度15°～30°。502m高程以下为散粒状堆积物覆盖,厚度0～12m,无大弧石。泄洪洞处围岩为玉龙山灰岩,隧洞长717.028m,纵坡0.5%,进口底板高程485.000m,出口底板高程481.415m。泄洪洞要求1997年汛前贯通。

泄洪洞进口设计为水下岩塞爆破,岩塞部位位于玉龙山灰岩地层,属于喀斯特地区,岩塞爆破在设计和施工方面都存在较大风险。通过方案比选,确定采用全排孔岩塞爆破方案。这样,避免了开挖药室遇岩溶或大量漏水难以处理的难题,又能采用先进钻孔机具作业以加快施工进度,同时又能有效控制单响药量,减小爆破振动。

印江岩口岩塞爆破的岩塞形状为一截头倒圆锥体,底部开口直径6.0m,岩塞体中心基岩厚6.5m,上部开口直径12.06m,覆盖层厚3.0m,岩塞厚度比$H/D=1.08$。岩塞中心线与水平线夹角30°,岩塞体倾角60°,岩塞基岩体积432m³,覆盖层体积289m³。印江岩口岩塞爆破如图1-8所示。

图1-8 印江岩口岩塞爆破(单位:m)

由于岩塞体上薄下厚,在炮孔布置时,相应增加内圈和外圈底部中心角90°范围内主爆孔数量,主爆孔呈散射状布置,布置3圈共40个炮孔,炮孔直径为107mm。掏槽孔采用五星垂直掏槽,布置4个掏槽孔和1个中心空孔,孔径均为107mm。为控制岩塞进口的爆破轮廓,岩塞周边采用预裂爆破,预裂孔呈散射状布置,孔距为0.314cm,共布置60个预裂孔,炮孔直径为50mm。

该岩塞的钻孔采用一台日本古河多臂凿岩台车(JTHRS-150型)进行。这也是国内岩塞爆破首次采用多臂台车钻孔。岩塞贯穿孔、超前灌浆孔、预裂孔均采用 ϕ46mm 的钻头钻孔,成孔直径 50mm,主爆孔采用 ϕ102mm 的钻头钻孔,成孔直径 107mm。钻孔顺序为先造贯穿孔和超前灌浆孔,再进行预裂孔和主爆孔(含空孔、掏槽孔)的钻孔,主爆孔钻孔时先造直径 50mm 的主孔探孔,再进行主爆孔的扩孔。根据打贯穿孔的灌浆效果和同类工序"小孔易灌"的经验,施工中改变了同类工程的钻孔方式即"打出水就灌浆",岩塞的超前灌浆孔、预裂孔、主爆孔、探孔都采用了一次钻孔到设计深度的钻孔方法,这样不仅减少了扫孔和灌浆损耗,又加快了施工进度。

炸药选用乳化炸药,掏槽孔、主爆孔选用 ϕ90mm 的药卷、预裂爆破孔选用 ϕ25mm 的药卷。岩塞爆破单位耗药量按 2.33kg/m³ 设计,预裂爆破的线装药密度按 540g/m 设计。这次岩塞爆破实际总装药量 1281.74kg,其中主爆孔装药量 1095.5kg、预裂孔装药量 186.2kg。岩塞爆破体积 432m³,覆盖层体积 289m³,实际单位耗药量为 2.54kg/m³。

装药方式:主爆孔、掏槽孔采用连续装药,正向起爆,炸药直径为 90mm。加工时根据各炮孔的装药量及装药长度,将每个炮孔的药卷用细绳连续捆扎在竹片上,加工成一个连续药包。为保证炸药传爆完全,各炮孔连续药包上均增加两根并联的导爆索。预裂孔也采用连续装药,导爆索传爆,把直径 25mm 的药卷用竹片连接成一整条,预裂孔内装 3 根并联导爆索传爆,孔外两根导爆索接雷管起爆。主爆孔、掏槽孔药包防水捆扎先制作,预裂孔药包防水捆扎后制作,加工好的药卷分类存放。

贵州省印江岩口特大型山体滑坡应急抢险工程岩塞爆破,从下游向上游单头钻孔爆破开挖,于 1996 年 11 月 23 日开口至 1997 年 3 月 20 日开挖到岩塞爆破掌子面,历时 117 天,完成隧洞开挖进尺 708.838m,并于 1997 年 4 月 1 日 16 时 18 分实施了水深 25.52m、内直径 6.0m 的岩塞爆破。进水口爆破后实测最大下泄流量 338m³/s,达到设计流量,3d 内堰塞湖的水放空,进水口洞脸保持稳定。

印江岩口特大型山体滑坡应急抢险工程岩塞爆破是国内第一个用于抢险救灾的岩塞爆破,也是第一次在喀斯特发育地区成功实施的大断面、深水下的岩塞爆破,是没有进行水工模型试验的岩塞爆破。同时,岩塞爆破时隧洞无衬砌、泄水无闸门、岩渣处理无集渣坑,这种"三无"条件下的抢险工程岩塞爆破新技术在国内首次采用。本次岩塞爆破,对底部开口直径为 6.0m 的岩塞采用全排孔爆破成型,已超过当时国内外直径为 5.0m 的经验上限值,为大直径岩塞爆破全排孔施工积累了经验。在岩塞爆破施工中采用多臂凿岩台车在钻孔中机械化程度高,钻孔精度控制好,为岩塞爆破提供了安全快速施工保证。

贵州华电塘寨火电厂取水口一级泵站属于塘寨火电厂工程升压补水系统的一部分,一级泵站原取水方式为在索风营库区中采取井筒取水,由于库区水深,围堰施工难度大且成本高,后经设计优化为库区岸边水泵房取水。设计为竖井加平洞取水方案,布置了两条平行平洞,平洞施工采用预留岩塞挡水,待洞内施工完成后,同时爆破两个岩塞,实现取水目的。取水洞为城门洞型,1#、2#洞在同一高程,两条取水隧洞连接连通洞与水库,并相互平行与连通洞垂直相交,隧洞长30m,开挖断面为3.5m×4.0m(宽×高)的城门洞型,轴线间距11m。岩塞体为圆台形,岩塞是外大内小,外口直径大于6.0m,内口直径3.5m,岩塞轴线水平线呈上倾30°。岩塞集渣坑布设于取水隧洞底部,集渣坑容积不小于260m³,集渣坑尺寸为20m×3.5m×3.5m(长×宽×深)。塘寨取水口双岩塞如图1-9所示。

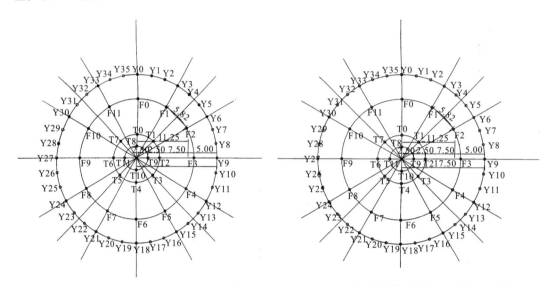

(a)1#取水系统岩塞爆破炮孔布置断面(30°方案)　　(b)2#取水系统岩塞爆破炮孔布置断面(30°方案)

图1-9　塘寨取水口双岩塞爆破

1#岩塞轴线与水平线的夹角为30°,岩塞内口直径3.5m,外口直径6.17m,上沿厚度3.63m,下沿厚度4.56m,岩塞体平均厚度4.095m,岩塞方量81m³,岩塞厚度与直径比值为1.17。

2#岩塞轴线与水平线的夹角为30°,岩塞内口直径3.5m,外口直径6.02m,上沿厚度3.97m,下沿厚度4.31m,岩塞体平均厚度4.140m,岩塞方量82m³,岩塞厚度与直径比值为1.18。

取水口地形坡度较陡,其中1#洞洞口地形坡度为41°～65°,2#洞洞口地形坡度为44°～62°,岩层产状为N35°～40°E/NW∠40°～52°。工程地质钻探显示,岩石为深灰色灰岩,裂隙中等发育,充填方解石及泥质。岩塞为"强透水环境下的双岩塞爆破施工",为解决岩塞透水问题,采用超前预灌浆防渗堵漏加固技术和声波探测检测技术,确保整个岩塞体爆破受力均匀及施工期间的安全。

岩塞采用排孔爆破方案,排孔方案具有施工安全、机械操作方便、药量分散、爆破振动影响小、爆破岩石块度均匀等优点。岩塞炮孔位布置主要与岩塞底部断面、岩塞形状、爆破方量、岩石性质和炸药性能等因素有关。岩塞爆破主爆孔采用直径 100mm 的孔，钻孔用 YQ100B 型潜孔钻机，周边预裂孔是采用直径 50mm 的孔，岩塞孔位布置原则不同于一般隧洞开挖的孔位布置原则。

大孔径排孔布置方式：在直径为 1.0m 的区域内共布置 12 个炮孔，其中半径 0.25m 圆周上布置 4 个孔，每 90°布置一个孔；半径 0.5m 圆周上布置 8 个孔，按 45°布置一个孔，炮孔底部距离迎水面为 0.8m。辅助炮孔共布置 12 个孔，在半径为 1.25m 的圆周上每 30°布置一个孔，孔口孔间距 0.58m，炮孔底部距离迎水面为 0.8m。第四圈为预裂孔，共布置 36 个炮孔，在半径 1.75m 圆周上每 10°布置一个孔，孔底距离迎水面为 0.5m。1#、2#岩塞的炮孔布置基本相同，由于迎水面地形的差异，在相同的布孔原则下，两个岩塞的孔深有一定差异。在排孔布置时为了保证掏槽孔爆破效果，两个岩塞的中心位置设置一个空孔，孔径和主爆孔直径一样，空孔距离迎水面的距离按 0.5m 控制。

预裂孔使用 ϕ32mm 的药卷，采用不耦合装药结构，线装药密度为 250～300g/m，装药长度为 300cm，预裂孔单孔装药量为 1.5kg，共布孔 36 个，在半径 1.75m 圆周上每 10°布置一个孔。预裂孔共装炸药 54kg。1#、2#岩塞爆破参数如表 1-4 所示。

表 1-4   1#、2#岩塞爆破参数

类型	孔号及排数	孔数/个	孔间距/m	孔深/m	堵塞长度/m	角度/°	单孔装药量/kg	延迟时间/ms
1#取水口岩塞	Y0～Y35	36	0.31	4.04	0.5	13.80～47.70	1.500	0
	F0～F11	12	0.58	3.67	1.0	18.50～43.10	11.214	173
	T0～T11	12	0.35～0.38	3.58	1.0	25.85～35.78	10.836	98、108
2#取水口岩塞	Y0～Y35	36	0.31	3.79	0.5	13.80～47.70	1.500	0
	F0～F11	12	0.58	3.45	1.0	18.50～43.10	10.290	173
	T0～T11	12	0.35～0.38	3.53	1.0	25.85～35.78	10.626	98、108

采用数码电子雷管起爆网路，岩塞爆破追求最佳的爆堆形状、最合理的抛掷方向、最优化的抛掷顺序、最佳的减震效果，因此对起爆顺序和起爆时间的准确性要求很高，传统的电雷管和非电起爆系统难以满足要求。目前，国内在拆除围堰、隧洞爆破中都较为广泛应用的数码电子雷管，该雷管是延期时间可以任意设置，精度较高。雷管的正负误差基本能控制在 2ms 以内，数码电子雷管的精度在一定程度上克服了传统非电起爆雷管大误差带来的困难，同时数码电子雷管也具有一定的抗水能力。

塘寨取水口岩塞爆破采用数码电子雷起爆方案，起爆顺序为周边预裂孔首先起爆，形成预裂缝后中间掏槽孔起爆，掏槽孔使岩塞爆通后，辅助爆破孔最后起爆，岩塞爆通成型。每个孔中均装两发电子雷管，预裂孔使用导爆索起爆，用双发电子雷管联网。岩塞爆破分 4 段，其中预裂孔为 1 段，掏槽孔为 2 段，辅助爆破孔为 1 段。各段的起爆时间

为 0ms、98ms、108ms、173ms。

1#、2#岩塞爆破钻孔参数、爆破参数和起爆网路相同,岩塞爆破时为减少爆破时的震动效应,1#岩塞比 2#岩塞滞后 250ms 起爆。为了保证岩塞爆破的安全,两个岩塞用一台起爆器同时击发起爆。

塘寨取水口双岩塞爆破于 2011 年 8 月 31 日成功爆破,达到预期效果,解决了我国西南地区特殊岩溶地区强透水环境下平行双岩塞爆破技术难题。同时,在爆破中为确保爆破效果,尽量减小爆破振动的影响,对孔间起爆时差提出了更高的要求,因此塘寨取水口岩塞爆破采用了数码电子雷管起爆系统。该爆破系统是在岩塞爆破中首次应用并取得成功。这一成功经验对今后我国水下岩塞爆破工程很有借鉴意义,也是岩塞爆破技术发展的重要方向。

国内最大直径全排孔岩塞爆破工程长甸电站改造工程,位于辽宁省丹东地区宽甸县长甸乡拉古哨村,长甸电站改造工程为鸭绿江现有水丰水库长甸电站的改造工程,改造工程安装 2 台单机 100MW 的机组,总装机容量 200MW,主要建筑物由岩塞进水口、闸门井、引水隧洞、调压井、岔管段、压力管道、发电厂房、尾水系统等组成,隧洞长约 1850m,断面为 10m。改造工程的进水口底高程为 60.0m,位于水库设计死水位 95.0m 以下 35.0m,位于水库正常蓄水位 123.3m 以下 63.3m。若采用常规进水口,在经济、施工、安全、运行上均存在较大问题。经过经济技术对比,参考国内外已建水库或天然湖泊内建设进水口的经验,电站改造工程进水口选择采用岩塞进水口。岩塞开口尺寸要满足过水断面要求,本岩塞的外口直径为 14.4m,内口直径为 10m。

岩塞口上覆盖层厚度太大,为防止岩塞爆破及运行期间岩塞口上部与其他部位的覆盖层垮塌落入洞内,对进水口过流和岩塞口的安全造成不利影响。为了有效解决上述问题并保证岩塞口的安全,施工时需要对岩塞口周围的围岩进行锚杆支护和固结灌浆处理。超前固结灌浆孔技术要求,当岩塞厚度 10m 时,固结灌浆孔深入基岩 9.0m,间排距为 1.5m,排距为 2.0m,采用梅花形布设。锚杆施工的技术要求,支护锚杆深入基岩 9.0m,锚杆间距 1.5m,排距为 2.0m,梅花形布置。

通过对全排孔爆破及药室与排孔相结合爆破方案的比较,全排孔爆破方案与药室加排孔爆破方案均是可行的,但药室加排孔爆破方案岩塞成型较差,爆破振动对岩塞周边围岩影响较大,在药室开挖过程中,存在较大的安全风险。鉴于全排孔爆破方案单段装药量小、爆破成型较好,对岩塞周边围岩和建筑物爆破振动小等优点,该岩塞采用全排孔爆破方案。

由于本工程的岩塞直径为 10m,厚度达 12.5m,属于大直径超厚岩塞,这种岩塞贯通的最大难度在于长度较大的中心掏槽孔。在地下隧洞施工中,隧洞开挖时的掏槽孔爆破效果是开挖隧洞进尺的关键,掏槽效果好,则为后续辅助爆破孔提供良好的临空面,并获得较好的爆破效果。岩塞设计为预掏槽全排孔爆破方案(即大、小岩塞爆破方案)。

1)在大岩塞中轴线方向向前开挖一个直径为 3.5m、深度为 6.5m 的圆柱形槽(隧洞),利用该隧洞作为岩塞爆破时的掏槽孔布置,小岩塞爆通后起着临空面作用。岩塞爆破孔布置纵断面如图 1-10 所示。

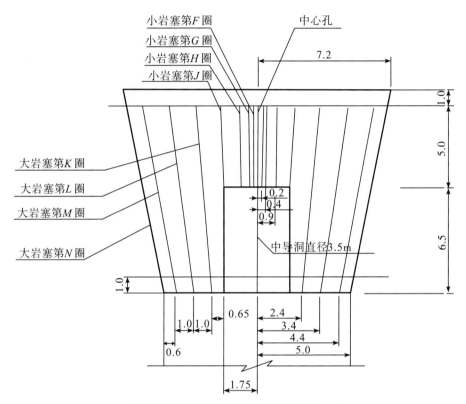

图 1-10 岩塞爆破孔布置纵断面(单位:m)

①小岩塞中心掏槽爆破参数。

②3.5m 直径的隧洞开挖完成后,在大岩塞的末端,迎水面形成一个直径 3.5m、厚度为 6.0m 的小岩塞。

③在岩塞爆破时,通过爆破网路控制起爆时间,小岩塞(掏槽)采用密孔装药并首先爆破与贯通,随后是大岩塞从内向外逐层依次顺序爆破。

④岩塞周边孔采用光面爆破,根据周边轮廓面的受力状态,施工过程中合理调整岩塞周边孔的线装药密度及起爆顺序。

小岩塞掏槽爆破参数,大岩塞开挖完成后,在大岩塞中轴线上开挖一个直径 3.5m、厚度 6.0m 的小岩塞,小岩塞体积小,受到的约束大,施工空间太小,而且轴线有 43°的斜坡,施工时非常困难。小岩塞作为大岩塞的掏槽部分,设计时按大单耗集中药量的方式爆破。爆破参数如下:

①小岩塞的钻孔机具与孔径。小岩塞钻孔采用 YQ100B 型潜孔钻机钻孔,钻孔直径为 90mm,小岩塞中心布置一个装药孔,中心孔的孔径为 90mm。

②小岩塞在半径为 0.2m 的圆周上共布置 6 个孔,每 60°布置一个孔,6 个孔都为空孔。设计考虑为保证小岩塞爆破贯通,使中心区域覆盖的围岩能够完全揭顶,6 个空孔的孔底装 1.0m 的炸药,在掏槽中心区形成集中装药,更有利于岩塞的完全揭顶。空心孔装药采用 ϕ60mm 直药卷,并和中心孔同时起爆。

③在岩塞半径 0.4m 的圆周上布置 8 个孔,每 45°布置一个孔,这 8 个孔也是掏槽孔,当中心孔起爆后,布置的这 8 个孔分 4 段起爆,雷管延时时间分别为 117ms、134ms、151ms、168ms,采用 17ms 做孔外接力雷管。

④在岩塞半径为 0.9m 的圆周上布置 8 个孔,每 45°布置一个孔,该层孔为辅助掏槽孔。这 8 个孔也分 4 段起爆,其每段延时时间分别为 217ms、234ms、251ms、268ms,孔外接力雷管采用 17ms。

⑤在岩塞半径为 1.75m 的圆周上布置 15 个孔,每 24°布置一个孔,为小岩塞外圈崩落孔。这 15 个孔也分为 4 段起爆,各段的延时时间分别为 317ms、334ms、351ms、368ms,采用 17ms 低段雷管做孔外接力雷管。

⑥每个炮孔的孔底距离迎水面垂直距离。在钻孔时保证不漏水的情况下,炮孔底部距迎水面的距离较小为好,并根据钻孔前探孔探测的岩塞实际厚度调整钻孔深度和留迎水面的距离,也可在 1.0～1.5m 调整。

2)大岩塞爆破参数。

当作为掏槽揭顶的小岩塞爆破后,剩下大岩塞爆破孔以小岩塞爆破形成的中导洞为临空面,大岩塞由内向外依序逐层向临空面爆破,爆破石渣在水流作用下冲入集渣坑内。大岩塞共设计 4 圈爆破孔,自内向外分别为 K 圈、L 圈、M 圈、N 圈。其爆破参数如下:

①大岩塞钻孔机具与孔径。大岩塞炮孔采用 YQ100B 型潜孔钻机或锚索钻机钻孔,炮孔的直径为 90mm。

②在大岩塞半径为 2.4m 的圆周上,布置第 K 圈炮孔,炮孔按每 24°布置一个孔,圆周上共布置 15 个炮孔。

③在岩塞半径为 3.4m 的圆周上,布置第 L 圈炮孔,炮孔按每 15°布置一个孔,圆周上共布置 24 个炮孔。

④在大岩塞上布置最后一圈主爆孔,布置在半径为 4.4m 的圆周上,这是布置第 M 圈炮孔,炮孔按每 12°布置一个炮孔,共布置 30 个炮孔。

⑤周边轮廓光面爆破孔,在岩塞半径为 5.0m 的圆周上每 7.5°布置一个炮孔,一共布置 48 个炮孔,轮廓光面孔与最近的爆破孔最小距离为 0.6m。光面孔也采用 YQ100B

型潜孔钻机(或锚索钻)钻孔,钻孔直径为 90mm,光面孔孔底与迎水面的距离为 1.0m。

大岩塞的炮孔 K 圈、L 圈的圈间距离均为 1.0m,而 M 圈炮孔与轮廓光面孔的距离为 0.6m,这主要是考虑到主爆破孔在爆破时不能对保留轮廓面造成破坏。主爆孔孔底与迎水面的距离为 1.0m。岩塞上所有炮孔的开口误差应小于 5cm,炮孔孔底误差应小于 20cm,孔深误差在不透水条件下应小于 20cm。大岩塞上共布置主爆破孔 60 个,钻孔直径为 90mm,药卷采用 60mm 的药卷,光面爆破孔采用 35mm 药卷,使用 35mm 的中继起爆具。

长甸岩塞爆破是一个直径 10m 的全排孔岩塞爆破,深水大岩塞爆破成败的关键是起爆网路,因此在起爆网路设计和施工中,必须保证能按设计的起爆顺序、起爆时间安全准爆,且要求网路标准化和规格化,有利于施工中连接与操作。长甸进水口水下岩塞爆破时对起爆网路要求如下:起爆网路的单段药量满足爆破振动安全要求;岩塞在单段药量严格控制的情况下,孔间不会出现重段或串段现象;岩塞整个网路传爆雷管全部传爆完后,第一段的炮孔才能起爆。

长甸进水口岩塞爆破是一个大直径、厚度较厚、水深达 60m 以上的全排孔岩塞爆破,爆破按照小岩塞首先起爆,而后大岩塞的炮孔利用中导洞及小岩塞贯通形成的临空面按顺序起爆,最后周边轮廓光面孔起爆,实现整个岩塞的贯通。为了确保岩塞安全、准时爆破,岩塞起爆网路采用了高精度非电及数码电子雷管双复式起爆网路。

高精度非电复式起爆系统在国内已经有非常成功的应用经验,其精度和可靠性已经得到了充分的验证,但该系统和一般非电起爆系统都有一个共同的缺陷,就是网路连接完成后,无法对炮孔进行逐孔的整体校验,只能通过外观检查来确定是否安全。而数码电子雷管起爆系统在完成联网以后,可以在电脑系统中进行逐孔的校验,即在岩塞全部施工完成,岩塞起爆前还可以进行检查。但是数码电子雷管起爆系统在有水压的复杂情况下,起爆可靠性也会相应降低。为了克服上述两种系统的各自缺陷,又充分发挥各自的优势,在长甸进水口岩塞爆破中采用两套系统组成的高精度非电及数码电子雷管起爆系统。小岩塞的高精度非电及数码电子雷管双复式起爆系统延时时间如表 1-5 所示。

起爆网路是爆破成败的关键,因此在岩塞爆破起爆网路的施工中,施工人员必须保证按设计的起爆顺序、起爆时间安全准爆。但施工中还应注意,数码电子雷管的连线接头不能置于水中,因此在施工中应制定严格的保障措施,在集渣坑充水过程中所有连线接头固定于高于集渣坑水面以上。高精度非电导爆管雷管适用于水深小于 20m,该岩塞采用气垫式岩塞爆破,网路连接后将承受一定压力,有必要对高压环境下的接力雷管的起爆性能及精度进行试验测试,当高精度非电导爆管雷管不能满足要求时,需要定制专用雷管。数码电子雷管脚线都要引到地表进行时间设置和网路起爆操作,在进行雷管脚线的上引过程中,施工人员需注意对脚线的保护和固定,其他施工作业都不得伤及雷管脚线。

表 1-5　　　　　　　　　高精度非电及数码电子雷管双复式起爆系统延时时间

炮孔位置	段号	高精度非电雷管复式起爆系统		数码电子雷管复式起爆系统延时时间/ms	单段药量/kg
		雷管	延时时间/ms		
小岩塞	1	0ms+1025ms	1025	1025	16.5
	2	17ms+100ms+1025ms	1142	1142	33.0
	3	34ms+100ms+1025ms	1159	1159	33.0
	4	51ms+100ms+1025ms	1176	1176	33.0
	5	68ms+100ms+1025ms	1193	1193	33.0
	6	17ms+200ms+1025ms	1242	2142	33.0
	7	34ms+200ms+1025ms	1259	2159	33.0
	8	51ms+200ms+1025ms	1278	2176	33.0
	9	68ms+200ms+1025ms	1293	2193	33.0
	10	17ms+300ms+1025ms	1342	3142	66.0
	11	34ms+300ms+1025ms	1359	3159	66.0
	12	51ms+300ms+1025ms	1376	3176	66.0
	13	68ms+300ms+1025ms	1393	3193	49.5

　　长甸电站改造工程进水口岩塞爆破,其岩塞为圆形,内口直径为 10m,外口直径为 14.4m,岩塞厚度为 12.5m,$H/D=1.25$。小岩塞爆破装药量 555kg,其中包括 6 个空孔底部 1.0m 装药 27kg。大岩塞共有 69 个装药爆破孔,单孔装药量为 29.25kg,总装药量 2018.25kg,主爆破孔最大单段起爆药量为 87.75kg。岩塞共有光面爆破孔 48 个,光面孔单孔装药量 14.85kg,总装药量 712.8kg。岩塞爆破总装药量为 3286.05kg,其中 ϕ60mm 起爆具 2107.5kg,ϕ35mm 起爆具 1178.55kg。岩塞于 2014 年 5 月爆破成功,这是国内首个岩塞口位于水下 60m 深处的岩塞爆破,也是国内采用全排孔和轮廓上采用光面爆破的最大直径(10m)的岩塞,对国内大直径全排孔岩塞爆破起到了有效的推动和创新,这也是国内第二例采用斜坡式集渣坑和缓冲气垫的岩塞爆破工程,把国内岩塞爆破技术的发展推进到一个新高度。

　　香山水库位于河南新县县城东南 6km 的淮河水系潢河支流田铺河上,水库主要建筑物包括主坝、溢洪道、电站、灌溉洞、1 号副坝及非常溢洪道等工程。主坝为浆砌石重力拱坝,最大坝高 68m,坝长 214m。水库于 1972 年建成,为防御特大暴雨,且便于调洪运用和腾空水库,需修建一条泄洪洞。

　　泄洪洞位于主坝左侧,洞身基岩为微、弱风化粗粒花岗岩,隧洞为圆形压力洞,洞长

470.6m,钢筋混凝土衬砌,厚 0.4m,隧洞内径 2.5m。由于库水位只能降到灌溉洞洞底 145m 高程,即库前水深还有 45m,泄洪洞进水口位于深水之下,因此,修建泄洪洞进水口只能采用水下岩塞爆破的方式进行。香山水库岩塞剖面如图 1-11 所示。

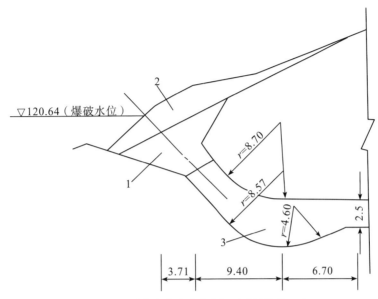

图 1-11　香山水库岩塞剖面示意图(单位:m)

岩塞部位地形较陡,地面坡度 28°20′,其上覆盖层厚约 2.8m,由采石场废弃的人工堆积的小块径石渣和 0.3m 厚水库淤积土组成。基岩岩面线以下是微风化粗粒花岗岩,多为陡倾角裂隙,裂隙比较发育。岩塞设计轴线方向为北东 51°,与水平面夹角为 45°。原设计岩塞厚度为 5.0m,底面平行岩面线,即与水平夹角为 28°20′,上口直径为 7m,下口直径为 3.5m。根据开挖的实际情况进行岩塞修改设计,修改后的岩塞为倒截头正圆锥体,岩塞厚度变更为 4.52m,底面坡角 45°,与轴线垂直,上下口直径不变。岩塞采用全排孔爆破。

炮孔布置,该岩塞共布置 3 种炮孔:

第一种为中心炮孔(掏槽孔),炮孔平行岩塞轴线半径 0.5m 范围内,一共布置 13 个直径 100mm 的炮孔,该炮孔用以爆通岩塞中部;

第二种为周边炮孔,在岩塞底面半径 1.7m 的圆周上,沿岩塞爆破轮廓线布置 36 个 40mm 辐射形炮孔,孔口间距 0.3m,孔底间距 0.5m,该炮孔的作用是控制岩塞的成型和减震。

第三种为扩大炮孔,在岩塞底面半径 1.0m 的圆周上,中心炮孔和周边炮孔之间布置 12 个 100mm 的炮孔,作用是炸除中心炮孔爆破漏斗范围以外的岩塞石方,并将岩塞上口扩至设计的口径。

岩塞的三种炮孔的深度均按孔底距岩面 1.3m 设计,钻孔施工期间严格按设计孔深施钻。

为了探明岩塞漏水情况,以制定有效灌浆止漏方法,在岩塞 100mm 的炮孔附近,用风钻钻灌浆孔,孔深比邻近炮孔深一些。本岩塞爆破施工过程中共钻 13 个灌浆孔,凡遇漏水的炮孔就进行灌浆。岩塞炮孔装药时,全部灌浆孔用黄泥封堵。

岩塞体的钻孔方法,由于岩塞体上部系强透水围岩,设计炮孔孔数较多,在钻孔过程中势必有较多渗水状况。为了顺利钻孔,施工时先进行周边炮孔和灌浆孔的钻孔,当钻孔中出现渗漏水时,就采取对炮孔内灌注丙凝浆液堵漏。施工中布置的灌浆孔和周边孔的钻孔深度比其他潜孔钻的炮孔深些,从而避免潜孔钻钻孔时出现严重渗漏。

周边炮孔及灌浆孔使用气腿手风钻钻孔。钻周边炮孔时,炮孔定位放样采用钢筋放样架,将钻杆紧靠放样架斜向钢筋定向,当炮孔钻进 1.0m 左右,可摒弃放样架,沿既定方向继续施钻。

风钻钻孔完成后,用潜孔钻钻中心炮孔及扩大炮孔,钻头直径采用 100mm,钻孔时仍使用放样架为钻孔定向。潜孔钻开始钻孔时,必须使水压大于风压,实际采用水压 $5\sim6kg/m^2$ 和气压 $4kg/m^2$。但一经开钻后,要降低气压为 $2\sim2.5kg/m^2$,这样使潜孔钻的钻头不要太紧压在孔底,以发挥钻头的凿岩能力和减少磨损。

钻孔时的丙凝灌浆。根据前期水下勘探,岩塞部位单位吸水量最大为 0.695,由于岩塞体上炮孔数量多,炮孔孔底距岩面很近,钻孔过程中出现渗漏的概率非常大,因此,准备了丙凝灌浆堵漏,为下一步装药创造了良好的施工条件。

这次岩塞爆破的炸药单位消耗系数 K 采用 $1.8kg/m^3$,硝化甘油炸药换算系数为 0.762,水影响装药量系数采用 1.3。

中心炮孔装药量:13 个密集中心炮孔,是按集中抛掷爆破公式计算药量。原设计 13 个中心炮孔孔底距岩面 1.3m,每孔装药 7kg,13 个孔共装炸药 91kg。由于开挖过程对超挖控制不好,使岩塞底面超挖,经设计确定采取增加钻孔深度和加大药卷密度的措施,以达到满足爆通岩塞顶部的要求。实际钻孔深度较原设计平均深 0.11m,即孔底距岩面平均为 1.19m,13 个中心炮孔共装药 106kg。

扩大炮孔装药量:岩塞中部一圈布置的 12 个辐射形扩大炮孔的装药量,按集中药包公式计算。设计装药量为 100kg,实际装药量为 106kg。

周边炮孔装药量:周边炮孔采用线装药密度 0.358kg/m,炮孔底部 0.42m 增加装药量 1 倍。炮孔堵塞长度按炮孔长短采用 $0.6\sim0.9m$,设计炮孔深度按孔底距岩面 $\geqslant$ 1.3m 掌握。周边炮孔一共 36 个孔,设计装药量 39.3kg,实际施工装药量 44kg。

香山水库岩塞共有 3 种炮孔,3 种炮孔装药总量为:设计装药量 230.3kg,施工中实际装药量为 256kg。

　　本岩塞爆破采用非电毫秒雷管及电爆网路两套起爆系统,多支路的"串—并—联"电爆网路。

　　起爆时间间隔:岩塞爆破选用 1、3、5 段毫秒雷管标准的起爆时间依次为小于 13ms、50 ± 10ms、100 ± 15ms,间隔时间为 $27\sim60$ms、$25\sim75$ms。

　　起爆顺序:岩塞爆破时的起爆顺序为,首先用 1 段雷管引爆中心炮孔,其次用 3 段雷管引爆周边炮孔,最后用 5 段雷管引爆扩大炮孔。

　　电爆网路布置:岩塞中心炮孔有 13 个孔,每个孔内设置 2 个 1 段雷管,13 个雷管串联成 1 条支路,计 2 条重复支路。为了使炮孔都能安全起爆,每个孔内设 1 根传爆线,在孔口外并簇连接,用 4 发 1 段雷管引爆。周边炮孔有 36 个孔,把 36 个孔分为 3 组,每组 12 个炮孔,每个孔内设 1 发 3 段雷管(其中 1 个炮孔设 2 发雷管),13 发雷管串联成一条支路,共 3 条支路。每个孔内设 2 根传爆线,并与孔口外环形成主传爆线三角形连接,用 5 发 3 段雷管引爆。扩大炮孔共有 12 孔,每个孔内设 2 发 5 段雷管(其中 1 个炮孔内设 4 发雷管),13 发雷管串联成一条支路,共 2 条重复支路。每个孔内设 1 根传爆线,与孔外主传爆线顺向连接,并用 4 发 5 段雷管引爆。

　　以上 13 发雷管串联成一条支路,共计 7 条支路。传爆线上 13 发雷管又串联成一条支路,合计 8 条串联支路,并联于主线。

　　在采用电雷管进行岩塞爆破时,组成的雷管串联支路应确保各支路的电阻平衡,确保岩塞爆破时各支路能一齐起爆。

　　岩塞装药堵塞后连接电爆网路,一般情况下分两组进行操作,每组两人,一个人操作联线,另一个人检验连接有无未连接网线。联线完后,各组交换进行检查、校正和验收。验收后,每 2h 测量各支路电阻一次,爆破前 1 个小时,电爆网路连接爆破主线,并测量总电阻。临爆前,最后一次复测总电阻,与先前测量及设计的数值无误差,等候命令合闸起爆。

　　香山水库泄洪洞水下岩塞爆破于 1979 年 1 月 7 日合闸爆通,岩塞口位于水下 25m 处,距大坝最近点为 100m,岩塞直径为 3.5m,共装炸药 256kg。本次岩塞爆破圆满地达到各项技术要求,表明排孔泄渣的岩塞爆破取得了圆满成功。

　　江西省玉山县七一水库于 1960 年建成,为扩大发电和防洪效益,在大坝右岸扩建一条长为 556m、内径为 3.5m 的发电、灌溉兼放空水库的压力隧洞,进水口采用水下岩塞爆破。岩塞位于水下 18m 处,岩塞直径 3.5m,岩塞爆破时使用炸药 938kg,引水隧洞进水口岩塞于 1972 年 11 月 8 日爆通。但由于闸门及启闭设备没有安装,进水口爆通后无法控制水流,造成水库水位急剧下降,并造成土坝于 11 月 9 日和 24 日发生两次较大滑坡,最后在放空水库后对滑坡进行处理。

　　江西省玉山县七一水库水下岩塞爆破,是国内首例采用泄渣爆破的工程,为研究泄渣对隧洞结构及闸门埋件的磨损,提供了有益的经验。岩塞工程的特点是不设集渣坑,利用岩塞爆通后水流的力量将爆破岩渣经隧洞冲向下游河道。岩塞爆破后检查发现隧洞底部混凝土磨损深约 10cm,局部有钢筋外露。进水口闸门预埋件未变形,闸门安装后启闭较顺利。这也说明,当岩塞采用泄渣方法时,需对隧洞结构采取一定的防护措施。

国内在 20 世纪 90 年代前进行的水下岩塞爆破工程,在岩塞爆通成型、药室布置、排孔施工、药量控制、爆渣处理、岩塞爆破对水工建筑物损坏的分析、岩塞体施工、冲击波控制等方面进行了研究。

在国内前十多个岩塞爆破工程施工中都做到了一次爆通,而且进水口成型较好,岩塞爆破时的炸药单耗药量较低,岩塞洞室爆破方案的单耗药量为 $0.9\sim1.2kg/m^3$,全排孔爆破方案的单耗药量为 $1.0\sim1.4kg/m^3$。在岩塞爆破的岩渣处理上,有多个岩塞爆破采用了开门泄渣的方式。该方式有效消除了爆破时的井喷,也省去了集渣坑开挖与洞内堵头修建,并缩短了工期。以丰满水电站为代表的岩塞爆破采用多层药室、周边钻预裂孔、集渣采用靴形集渣坑的岩塞爆破也取得了较好的效果,爆破时对大坝、隧洞、闸门进行了系统的观测。从观测成果可见,爆破时地震效应实测结果表明:能量小,加速度峰值大,频率高,持续时间短,衰减快,对建筑物的影响小,为类似工程提供了宝贵经验。

1.1.4 国内已实施的岩塞爆破工程

岩塞爆破起源于挪威,并实施了 600 多例。我国 1969 年开始在辽宁省青河水库进行第一个岩塞爆破工程,如今国内实施岩塞爆破的工程有 20 多个,其中以丰满水库岩塞爆破规模最大。近年来,岩塞爆破工程有所增加,如山西省汾河水库岩塞爆破,采用集中药包强抛掷爆破法,不仅一次爆通岩塞,而且同时冲开淤泥,达到通畅过流的目的。首次用于贵州省印江县山体滑坡坝抢险泄洪洞的岩塞爆破,岩塞上部最大开口为 14.68m,岩塞底部直径为 6.0m,岩塞厚度为 7.0m,体型为截头圆锥体。国内首座抽水蓄能水电站进水口岩塞爆破,岩塞爆破采用单一洞室爆破法对岩塞和进水口的成型难以精确控制,因此采用以洞室为主,钻孔为辅,两者相结合的岩塞爆破方法。

岩塞集渣坑采用斜坡型式有利于施工,岩塞爆破中首次采用气垫空间,形成 0.26MPa 的气垫,岩塞爆破时减轻爆破冲击波和动水压力的负面影响,首次在岩塞爆破中采用电磁雷管起爆系统,简化了起爆网路设计,保证了施工和作业安全。贵州华电塘寨火电厂取水工程进水口采用双岩塞爆破施工,取水洞设计为城门洞型,1#、2# 洞在同一高程,平行布置,中线距离 11m。1#、2# 岩塞轴线与水平线夹角都为 30°时,岩塞直径为 3.5m。1# 岩塞平均厚度 4.095m,2# 岩塞平均厚度为 4.14m,岩塞爆破首次采用数码电子雷管起爆系统,使岩塞爆破的起爆系统更加丰富和安全。刘家峡水电站排沙洞的进水口采用水下岩塞爆破,岩塞爆破口位于洮河出口,黄河左岸,在正常蓄水位以下 70m,且有 $11\sim58m$ 的厚淤泥层。岩塞下开口直径为 10m,上开口直径为 20m,岩塞厚度约为 12.3m。设计排沙泄流量 600m³/s,发电引用流量 350m³/s。这样大直径、高水头、厚淤泥覆盖层排沙兼发电的岩塞爆破工程国内外尚无先例。为解决岩塞爆破后淤泥覆盖层能有效排走的问题,在岩塞覆盖层上钻爆破孔 4 个,分布在进水口轴线上方和左、右两侧,呈菱形布置,钻孔直径 100mm,钻孔间距为 1.8m,孔内连续装药,淤泥爆破孔线装药密度为 5kg/m。岩塞爆破采用多层药室、周边打预裂孔的方式。刘家峡水库的排沙洞岩塞爆破是在淤泥厚 27m 工况下的岩塞爆破,使国内岩塞爆破更加丰富和完善。我国部分工程的岩塞爆破实施简要情况如表 1-6 所示。

表 1-6　　　　　　　　　　　　部分工程岩塞爆破实施简要情况

序号	地点	工程名称	作用	地质条件	爆破水深(m)	岩塞尺寸(m)		爆破方式	起爆时间(年.月)
						直径	厚度		
1	辽宁	青河水库	供水	花岗岩麻岩	24.0	6.0	7.50	洞室	1971.7
2	江西	七一水库	发电灌溉	泥质页岩	18.0	3.5	4.20	洞室	1972.11
3	黑龙江	310 工程镜泊湖	引水	闪长岩	23.0	9.0	8.00	洞室	1975.11
4	河南	香山水库	泄洪	花岗岩	30.0	3.5	4.52	排孔	1979.1
5	吉林	丰满水库	泄水	变质砾岩	19.8	11.0	15.00	洞室	1979.5
6	北京	密云水库(1)	泄水	花岗片麻岩	34.0	5.5	5.00	排孔	1979.7
7	湖北	梅铺水库	泄水	灰岩	10.3	2.6	3.60	排孔	1979.7
8	浙江	横棉水库	泄洪	流纹岩	26.0	6.0	9.00	洞室＋排孔	1984.9
9		水槽子电站	冲砂	玄武岩	30.0	4.5	3.40	排孔	1988.2
10	北京	密云水库(2)	供水	花岗片麻岩	36.0	4.0	4.50	排孔	1994.10
11	山西	汾河水库	泄洪	角闪片岩	24.0	8.0	9.05	洞室＋排孔	1995.4
12	浙江	黄椒遇工程	引水	角砾凝灰岩	18.0	3.0	3.30	排孔	1995.6
13	贵州	印江	泄洪	灰岩	25.5	6.0	6.20	排孔	1997.4
14	安徽	响洪甸抽水蓄能	发电、抽水	火山角砾岩	35.0	9.0	11.50	洞室＋排孔	1999.8
15	浙江	小子溪电站	引水发电	凝灰岩	8.7	2.2	3.35	排孔	1978.1
16	浙江	龙湾燃机电厂	取水	凝灰岩		5.2	4.20	排孔	2000
17	贵州	塘寨发电厂	取水口	灰岩	20.0	3.5	4.10	排孔	2012
18	辽宁	长甸电站	发电		51.0	10.0	12.00	排孔	2014.5
19	甘肃	刘家峡电厂	排沙洞	石英云母片岩、云母石英片岩	50.0	10.0	12.30	洞室	2015.9

1.2 水下岩塞爆破分类和基本技术要求

1.2.1 水下岩塞爆破分类

在水下岩塞爆破施工中,可以按岩塞爆破装药方式、爆破后岩渣处理方式、爆破时隧洞运行方式,对水下岩塞爆破进行分类。

1.2.1.1 岩塞爆破类型

岩塞爆破有药室爆破、排孔爆破、洞室和排孔相结合的三种爆破类型。

(1)药室爆破

药室爆破为集中药包,作用比较明确,起爆网路简单。但药室施工难度较大、时间长,药室装药集中,爆破振动大,爆破岩块不均匀,进水口成型较差,施工安全性较差。

药室爆破是在岩塞中间开挖药室(药室分为多层药室、多个药室、单个药室),药室中放置集中药包或延长药包进行爆破。国外的休德巴斯及国内的丰满、清河、镜泊湖、刘家峡工程均采用多层药室这种爆破方式。

(2)排孔爆破施工

排孔爆破施工简单、速度快、药量分散、振动较小、进水口成型好、爆破后岩块均匀,施工安全性较好。缺点是采用一般电雷管时,电爆网路较复杂,排孔爆破适用于较小尺寸的岩塞体,我国在2012年前采用全排孔岩塞爆破的岩塞直径一般不超过6m。

排孔爆破是在岩塞掌子面布置较为密集的炮孔,中部为掏槽孔,在炮孔中装药进行分段爆破,一般用于断面较小的岩塞,但随着工艺、钻具、起爆系统的提高,岩塞直径也出现了变化。国外的阿斯卡拉、雪湖,以及国内的香山、梅铺水库、密云、印江、黄椒温、小子溪电站、龙湾燃机电厂、塘寨发电厂、长甸电站等工程均采用这种排孔爆破方式。

(3)洞室和排孔

洞室和排孔相结合的爆破方式,兼有上述两种方案的优点,如果采用一般电雷管,电爆网路较为复杂,岩塞中有洞室开挖,又有钻孔施工,增加了施工难度和施工工序。

洞室和排孔相结合的岩塞爆破,在大型岩塞爆破施工中在岩塞上部布置一个或多个药室,同时布置一定数量的炮孔,药室起到揭顶或掏槽作用,炮孔起到扩大岩塞和保护岩塞轮廓的作用。意大利的列德罗水下岩塞爆破及国内的横锦水库、汾河水库、响洪甸抽水蓄能等工程均采用这种爆破方式,也取得了较好效果。

1.2.1.2 岩塞爆破岩渣处理类型

（1）集渣坑方式

根据岩塞爆破集渣类型，岩塞爆破又分为聚渣型和冲渣型岩塞爆破两类（图1-12）。有集渣坑的岩塞爆破中，又分为集渣坑堵洞爆破和敞洞爆破，堵洞爆破时在隧洞进水口闸门后某一位置实施封堵，使石渣全部进入集渣坑，主要用于引水发电隧洞，下游厂房已经修建好，隧洞内不允许石渣通过。封堵式爆破时，应确保堵头稳定可靠，爆后再下闸排水然后拆除堵头。国内丰满、镜泊湖、清水河与响洪甸工程均采用集渣坑爆破。

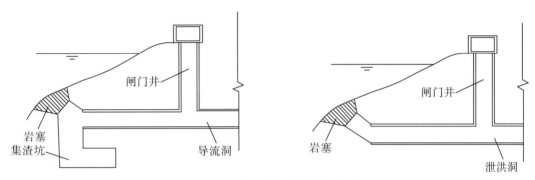

图1-12 聚渣型和冲渣型岩塞爆破示意图

（2）泄渣爆破方式

泄渣爆破时则不在隧洞中设堵塞段，岩塞爆破时隧洞中闸门开启，让爆破后的石渣被水流直接冲出到洞外。该方法的主要优点是节省了临时堵头的修建与拆除工作量，在爆破时不产生井喷，但对隧洞会产生磨损，并要求闸门能在爆破后及时投入运用，以控制水流。施工中采用泄渣爆破方式一般是敞开爆破，国内玉山、香山、密云、汾河、刘家峡等水库均采用泄渣、敞开爆破方式。但要注意岩渣对隧洞的磨损和对下游河道的淤积影响。

岩塞爆破按隧洞的运行方式，又可分为堵塞爆破和敞开爆破两类。

堵塞爆破是在进水口闸门井之后的隧洞中设临时堵头段，防止岩塞爆破后的水流及石渣冲入隧洞与厂房，待岩塞爆破后再关闭闸门，在放空闸门和堵头段的积水后，拆除临时堵塞段。国内镜泊湖、清河水库、310工程、响洪甸抽水蓄能电站及国外多数工程均采用堵塞爆破。堵塞爆破时，会在堵塞段前闸门井中产生强烈的井喷，高速气水石渣从闸门井喷出，会对闸门井结构、闸门埋件及井上结构造成损坏，需要对结构物采取妥善保护措施。

敞开爆破则不在隧洞中设堵塞段，岩塞爆破时隧洞闸门开启，爆破后让水流石渣通过隧洞直接冲出洞外。该方法的主要优点：一是节省集渣坑的开挖，二是节省临时堵塞段的浇筑和拆除堵塞段的工作量，三是岩塞爆破时不产生井喷，确保了闸门井结构的安全。并要求闸门在岩塞爆破后及时投入运用,以控制水库的水流。但是,石渣水流对隧洞产生的磨损较大。采用泄渣爆破方式一般是敞开爆破,国内岩塞爆破中采用敞开爆破的岩塞有玉山、香山、密云、水槽子、印江、汾河、刘家峡等工程,均采用泄渣、敞开爆破方式。而当采用集渣爆破方式时,一般为堵塞爆破,但也可以采用敞开爆破。例如,丰满工程即采用了集渣坑叠加敞开爆破方式。

我国于 20 世纪 70 年代实施岩塞爆破,早期从小型洞室爆破为主体,逐步过渡至以排孔爆破为主体,也有洞室、排孔相结合的爆破形式。由于岩塞洞室爆破其药室较小,施工极其困难,当岩体破碎时存在较大风险,随着先进钻孔机具的出现,以及爆破器材的发展,现在的岩塞爆破设计更倾向于使用排孔爆破方案,以精确的大直径钻孔,加大线装药密度,取得类似洞室爆破的效果。当岩塞断面较大,岩体完好时,也可在岩塞内部预开挖一定长度和直径的洞室后,再实施排孔爆破。

各类型岩塞爆破的特点与要求、适用范围分别如表 1-7、表 1-8 所示。

表 1-7　　　　　　　　　　　　　岩塞爆破特点与要求

岩塞爆破方法	适用条件	优点	缺点
排孔岩塞爆破	小于 6m 中小型岩塞爆破	施工简单,速度快,药量分散,振动小,岩石块体均匀成型好,安全性好	采用一般电雷管时,电爆网路较复杂
洞室岩塞爆破	大于 6m 大中型岩塞爆破	作用比较明确,起爆网路简单准确	施工时间长,安全性差,难度大,爆破振动大,岩石块体不均匀,成型较差
洞室与排孔相结合的岩塞爆破	4～8m 中型岩塞爆破	兼有上述两种方案的优点,成型好,安全性好	采用一般电雷管,爆破网路更为复杂。有洞室开挖,又有钻孔施工,增加施工难度和作业工序

表 1-8　　　　　　　　　　　　　岩塞爆破适用范围

有无集渣坑	药室类型	堵室类型	适用范围
有集渣坑	洞室爆破	堵塞爆破	岩塞断面较大,爆破和运行时不允许石渣通过洞身段
		敞洞爆破	岩塞断面较大,爆破时允许少量石渣通过洞身段
	排孔爆破	堵塞爆破	岩塞断面中等和较小,爆破和运行时不允许石渣通过洞身段
		敞洞爆破	岩塞断面中等和较小,爆破时允许石渣通过洞身段
	洞室与排孔爆破	堵塞加气垫爆破	岩塞断面较大,爆破和运行时不允许石渣流入洞内
		敞洞爆破	岩塞断面较大,爆破后石渣经洞身排出

续表

有无集渣坑	药室类型	堵室类型	适用范围
无集渣坑	洞室爆破	敞洞爆破	岩塞断面较大,爆破和运行时允许石渣通过洞身段
	排孔爆破	敞洞爆破	岩塞断面中等和较小,爆破和运行时允许石渣通过洞身段
	洞室与排孔爆破	敞洞爆破	岩塞断面较大,爆破和运行时允许石渣通过洞身段

1.2.2　岩塞爆破工程基本技术要求

随着国内水利水电工程开发和城市建设的迅猛发展,对很多已建成的水库、天然湖泊和海水资源需做进一步开发利用,进行工程改(扩)建,以达到扩大取水、灌溉、发电、泄洪和城市供水等目的,为此提出在已建水库和湖泊水域中修建引水隧洞及进水口控制工程的要求。但因这类进水口一般都在水面以下十几米至几十米处,采用围堰法施工,则工程量很大,且需要进行水下填筑围堰,势必带来造价高、工期长、难度大等问题,因此,在进水口采用岩塞爆破方法,以代替围堰工程,待引水隧洞及下游其他建筑物修建完后,用爆破法一次爆通岩塞,并形成进水口。这样既不需要大量复杂设备修筑和拆除施工围堰,既经济又快捷,又是切实可行的方案。

同时,岩塞爆破在水下隧洞内进行施工,形成的进水口长期处于深水下运行,很难进行检修,这一特殊的施工和运行条件,在岩塞爆破时需确保岩塞爆通成型好、进水口安全稳定。另外,岩塞周围通常有各种建筑物,特别是拦河大坝,必须保证岩塞爆破时的绝对安全,因而在岩塞爆破施工中,确定了岩塞爆破施工中的一些技术要求。

①一次爆通成型。工程实施时首先要确保做到一次爆通,岩塞爆破出现拒爆或不完全爆破,都将给工程带来非常大的麻烦。岩塞爆破施工过程中,只要查明岩塞部位的地形和地质条件,采用正确的技术措施,就能做到一次爆通。

②爆破后进水口成型良好。开口尺寸应满足进水流态的要求,爆破形成的进水口力求完整,具有良好的水力学条件,以保证进水口具有良好的过水能力和长期运行的稳定性。岩塞口及附近的岩体应安全稳定,不发生坍塌或滑坡。

③确保附近水工建筑物的安全。在岩塞爆破附近常有大坝、厂房、闸门井、闸门、引水隧洞等水工建筑物,爆破对建筑物会产生一定影响,应研究爆破对建筑物的影响程度,必要时须采取可靠的技术措施以确保这些建筑物在爆破时的安全。

④岩塞厚度应满足施工过程中岩塞体在高水压力作用下的稳定,保证在隧洞开挖爆破和岩塞体钻孔与药室开挖施工时的安全。

⑤岩塞体底部的集渣坑应满足爆落石渣堆放平稳或顺畅下泄,可在岩塞底部充水并形成气垫,确保岩塞爆破时减小冲击,又能使石渣平稳进入集渣坑内,又不发生井喷现象。

⑥泄渣爆破时,石渣对隧洞结构产生撞击和磨损,应控制爆破石渣块径,减轻对洞壁衬砌混凝土的撞击和磨损,在易磨损部位应采取适当的防护措施。

岩塞在施工过程中一直处于几十米水深的压力作用下,这时要求岩塞体具有足够的稳定性,保证在药室、集渣坑和炮孔施工过程中的施工安全。

岩塞爆破按上述要求归纳为:稳定、爆通、成型、安全。为达到上述基本要求,在岩塞勘察、设计与施工过程中,应着重解决下面几个方面的问题。

1.2.3 查清地形与地质情况

岩塞爆破的外口及周边的地形地质情况,直接影响到岩塞爆破的设计与施工。

水下岩塞勘测工作是通过地面勘测、钻孔勘探和物理勘探,采用机器人与配合潜水员下水作业,查明选定的岩塞区域内岩体的岩性、地质构造、覆盖层厚度、水文地质条件、水下地形和形状。完成并提交岩塞区地质勘测报告包含水上和水下满足精度和比例尺要求的地形地质图及详细资料的文字说明,为岩塞位置的正确选择和设计参数的选取提供可靠的基础依据。

岩塞口的地形条件直接关系到岩塞体的厚度、岩塞的倾角及各种爆破参数的选择,因此,对水下岩塞爆破的地形测量有较高的精度要求,其前期对岩塞的地形测量工作可在木排(船)和冰上仔细地进行。

岩塞口的地质条件与岩塞稳定、岩塞口成型与长期运行稳定、岩塞爆破口周边山坡岩体稳定和集渣坑边墙稳定等问题都密切相关。必须认真查清岩塞口的覆盖层分布、岩性、断层与围岩节理等地质构造,以及岩石与覆盖层的厚度和渗漏情况。除采用钻机外,必要时还要通过探洞等方法予以查明。

水下岩塞地形地质条件要有利于准确设计,一次爆通成形。水下岩塞地形地质要简单平整,无大断层切割。岩石渗漏量小,覆盖层薄,无崩塌堆石,容易勘探查明。应避免把大漂石和崩塌堆石误以为基岩,使错定岩塞厚度。

1.2.4 确定合理的爆破方案

岩塞爆破方案选择的正确与否直接影响着岩塞爆破的成败。其岩塞爆破要全面考虑各种因素后,选择出合适的爆破方案。首先要确定岩塞爆破的方式(药室＋预裂、药室＋排孔、排孔),先确定岩塞爆破的装药方式,然后再确定爆破石渣的处理方式及爆破时隧洞的运行方式。

一般岩塞尺寸较大的工程多采用药室＋排孔的爆破方式,而尺寸较小的岩塞爆破工程多采用排孔爆破。装药方式除考虑岩塞尺寸外,还应考虑岩塞的倾角、排孔的深度、装药时的施工条件、作业平台与排孔之间的关系。

岩塞爆破后的岩渣处理方式及爆破时隧洞运行方式主要取决于所建隧洞的用途及下游河道的情况,当引水隧洞用于发电的需采用集渣、堵头爆破方式,岩塞取水口内的泄洪隧洞则可采用泄渣、敞开爆破方式,当下泄到下游河道的岩渣可能造成下游尾水壅高,影响发电或其他水利设施运行时,则不宜采取泄渣爆破方式。

1.2.5　岩塞体炮孔钻孔程序

岩塞爆破施工时,岩塞体的钻孔是一项关键工作,整个岩塞体上有很多不同直径的炮孔,如何确定钻孔深度应以岩塞厚度的准确判断为依据,同时由于库水位与岩塞底面高达数十米乃至上百米,当钻孔与水库相通后,炮孔内水压力很高,如果主爆孔出现严重漏水时,势必影响爆破效果和施工安全。为了保证顺利钻孔,施工中应先进行超前探孔的钻探。超前探孔钻孔分为三个程序进行:

第一程序,在岩塞面45°范围布设多个超前孔,孔深依据原设计炮孔深度而定,但钻孔钻至漏水时立即停钻。所有超前孔应钻到预定深度,并为最后主爆孔提供准确的钻孔深度。

第二程序,在超前孔钻到一定深度又未达到预定深度时出现较大漏水,应停钻进行灌浆处理,灌浆后待达到强度再进行钻孔,直到超前孔钻到预定深度。对超前孔全部出现漏水情况,可进行水压试验检查钻孔是否有相似的情况,然后进行灌浆处理。

第三程序,超前孔钻孔过程中打穿了的超前孔应立即进行堵漏处理,不要抽出钻杆,用事先准备好的材料及时封孔。岩塞体通过多个不同部位的超前钻孔(钻孔深度各不相同),超前孔探测出岩塞不同部位的厚度,其结论与原设计数据基本符合时,岩塞的炮孔钻孔深度就能确定。

炮孔钻孔施工,即先打超前探孔,一般应比设计炮孔深度超深20cm,再打周边预裂孔,后打主爆孔。在打预裂孔时要做到打漏一个孔,进行灌浆处理一个孔,主爆孔应严格掌握设计的深度、方向,避免钻孔时出现严重渗漏。

钻孔孔位方向控制,设计的岩塞中圈主爆孔、外圈主爆孔和周边预裂孔系辐射状布置的炮孔,与岩塞中心线共同汇交于一点,此点作为施工钻孔的控制点。钻孔方向的确定方法是在岩塞面上由测量依照设计斜长投影量测出各炮孔孔位,钻孔时由控制点至所钻孔拉线,即为钻孔方向。

钻孔工作是在分层搭设施工平台上进行,一般采用地质钻机钻孔。钻孔的关键在于孔位和方向的准确性。由于岩塞底面凹凸不平,为了将孔位准确地定位在岩石上,采用制作了带刻度盘和指针的旋转样架,并用4根锚杆将刻度盘固定在岩塞底面上,平行于设计开挖面,带定向杆的指针绕刻度盘旋转,按设计角度定出孔位,用红油漆点在岩面上,并标出每个孔的孔号。这时,移动地质钻机将钻杆对准孔位,按定向杆的方向(即孔的设计扩散角)调整钻杆位置,直到钻杆和定向杆方向完全一致,然后固定钻机,开机钻进。

炮孔钻进过程中,遇到钻进岩层出现漏水时,则应立即停止钻进,并退出钻杆,保持钻机在样架上不动,对该孔进行固结灌浆堵漏处理,待灌浆达到强度后,再扫孔继续钻进,直到完成全孔钻进。

1.2.6 岩塞爆破对附近水工建筑物的影响

岩塞爆破时由于炸药的巨大能量除一部分用于破碎岩塞体中的岩石外,还通过周围介质,以水中冲击波、空气冲击波、岩石中的冲击波及地震波、井喷等形式向外传播,井喷作用到闸门井建筑物上,具有一定的破坏作用。岩塞爆破时应确保附近的大坝、隧洞及闸门井等水工建筑物在爆破时的安全,应研究由爆破引起的各种冲击、振动波的量值及衰减规律,以及这些爆破动力效应对水工建筑物安全影响的程度。

为确定上述爆破影响,可以采用理论分析与现场试验相结合的方法进行。为确定岩塞爆破时对大坝的影响,可在施工现场做洞室爆破试验与现场岩塞爆破模拟试验,为最终的岩塞爆破提供科学的验证依据,并测得大坝各种振动参数,并推算出正式岩塞爆破的振动参数。同时,采用振动理论,对大坝在岩塞爆破时的应力及稳定情况进行计算分析。为确定岩塞爆破时冲击波对闸门、堵头等建筑物的影响,可在科研单位和大学试验室内做激波管试验,研究岩塞爆破的空气冲击波在洞内传播规律,核算空气冲击波对闸门的影响。

1.2.7 岩塞爆破安全监测

水下岩塞爆破施工场地狭小,工期紧张,工序交叉较多,为使水下岩塞爆破施工做到安全与快速,要对集渣坑开挖、平台搭设、药室开挖、排孔打钻、装药、爆破网路敷设、药室及导洞封堵等工序做出合理安排,选定恰当的施工方法。

为评价爆破效果及监视爆破时附近水工建筑物的安全,大型水下岩塞爆破都必须进行一定的观测工作。观测工作分为静态观测与动态观测。静态观测是在爆破前后进行,而动态观测是在爆破时进行。要根据爆破方式及附近水工建筑物的状况,确定观测项目,进行观测测点布置,选定观测方法,爆破后对所取得的观测资料进行整理与分析。

第 2 章　工程测量与工程地质

水下岩塞爆破测量是一项非常重要的工作,岩塞的测量误差直接影响到爆破效果与工程的成败,更主要的是影响施工安全。测量是施工的重要依据,正确的测量结果也是正确施工的基本前提。若测量出现误差过大,有可能导致药室与排孔无法施工,因此,对岩塞测量工作提出了较高的精度要求,如岩塞预留厚度测量中误差应为 $\pm 0.25 \sim \pm 0.50$ m,以此来控制药室上面岩体的施工安全厚度及校核爆破参数。

水下岩塞爆破工程大多是在已建成的水库或湖泊中进行施工,岩塞进水口一般都在水中,有的岩塞口在水下数十米乃至上百米的地方,水深给测量带来很大的困难,在此简要介绍静水中水下岩塞爆破中的有关测量工作。

2.1　水下地形测量

根据国内外岩塞爆破施工的经验,岩塞水下地形图的质量是关系到水下岩塞爆破成败的主要因素之一。为岩塞爆破设计提供可靠的地形图,首先对图的精度要进行详细的研判。施工时根据设计对岩塞预留厚度测量中误差为 ± 0.25 m 的要求,复核推算爆破中心地形图的必要精度。

$$m_{厚} = \pm \sqrt{(\sqrt{m_{地}} \times \cos\alpha)^2 + m_{开}^2} \qquad (2-1)$$

式中:$m_{厚}$——岩塞预留厚度测量中误差;

$m_{地}$——等高线的高程中误差;

$m_{开}$——岩塞开挖测量中误差;

α——进口地表的倾角。

其中

$$m_{地} = \pm \sqrt{(\sqrt{m_{平}} \times \tan\alpha)^2 + m_{高}^2} \qquad (2-2)$$

式中:$m_{平}$——地物点平面位置中误差;

$m_{高}$——地物点高程中误差。

由式(2-1)、式(2-2)可知,$m_{地}$ 的大小与 $m_{厚}$、$m_{平}$、$m_{高}$、$m_{开}$ 及 α 倾角有关。根据上述

两个公式,可以编制成表 2-1。此时,设 $m_厚=\pm0.25m$,$m_开=\pm0.15m$,$m_高$(主要取决于水深测量误差):当 α 在 20°以下时为 $\pm0.15m$,当 $20°<\alpha<60°$ 时为 $\pm0.20m$。

表 2-1   地形图精度   (单位:m)

地表倾角 α	地物点		等高线的高程中误差 $m_地$
	平面位置中误差 $m_平$	高程中误差 $m_高$	
0°~20°	±0.42	±0.15	±0.21
20°~45°	±0.20	±0.20	±0.28
45°~60°	±0.20	±0.20	±0.40

由地形图精度表可知,岩塞爆破施工对地形图的精度要求是较高的。随着进口地表倾角 α 的不同,其地物点的平面位置中误差为 $\pm0.20\sim\pm0.42m$,等高线的高程中误差为 $\pm0.21\sim\pm0.40m$。为保证此精度要求,测图比例尺可在 1:100~1:200 范围内选择。基本等高距根据坡度大小,一般可确定为 0.5m。由于测图范围离测站(岸边)距离一般为 50~200m,若测点位置采用视距法测定则难以保证精度,因此应采用钢尺量距、交会或 GPS 测距等方法测定点位。为了提高地形图精度及了解进水口地质状况,测点密度大 点是有必要的。爆破中心测点间距在 0.5~2.0m 范围内选择。测图范围根据爆破口大小确定,通常在爆破中心是 15m(进口轴线两侧)×15m(进口轴线方向)~20m×30m。为了确定爆破后的开口形状、洞口底部石渣堆积及进口水工建筑物的布置(拦污栅)情况,爆破前后还应向进口轴线两侧各加测 5~10m,沿进口轴线方向向对岸加测 10~20m。但地形图的误差可放宽为表 2-1 规定的 1.5~2.0 倍,测点间距放宽为 2~4m。

现将丰满及其他水下岩塞爆破工程测量情况进行简单介绍:

(1)丰满水下岩塞爆破工程测量

丰满水下岩塞爆破测区特点是坡度大(地面倾角为 45°~60°)、水深(30m),而且地形又复杂(地面起伏大、石缝多等),这种地形给测量工作带来极大困难。为了保证地形图精度,测量采用了冬季结冰后冰上方格网法测量,同时,采用光电测距仪和回声测声仪配合平板仪在水上测量。通过多次重复测量证明,所测绘的地形图精度较高,满足了岩塞爆破设计要求,等高线高程中误差,丰满岩塞试验洞口为 $\pm0.28m$,正式洞口为 $\pm0.10m$(爆破中心)和 $\pm0.15m$,均在允许误差范围内。对于一些坡度陡、地形复杂的地方,仅仅依靠水下地形图还不易搞清地形情况,这时除打钻孔以检查地形图高程及了解岩塞地质和岩石覆盖层情况外,还须在爆破前请潜水员下水实勘地形状况,以了解反坡、个别向山里方向的凹洞、泥沙淤积厚度、坡体堆积物厚度、岩塞体周边岩石的张开节理情况等。

（2）密云水库九松山水下岩塞爆破工程水下地形测量

密云水库九松山隧洞是北京市第九水厂的首部工程,第九水厂（二期）由密云水库取水,进水口采用岩塞爆破方案。隧洞进口岩塞底坎高程 117.0m,岩塞小头直径 3.5m,大头直径 7.5m,岩塞平均厚度 4.75m,体积约为 120m³。岩塞爆破时水深 30 多米,岩石表面倾角 60°,给地形测量带来很大困难。

测量是施工的重要依据,正确的测量结果当然是正确施工的基本前提。九松山隧洞的地形倾角为 60°,作为岩塞口,这一倾角比较理想,但在 30 多米深的水下,地形愈陡愈难以测准。岩石由于各个方向的节理切割,往往有死角突变,方格网测点不一定测到地形变化的特征点,勾出的等高线难以符合实际。九松山岩塞测量采用多种方法,反复核实测量结果。并于 1993 年 2 月初,水库冰层未化的时候,在冰面布置 0.5m 间距的方格网点,凿冰孔 357 个,测量地形和水深,并对其中 17 个点配合潜水员潜入冰层到水底,观察测点地形特征,是平面还是凸角、边坡围岩有无裂缝或反坡,测量时测钎有无倾斜,使其水下测量如同地面测量一样,测到准确的地形特征点。九松山岩塞地形图测量采用了多种方式,反复摸测,使测量误差控制在 10cm 内,贯穿孔和实际孔深与计算值的误差仅 4cm。

（3）汾河水库泄洪洞进水口岩塞爆破地形测量

汾河水库泄洪洞进水口岩塞爆破是在 24m 深的水下,岩塞上有 18m 厚的淤泥下实施的大型岩塞爆破工程。加之水库大坝为水中填土均质坝,坝体土干容重较低（r_d＝1.45g/cm³）,岩塞爆心距大坝坡脚最短距离只有 125m。这时,岩塞爆破地形测量是一项非常重要的工作,测量误差直接影响爆破效果和施工安全,水下地形图的质量是岩塞爆破成功的主要因素之一。汾河水库岩塞表面不仅坡度大,地形复杂,水库底部地面起伏大,而且有较厚的淤积物覆盖,这给测量工作带来很大困难。为了保证岩塞地形图的精度,项目充分利用 1991 年、1992 年的封冻期,采用了冬季冰上作方格网的测图方法。测绘范围是洞轴线方向 28m（0～83m 至 0～111m）,两侧左右方向各 30m,控制基岩高程范围为 1086～1112m。测点间距、排距均为 2m,测点按梅花形布置。点位用经纬仪测定方向,钢尺量距。淤泥面采用重锤,基岩面采用轻型钻机,吊锤冲击钻杆,钻杆垂直穿过淤泥层探至岩面。在淤泥部位测点合计 190 个,基岩部位测点合计 148 个。根据所得的测点绘制 1∶100 基岩面等高线图和淤泥面等高线图。绘制的等高线图经校核检查,其高程误差为±0.20m,均在允许误差范围内。测量结果保证了岩塞爆破施工中岩塞形状的准确性,并在岩塞爆破底孔的施钻中得到验证。

（4）310 工程进水口水下岩塞爆破地形测量

310 工程的水库为一天然湖泊,由于扩建工程的进水口在水下 23m 处,加之进水口处地形陡峻,采用通常的围堰施工困难很大,决定采用水下岩塞爆破方法施工。本工程进水口地形陡峻,岩石裸露,岩塞口的围岩又长期处于水下 23m 深处,为能达到预想的爆破效果和确保施工安全,对岩塞地形测量的高程中误差提出了应控制在 35cm 左右。受水库风浪的影响,在木排上测量误差较大,工程利用湖水结冰期进行了 3 次冰上测量,在冰上按 0.5m×0.5m 的方格网控制水下地形测点,测得 1∶200 比例尺地形图。用这种方法,只要掌握好测量水深的方法,一般误差较小,工程先后进行 3 次冰上测量,3 次测量成果出入不大,1974 年测量的高程误差为 ±28cm,满足设计提出的要求。

对一些坡度陡、地形复杂的地方,仅仅依靠水下地形图还不易搞清地形情况,除了采取打钻孔以检查地形图高程及了解岩塞地质和岩塞覆盖情况外,还须在施工前请潜水员下水以了解反坡、个别向山里方向的凹洞、泥沙淤积、边坡堆积物和围岩的裂隙张开情况。

(5)贵州华电塘寨取水口岩塞爆破的岩塞口地形复测

贵州华电塘寨取水口岩塞爆破的进水口位于地形陡峭、边坡长期处于 15m 的水深以下,地形比较复杂。因此,岩塞对地形测量要求高,高程误差要求严格,为控制岩塞的体积和达到预想爆破效果及施工安全。根据设计提供的水下地形图,岩塞体所在部位原始地形较陡,岩塞体上部较缓。经现场查勘,岩塞上部地形较缓部位上有大量堆渣,该部分堆渣在岩塞爆破时,堆渣会向下坍塌,增加集渣坑的积渣方量。

岩塞爆破中的水下地形测量误差与岩塞体积有关,影响药量大小、排孔孔位的布置。若地形测量误差过大,有可能导致钻孔与水库相通,影响施工安全。所以,项目采用多波束水下三维测量仪测量,岩塞体经过三维测量准确提供外部地形,使水下地形误差在 0.2m 范围内,为岩塞爆破施工提供了可靠依据。测量发现岩塞口 822m 处上下均有大量堆渣,岩塞爆破前对这些堆渣进行有效处理,避免增大岩塞爆破的爆渣体积。

进口基岩高程复测,在预选岩塞进口位置之后,考虑到进水口表面地形坡度陡峻,表面地形变化较大,采用测量水深的方法,只能了解地形情况,不能了解岩石覆盖情况。为了搞清楚地形地貌情况,能更加准确控制岩塞厚度及排孔钻孔深度,在岩塞中心线及岩塞附近布置若干钻探孔,进行水下进口基岩高程复测,获得准确的数据,对岩塞进水口的地形地貌情况有较全面的了解。

(6)太平湾发电厂长甸电站改造工程水下岩塞外部地形复核

长甸电站改造工程水下岩塞爆破进水口位于地形陡峭、长期处于 60m 水深以下,地形比较复杂。因此,对岩塞爆破进水口地形测量要求高,以此控制岩塞的体积和达到预想爆破效果及确保施工安全。前期从提供的地形图来看,岩塞体所在部位原始地形较陡。岩塞进水口的地形条件是决定爆破方案、影响爆破效果及施工安全的一个重要因素。岩塞爆破中的水下地形测量误差与岩塞体积有关,影响药量大小、排孔孔位的布置。若地形测量误差过大,有可能导致钻孔与水库相通,影响施工安全。岩塞爆破设计时采用多波束水下三维测量仪测量,其测量的水下地形误差小于 0.2m。在深水的地形测量中,由于水深测量难度、准确性控制较难,但在这种测量中采用先进的多波束水下三维测量仪测量,对岩塞与周边的地形有一个准确的了解,更有利于岩塞的施工。

2.2　岩塞及药室开挖测量

在岩塞爆破施工时为了把洞外控制测量点通过斜洞、闸门竖井或空间转弯隧洞传入到岩塞面,要进行斜洞、闸门竖井及空间转弯隧洞的开挖测量。现只介绍空间转弯隧洞的测量。

当设计给定弯道曲线切点 A、B 及圆心 O 的坐标和高程,弯道曲线转弯半径 R 及圆心角 β,弯道曲线所在平面水平倾角 α。为了曲线放样,将曲线分成 n 等分,每一等分所对圆心角为 $\frac{1}{n}\beta$,并按下式计算出 O_1E、角 ε 及 PE。

$$\sin\gamma = \sin\alpha\cos\frac{1}{n}\beta i \qquad (i = 1,2\cdots n)$$

$$PE = R(\sin\alpha - \sin\gamma)$$

$$\tan\varepsilon = \frac{\tan\dfrac{1}{n}\beta i}{\cos\alpha}$$

$$O_1E = R\cos\gamma$$

然后根据 O 点坐标及 A 点高程,就可计算出曲线上任意 P 点坐标和高程。再根据现场施工情况,采用相应的方法,放出弯道曲线中、腰线。弯道曲线如图 2-1 所示。

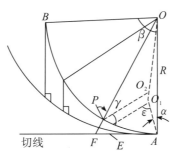

图 2-1　弯道曲线

为确定岩塞厚度,须进行岩塞掌子面横剖面、竖剖面测量。在此介绍岩塞掌子面与 45°斜面交线 CD(即垂直岩塞的横剖面)的放样和测设,如图 2-2 所示。

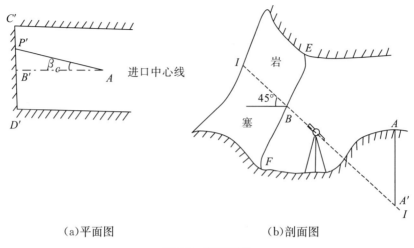

(a)平面图　　　　　　　　　　(b)剖面图

图 2-2　剖面测量

首先测定岩塞掌子面进口中心线竖剖面 EF 并确定倾角为 45°斜线 I-I 与 EF 剖面交点 B,并在实地标出。

全站仪安置在进口中心线上,并将镜头设置 45°倾角,按逐次趋近法使镜头指向 B 点,即镜头指向 45°斜面。然后将真倾角换算成假倾角,再现场放样出交线 CD。为了测设方便和减少仪器误差,全站仪可安置在进口中心线上任一点,且离岩塞掌子面尽可能远一些。

为了确定岩塞厚度,应将施测的水平长度和水平角度按下式换算为 45°斜面上的长度和角度。

$$A'P = \frac{AP'}{\cos\delta_p'}$$

$$\tan\delta_P' = \tan\delta\cos\beta_p = \cos\beta_p$$

$$\tan\beta_P' = \tan\beta_P \cdot \cos45° = 0.7071\tan\beta_P$$

式中:$A'P$——测站 A 至测点 P 的斜面长度;

AP'——测站 A 至测点 P 的水平距离;

δ_p'——A 至 CD 剖面线上任一点 P 的假倾角;

δ——A' 至 B 点的真倾角(45°);

β_p'——45°斜面上 $\angle BA'P$;

β_p——$\angle B'AP'$。

水下岩塞爆破的施工问题,其关键在于岩塞的药室开挖。在药室开挖时为了施工安全,除在施工中采用限制装药量外,还应每排炮孔由测量控制位置。测量控制点应布置在进口中心线岩塞上、下导洞洞口顶上。上、下导洞及药室开挖坡度线,用全站仪测定(因洞的断面尺寸小),中心线采用全站仪或利用垂球线采用瞄线法测定,距离采用经过鉴定的钢尺丈量。采用这种方法测量，$m_\text{开}$可达到±0.10～±0.15m。

以刘家峡洮河口排沙洞岩塞爆破导洞、药室开挖测量为例进行介绍。

2.2.1 进水口与药室布置

刘家峡洮河口排沙洞进水口岩塞布置，闸门井前洞身为圆形断面，洞径 10m，岩塞体体型内口为圆形内径 10m，外口近似椭圆（尺寸为 21.60m×20.98m），岩塞最小厚度12.30m，岩塞体方量 2606m³，岩塞进口轴线与水平面夹角 45°，岩塞采用药室加预裂孔爆破方式。

岩塞导洞（连通洞）布置。设计考虑各个药室的开挖、装药和有利于装药后的封堵，共布置 2 条主导洞、6 条连通洞。布置在岩塞下方的称之为 1# 主导洞，长 8.19m；布置在岩塞上方的称之为 2# 主导洞，长 6.28m。1# 连通洞连接 1# 药室和 2# 药室，长3.19m，2# 连通洞连接 1# 主导洞和 4# 药室，长 4.48m，3# 连通洞连接 4上# 药室和 1# 连通洞，长 4.35m，4# 连通洞连接 3# 药室和 2# 连通洞，长 5.10m，5# 连通洞连接 5# 药室和2# 连通洞，长 5.53m，6# 连通洞连接 6# 药室和 7# 药室，长 3.08m，施工辅助洞总长 40.20m。

2# 连通洞的开挖断面为 80cm×120cm（宽×高），其余主导洞及连通洞的开挖断面尺寸均为 80cm×150cm（宽×高）。岩塞体共布置 7 个药室，药室呈"王"字形布置，上部为 1#、2# 药室，中部为 3#、4#、5# 药室，下部为 6#、7# 药室，其中 4# 药室分解成 4上#、4下#药室。

2.2.2 导洞、药室开挖测量

由于岩塞爆破精度要求较高，药室导洞洞径较小，给施工造成相当大的困难，为准确进行导洞及药室测量，首先向平洞与斜洞交接处引控制网作为基准点，控制网由洞口控制点向洞内测设基本导线和施工导线，考虑到便于导线点的保存，导线点沿洞壁两侧布设，施工导线点 50m 左右埋设一个，以满足施工放样与验收的需要，并每隔数点与基本导线符合，保证其精度。平面控制采用光电测距导线，高程采用全站仪三角高程往返测量，对基本导线点定期进行复测检查。

（1）导洞前期施工放样

导洞在前期掘进过程中，仪器安置在平洞与斜洞交界处的平洞施工导线上，采用极坐标法进行放样，在掌子面上标定中线和腰线，以及开挖轮廓线。洞内开挖轮廓线放样点相对于洞室轴线的限差为±50mm。随着洞室逐渐延伸，观测过程受到照明、烟尘等影响，通视条件愈来愈差，而且 60° 的仰角给观测带来相当大的难度，因此，掘进一定深度后，在视线较好的情况下，在开挖好的洞壁上，选择坚固岩石处测设两个以上的导线点,以供后期进行坐标传递。

(2)导洞掘进中施工放样

岩塞导洞掘进一定深度后,在仰角 60°的坡度上安置仪器非常困难,加之导洞断面小,洞底松渣较多,给放样造成诸多不便。测量不能依照常规方法进行放样的情况下,本次岩塞导洞施工中采用悬垂线法进行放样。针对几个斜竖井(导洞),为了便于施工放样,分别建立独立坐标系,并将轴线方向与 X 轴线方向平行,坐标原点设在平洞、斜洞相交的左侧 50m 处(根据现场情况设定坐标原点,亦可设定在右侧若干米处),将原设计坐标换算为独立坐标系统的坐标,同时将原设计桩号转换为独立桩号,独立桩号即为轴线点 X 坐标。

(3)施工测量

在导洞(连通洞)开挖施工时,为满足设计断面要求,每个循环钻孔前必须采用全站仪对开挖掌子面进行全断面测量放样,测出断面开挖轮廓线,并用红油漆标在开挖面上。洞顶中心线、两侧边墙及钻孔方向点等,由测量人员向施工人员进行交底,并在断面上标出。将上个循环断面的超欠挖情况进行复测,对欠挖部位立即处理,开挖施工中严格控制超挖。

2.3 工程地质与岩塞爆破的关系

2.3.1 目的与任务

水下岩塞爆破是在特定的环境和特定地质条件下进行的工程爆破作业。从爆破理论上讲,把爆破的对象视为均匀介质,而作为自然造就的岩体实际却又是十分复杂的载体,大多数岩塞体出口边坡都长期浸泡在水中,岩体裂隙较发育、岩石风化严重。因此,岩塞爆破能否爆通成型既与爆破技术有关,又受地质条件控制。只有在岩塞爆破施工之前,对进水口工程地质有足够的重视,并进行必要充分的勘察工作,选择适宜的进水口岩塞位置,查明其地质条件,分析、研究影响岩塞和药室稳定,进水口成型,边坡、洞脸稳定及边坡坡形等因素,并阐明地质条件对爆破效果可能起到的作用,指出爆破设计和施工中应注意的问题,以便施工中采取必要的技术措施,避开其不利的地质条件,充分利用其有利方面,以保证岩塞爆破的设计和施工建立在安全可靠与经济合理的基础上。

在水下岩塞爆破施工中,凡是重视工程地质工作,岩塞爆破施工之前,对进水口岩塞爆破地段进行了周密细致的勘察工作,并掌握了岩塞爆破地段的地质条件,则所进行的岩塞爆破工程都达到了预期的效果。例如,我国已进行的北京九松山岩塞、山西汾河水库泄洪洞岩塞、响洪甸水库抽水蓄能岩塞、贵州印江泄洪洞岩塞、贵州华电塘寨发电厂取水口双岩塞、刘家峡水电站洮河口排沙洞岩塞爆破等几个较大的水下岩塞爆破工程,尽管这几个工程的进水口岩塞地段的地质条件都比较复杂,对其进水口边坡和洞脸稳定、岩塞稳定、集渣坑高边墙稳定等都有许多不利因素,但经过深入细致的工程地质工作,查明了这些不利地质因素的边界条件,并根据实际情况采取了必要的应对措施,使这几个工程的水下岩塞爆破都先后获得圆满成功。

2.3.1.1　九松山岩塞口地质情况

九松山岩塞其隧洞的进口位置原来在现在位置的西侧约 140m 处,3km 隧洞直通水库边,进行了大量的地质勘探和水下地形测量。后来通过向参加 1958 年修建密云水库的专家了解,在水库没有蓄水时,专家就注意观察过这一带库岸地质情况,根据专家提出的地质情况,设计又重新做了地质勘察工作,地质勘察后让隧洞拐了两个弯,将洞口改到西边 140m 处,岩塞口岩石倾角由 30° 变为 60°,强风化层岩石厚 1~1.5m。岩塞体为弱风化岩,岩塞内口的上半部,顶部和左、右岩壁岩石比较完整,下半部稍差,节理间距 0.5~1.0m,西边腰部上、下节理较发育,有夹泥。此处岩石表面较平,风化层薄,对岩塞口成型提供了更为有利的条件,确保了九松山岩塞成功爆破,并取得了理想的塞口形状。

2.3.1.2　汾河水库岩塞工程地质情况

（1）岩塞地形地质描述

汾河水库泄洪洞岩塞爆破是在 24m 深的水下和 18m 厚的淤泥下实施的大型岩塞爆破工程,汾河水库泄洪洞岩塞爆破施工前,对岩塞与周边地质进行了详细的勘察与研究后,采用了"洞室加钻孔"的方案,并加设底孔,完全达到"爆通、安全、成型"的目的。汾河水库泄洪洞岩塞位于水库大坝上游右岸四级基座阶地阶坡上,基座面高程为 1111.6~1112.5m,阶坡上陡下缓,在 1095m 高程以上坡度为 50°~60°,以下坡度为 38°~45°,坡向为北东,岩塞体轴线与岸坡成 35° 左右的交角,使岩塞呈上薄下厚、左薄右厚的不对称状态。阶坡有淤积物覆盖,厚度在 2~20m,淤积面高程 1104.9~1109.8m,由库内向岸边逐渐增高减薄。

（2）岩塞区岩体结构特征及岩石物理力学性质

岩塞区地层太古界吕梁群变质岩系,岩塞体岩性以斜长角闪长岩、云母斜长片麻岩为主,其次为花岗片麻岩与云母闪片岩,各种岩性相间分布,单层厚 0.12~2.0m,岩层走向 50°~55°,倾向 SE,倾角 86°~90°。节理发育 6 组,其中产状为 310°~340°/SW,∠17°~87°者最发育,其次为产状 305°~335°/NE,∠17°~36°,其性质多为扭性、张扭性,间距一般在 0.4~1.1m。岩塞体处于水库岸边水下,其岩体呈全风化、强风化、弱风化状态,全风化层分布在基岩表面,厚 0.9~5.8m,强风化层厚 1.7~7.3m,弱风化层处于岩塞体底部,一般属于层状结构。岩塞西北部边缘发育一条张性小断层,其产状为 55°~

$60°/SE$，$\angle 81°\sim 84°$，断层带宽度 $0.5\sim 1.2m$，断层附近沿片理面发育数条泥化夹层，宽 $0.7\sim 11cm$，断层和软弱夹层处在爆破漏斗边缘，位置又很低，对岩塞爆破成型起不到控制作用。

（3）岩塞区淤积物特征

对岩塞区淤积物特征的勘察。该岩塞处于水库岸边，库岸上部黄土与砂砾石受库水冲刷形成近岸沉积和入库洪水淤积物交互沉积，故岩塞上覆盖的淤泥物的性质极不均一，其组成与库内淤积明显不同，经勘察淤积物由上至下可分为三层。

①第一层淤积物厚 $1.0\sim 6.5m$，层底标高 $1101.8\sim 1105.8m$，土质为淡黄色壤土，含有少量钙质结核，呈流塑状态，干容重为 $1.2g/cm^3$。

②第二层淤积物厚 $0.3\sim 9.2m$，层底标高 $1194.9\sim 1100.8m$，以黏土及薄层亚黏土为主，呈灰褐色、黑褐色、淡红色流软塑状态，取原状土样较困难，含水量为 $32.6\%\sim 51.4\%$，干容重为 $1.11\sim 1.4g/cm^3$。

③第三层淤积物厚 $0.3\sim 10.8m$，黏土、亚黏土、粉砂土含碎石、砾石，软塑—可塑状态，含水量为 40%，干容重为 $1.31g/cm^3$。

综上所述，九松山与汾河水库等岩塞爆破时对地质情况进行了详细勘察，使岩塞爆破获得圆满成功。因此，在岩塞爆破施工时必须详细勘察岩塞体周边的地质情况，水下岩塞爆破的工程地质是设计和施工的基础。只有正确地掌握了进水口爆破区域的地质情况，才能确保岩塞爆破成功和为爆破后进水口正常运行创造有利条件。

水下岩塞爆破工程地质工作的基本任务是，无论对于任何类型的岩塞，在设计与施工阶段，都必须认真查清岩塞爆破区域的地质状况，并将岩塞区域各种地质状况结合工程实际进行充分论证。因此，在岩塞爆破设计与施工时须完成下列具体任务：

1）从水下岩塞爆破技术特点出发，比较可能布置进水口的各地段的工程地质特性，选择地质条件最有利的地段作为进水口岩塞爆破的位置；

2）在已选定的进水口岩塞爆破地段，根据水库岸坡的陡缓情况、岩塞类型、规模和特点，周密地勘察其工程地质条件，以及准备爆破时的施工条件；

3）根据详细勘察的地质资料，并论证和计算岩塞和药室在施工过程中是否稳定，进水口洞脸上部围岩受爆破振动后是否会产生垮塌而堵塞进水口，岩塞爆破漏斗形状与爆落方量，集渣坑高边墙的稳定条件；

4）在岩塞爆破施工前必须提供岩塞爆破工程设计、施工所需要的详细的工程地质资料；

5）当进水口工程采用岩塞爆破后，进水口周边围岩的稳定条件和对围岩采取正确有效的加固措施。

2.3.2　地质与爆破的关系和岩塞爆破对地质条件的要求

水下岩塞爆破是在水中进行的,且要求必须一次爆通成型,这是岩塞的特定条件。因此,在岩塞爆破时,要求工程地质工作必须有较高的精确度。为了阐明岩塞对地质条件的要求,分析和讨论地形地质与爆破作用的关系是十分必要的。

2.3.2.1　地形地质与爆破的关系

(1)地形条件与爆破作用的关系

地形是影响爆破作用与效果的重要因素。所谓地形,就是爆破区域的地面(水下)坡度、临空面的形状、数目、山体的高低及冲沟分布等地形特征。在岩体工程爆破中,地形是一个非常重要的影响因素,在爆破施工中必须充分考虑。不同地形下要因地制宜地进行爆破设计,利用好地形可以节省爆破成本,有效地控制爆破抛掷方向。地形与爆破有着密切的关系。爆破施工表明,地形条件是影响岩塞爆破效果的重要因素。首先地形决定了药包最小抵抗线方向,也决定了爆破岩石抛掷的方向。如在平地爆破,爆破岩石抛掷方向是向上的,在斜坡地面爆破,爆破岩石主要是沿斜坡法线方向抛掷。地形条件对爆破漏斗形状与大小的影响也较大,在陡边坡工况下进行岩塞爆破时,爆破漏斗以上岩体,常因爆破振动和岩体自重作用下而塌滑,扩大了爆破漏斗范围,增加了石方,有时会造成进水口堵塞。在缓边坡工况下进行岩塞爆破时,就不存在上述陡边坡所述情况,其爆破漏斗性质与平地标准抛掷漏斗基本相似。地形条件对岩塞药包布置与爆破效果亦有较大的影响。这里是指岩塞进水口边坡地形的起伏与基岩面的平整情况,当进水口边坡有洞穴、上部岩石突出、洼坑、洼沟、较大裂缝或呈阶梯状起伏不平等,都会不同程度地影响药包的布置、装药量的多少与爆破效果。

(2)地质条件与爆破作用的关系

爆破工程地质,是指与爆破工程有关的地质因素的综合,包括地形地貌、岩体结构类型,以及工程地质特征、水文地质条件、物理地质现象等。其中,地形地貌、岩体结构及工程地质特征,是影响爆破作用和效果的最主要因素。地质条件对爆破作用的影响,主要是对爆破成型与方量、爆破块度和爆破定向的影响。一般来说,可分为地质构造对爆破作用的影响和围岩的性质对爆破作用的影响。下面就这两个方面进行分析。

1)地质构造对爆破作用的影响。

在爆破破坏作用范围内的断层、破碎带、软弱夹层、层理、褶曲、片理、节理、裂隙等分割岩体的地质结构面对爆破效果影响很大。其中,以断层较为突出,常常在爆破时起主导作用。其次是软弱夹层,再者是层理、片理等。其影响程度主要取决于结构面的性质及其产状与药包所在位置的关系。值得注意的是,其对预裂效果与爆破方量影响较大,主要表现在爆破漏斗破裂范围与形状的变化上。在岩塞爆破时一般爆破漏斗线往往是沿着药包附近的断层、大裂隙、岩层层面等软弱结构面发展,直接影响进水口爆破成型、预裂效果与爆破方量,尤其是岩塞上破裂线较为突出。

对岩塞爆破来说,无论爆破规模大小,爆破漏斗的上破裂线一般均沿着上破裂线附近的结构面爆裂,从而控制了爆破漏斗成型与爆破方量。岩塞下破裂线在预裂爆破时,当预裂孔保护的围岩完整,也无不利软弱结构面存在,爆破时通过岩塞下部周边预裂孔的预裂作用,一般工况下均可按设计漏斗线爆裂。当预裂孔预裂保护的岩石存在软弱结构面时,软弱结构面与预裂孔之间的岩石在爆破强烈振动下出现不稳定时,这时预裂孔一般不起控制作用,而由软弱结构面控制。在镜泊湖水下岩塞爆破时,其岩塞口上部的山体中存在顺坡向节理和断层,岩塞采用了单层药室爆破方式。106$^\#$和6$^\#_1$大节理面距药包很近,岩塞爆破后正面洞脸岩体沿106$^\#$、6$^\#_1$大节理拉开及爆破振动影响,使106$^\#$、6$^\#_1$节理面上盘岩石失稳沿其节理面下滑堆积在洞口,因此增加了爆破方量近100m^3,使岩塞爆破漏斗范围较原设计偏大,从而造成岩塞进水口开口尺寸较原设计偏小。

结构面在爆破过程中有应力集中作用,由于软弱带或软弱面存在,使岩体的连续性遭到破坏。当岩体受力时,岩体便从强度最小的软弱带或软弱面处首先裂开,在裂缝尖端产生应力集中。岩石在爆破应力作用下的破坏是瞬时的,来不及进行热交换,岩石处于脆性状态,使应力集中现象更加突出。因此,当岩体中软弱面较发育时,其爆破单位体积岩石炸药消耗量可以适当降低。

结构面在爆破时应力波的反射作用。由于软弱带内部介质的密度、弹性模量和纵波速度均比两侧岩石的值小,当爆炸波传至界面处发生反射、折射等,使软弱带迎波一侧岩石的破坏加剧。对于张开的软弱面,这种作用更为明显,当有一张开裂隙,其迎波一侧破坏加剧。

2)围岩断层、层理、节理等地质结构面对岩塞爆破的影响。

在岩塞体周边出现断层时,断层主要是影响爆破作用方向及爆破漏斗的形状,从而减少或增加爆破方量。例如,岩塞爆破区内断层破碎带的规模较大,破碎带胶结情况不好,并且距药室很近或者药包处于破碎带中,岩塞药包爆破所产生的高温高压气体可能在一定程度上向着断层破碎带集中,甚至有部分炸药能量从断层破碎带冲出,可能影响定向的准确性,并缩小了爆破漏斗范围。如果爆破规模不大,断层较小,或距药室有一定距离时,对爆破定向将无影响。如果断层落在上破裂线或下破裂线时,则可以起到预裂保护爆破漏斗线以外围岩的效果,有利于进水口周边围岩的稳定。如果断层处于上述情况以外的位置,对爆破的影响程度则取决于断层与最小抵抗线夹角的大小。夹角大的则其影响程度小,夹角小的则其影响程度大。如断层与最小抵抗线相交或截切爆破漏斗时,其影响程度比上述情况要好些,但还取决于断层的产状与最小抵抗线的关系。若断层离药包较远,则影响程度小,反之则大;断层与最小抵抗线的交角大,则影响程度小,反之则大。

岩层层理对岩塞爆破作用的影响,主要取决于层理面的产状与药包最小抵抗线方向的关系。其影响程度与层理的状态有关,张开或夹泥的层理影响较大,而闭合层理则影响不是很明显。层理面与最小抵抗线斜交,爆破时抛掷方向将受到影响,爆破方量多数是减少,有时也可能增加。当最小抵抗线与层面垂直,爆破时虽不改变抛掷方向,但将增大爆破方量。同时,岩塞漏斗附近,层理面将不同程度扩张,对后期围岩稳定有一定影响。岩层层理对爆破边坡稳定性的影响,主要取决于层理的产状与边坡坡面的关系,当岩层的走向与边坡坡面大致平行,倾向和倾角接近一致时,或倾角大于边坡坡度时,对岩塞爆破后边坡稳定是有利的。

3)围岩的性质对爆破作用的影响。

围岩对爆破作用的反应基本上包括两个方面:一是围岩的可爆性,二是围岩接收和传递振动波的能力。在岩塞爆破设计中主要是根据围岩的可爆性(包括岩性、结构构造、围岩风化破碎程度)来确定单位耗药量。

围岩性质除了对单位耗药量 K 值的选择和爆破块度大小有直接影响外,还对爆破压缩圈半径、药包间距系数等参数及有关计算有影响。此外,在实际施工中,如果岩塞爆破体的周边有两种以上软硬不同的非均质岩体时,对岩塞爆破效果将带来不利影响。爆破时主要爆破的能量密度容易集中于软弱岩体上,从而扩大了岩塞爆破漏斗周边围岩的破坏范围,容易造成岩塞周边非均质岩层爆后的边坡不稳定,并给进水口后期运行带来许多不利因素。

2.3.2.2　岩塞爆破对地质条件的要求

根据国内 20 多个岩塞爆破的实践经验,要保证水下岩塞爆破安全、爆通成型,首先必须结合岩塞爆破技术的特点,选择地形地质条件有利的位置和合理的岩塞轴线方向。在选择岩塞位置和轴线方向时,关于工程地质应重点考虑以下几个方面。

岩塞进水口地形如前所述有陡边坡与缓边坡两种主要类型,其位置与轴线方向的选择也各有不同。在岩塞进水口选择方面,无论陡边坡、缓边坡类型的岩塞均要求:

1)岩塞边坡地形力求相对规整,无沖沟、洼坑、倒悬坡、洞穴等复杂地形。

2)选择岩塞爆破施工的部位,应尽量避免库坡覆盖层较厚的地段。

3)选择岩塞部位力求岩性单一、无较大断层或破碎带、岩石完整性好、风化较轻、围岩的透水性小的地段。

4)力求避开当岩塞开挖底部(或尾部)临空后,易出现围岩周边剪切破坏的软弱结构面和破碎带等容易产生渗流失稳的地带。

5)岩塞进水口周边围岩无软弱结构面不利组合、岩塞爆破成型条件好,爆破后进水口周边围岩处于长期稳定状态。

陡边坡类型岩塞除注意满足上述要求外,还应注意:

1)岩塞进水口洞脸和周边边坡稳定性较好。无反坡地形,应尽量避开软弱结构面不利组合形成的不稳定地段。

2)爆破瞬间洞口"滞后下塌"方量较小的地段。需要特别注意的是,对陡边坡类型的岩塞,其较突出的问题是所谓岩塞爆破后出现"滞后下塌,进口堆积"问题。当进水口在陡边坡情况下,爆破漏斗上破裂线附近存在着软弱结构面时,其软弱结构面与设计轮廓线之间的岩体,在岩塞爆破瞬间受强烈振动后失稳下塌,下塌的岩体受底部滑动面或两侧切割面阻滑力作用,减缓了下滑速度,造成下塌岩块落至洞口的时间滞后于洞口产生高速水流的瞬间。此滞后于高速水流下塌的岩块,未经爆破破碎作用,岩石块径过大,不易被水流冲进集渣坑内反而在进水口堆积,严重时会影响到进水口过水断面面积或堵塞进水口。而这种现象对缓边坡类型的岩塞一般不存在。

在确定岩塞轴线方向时,为了有利于进水口洞脸边坡岩体的稳定,以便于岩塞爆破和控制成型,岩塞轴线方向应尽量垂直于岸坡,力争岩塞厚度均一。

2.3.4　岩塞爆破后周边围岩在长期运行中的稳定

岩塞爆破是采用较大药量一次爆通的工程,经大药量爆破破坏作用后,使进水口周边围岩受到一定程度的破坏,即使周边围岩形成一定范围的爆破松动圈。如镜泊湖工程进水口岩塞爆破后潜水员潜水调查,进水口下部岩壁虽未见出现大裂隙,但"细裂纹"很多,在进水口高程 $333\sim336m$ 有由 F_6' 断层及其上游侧节理构成宽达 $1.0m$、深为 $0.6m$ 的三角形洼槽。该工程试验岩塞自 1971 年爆破以后,当时新形成的洞脸边坡较陡,岩塞下部呈反坡,由于爆破对岩体的破坏作用,加之在长期风化卸荷作用下,洞脸上部岩体经常失稳掉块,自爆破后较长时间,进水口洞脸仍在不断地坍塌和掉块,反坡已逐渐变成正坡。同样,丰满工程试验岩塞,该岩塞系缓边坡型岩塞。岩塞正面洞脸系沿垂直于洞轴方向的一条大裂隙 T_{21} 爆破后形成裂缝下塌形成,故洞坡坡面较为完整。岩塞其余各侧面因原来岩石裂隙较为发育,再加岩塞爆破由爆破破坏作用影响,使岩石原有裂隙多有不同程度的加宽和延长情况产生,同时沿周边围岩又产生了许多新的径向与环向裂隙,并与原有裂隙相互切割边坡围岩,使爆破后边坡岩石较为破碎。因此,丰满岩塞自 1973 年 7 月爆破以后,其进水口周边虽经多次水库水位涨落冲刷,但其周边围岩仍不时有岩石失稳掉块现象发生。

综上所述,岩塞进水口周边围岩,经爆破作用后,形成了一定范围的爆破松动圈,使松动圈内岩石原有裂隙扩张,而且产生许多新的以药包为中心的径向与环向裂隙,并沿着平行其临空面方向发展。经多个工程的观察证明,在缓边坡进行岩塞爆破时,一般因是多层药包爆破,中部药室较为集中,距周边围岩又较近,又受到上药室临空面条件比较复杂和爆破反射波的重复作用影响,因此其松动圈岩石的破坏程度较为强烈,使岩塞进水口周边围岩,特别是其上部岩体进一步变坏。进水口周边围岩在长期风化卸荷、水流淘刷作用下,位于进水口周边范围内的岩石侧向抗剪强度将不断降低。因此,在进水口运行中边坡岩石容易产生失稳、掉块,一般这种现象将持续至该范围内的岩石达到稳定状态时为止。

2.4　水下岩塞爆破的几个主要工程地质问题

水下岩塞爆破工程地质工作的重要性,虽然随着工程的重要性、岩塞类型、岩塞规模大小、水库规模、大坝内型及设计阶段不同等,所要论证的问题也各有不同。在初设阶段主要是有关进水口岩塞体位置的选定中的工程地质问题,并对陡边坡类型岩塞来说主要是岩塞爆破后洞脸山体边坡稳定问题。

当设计进入施工图阶段,对缓边坡类型岩塞来说,研究的重点应是岩塞稳定、药室施工期稳定及其有关集渣坑高边墙施工期稳定问题。但从水下岩塞爆破工程施工全过程来说,施工中工程地质问题是相同的,即施工中岩塞稳定、爆破时进水口成型、进水口洞脸稳定、开挖中集渣坑高边墙稳定、集渣坑顶部混凝土稳定等问题,因此,在实际施工中,必须针对不同类型岩塞和不同问题采取不同施工应对措施。依照具体情况决定所应侧重研究分析有关岩塞爆破的主要工程地质问题。

下面就上述几个主要工程地质问题的分析、评价方法加以说明。

(1)岩塞稳定分析

设计预留岩塞厚度是根据组成岩塞岩体的坚硬完整程度、岩塞直径、承载情况,以能维持其在库水压力作用下自身稳定为条件来考虑的。因此,设计常将岩塞体预留一定岩体厚度(覆盖层厚度不计),以便使岩塞体与其周边岩石有足够的抗剪强度来抵抗库水压力和岩塞体自重而产生的下滑力。因此,岩塞的稳定性主要视岩塞周边岩石的抗剪强度而定。当组成岩塞体的岩石软弱或岩塞体周边为软弱结构面切割时,因岩石抗剪强度小,对岩塞稳定不利,反之,当组成岩塞体岩石坚硬完整,且周边又无软弱结构面存在,其抗剪强度大,岩塞体稳定条件好。岩塞稳定分析时,主要是研究影响岩塞稳定的因素及其边界条件的分析。

影响岩塞稳定的主要因素一般有:

1)岩塞体周边岩体的强度;

2)有无切割岩塞体及其周边围岩的断层破碎带、软弱夹层等,以及软弱结构面的规

模、产状及其物理力学性质等;

3)岩塞体周边岩体中的断层破碎带、软弱夹层、大裂隙等不利地质条件的组合,以及其他有关条件的影响(如地形条件、开挖临空面)等;

4)岩塞体及周边岩体是否是强渗漏围岩,在地下水的不良作用下,如不均匀集中渗流对岩塞体中的软弱岩层与断层破碎带的软化及机械潜蚀作用等;

5)其他因素,如岩塞药室及其他有关工程开挖中的爆破振动和开挖中的卸荷作用等。

这些因素实质上可分为两个方面:

一方面为岩塞体本身的内在因素,即岩塞体岩石的强度和切割岩塞体岩石的软弱结构面的规模、产状、岩石物理力学性质及组合特征。这些因素是岩塞周边抗剪强度和岩塞体中不利组合体(分离体)的边界条件的控制因素。因此,又是对岩塞稳定性起决定作用的因素。

另一方面为外在因素。如岩塞体地下水渗漏、集渣坑、药室开挖时的爆破振动等,其中以地下水作用最为不利。当在岩塞体施工开挖过程中,由于爆破时的振动,会对原有断层、裂隙出现加大态势,使地下水塞体内或其周边的断层破碎带、软弱夹层等出现不均匀集中渗流,往往因为渗径短、水力坡降大,造成渗流水流速快,并带走软弱夹层中的细颗粒,容易发生机械潜蚀作用,使裂隙加大,引起两侧岩石因渗流失稳而威胁岩塞稳定。

但是地下水的作用只有通过前者,即软弱岩层和软弱结构面的存在方能发挥作用,所以软弱岩层和软弱结构面是影响岩塞稳定的关键性因素。因此,在岩塞爆破工程地质工作中,必须努力查明组成岩塞体的岩石物理力学特性,各种结构面的发育情况、具体位置、组合特征、影响面积等,其中对岩塞稳定性有重要意义的软弱结构面还必须注意其抗剪强度指标的分析。

岩塞稳定分析,在研究通过岩塞部位(包括岩塞体及其周边围岩)的软弱结构面特征及其组合关系的基础上,结合岩塞体在外部水压力和自重作用下的受力状态,确定岩塞中不利组合体的边界条件(滑动面、切割面、临空面)及其抗剪强度指标。在进行其边界条件分析时,还应特别注意的是,切割岩塞体及其周边围岩的软弱结构面的连续性、软弱结构面的张开宽度及其走向和倾向的变化情况,充填物的胶结情况。当其不利软弱结构面的张开宽度较大,与围岩已经松脱,或岩塞体周边有厚度较大的软弱岩层等低弹模带时,由于其围岩不能连续传递力和形变,容易引起岩塞体或不稳定岩块的侧向变位,故岩塞体周边或失稳岩块周边抗滑力小,甚至消失,出现这种工况对岩塞稳定不利。反之,虽然岩塞体及周边存在软弱裂缝结构面,但裂缝中充填胶结较好,结构面起伏差较大,与围岩咬合较好,即围岩仍能连续传递力和变形,在这种边界条件下岩塞体或其失稳岩块剪切滑移时,不易引起侧向变位,同时岩塞体或失稳岩块滑动时必须剪断滑动面突起部分岩石和克服摩擦力,因此其抗剪强度一般较高。

下面以辽宁清河水库的岩塞厚度水压试验和吉林丰满工程岩塞的稳定分析为例加以说明:

辽宁清河水库岩塞厚度水压试验是在试验洞内进行的,试验岩塞位于地表以下16～20m,横断面为6m×6m,岩塞上部开挖成拱形压力水池。岩塞下部开挖成高2.0m、横断面为6m×6m的观测洞(图2-3)。

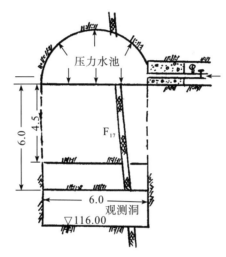

图2-3　辽宁清水水库岩塞厚度水压试验(单位:m)

岩塞部位为前震旦系片岩,平均饱和抗压强度700～1100kg/cm²。岩塞中F_{17}断层斜切岩塞一角,并贯穿整个岩塞。断层最大宽度1.5m,节理产状与断层方向基本一致,与岩塞斜交,密集切割岩体,但多呈闭合和被泥质及方解石脉充填。岩塞部位节理、断层均未构成不利组合。

岩塞厚度水压试验分厚6m和4.5m两个阶段进行。采用水泵向水池中充水并加压,试验水压最多时分五级(2.1kg/cm²、3.2kg/cm²、4.4kg/cm²、5.8kg/cm²、6.0kg/cm²)进行,最大压力为6.0kg/cm²。加减荷载20多次,每次加荷载时间长达4～10h。上部加压的同时,在下部洞室对岩塞变形、破坏等情况进行观测。试验结果,岩塞底部变形很小,未见有任何破坏迹象。

根据试验加载与岩塞受剪时的边界条件进行反算,当岩塞厚度为6m时,作用于岩塞体的下滑力为28000kN,若取岩石饱和抗压强度的1/10,并采用抗剪断安全系数4后,抗剪断有效面积只需岩塞周边总面积216m²的1/9,即足以平衡作用于岩塞体的下滑力。由于本岩塞断层及节理与岩塞斜交,因此抗剪断面积大为减小亦未出现不稳定情况。这一事实说明,当节理、断层没有构成不利组合时,岩塞厚度与其跨度相当,是具有一定安全度的。

吉林丰满工程进水口岩塞处于水库正常蓄水位以下 $26\sim37m$，岩塞轴线方向为北西 $309°8'$，岩塞中心线与地表近于垂直，与水平面夹角 $60°$，岩塞厚度为 $18.5m$（包括覆盖层），岩塞直径为 $11m$。

岩塞部位为变质砾岩，其弱风化岩石的湿抗压强度为 $2300kg/cm^2$ 以上，切割岩塞体的断层主要有三组。第一组与洞轴方向近于平行或交角较小的 F_{45}、F_{20} 等陡倾角断层；第二组为与洞轴方向近于垂直的 F_{41}、f_{40} 等陡倾角断层，第三组为与岩塞底拱近于平行的缓倾角断层，即 F_{43}、f_{171}、f_{172}、f_{173} 等。其中，F_{45}、F_{20} 分别从岩塞的左、右侧壁通过，F_{41} 从岩塞前缘斜切塞体，F_{43} 断层距塞底 $1\sim3m$ 处近于平行塞底将塞体下部岩石切断。只有岩塞的后侧壁未见有贯穿性软弱结构面，岩石较完整，为微风化岩石，抗剪强度较高。该处裂隙间距较大，为 $0.7\sim1.5m$，裂隙多已闭合。虽有多组结构面切割塞体，但未形成不利组合。把岩塞周边受剪作为假定反算，岩塞体的前、左、右三侧壁为上述三组软弱结构面依次切割，该三组结构面所具抗剪强度不计入，采用安全系数为 4、取岩塞后侧壁抗剪断有效面积的 $1/6\sim1/8$ 及该处岩石湿抗压强度的 $1/10$，作为抗剪强度进行核算，已足以平衡岩塞自重及作用于其上的库水压力所产生的下滑力。经有限元计算，岩塞开挖后，岩塞底部最大拉应力值为 $3kg/cm^2$，远小于岩石的抗拉强度。因此，岩塞是稳定的。丰满进水口实际岩塞爆破后，经过近三年的临空放置，也未发现有不稳定现象。但 F_{43} 断层将岩塞底部岩体切断形成 $1\sim3m$ 厚的板状。而这块板状岩体的左、右、前侧壁又分别被三条断层割切，这三条断层的破碎宽度为 $2\sim15cm$，充填泥夹碎屑。因此在渣坑开挖之前，曾担心这块板状岩体的稳定问题。

后经过计算，这块岩板的下滑力（包括库水压力）有 70000 余千牛，它的左、右、前三侧壁虽有一定抗剪强度，然而切割它们的这三组软弱结构面倾角较陡，故垂直各结构面上的侧压力较小，因此侧面抗剪很小。由此可以看出，支撑这块板状岩体的稳定主要是靠其后侧壁未被软弱结构面切断部分的岩石抗剪（断）强度。在计算中，取此处岩石的抗剪（断）有效面积的 $1/4\sim1/3$，取其岩石的湿抗压强度的 $1/8$，即足以平衡岩板的下滑力。后来岩塞底拱开挖以后，历时一年多临空，也未予衬砌支护，这块岩板并未出现不稳定现象。

从上述实例中可以看出，分布于岩塞体中的软弱结构面对岩塞的稳定性影响程度如何，应对其进行具体分析，即分析岩塞体中这些软弱结构面的性质、状态及其组合情况，确定其块体或组合块体的几何形态和空间分布，以及分析受力状态和结构面的力学性能等。在坚硬岩石中，岩塞周边虽一侧或两侧受软弱结构面切割，但只要在岩塞体下半部无不利结构面组合，岩体又较完整，无贯穿性结构面存在，该处岩石的抗剪（断）强度仍可平衡作用于岩塞上的下滑力时，一般岩塞是稳定的。

（2）岩塞药室稳定分析

这里主要指岩塞上药室围岩的稳定性分析，其次是其他药室洞及导洞的稳定性分析。岩塞药室虽然较小，一般尺寸为宽1.0m、高1.6m左右，但由于药室布置在岩塞体中，药室顶部特别是上药室顶部离水库边坡很近（因药室的作用是揭顶或爆通岩塞），岩塞出现渗漏时，药室上覆岩体单薄，药室与库（湖）水间渗径短，当有断层破碎带等软弱结构面存在时，容易出现沿断层破碎带等软弱结构面不均匀集中渗流，易引起机械管涌破坏，威胁药室围岩稳定。因此，做好药室的地质调查和稳定分析工作，对岩塞爆破的安全施工和爆通成型具有特别重要的意义。

1）影响药室稳定的自然因素。药室围岩开挖时的变形和破坏的发生与发展一般是比较复杂的，其影响的因素也是多方面的，有人为的因素，也有自然的因素。对于自然因素而言，经常出现的起控制作用的是围岩物理力学特性、地质构造和地下水的作用等。药室稳定分析时，应注意这三个主要因素。

①坚硬和半坚硬的围岩，自身稳定性较好，一般对药室围岩的稳定条件的影响较小。

②药室遇到软弱围岩，则由于围岩强度低，抗水性差，施工爆破后容易变形和破坏，对药室围岩的稳定性影响也较大。

③地质构造是影响药室围岩稳定的主要因素，但又取决于切割药室围岩的断层规模、充填物胶结状况、产状与药室轴线的关系和节理裂隙切割间距及其走向与药室轴交角的大小等。当节理裂隙走向与药室轴斜交（交角大了20°时），药室围岩稳定条件较为有利。因两侧边墙对下滑岩石可起支撑作用，阻抗顶拱岩石下滑。如节理裂隙走向虽与药室轴线方向一致，但节理裂隙切割间距大于药室宽度时，药室围岩稳定条件亦较为有利。如节理裂隙间距小于药室宽度时，其围岩的稳定性主要视岩块两侧或周边抗剪强度而定。若岩块两侧或周边抗剪强度较低，阻滑力难以平衡下滑力时，岩块则失去稳定，反之则岩块稳定。

2）影响药室稳定的人为因素。在岩塞爆破的药室施工中，对药室在开挖期间的围岩稳定，不仅受地质条件控制，还取决于施工方法、药量控制、施工质量的影响。在药室施工方面一定要做到短进尺、控制药量、控制起爆孔数等措施，特别是导洞爆破施工中，应严格控制周边孔和控制炸药单耗，确保岩塞底面不被破坏。同时，在地质条件较差地段，当药室和导洞围岩软弱破碎或有断层及不利的岩体结构时，施工中又采用不当的深孔和多孔爆破，对装药量又不加控制，这样有可能造成导洞与药室围岩坍塌，极大影响岩塞与药室的稳定。

3）在药室开挖过程中，药室与周边出现较多的渗漏水，主要原因是药室顶部离水库很近，药室施工过程中与水库（湖底）水渗径很短，水头梯度大。当地下水沿断层破碎带、较大裂隙涌出，发生不均匀集中渗流时，容易产生机械管涌而威胁断层破碎带两侧围岩稳定。因此，药室施工时出现较大地下水对药室稳定的不利影响应充分注意。

下面把丰满工程的岩塞药室稳定分析情况进行说明。

丰满工程岩塞爆破采取"王"字形多层药室爆破，分上、中、下三层药室。上药室洞长为4m、宽0.8m、高1.0m，上药室顶部距地面约7.5m(岩石厚约4.0m)。根据钻孔及岩塞体开挖资料分析，上药室位于坚硬的弱风化变质砾岩中，主要裂隙走向与洞轴线有一定交角(>30°)，裂隙间距较大(0.7～1.5m)，药室宽一般小于裂隙间距，且多数裂隙渐趋闭合，同时药室面积较小，承受库水压力相对也较小，侧壁围岩具有足够的抗剪强度阻抗药室顶部岩石的下滑力。

在丰满岩塞药室施工过程中亦未发生围岩失稳现象，虽然上药室开挖至桩号0+140.3m处，地下渗水沿药室顶拱右侧缓倾角结构面与走向南北的陡倾角裂隙交割处涌流，实测涌水量0.9～1.4L/min，但涌水处两侧岩石坚硬完整，对上药室围岩稳定无影响。中药室位于岩塞中部围岩较新鲜的微风化岩石，裂隙较发育，主要有两组：一组为与洞轴斜交的陡倾角裂隙，另一组为走向北东5°～20°的缓倾角裂隙。后者较为发育，中药室及其导洞的顶拱多沿此组缓倾角结构面形成。虽有一条10～40cm厚的缓倾角断层(其间夹泥3.5～8cm厚)贯穿于中部6个药室及其导洞，在施工中又沿此组缓倾角结构面下塌，使药室导洞超挖。但岩石比较坚硬、新鲜，裂隙间距较大，与洞轴方向又有一定交角，且未形成不利组合，因而两侧边墙抗剪(断)强度较高，足以支撑顶拱岩石保持稳定。

丰满水电站岩塞爆破药室在有裂隙、断层情况下，由于岩塞爆破药室洞径较小，因此药室只要在岩石比较坚硬，裂隙间距较大，洞轴方向与裂隙走向保持一定交角，侧壁岩石有足够的抗剪(断)强度平衡药室顶部岩石的下滑力时，药室是稳定的。但在选择岩塞位置时，须注意考虑药室的位置。在分析药室稳定时，必须注意围岩的强度、结构面的性质、岩石产状和组合特征及有无不均匀集中渗流的可能性。

(3)进水口成型和边坡、洞脸稳定分析

在岩塞爆破中影响进水位、边坡、洞脸稳定的因素较多，也比较复杂。特别在岩塞爆破破坏作用下更是如此。但概括起来，岩塞爆破时主要有以下几点：

1)岩塞进水口地段的围岩结构面有无大的断层和裂隙，围岩的强度及岩体的结构特征；

2)进水口成型取决于爆破方式，在岩塞爆破中对岩塞周边布置合理的预裂孔，确保岩塞进水口的成型；

3)爆破破坏作用和水流对洞脸和边坡冲刷作用(指爆破瞬间高速水流和爆破后运行中水流对边坡松动岩石的长期淘刷作用)；

4)在抽水蓄能电站进水口的边坡和洞脸，是受双向水流长期冲刷作用的影响。

对进水口成型和边坡稳定影响,第一个是内在因素,它的影响是比较固定、缓慢的。但其对进水口的成型和边坡、洞脸的稳定性却起着控制作用,也是影响进水口成型和边坡、洞脸稳定的主导性因素。第二是人为因素,在岩塞爆破时在岩塞周边布置合理间距的预裂孔,能确保进水口成型,为克服预裂孔孔底岩石的夹制作用,其在孔底 1.0m 的线装药量取平均值的 4 倍,对周边围岩的破坏是明显的。其他的为外在因素,但其变化是比较快的,并通过内在因素对进水口成型和边坡、洞脸的稳定起作用,同时促使边坡和洞脸变形的发生与发展。

在分析进水口成型和边坡、洞脸的稳定问题时,应在研究各种因素的基础上,找出彼此之间的内在因素,特别要注意研究切割进水口周边围岩的各种软弱结构面的性质、裂隙充填情况、胶结程度、产状与连续性和组合型式,及其与爆破漏斗的关系,有了上述资料才能对进水口的成型和边坡、洞脸的稳定性做出比较正确的评价。

施工过程证实,岩塞进水口的成型和边坡、洞脸围岩的变形、破坏,大多是沿着岩体内剪应力最小的软弱结构面发生和发展的。虽然岩体中软弱结构面的存在是控制水下岩塞爆破进水口成型和边坡、洞脸稳定的主导性因素,但是也不能认为有软弱结构面存在就一定会控制爆破时进水口的成型,或影响边坡和洞脸的稳定。因为除具备软弱结构面的必要条件外,还必须同时具备下列条件:

1)软弱结构面与药室所处的相对位置,即软弱结构面是否处在爆破漏斗有效作用半径之内或其附近。如在设计爆破漏斗线附近存在软弱结构面时,且软弱结构面的走向与爆破漏斗线的走向一致,岩塞爆破时,其软弱结构面将直接影响爆破成型、预裂效果与爆破方量,尤其上破裂线更为突出。

2)软弱结构面组合后,是否形成了边坡、洞脸变形体的切割边界条件(主滑面、侧向切割面)。

3)软弱结构面的空间分布与进水口边坡、洞脸岩体的最大剪应力方向是否近似一致。软弱结构面的抗剪强度是否小于边坡、洞脸滑动岩体的剪应力。

4)是否具有滑动临空面。如边坡、洞脸由两组或多组软弱结构面交割组合成不稳定岩体并有可能发生滑动时,一般可分为沿滑动面倾向方向(真倾角)下滑和视倾向方向(视倾角)下滑两种基本滑移类型。在分析其边界条件和确定抗剪参数时,应当特别注意分析其底部结构面(滑移面)的性质及其产状与洞脸、边坡的相互关系,同时应当注意依据侧向分割面的连续性、平整程度及其受力条件、产状与滑动方向的关系考虑侧向分割面的阻滑作用。在侧向分割面受正应力的情况下,侧向不易变位时,如果结构面起伏差较大或裂隙充填胶结较好,分析时应考虑侧向分割面的抗剪强度,反之,如果结构面受拉时,则一般不宜考虑侧向阻滑作用。

水下岩塞爆破中,水的作用和爆破作用对进水口边坡、洞脸岩体的稳定性的影响比较复杂。爆破时由于爆破破坏作用,使进水口周边围岩形成了一定范围的爆破松动圈,爆破松动圈周边围岩因爆破作用产生许多径向与环向的新裂隙,在爆破作用下又延伸和扩大了原有裂隙,进水口在长期的临空卸荷与水流冲刷作用下,进水口上部、左边、右边墙范围内松动圈的岩石容易失稳崩塌、出现掉块、塌滑等事故,使进水口周边围岩的稳定条件进一步恶化。

同时,对陡边坡类型的岩塞进水口来说,从设计到施工过程都应十分重视,特别指出的是,在岩塞爆破中单响药量较大(特别是全药室爆破方案),爆破振动作用下引起的"滞后下塌"而产生的进水口堆积问题。因此,在岩塞爆破之前,对陡边坡岩塞进水口这个问题应结合具体条件进行分析,并提出相应的处理措施。

下面对镜泊湖工程试验岩塞进水口成型和边坡、洞脸稳定实例加以说明。

镜泊湖岩塞试验工程,试验岩塞所处地形为一略向湖心里突的斜坡。在351m高程以上为$50°\sim60°$,351m高程以下为$30°$左右的岸坡。试验岩塞地段岩石为花岗闪长岩,节理比较发育,表部节理多张开。岩塞附近有数条与洞轴近于正交的小断层通过。F_5断层出露于渣坑顶拱前缘,其走向与洞脸方向近于平行,破碎宽度为$5\sim40cm$,F_5断层下部有小分岔,小分岔与F_5切割开的三棱形岩块,与其后花岗岩脉之间的岩块均位于混凝土顶拱之上。$F_{5\sim1}$断层位于设计漏斗后缘,与F_5断层相距2m左右。岩塞节理主要有两组:一组近于垂直湖岸(走向北东$10°\sim20°$,倾向南东或北西,倾角$65°$以上),另一组与湖岸近于平行(走向北西$290°\sim320°$,倾向南西或北东,倾角$65°$以上)。岩塞由于F_5、$F_{5\sim1}$断层的存在,破坏了设计漏斗正面洞脸与渣坑混凝土顶拱前缘之间岩石的完整性,虽然岩塞爆破前山体是稳定的,但岩塞爆破后该部分岩体底部失去了支撑,易于失稳。为了防止该部分围岩在爆破时下塌,施工时在岩塞周边布置了间距30cm、深3.0m的预裂孔。进水口两侧岩石比较完整,控制成型的软弱结构面主要为与洞轴线近于平行的北东向节理。

岩塞于1971年9月实施爆破,爆破后实地潜水检测,进水口上破裂线不是沿设计轮廓线成型,而是正面洞脸沿混凝土顶拱衬砌前缘的F_5断层之间的岩体(位于预裂孔保护范围内)成型,由于"滞后下塌"作用,受岩塞爆破强烈震动而失稳下塌岩块堵塞于洞口。正面洞脸形成向山里倾斜,倾角为$65°$的反坡(即F_5断层的真倾角)。塌落下来的石块块径较大,最大的石块达到$2.5m\times1.5m\times1.5m$,方量有$150\sim200m^3$。进水口底部岩石较为完整,清渣后可见到预裂孔的半孔,岩石沿相邻的两个预裂孔裂开,此处的预裂孔起到了预裂效果,对进水口轮廓围岩起到了保护作用。

(4)集渣坑高边墙稳定分析

地下工程洞室围岩失稳的条件,是洞室围岩受力后产生的压缩变形、剪切滑动和张性破裂的内在条件。高边墙稳定分析就是在研究边墙围岩的岩体结构特征的基础上,分析和评价边墙围岩变形、破坏的可能性及其内在条件。

国内大型的岩塞爆破，采用集渣坑方案时，集渣坑的几何尺寸一般较大、边墙较高，施工和运行中边墙的稳定问题是一个十分重要的课题。

影响洞室边墙围岩变形和破坏的因素较多，如岩体的强度、应力状态、方向和数值大小（主要指深埋洞室），裂隙走向与边墙平行或交角较小的节理裂隙、断层破碎带等软弱结构面的物理力学特性及其组合情况，作用于边墙岩体的外水压力。开挖空间的大小，施工开挖临空卸荷产生的变位，往往变位较大引起岩体受力状态明显变化而导致边墙岩体失稳。另外是开挖爆破振动和爆破产生围岩松动作用的影响等。

在洞室爆破施工中，当围岩受力后，不管是爆破时的压缩变形、剪切滑移变形或张性破裂，一般状况下都是沿着围岩中已有的结构面，特别是软弱结构面或破碎带而发生和发展的。其围岩的变形和破坏程度及规模则与结构面的大小、充填物的胶结状况、厚度及其组合形式有关。因此，集渣坑高边墙围岩的稳定条件主要取决于切割边墙岩体的软弱结构面的物理力学特性及其组合形式与边墙的交割关系。

集渣坑高边墙稳定分析与地下厂房边墙稳定分析相同，都是根据边墙所在部位与临空面的不同地质分布情况，设计和施工中应具体分析切割边墙岩体中软弱结构面的产状、物理力学特性、裂隙岩体组合状况，分析确定边墙岩体中是否存在可能滑移的块体或组合块体，根据边墙岩体的受力状态和结构面的力学性能论证其不稳定岩石块体和组合块体的滑移边界、几何形态与稳定状况。边墙不稳定岩块的滑移型式一般和岩质边坡一样，可归纳为滑动面倾向方向（真倾角）下滑和视倾向方向（视倾角）下滑两种基本滑动类型。

下面以响洪甸抽水蓄能电站工程岩塞集渣坑边墙稳定分析为例加以说明。

响洪甸抽水蓄能电站集渣坑为城门洞型，顶部与岩塞体连接设有一过渡段，后部设一渐变段与闸门井相连。集渣坑边墙高27m、宽9.0m、长59m（包含斜坡段）。斜坡式集渣坑顶拱和边墙的围岩均为溶结火山角砾岩，粗面斑岩，岩石坚硬。A0－007.14～A0＋000m段，下游侧边墙局部为凝灰角砾岩，部分蚀变为绿泥石，强度低，具有失水崩解的特性，属中等坚硬—较软弱岩石。集渣坑上部山坡岩体发育两条断层 F_{103}、F_{111}。F_{103} 产状 N70°～80°E/NW∠70°～80°，宽40～70cm，变化较大，从地表向下由宽变窄，由透镜状角砾岩组成，洞轴线夹角30°，根据 ZK9 钻孔核实，未延至集渣坑部位。F_{111} 产状 N60°～65°W/NE∠60°～80°，宽10～20cm，由碎裂岩组成，部分地段表现为节理密集带，与洞轴线夹角约20°，在集渣坑部位未出露。节理主要发育3组：第一组的产状 N40°～45°W/SW∠65°～70°，延伸＞10m，节理间距80～120cm，张开度0.5～1mm，性状为平直、粗糙，裂隙间充填物为少量泥质和岩粉。第二组产状 N70°～75°W/SW（NE）∠70°～85°，延伸＞10m，节理间距40～60cm，张开度0.5～1mm，性状为波状弯曲、粗糙，裂隙间充填物为方解石或铁锰,部分糜棱岩和角砾状岩屑。第三组产状 N50°~75°E/NW(SE)∠75°~85°,延伸>10m,节理间距>80cm,张开度>3mm,性状为曲折、粗糙,裂隙间充填物为角砾状岩屑或泥质。NW—MWW 向节理与洞轴线夹角较小,节理组合对边墙及顶拱稳定不利。

A0−007.14~A0+024.000m 段,洞埋深浅。岩体以弱—微风化为主,卸荷作用明显,节理张开 1~3mm,岩体属中等透水层,局部为较严重透水层。

由于 NW—NWW 向节理与洞轴线夹角不大,对集渣坑边墙及顶拱稳定不利,预计与其他结构面的组合形成掉块或小规模失稳。集渣坑顶拱开挖完成后,为确保下层开挖安全,在第二层开挖前,要求边墙预裂、顶拱锚索、锚杆及顶拱部位混凝土衬砌已完成。

集渣坑围岩应力应变分析结果表明,各种工况下集渣坑围岩均不会出现塑性区,洞壁位移远小于允许变位值。集渣坑中前部拱顶由于距爆源较近,爆破地震作用较明显,故按常规进行支护设计,仅对爆源近区和围岩破碎带加强支护。对处于爆破破坏半径范围内的岩塞后部渐变段和集渣坑中前部(桩号 A0+30.0 以前)洞室全断面设计 ϕ25 系统锚杆,梅花形布置,锚杆间距 1.5m,锚杆锚入围岩 3~5m,并对围岩进行固结灌浆,灌浆孔孔深 4~6m,孔间距 3.0m,对局部裂隙发育区域,锚杆适当加深与加密。在 A0+007.14~A0+024.000m 段,岩体透水性强,对于渗水较大且集中部位,采用导管导流后,再由周边逐步向中心灌浆,该部位作水泥灌浆,孔深 4m,间排距 1.5m×1.5m。先作衬砌顶拱回填灌浆,后作固结防渗灌浆,灌浆加固岩体,同时又起到防渗阻漏的作用。对于爆破地震作用较明显的岩塞后部过渡段及渣坑前部顶拱部位,为确保集渣坑高边墙、顶拱的稳定,在集渣坑与岩塞间的过渡段布置两圈预应力锚索加强支护,锚索深入岩体 9~11m,每圈布置 8 根锚索,排距 4.0m,孔距 3.5m。集渣坑前部共布置 32 根预应力锚索,张拉力为每根 525kN。集渣坑顶拱及边墙衬砌混凝土厚 0.6m,尾部 8.0m 长度洞段底板厚 0.5m,其余底板不衬砌。

通过用锚索、系统锚杆与灌浆加固集渣坑两侧边墙,共用锚索 48 根。自加固后,经过集渣坑后期开挖爆破振动,未见有边墙围岩失稳或锚头变形破坏的现象。响洪甸抽水蓄能电站进水口岩塞于 1999 年 8 月 1 日爆破,爆破后用水下机器人进行水下摄影、测量等检查,石渣平缓堆积在集渣坑范围内,下游的闸门井及隧洞内无散落石渣,形成的进水口体型符合设计要求,闸门井及隧洞等结构均完好无损,集渣坑边墙结构完好,集渣坑顶拱和边墙结构处于安全状态。因此,证明了锚索、系统锚杆与灌浆措施对集渣坑顶拱和边墙起到了加固与稳定岩体的作用。

丰满岩塞工程集渣坑边墙稳定分析及说明。丰满岩塞工程集渣坑为一靴形,边墙高 18~38m,宽 12m,长 35m。集渣坑顶拱和边墙的围岩均为新鲜的变质砾岩。集渣坑顶拱虽有 F_{43}、F_{38}、f_{39} 等断层切割顶拱围岩,但未形成不利组合,顶拱开挖后即进行了混凝土衬砌支护,所以集渣坑顶拱是稳定的。主要是集渣坑边墙稳定问题,集渣坑左边墙桩号 0－130～0－115m 处有 F_{46} 断层,该断层宽 0.6m,为泥夹碎屑组成,和 F_{46} 断层(带宽 2.5m,由碎块夹碎屑组成,局部有泥)走向和边墙夹角很小,两断层间距为 4～6m,倾向集渣坑,并有走向与此组断层平行的一组陡倾角裂隙,故其间形成一宽达 7～9m 的围岩挤压带,带内岩石受平行于该组断层的陡倾角裂隙切割,裂隙间距为 30～40cm,呈块状破碎,且边墙拱座处尚有一组与 F_{43} 断层平行的裂隙,形成了水平向切割面,在此段边墙构成了一个以 F_{46} 断层为塌滑面,顶部以 T_{43} 裂隙面为界,靠进水口侧以 f_{40} 断层为界,倾向渣坑内的楔形不稳定岩体。据设计荷载组合,拱座推力高达 235t/m。但 F_{46} 断层的摩擦系数 t 建议值为 0.5,平行于 F_{46} 断层的裂隙面的摩擦系数 f 建议值为 0.6,c 值为 0.4kg/cm²。按块体平衡理论进行稳定计算,此组结构面的真倾角($\alpha=$ 88°)即为危险滑动面,此不稳定岩体沿该滑动面下滑时的下滑力最大,其安全系数 K_c 值为 0.40 左右,对平行于 F_{46} 断层的裂隙面 $f=0.60$,$c=0.4kg/cm²$,其危险滑动面为视倾角($\alpha=50°$)。其安全系数 K_c 值也只有 0.70 左右。因此不难判定,F_{46} 断层对此段边墙的稳定威胁很大。根据 F_{46} 断层陡倾角和边墙实际开挖高度及稳定计算结果,在结构上对此段边墙采用高强预应力锚索进行加固。

同样右边墙及右拱座处围岩被 F_{20} 断层和 f_{44} 断层切割,这两组断层及与其平行的一组陡倾角裂隙与边墙交角较小,仅 6°～20°,且倾向相反,故于边墙上部拱座附近交叉切割形成一个三角形不稳定岩体。这两组结构面均充填有泥和地下水渗出,不利于边墙岩体稳定。沿该两组结构面摩擦系数 f 建议值为 0.4,据此分析须对此段边墙拱座处围岩在结构上采取加固措施。根据稳定计算结果,采用两排高强预应力锚索,对此处边墙拱座围岩加以锚固,以提高拱座处围岩的稳定。

集渣坑中为加固两侧边墙和拱座围岩,一共锚入了 50 余根高强预应力锚索。边墙与拱座自用锚索加固后,又经近两年的集渣坑中、下部岩石爆破开挖的震动,未见边墙围岩失稳或锚头变形破坏的现象。进水口岩塞于 1979 年 5 月爆破时,采用动应变观测结果表明集渣坑顶拱和边墙结构处于安全状态,并于 1980 年 7 月采用水下激光电视扫描观察,集渣坑边墙结构完好。因此,证明其锚固措施起到了加固边墙和拱座不稳定围岩的效果。同时也证明,在边墙稳定分析中,对集渣坑边墙不稳定岩体的边界条件的论证和有关结构面抗剪参数的确定是正确的。

(5)进水口周边围岩在长期运行中的稳定分析

大量爆破实例证明,经过大药量爆破破坏作用后,进水口周边围岩受到了一定程度的破坏,爆破后使围岩在一定范围内形成松动圈,这种松动圈在结构物长期运行中会导致爆破对围岩形成的裂隙加大,给进水口带来一定风险。响洪甸抽水蓄能电站进水口岩塞部位岸坡走向 N10°～20°W,地形坡度 45°～48°,地形较完整。自然边坡稳定性较好，岩性为熔结火山角砾岩、粗面岩，岩石坚硬，上游侧发育 F_{111} 断层，产状：N60°～65°W/NE＝∠65°～80°，裂隙宽 10～20cm，由碎裂岩组成，部分地段见有节理密集带，主要节理发育 3 组，其中 NW—NWW 向节理部分密集成带，共分布 5 条，由于其走向与边坡呈大角度相交，且发育深度有限，对边坡稳定影响不大。岸坡卸荷作用明显，但卸荷裂隙规模不大，与其他结构面组合不会形成大规模的边坡失稳。但受岩塞爆破的影响，局部可能产生掉块或小规模的失稳，对进水口不会产生大的影响。响洪甸抽水蓄能电站进水口岩塞爆破如今有 20 多年，除有个别掉块外，岩塞进水口边坡是稳定的，其与当初进水口的分析一致。同样，镜泊湖工程进水口岩塞爆破后潜水检查，进水口下部岩壁虽未见有大裂隙，但岩石出现"细纹"很多，在高程 333～336m 上方 F'_6 断层及其上游侧节理构成宽达 1.0m、深 0.6m 的三角形洼槽。该工程的试验岩塞自 1971 年爆破以后，当时形成的新洞脸边坡较陡，下部呈反坡，由于岩塞爆破破坏作用，加之在长期风化卸荷作用下，洞脸上部岩体经常失稳掉石块，自岩塞爆破至今，洞脸长期不断地坍塌和掉块，使洞脸的反边坡已逐渐变成正坡。

根据已修建工程的经验，岩塞进水口周边围岩，经爆破作用后，使进水口周边形成一定范围的爆破松动圈，造成松动圈区域内原有的裂隙扩展，并又产生以药包为中心的径向环向裂隙，沿着平行其临空面方向发展。同时，在缓边坡工况下进行岩塞爆破，并采用多层药包爆破时，中部药室起揭顶爆破时药量较多，距周边围岩较近，爆破时药室临空面条件复杂，又受爆破反射波的反复作用影响，造成松动圈围岩的损坏程度较为强烈，使进水口周边围岩，特别是上部围岩进一步受压。进水口周边围岩又受水流长期冲刷和变化，使进水口周边围岩侧向抗剪强度不断降低。因此，在进水口长期运行期间，边坡围岩容易产生变形与失稳、掉石块。这也是一种常规规律，一直到进水口周边围岩达到稳定状态时为止。

(6)岩塞爆破后勘察工作

岩塞爆破后对集渣坑边墙有无变形与破坏，进水口洞脸边坡(特别是陡边坡进水口)在岩塞爆破的强振动下边坡能否长期保持稳定，边坡原有裂隙是否发生大的变化等问题进行潜水调查。借助水下地形测量，用水下激光电视扫描观察、摄影，了解进水口开口尺寸是否达到设计要求、进水口爆破成型情况、进水口周边围岩受爆破破坏作用后围岩破坏状况、集渣坑边墙的稳定情况等。

1)工程地质勘察方法。

在水下岩塞爆破后的勘察工作中，目前经常采用的工程地质勘察方法有工程地质测绘、潜水调查、坑槽探、洞探、钻探、声波电视照相、水下激光电视机扫描等。其中，在爆破前应以大比例尺的地质测绘为主，并配合潜水调查观测水下地形地质情况。坑槽探应尽量在枯水期库(湖)岸靠近岩塞部位布置。钻探工作应在地质测绘的基础上，根据岩塞部位的地质情况有的放矢地布置钻孔。了解覆盖层的钻孔应深入基岩一定深度;了解基岩的钻孔应深入集渣坑底部,并进行渗透试验、孔内电视和照相。对较大型的岩塞,地质条件又比较复杂的,必要时可在岩塞底部布置轴线方向和垂直于轴线方向的平洞,以获得必要的地质资料来论证岩塞稳定或有关建筑物稳定的边界条件。在施工地质工作中要充分利用施工开挖,尤其是先期开挖对已取得的资料不断补充和校正。

岩塞爆破后主要是通过潜水调查、水下地形测量、水下激光电视扫描照相,了解进水口周边围岩的稳定和破坏情况,了解集渣坑边墙在爆破后有无损伤和破坏,了解岩塞爆破后进水口成型情况等。

2)勘察工作中应注意的问题。

根据国内已施工完成的岩塞经验,在水下岩塞爆破勘察工作中,应注意以下几个方面:

①岩塞爆破设计、施工对地质工作精度要求较高,因此在初步设计阶段,勘察范围要适当宽一些,一般宜为岩塞跨度(或直径)的2~3倍。同时对影响岩塞稳定、进水口成型、边坡和洞脸稳定有关的范围均应包括在内。可能布置进水口岩塞的部位一定要有足够的勘探钻孔控制。勘探时间最好在冬季枯水期进行,钻孔深度一般应深至集渣坑底部。药室位置的钻孔岩芯获得率、水文地质试验要求应高于一般地段,有条件时应配合孔内声波测试和电视照相。

②要认真做好施工阶段的调查、分析工作,因水下勘测有一定的局限性,有的问题在初步设计阶段一时未查明,因此,要注意充分利用施工开挖尤其是第一期导洞开挖的有关资料进行综合分析,达到补充与修改前阶段的地质资料的目的。

③岩塞部位的其他钻孔要注意严密封堵。为此,当钻孔终孔以后,一般宜用高标号水泥作为封孔材料,按水灰比0.4~0.5将水泥搅拌成稠糊状,通过导向管注入孔内的方法进行封堵。用这种方法封堵水下钻孔,实践证明能保证封孔质量,水泥和孔壁胶结很好,不会有漏水现象发生。

④要重视岩塞爆破后的调查分析工作,进水口周边围岩受大药量爆破破坏作用影响,周边围岩形成了一定范围的爆破松动圈,进水口在长期运行过程中,在风化卸荷作用下,位于松动圈范围内岩石侧向抗剪强度将不断降低,使该范围内的围岩进一步恶化。因此岩塞爆破后应重视该项调查分析工作,以便对有关地质问题及时采取有效处理措施。

第 3 章   岩塞爆破设计

水下岩塞勘测是通过地面勘测、钻孔勘探和物理勘探，并配合潜水与水面（冰面）作业，查明岩塞区内围岩的岩性、地质构造、坡面工况、水文地质条件、水下地形图、水库覆盖层厚度和性状。完成并提交岩塞区地质勘测报告，包含水上与水下满足精度和比例尺要求的地形地质图及详细资料的文字说明，为下一步岩塞位置的正确选择和设计参数的选取提供可靠的基础依据。国外水下岩塞爆破的经验证明，在斯科尔格湖的水下岩塞爆破中，因湖底地质条件未勘探查明，使岩塞爆破未能一次爆通，被迫进行多次爆破和大量潜水作业后，才实现隧洞工程引水投入运行。该工程的这一教训，应引以为戒。

水下岩塞爆破是一种特种爆破，每个岩塞爆破都有不同的特点和要求，爆破设计重点及要解决的技术问题也各有侧重。爆破设计工作大体可分为以下几个方面：

（1）根据工程的需要确定合理的布置形式

利用已经查明的地形、地质情况，正确选择岩塞的位置，确定岩塞口直径、厚度、倾角，以及总体布置方案。

（2）选择爆破方案

确定爆破参数、爆破用药量、爆破程序，以及爆破后石渣的处理方式。

（3）研究岩塞爆破时爆破对建筑物的影响

对各种破坏因素进行分析，必要时采取相应的防护措施。

（4）确保岩塞爆破施工的安全

由于岩塞厚度较薄，药室和钻孔施工中将会影响岩塞体的稳定。为防止渗漏和坍方，需要采取相应的施工安全措施。

3.1   岩塞进水口布置

水下岩塞爆破进水口位置是考虑多种因素而确定的，首先是整体枢纽布置确定后，进水口位置大致范围便可以确定。这时，就应考虑地形、地质条件，各建筑物之间的相互影响，包括爆破时振动与冲击波破坏和运行中的相互影响。同时，应比较采用其他工艺时工程量的多少、施工难度、施工工期的长短、投资的多少等因素,综合考虑确定岩塞口的位置。而且,工程运行上的要求不同,各地区的自然条件的差异、各施工单位的施工技术水平和设备配置程度不同,在布置上要因地制宜,但是,在岩塞爆破施工中,最终进水口必须满足使用要求。

水下岩塞爆破进水口有同正常水工结构相同的布置部分,如有进水口闸门,可以是动水下闸的工作检修闸门或只起检修作用的静水下闸的检修闸门。有大坝、闸门井和闸门室、渐变段、前引水洞、压力管道、地下厂房、出水闸、下库、挡水闸坝等。不同于正常水工结构的部分有岩塞爆破进水口。这个在深水中爆破而形成的进水口,又不能在水中用混凝土衬砌防护。如果工程要求不允许限制粒径的岩渣通过引水隧洞,如抽水蓄能电站和工业用水的引水隧洞,那么在岩塞后面必须设置集渣坑。集渣坑不仅需要容纳岩塞爆破的全部岩渣,还必须考虑由于爆破后进水口可能产生的塌方,电站发电和引水运行中其他淤积物的沉渣作用。为阻拦岩渣进入引水隧洞,采用斜坡式长方形深槽式集渣坑是可靠的。

(1)响洪甸抽水蓄能电站岩塞爆破进水口的布置

1)响洪甸抽水蓄能电站岩塞位于上库左岸距大坝 210m 处,地形坡度 40°～50°,岩塞体为锥台形,轴线倾角 48°,岩塞底面直径 9.0m,扩散角 22°27′11″,岩塞体厚 9～13m,岩塞爆破采用药室与钻孔爆破相结合的方式,中、上部设 2 层药室、3 个药包,周边布置 72 个预裂孔,中层药包和周边孔之间布置 3 层共 57 个扩大孔。

2)在开挖岩塞底面时一同完成集渣坑的顶部开挖,并在岩塞上部岸坡打斜孔对岩塞部位进行超前灌浆,对岩塞和集渣坑前部的防渗起到了良好作用。集渣坑为前高后低,断面为城门洞型,宽 8.0m,底板水平段长 32m,斜坡长 27m,尾部水平段长 8.0m,集渣坑容积 3318m³,集渣坑利用率 60.4%。

3)岩塞后部,集渣坑上部为气垫室,充水过程中,随着闸门井水位上升,气垫体积压缩、压力升高。闸门井充水位到 103.73m,相应的集渣坑水位 78.10m,这时气垫体积 1197m³。缓冲气垫起到一个弹性的缓冲作用,岩塞爆破时有效避免发生"井喷"现象。

4)集渣坑和闸门井下游设置了混凝土堵头,堵头采用双曲拱形,堵头厚度为 1.5m。岩塞爆破时作用于堵头的最大动水压力仅 0.8MPa,设计堵头能够承受的极限冲击压力为 1.02MPa,堵头是安全可靠的。集渣坑以上平洞段到堵头的隧洞内没有石渣,达到了预期效果。

5)集渣坑在发电工况下,渣坑上部有一较大的回流区,渣堆上下游端有小回流区出现;抽水工况时,仅渣堆上下游端有小回流区存在,渣坑内流态较好。经测试,发电工况下进口段平均水头损失系数为 0.310,抽水工况下平均水头损失系数为 0.957,得到比较满意的效果。

6)对于爆破地震作用较明显的岩塞后部过渡段边墙及渣坑前部顶拱部位,设置预应力锚索加强支护,锚索深入围岩9～11m,间距4.0m,张拉力525kN,集渣坑顶拱及边墙衬砌混凝土厚0.6m,尾部8.0m长洞段底板厚0.5m,集渣坑其余底板不衬砌。岩塞爆破后,用机器人下水检查,集渣坑边墙、闸门井、混凝土堵头均未发现裂缝。

7)集渣坑充水。按集渣坑的总水量和爆破时间的要求,安装5台18.5kW、扬程14m的水泵,分两级接力进行抽水输入集渣坑内,集渣坑内总充水量达到12691m³时,闸门井最高水位达到103.73m高程,集渣坑内水位达到78.10m高程,压力为0.356MPa,气垫体积约1200m³。

8)气垫补气方式。在集渣坑顶拱绑扎钢筋时,把一根直径3cm的钢管固定在钢筋上,钢管从集渣坑顶部通到闸门井,又由闸门井通到地面空压站,当气垫室内的气压未达到设计要求时,开启空压机进行补气,补气达到0.356MPa时停止补气。

9)洞外边坡处理。在集渣坑开挖前,已在岩塞上部岸坡打斜孔对岩塞部位进行超前灌浆处理,对岩塞和集渣坑前部的防渗起到了良好的作用,在集渣坑开挖过程中,未出现严重的渗漏现象。

响洪甸抽水蓄能电站进水口水下岩塞爆破,是国内第一个抽水蓄能电站进水口岩塞爆破工程,在岩塞爆破工程中首次采用封闭式气垫水下岩塞爆破法,有效减轻爆破冲击波和动水压力的负面影响。首次在岩塞爆破中采用电磁雷管起爆系统,简化了起爆网路,保证了施工和作业安全,创造了水下岩塞爆破的新经验。

(2)丰满水库泄水洞岩塞爆破进水口的布置

丰满水库泄水洞岩塞爆破工程是以聚渣为主的开门爆破方式,岩塞爆破后有少量部分岩渣通过隧洞泄到下游河道内去。丰满水库泄水洞岩塞爆破的主要特点是:

1)丰满水库泄水洞岩塞直径为11m,岩塞厚度为18.5m,岩塞爆破后的岩渣量有5000m³。为了防止岩塞爆破后的岩渣排泄到下游而抬高发电站尾水位,以及防止岩渣磨损隧洞衬砌混凝土,岩塞爆破采用了开闸门聚渣爆破方案。

2)岩塞轴线倾角为60°,丰满水库泄水洞岩塞爆破采用靴形集渣坑进行集渣。该类型集渣坑有利于集渣坑内岩渣的稳定。岩塞爆破时集渣坑内可容纳90%的岩渣,集渣效果较好。

3)丰满水库泄水洞岩塞体较厚,选择用3层药室的药室爆破法,岩塞的周边打预裂孔控制岩塞成型。

4)丰满水库泄水洞岩塞爆破后,在隧洞出口布置弧形闸门,利用弧形闸门控制泄水洞流量和截流。

(3)贵州塘寨引水隧洞取水口双岩塞爆破布置

贵州塘寨火电厂取水一级泵站属于塘寨水电厂一期工程升压补水系统的一部分,

是整个升压补水系统中的一级提升泵房兼厂外取水口。取水布置了两条平行洞,平洞施工采用预留岩塞挡水,待洞内施工完成后,同时爆破两个岩塞,并形成双取水口。这是国内第一个同时起爆的双岩塞爆破工程。

1)取水口布置地形坡度较陡,1#洞洞口地形坡度为$41°\sim65°$,2#洞洞口地形坡度为$44°\sim62°$。岩层产状为$35°\sim40°E/NW\angle40°\sim52°$,围岩为深灰色灰岩,裂隙中等发育,裂隙中充填方解石及泥质。

2)1#、2#洞布置在同一高程,平行布置,两岩塞中线距离11m。1#洞全长37.3m,平直段长21.5m,进口段长15.8m,2#洞全长39.4m,平直段长21.5m,进口段长17.9m。

3)1#岩塞轴线与水平线的夹角为30°时,岩塞内口直径3.5m,外口直径6.17m,岩塞上沿厚度3.63m,下沿厚度4.56m,岩塞平均厚度4.095m。岩塞方量81m³,岩塞厚度与直径比值为1.17。

2#岩塞轴线与水平线的夹角为30°时,岩塞内口直径3.5m,外口直径6.02m,岩塞上沿厚度3.97m,下沿厚度4.31m,岩塞平均厚度4.14m。岩塞方量82m³,岩塞厚度与直径比值为1.18。

4)为了保证岩塞爆破施工的安全,对岩塞口周边的围岩进行锚杆支护和对围岩进行固结灌浆处理。锚杆和超前固结灌浆孔应深入基岩$3.0\sim6.0$m,间距为1.5m,排距2.0m,锚杆梅花形布置。

5)起爆网路是岩塞爆破成败的关键,必须保证能按设计的起爆顺序、起爆时间安全准爆。特别是塘寨取水口是双岩塞爆破,因此,在塘寨取水口双岩塞爆破时采用全新的数码电子雷管起爆系统。

从以上的实例可以看出,由于进水口使用上的性质不同或者是其他因素引起岩塞爆破的建筑物布置差异很大。

3.2　水下岩塞口位置选择的要求

水下岩塞是隧洞工程进水口的组成部分,应与隧洞、闸门井布置相协调,服从隧洞工程建设的目的和要求。对于发电引水隧洞,要考虑库水位的变幅,岩塞所处的水深能适应长期的正常发电需要,同时岩塞的体型、位置要具备良好的过流水力学条件,水头损失要小。岩塞用于排淤隧洞时,更要考虑水流流态平顺,排淤效果好,对隧洞本身磨损小。而且,岩塞的开口形状、大小、高程与朝向要和排淤水流的主流方向相适应。

水下岩塞满足精度的地形地质资料有利于准确设计,达到一次爆通成型。水下岩塞部位的地形地质要简单平整,地质无大断层切割。裂隙要少,岩石渗漏量小,岩塞体部位覆盖层薄,无崩塌堆石,勘探时容易查明。一定要注意避免把大漂石和崩塌堆石误探为基岩,并错定岩塞厚度。

例如,国外的斯科尔格湖的水下岩塞爆破,这是一项因湖底地质条件未查明而被迫进行多次爆破和大量潜水作业的工程。斯科尔格湖在挪威的西海岸,湖面高程 355m,集水面积较小。为满足某工厂的生产供水,决定自斯科尔格湖引取 0.6m³/s 的流量。

该工程的引水隧洞长 270m,断面 1.5m×1.7m,岩塞爆破时水深 30m,闸门井距进水口 55m,闸门井中装 1.0m 的平板闸门。岩塞前的地质是利用冬季封冻后在湖面上作了少量勘探钻孔,根据钻孔资料认为岩塞处的覆盖层仅为 0.5m。

隧洞工作面掘进至距原定岩塞面 6m 处,通过探测孔发现掌子面前 3.7m 处有一强透水裂隙,无法继续开挖前进。考虑到引水量不大,决定将进水口与该裂隙连通。开挖集渣坑后,于 1938 年 1 月 4 日岩塞装药量 93kg 的爆破,由于岩塞厚度较大,湖底有超过 1.0m 厚的大块体堆积物,起爆后未能将岩塞进水口爆开,进水口处留下由大小岩块组成的厚 2.0m 的顶盖,流入水量仅 15L/s。为扩大进水量,施工方于 1 月 20 日和 1 月 25 日在湖底进行了两次补充爆破,为引装炸药 15kg 和 32kg。1 月 20 日的爆破效果不明显,25 日在装炸药 32kg 进行爆破后打开了进水口,洞内水量明显增大,但进水口不久又被湖底大块沉积物所封堵,潜水员在湖底也未见到进水口。爆破时大量土石进入洞内,使闸前隧洞淤堵了 1/3,有些洞段几乎被石块堵满。进入洞内的最大石块的体积达 1.0m³,石块上面长满了青苔,证明是原先湖底的堆积物。于 2 月 1—5 日在洞内进行了 3 次小药量爆破,以清理洞内的堵积物。于 2 月 20 日自湖底进水口进行了一次炸药量 5kg 的爆破,再次把进水口打开,但涌入隧洞的水流将洞内土石推送至闸门前,其中有一块大石将闸门卡住,留下 30cm 的间隙,使闸门不能全关。为了解决这块石头,通过一根直径 0.7m 的立管将潜水员送到闸门处,进行了药量 0.1kg 的小爆破,才使闸门能自由启闭。最后通过引水洞放水降低湖水位后,将闸门前的堆积物清理干净,才使引水洞正式投入运行。

岩塞体周边围岩要厚实、完整和稳定,岩性单一,地质构造比较简单,避免处于贯穿性的断层上。要确保岩塞爆破后进水口能长期稳定运行,也无边坡岩石产生失稳掉块石而缩小进水口,发生阻塞水流或随水流带入隧洞造成破坏。

岩塞位置需考虑多种因素确定。整体枢纽布置确定后,进水口位置的大致范围已定。根据地形、地质条件和附近建筑物位置,比较工程量、施工难度、爆破影响、投资等因素,确定岩塞口的位置。

岩塞口宜选取地形较缓、整体稳定的山体,应避免山沟或陡崖。山沟地形围岩风化较深、覆盖层较厚,可能出现断层等不利地质条件,对岩塞口后期运行围岩稳定不利。陡崖峭壁可能局部坍方,威胁进水口的安全运行,而且加固处理难度大。岩塞口宜选取岩体完整、岩性单一、地质构造比较简单、没有大的断层通过、覆盖层比较薄、顺坡节理不发育的地段。

岩塞爆破口尺寸确定,为了使爆破进水口满足过流量的要求,必须有足够的过水断面面积。过水断面按式(3-1)计算。

$$F = K \frac{Q}{[V]} \tag{3-1}$$

式中:F——过流断面面积(m^2);

　　K——安全系数,取值 1.2~1.5;

　　Q——设计最大过水流量(m^3/s);

　　$[V]$——爆破岩塞口围岩的抗冲流速(m/s)。

抗冲流速 $[V]$ 可通过试验选取或用工程类比法选定。在可能的情况下应该尽量加大底流速,缩小爆破口的尺寸。考虑围岩的完整性、稳定性和岩塞口爆破成型质量,确定抗冲流速试验数据。因此,在该阶段还只能根据经验选取,一是从围岩的完整性,岩塞爆破成型好坏,围岩节理或断层组成是否稳定,而提出抗冲流速。二是从进水口流态来看是否平顺,特别是大流量高流速水流的进水口。水流流态必须平顺,避免涡流和负压,否则也会引起洞口的破坏。对于水平推移质各类岩体的最大允许抗冲流速 $[V]$ 如表 3-1所示。

表 3-1　　　　　　　　　　　　　岩基的抗冲流速 $[V]$

序号	基岩岩性	抗冲流速/(m/s)
1	砾岩、泥灰岩、页岩	2.0~3.5
2	石灰岩、致密的砾岩、砂岩、白云白灰岩	3.0~4.5
3	白云沙岩、致密的石灰岩、硅质石灰岩、大理岩	4.0~6.0
4	花岗岩、辉绿岩、玄武岩、安山岩、石英岩、斑岩	15.0~22.0

用于引水发电的岩塞爆破,要求控制允许通过水轮机组的岩块粒径,控制粒径 d 可按式(3-2)计算。

$$d \leqslant \frac{D}{30} \tag{3-2}$$

式中:d——水轮机(或其他水工设备)控制的石块粒径(mm);

　　D——水轮机转轮直径(mm)。

确定出 d 值以后,抗冲流速 $[V]$ 可根据水力学公式(3-3)估算。

$$[V] = 4.6 \cdot d^{\frac{1}{3}} \cdot t^{\frac{1}{6}} \tag{3-3}$$

式中:d——石子平均粒径(m);

　　t——水深(m)。

对于泄洪隧洞,可以通过较大直径的石块,不受上述条件的限制,只受围岩的抗冲流速的限制。当流速超过围岩的抗冲流速时,洞口就被冲刷并逐步扩大,一直到洞口围岩稳定时为止。

（1）岩塞倾角

岩塞开口尺寸确定后,再确定岩塞轴线的倾角。为使水流平顺,进口与引水洞应连接圆滑,减小水头损失,减轻对洞口的磨损,倾角不宜太大。在进水口运行中的流量及流速比较大的工况下,更应该注意水力学上的问题,当岩塞轴线的倾角布置上的不合理会造成围岩的破坏。同时还需要考虑在岩塞爆破完成后,洞脸上有局部不稳定或坍塌岩体,往往滞后于爆破漏斗内的石渣滑落,大部分以滑坡的形式下滑,一般块度较大,应该让其滚落到集渣坑内。根据已实施的岩塞爆破的进水口上部的破裂线均比理论计算破裂线值大,洞口上部局部坍方与石块掉落是不可避免的。进水口上部以外的不稳定围岩,应迟后于爆破漏斗内的岩渣的爆落,而大部分岩块是滑坡的方式下滑,下滑的岩石块度较大,应该让岩石滑落到集渣坑内。这时岩塞进口轴线倾角须大于水下石块的堆积安息角,倾角应大一点有利,集渣坑的石渣堆积安息角一般为 40° 左右,因此岩塞轴线倾角以 40°～60° 为宜。

（2）岩塞厚度

岩塞的厚度关系到施工的安全和岩塞爆破的难易程度,同时对岩塞口及爆破后洞脸的稳定有一定影响,施工过程中必须确保岩塞部位的稳定。爆破后洞脸的稳定主要取决于洞脸的形状和地形、地质条件,并应考虑岩塞爆破产生松动圈的影响,这需要进行专项计算分析。

岩塞的厚度主要取决于地质条件、岩塞的直径、倾角、外水压力、渗漏情况、岩塞爆破方法等因素。在确保岩塞稳定情况下,应尽量减薄岩塞体的厚度,以减少开挖方量,缩小岩塞内口不衬砌的长度,降低爆破振动影响,有利于洞口和洞脸的稳定,也可降低成本。

岩塞体厚度的选择常用三种方法:参考类似工程实践作工程类比、理论计算、现场试验。一般情况下,首先根据地质、地形条件、施工方案等因素初步确定一个岩塞的大致尺寸,然后再根据计算分析进行修正,结合地质条件进行稳定分析,通常取岩塞厚度与岩塞下口直径之比大于 1.0。

1）理论计算法。采用岩石容重、岩石允许抗压强度、作用于岩塞上的水头等计算参数进行计算,还应对计算结果进行综合分析后确定。

2）现场试验法。在现场选定岩性结构相近似的地点,按初步设想的岩塞尺寸开挖成岩塞,在岩塞顶部开挖成拱形压力水池,试验时用水泵向水池输水加压,模拟水对岩塞的静水压力,在岩塞底部设置观测仪。然后在密封的水池中安放一定数量炸药,对初步设定厚度的岩塞体做破坏性试验,结果表明岩塞稳定。由于该法对原体岩塞的某些因素很难模拟,故实际采用的岩塞厚度要选大一些,以确保安全。

3)工程类比法,即参照以往实际工程用的岩塞厚度与直径的比值,国内比值多数为 1.0~1.4,而国外大多厚度与直径的比值为 1.0~1.5。比值与围岩的强度、完整性、岩塞爆破的施工方法和水深等因素有关。当围岩破碎软弱时,岩塞采用药室爆破方法和岩塞处于深水时取大值。而围岩坚硬完好,用钻孔爆破法施工,同时水深较小时可以取小值。

对主要方案在施工期的岩塞稳定性分析时,可采用 ANSYS 等结构分析软件进行平面有限元分析和论证。岩塞段一般采用平面多节点单元,进行二维有限元线性分析计算。并对不同方案不同工况分别进行计算,得出了岩塞在各种工况时相应的结构应力及稳定安全状况。

考虑岩塞承受外水压力和自重作用。岩塞处于上游水库或河湖内的地表山坡,岩体的初始应力一般可以忽略不计。可将岩塞四周的节理、裂隙或断层作为破坏面,进行抗剪破坏分析。按式(3-4)计算。岩塞体通常为迎水面直径较大的倒圆锥体,倾角 θ 一般为 40°~60°。岩塞体稳定分析时,应对影响稳定的最不利破坏面进行计算,岩塞体下口直径(内径)沿岩塞倾角的圆柱体,可为控制岩塞稳定的计算体,由于倒圆锥体的楔入作用,沿倒圆锥体的切割面相对稳定。当岩塞体部位存在明显的层面或断层等特殊地质构造时,还应对这些地质构造的切割体进行稳定分析,核算岩塞厚度。

$$K = \frac{c \cdot s}{P_{水压} + G'} \tag{3-4}$$

式中:c——周边滑动面上单位抗剪断指标(t/m²);

s——岩塞周边有效面积(m²);

$P_{水压}$——岩塞体承受外水与淤泥的总压力(t);

G'——自重引起轴线(岩塞体倾角 θ)方向的压力,$G' = P_{岩体} \sin\theta$,其中,$P_{岩体}$ 为岩塞稳定计算体的岩体自重,以岩石饱和密度计(t);

K——安全系数。

安全系数应大于 5.0。因为岩塞地质情况不可能十分清楚,这种计算也较粗略,另外岩塞还要经过洞内施工爆破开挖和岩塞爆破钻孔,以及裂隙长期渗漏水的影响等,都会影响岩塞的稳定。保证岩塞体的稳定,在岩塞爆破施工中关系极其重大,所以将安全系数适当地提高到 5.0 以上。

除此之外,还可以用计算机进行有限元计算,分析其主应力区。控制岩塞后部拉应力区小于岩塞厚度的 1/4,可以认为岩塞体是稳定的。

式(3-4)中岩塞稳定计算体周边有效面积 S 表达为式(3-5)。

$$S = D\pi H \tag{3-5}$$

式中：s——岩塞稳定计算体周边有效面积（m²）；

　　　D——岩塞稳定计算体直径（倒圆锥岩塞体下口径）（m）；

　　　H——岩塞体的厚度（m）。

由式（3-4）和式（3-5）可推求得岩塞体的厚度 H，为计算式（3-6）。

$$H = K(P_{水压} + G)/D\pi C \tag{3-6}$$

式中：H——岩塞体的厚度（m）；

　　　K——安全系数，安全系数应大于 5.0；

　　　$P_{水压}$——岩塞稳定计算体承受外水（含淤泥）总压力（t）；

　　　G——自重引起轴线方向的压力，$G = P_{岩体} \sin\theta$（t）；

　　　D——岩塞稳定计算体直径（m）；

　　　c——周边滑动面上单位抗剪断指标（t/m²）。

一些文献推荐了有关岩塞体厚度的其他计算公式。由于理论计算时，岩体的力学参数如岩塞体周边滑动面上单位抗剪断指标等，很难准确取得，计算误差较大。当岩塞体地质条件复杂，岩体破碎时，宜通过现场试验取得测试资料进行计算。当隧洞开挖误差较大时，应以实测岩塞体下口断面进行稳定分析。确定岩塞体厚度以保证岩塞体稳定为前提，理论计算作为依据之一。

根据国内已建工程经验，岩塞厚度与岩塞下口直径之比（H/D），国内一般取值为 1.0～1.40，国外大多取值为 1.0～1.5，个别的也有在 2.0 之上的。由于过去工程实践中多为药室爆破方案，在岩塞体内开挖导洞和药室具有一定危险性，为了施工安全，所选的 H 值较大。当岩塞采用排孔爆破时，施工相对安全，H 值可以适当减小，排孔爆破岩塞厚度 H 与岩塞直径（或跨度）D 之比小于 1.0 的情况也不少。当岩塞采用洞室爆破或上游水深较大与围岩破碎时，其比值宜取较大者。

例如：刘家峡水电站排沙洞进水口岩塞爆破，岩塞体位于黄河左岸洮河出口的对面，正常蓄水位以下 70m，上有 30m 厚淤泥沙层。岩塞下开口直径 10m，上开口尺寸为 27.84m×20.30m，厚度 12.30m，泄流量 600m³/s。这样大直径、高水头、厚淤泥沙层的岩塞爆破工程国内尚无先例。在岩塞厚度确定时，考虑到下列因素：

其一，岩塞口岩面坡度陡峭，多呈峻坡—悬坡地形，水上坡度一般为 70°～80°，局部地段为 50°~60°；水下坡度一般为 65°～85°，部分地段有连续的岩埂，岩埂高度为 5.56～15.00m，宽度为 1.40～6.60m。顺河向冲沟、山梁变化频繁，岩面处凹凸不平，岩面起伏较大，地形复杂。进口岩塞段无全风化岩、强风化岩，主要为弱风化岩石，见有少量微风化岩石。弱风化岩石厚度为 2.0～6.0m，岩石强度较高，岩石较完整。

其二，水下现代冲积淤积层顶面高程为 1702～1692m，其淤积厚度为 11～58m，主要为淤泥质粉土、粉土及粉质黏土，中间夹有腥臭味的薄层淤泥，为薄层细沙和碎石。呈缓坡状,大部分地段由岸边向主河槽逐渐降低,向洮河口方向缓坡状逐渐抬高趋势。

其三,根据国内外已建工程经验,岩塞厚度与岩塞直径之比国内一般取值多为1.0～1.4,国外大多取值为1.0～1.5,当岩塞采用洞室爆破或上游水深较大时,其比值宜取较大值。

由于刘家峡水库正常蓄水位为1735.00m,加之岩塞进口处有11～58m淤泥厚度,增加了岩塞的压重,同时考虑地质条件,设计初步确定岩塞厚度与岩塞直径比在1.0～1.3选取,即岩塞厚度10～13m(具体方案有微小差别),并根据方案的布置,对主要方案岩塞爆破施工期的稳定性进行了三维有限元分析,计算结果表明选取该厚度是适宜的。

根据岩塞处边坡地形地质条件,并考虑岩塞体爆破石渣料及运行期掉落石块能顺利下泄至集渣坑内,确定岩塞中心线仰角在45°～47.5°选取。

3.3 岩塞爆破设计

3.3.1 炸药单耗和爆破作用指数

(1)单位耗药量计算

影响岩石单位耗药量的因素较多,主要包括地质条件、岩石强度、容重、岩性及爆破方法等。同时,岩塞爆破时因岩塞外口大、内口小,岩塞由内至外随孔深增加抵抗线逐渐增大。为了使岩塞体内岩石充分破碎,岩塞爆破中主要控制抵抗线的最大值及上下抵抗线的差值。设计中以最大抵抗线 $W \leqslant 2.0$m 为控制值。岩塞爆破中,岩石处于约束状态,破碎需要能量较多,参照已建工程中选择单位耗药量或常用的经验方法选择:

根据岩石的容重按经验公式(3-7)计算。

$$K = 0.4 + \left(\frac{\gamma}{2450}\right)^2 \tag{3-7}$$

式中:K——岩石单位耗药量(kg/m³);

γ——岩石容重(kg/m³)。

根据岩石级别参照经验公式(3-8)计算。

$$K = 0.8 + 0.085N \tag{3-8}$$

式中:N——岩石级别(按16级分级)。

也可在类似的岩体中进行标准抛掷爆破漏斗试验确定。

根据岩石抗压强度确定岩石级别的单位耗药量参考值,如表3-2所示。

表 3-2 单位耗药量 K 数值 （单位：kg/m^3）

岩石名称	岩石级别	松动药包	抛投药包
砂	I	—	1.80～2.00
密实的或潮湿的砂	—	—	1.40～1.50
重砂黏土	III	0.40～0.45	1.20～1.35
坚实黏土	IV	0.40～0.50	1.20～1.50
黄土	IV～V	0.30～0.35	1.10～1.50
白垩土	V	0.30～0.35	0.90～1.10
石膏、泥灰岩、蛋白石	V～VI	0.40～0.50	1.20～1.50
裂纹的喷出岩、重质浮石	VI	0.50～0.60	1.50～1.80
贝壳石灰岩	VI～VII	0.60～0.70	1.80～2.10
砾岩和钙质砾岩	VI～VII	0.45～0.55	1.35～1.65
砂质砂岩、层状砂岩、泥灰岩	VII～VIII	0.45～0.55	1.35～1.65
钙质砂岩、白云岩、镁质岩	VIII～X	0.50～0.65	1.50～1.95
石灰岩、砂岩	VIII～VII	0.50～0.80	1.50～2.40
花岗岩	IX～XV	0.60～0.85	1.80～2.55
玄武岩	XII～XVI	0.70～0.90	2.10～2.70
石英岩	XIV	0.60～0.70	1.80～2.10
斑岩	XIV～XV	0.80～0.85	2.40～2.55

（2）爆破作用指数 n

爆破作用指数是爆破设计的主要参数之一，不仅关系到爆破范围的大小、抛掷方量的多少，而且对抛掷距离的远近以及爆破漏斗的可见深度等都有影响。水下岩塞爆破在特殊条件下，对于中部集中药包 n 值的选择，可以按岩塞地表坡度和进口地表开口尺寸的要求而确定，而下部只要满足加强松动爆破，即 $n > 0.75$ 即可，对于周边扩大集中药包主要应根据药包的作用性质按 $n = 0.75 \sim 1.0$ 来选择。

（3）计算修正

为了克服岩塞爆破的水压及淤泥荷载影响，顺利爆通岩塞，应修正炸药单耗和爆破作用指数。

炸药单耗和爆破作用指数可采用以下经验公式进行修正计算。

水利系统常按式(3-9)计算修正。

$$q_水 = q_陆 + 0.01 H_水 + 0.02 H_{介质} + 0.03 H_{台阶} \tag{3-9}$$

式中：$q_水$——水下爆破的炸药单耗(kg/m^3)；

$q_陆$——相同介质的陆地爆破炸药单耗(kg/m^3)；

$H_水$——水深(m);

$H_{介质}$——岩塞上方覆盖层厚度(m);

$H_{台阶}$——钻孔爆破的台阶高度(m)。

瑞典的单耗修正按式(3-10)计算,计算式和国内水利系统使用公式相近。

$$q = q_1 + q_2 + q_3 + q_4 \tag{3-10}$$

式中:q_1——基本装药量,一般是陆地台阶爆破的 2 倍。对水下爆破,再增加 10%。

q_2——爆区上方水压增加量,$q_2 = 0.01h_2$,h_2 为水深。

q_3——爆区上方覆盖层增加量,$q_3 = 0.02h_3$,h_3 为覆盖层厚度。

q_4——岩石膨胀增加量,$q_4 = 0.02h_4$,h_4 为台阶高度。

爆破作用指数单耗修正法按式(3-11)和式(3-12)计算。

$$Q_水 = KW^3 f(n_水) \tag{3-11}$$

$$n_水 = 1.028\left(\frac{H}{10} + \frac{2H}{10}\right)^{0.108} n_陆 \tag{3-12}$$

式中:W——最小抵抗线(m);

$H_水$——水深(m);

$H_淤$——覆盖层厚度(m);

K——陆地岩石单位炸药消耗量(kg/m^3)。

$f(n_水)$——爆破作用指数函数,$f = 0.4 + 0.6 n_水^3$,$n_陆$ 和 $n_水$ 分别是陆地和水下爆破作用指数。

为了克服水及淤泥荷载影响,可通过上述各公式计算,并经过综合分析比较,选用修正爆破作用指数法进行药量计算。

镜泊湖岩塞爆破的炸药单耗 q 值,按表 3-3 所示进行了多种方法的计算比较,确定选用 2 号岩石炸药,单耗 $1.8\ kg/m^3$。

表 3-3　　　　　　　　　　镜泊湖岩塞爆破单位耗药量选择　　　　　　　　(单位:kg/m^3)

计算选择方法	主要指标	K 值/(kg/m^3)
岩石抗压强度	$1000kg/cm^2$	$1.80 \sim 2.10$
岩石容重	$\gamma = 2830(kg/m^3)$、$K = 0.4 + \left(\dfrac{\gamma}{2450}\right)^2$	1.71
岩石级别	$N = 10 \sim 12$ 级、$K = 0.8 + 0.085N$	$1.65 \sim 1.87$
单位耗药量试验	$Q = 50kg$、2 号岩石炸药	1.80
水下岩塞爆破试验	2 号岩石炸药	1.80

国内几个水下岩塞爆破工程的设计单位耗药量、炸药总量、爆破方量及实际单位耗药量指标情况如表 3-4 所示。

表 3-4 部分岩塞爆破工程耗药量情况

工程名称	设计单位耗药量 q 值/(kg/m³)	药量/kg	爆破方量/m³	实际单位耗药量/(kg/m³)
清河水库岩塞爆破	1.50	1190.4	800	1.49
丰满水库岩塞爆破	1.60	4075.6	4419	0.92
镜泊湖岩塞爆破	1.80	1230.0	1112	1.10
香山水库岩塞爆破	1.80	256.0	247	1.04
汾河水库岩塞爆破	1.67	2908.0	1744	1.66
贵州印江抢险岩塞爆破	2.33	1282.0	721	1.78
密云水库岩塞爆破	1.65	738.2	546	1.35
响洪甸抽水蓄能岩塞爆破	2.00	1958.0	1350	1.45

3.3.2 岩塞洞室爆破参数

(1)洞室药包布置方式

在岩塞爆破中,岩塞直径和厚度大于8.0m时,可考虑采用两层或者三层药室的小型洞室爆破方案,由于小型药室施工特别困难,岩塞在中等直径、厚度较小时,可用单层药室。洞室药室布置如图3-1所示。洞室爆破时,除集中药包外,为保证岩塞成型良好,减少爆破对围岩振动破坏,需在岩塞体周边进行预裂爆破。

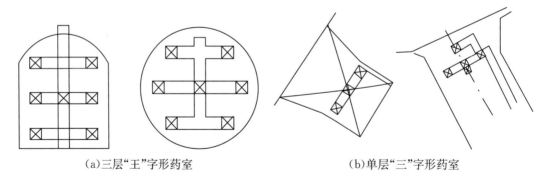

(a)三层"王"字形药室   (b)单层"三"字形药室

图 3-1 洞室药室布置

(2)洞室爆破药量计算

根据选择的药包布置形式,逐个计算药包的用药量,药包药量可按式(3-13)计算。

$$Q = kW^3 f(n) \tag{3-13}$$

式中:Q——标准炸药用量(kg);

　　　k——标准抛掷爆破单位耗药量(kg/m³);

　　　W——最小抵抗线(m);

$f(n)$——爆破作用指数函数，$f(n)=0.4+0.6n^3$；

n——爆破作用指数。

对于上部药包 n 值，应考虑水压影响、岩塞的地形条件和爆破漏斗开口尺寸要求等选取，n 值一般取 $1.5\sim1.8$；对下部药包，只需满足岩塞底部开口尺寸，n 值一般取 $0.75\sim0.85$；周边药包可根据不同作用性质，n 值取 $0.85\sim1.00$。

用上式计算出的药量没有考虑水荷载影响，有些工程将上部药包的炸药量再增加 $20\%\sim30\%$，以考虑水荷载对爆破的影响。

（3）爆破压缩圈半径 R_1

R_1 按式（3-14）计算：

$$R_1=0.62\sqrt[3]{\frac{Q}{\Delta}\mu} \tag{3-14}$$

式中：R_1——爆破压缩圈半径（m）；

Q——炸药用量（t）。

Δ——炸药密度，t/m^3。袋装铵梯炸药为 0.80，袋装散装炸药为 0.85，散装炸药为 0.90。

μ——压缩系数，可参照表 3-5 取值。

表 3-5　　　　　　　　　　　　　　压缩系数 μ

土岩性质	岩石硬度系数 f	μ 值
黏土	0.5	250
坚硬土	0.6	150
松软岩石	2.0～4.0	50
中等坚硬岩石	4.0～8.0	10～20
坚硬岩石	8.0 以上	10

（4）斜坡地形爆破漏斗的上、下破裂半径 R'、R

R'、R 分别按式（3-15）与式（3-16）计算。

上破裂半径 R'（m）：

$$R'=W\sqrt{1+\beta n^2} \tag{3-15}$$

下破裂半径 R（m）：

$$R=W\sqrt{1+n^2} \tag{3-16}$$

式中：W——最小抵抗线（m）；

β——根据地形坡度和土岩性质而定的破坏系数，可按表 3-6 选择。

表 3-6 破坏系数 β

地面坡度/°	土质、软石、次坚石	坚硬岩石及完整岩体
20~30	2.0~3.0	1.5~2.0
30~50	4.0~6.0	2.0~3.0
50~65	6.0~7.0	3.0~4.0

(5)药包间距

岩塞爆破的药包间距常以间距系数表示。在水下岩塞爆破时，为确保爆通和考虑下部岩石的夹制作用，在药包间采用较小的间距系数，药包间距 a（m）可按式（3-17）计算。

$$a = W_{cp} \sqrt[3]{f(n_{cp})} \tag{3-17}$$

式中：W_{cp}——相邻药包的平均最小抵抗线（m）；

$f(n_{cp})$——相邻药包的平均爆破指数函数，$f(n_{cp}) = 0.4 + 0.6n_{cp}^3$，并结合药包的实际布置情况确定。

(6)中部集中药包位置

中部集中药包以上的自由面有水覆盖，以下为已经开挖的临空面，而在这两个方向上的岩石强度、节理裂隙及地质构造等都存在着明显的差别，要准确计算其位置较困难。以药包上、下两个最小抵抗及爆破参数分别计算药量，并使之平衡为原则，计算两个抵抗线的比值并以此来近似地确定其中部药包位置。中部药包按式（3-18）计算。

$$\frac{W_2}{W_1} = \sqrt[3]{\frac{K_1 f(n_1)}{K_2 f(n_2)}} \tag{3-18}$$

式中：W_1、W_2——药包上、下最小抵抗线（m）；

n_1、n_2——药包上、下的爆破作用指数；

$f(n_1)$、$f(n_2)$——药包上、下的爆破指数函数；

K_1、K_2——药包上、下的岩石单位耗药量（kg /m³）。

施工中应根据工程的具体条件确定 W_2/W_1，可在 1.1~1.3 范围内选取。

(7)预留保护层厚度 ρ

岩塞爆破时为了减小集中药包对岩塞周边围岩的破坏影响，在岩塞周边采用预裂措施时，使药包与岩塞预裂边线间留有一定的保护层厚度，此厚度可按式（3-19）计算。

$$\rho = R_1 + 0.7B \tag{3-19}$$

式中：ρ——保护层厚度（m）；

R_1——药包压缩圈半径（m）；

B——药室宽度（m）。

（8）预裂孔

在岩塞药室爆破时，为了使岩塞爆破断面成型规整，岩塞周边采用预裂爆破。爆破形成的预裂面能对随后主药包爆破产生的破坏起到限制作用，同时也起到减震作用。

岩塞爆破时的预裂孔宜选用小直径的预裂孔，因预裂孔的孔距较密，预裂后岩塞成型效果好，预裂孔的孔径选择 42～60mm，孔距选择 40～50mm。预裂孔的药量计算：

按式（3-20）、式（3-21）初步计算：

$$\Delta L = 9d^2 \tag{3-20}$$

$$a = 8 \sim 12d \tag{3-21}$$

式中：ΔL——线装药密度（g/m）；

　　　d——钻孔直径（mm）；

　　　a——孔距（cm）。

（9）岩塞爆破总药量

洞室岩塞爆破的总药量可按式（3-22）计算。

$$Q = \sum Q_i + Q_r \tag{3-22}$$

式中：Q——岩塞爆破总药量（kg）；

　　　$\sum Q_i$——各集中药包总药量（kg）；

　　　Q_r——预裂爆破用药量（kg）。

3.3.3　排孔岩塞爆破参数

在岩塞直径为 2～6m 的小断面岩塞爆破中，由于受到断面的限制，难以在岩塞中开挖药室，因此以大孔径柱状排孔掏槽药包代替中部集中药包。为了使排孔起到集中药包的作用，常采用药包的直径和长度的比值为 1∶6 左右的短粗柱状药包，以获得与集中药包相同的爆破效果。由于钻孔直径所限，因此只能采用多个大孔径群孔药包来替代揭顶掏槽药包，群孔揭顶掏槽药包可用洞室爆破的公式进行计算。岩塞爆破钻孔剖面布置如图 3-2 所示。主要有揭顶掏槽孔、扩大孔（岩塞直径较大时布置内外两圈）、周边预裂孔等爆破孔，以及中心空孔等。

为了使岩塞体充分破碎，避免爆破时产生过多的大块径岩石，应控制排孔爆破系数 η，η 系主爆孔总孔深与岩塞体体积之比，宜取 0.5～0.65，需布置足够的钻孔才能确保排孔岩塞爆破的质和量。

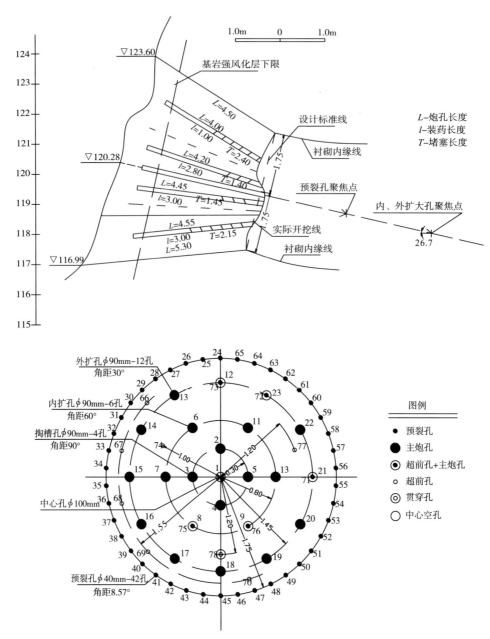

图 3-2 岩塞排孔钻孔剖面布置（单位:m）

3.3.3.1 揭顶掏槽药包计算

排孔揭顶掏槽药包的药量可按式(3-13)计算。

爆破漏斗上、下破裂半径 R'、R，按式(3-15)与式(3-16)计算。

排孔深度:排孔深度取决于岩塞体的厚度、排孔直径与地质条件,孔底距岩面要留一定厚度,确保钻孔时不产生涌水,保证爆破后不留埂。部分工程排孔爆破的岩塞孔孔径及孔底距岩面距离如表 3-7 所示。

表 3-7　　　　　　　　　　　排孔爆破岩塞孔孔径及孔底距岩面距离

工程名称	密云水库	香山水库	贵州印江	小子溪电站	温州龙弯电厂	贵州塘寨
岩塞厚度/m	5.00	5.00	6.00	3.35	4.20	4.10
钻孔直径/mm	40、90、100	100	50、107	40、50	40、90、110	40、90、100
孔底距岩面距离/m	0.70	1.03～1.58	0.80～1.20	0.50	0.56	0.50～1.00

3.3.3.2　扩大钻孔药包计算。

每个扩大排孔药量可按式(3-23)计算。

$$q_{孔} = KWal \tag{3-23}$$

式中：$q_{孔}$——每孔装药量(kg)；

K——炸药单耗(kg/m³)；

W——扩大孔最小抵抗线(m)，第一排 W 取最大值，第二、三排 W 取平均值；

a——钻孔间距(m)，$a = (0.6 \sim 0.8)W$ 取值；

l——每孔装药长度(m)，按 $l = (\frac{1}{3} \sim \frac{2}{3})L$，可根据岩塞下部漏斗深度决定，$L$ 为钻孔深度(m)。

根据计算出的单孔药量，计算药包直径，每米装药量和药包直径关系，按式(3-24)计算。

$$q' = \frac{\pi}{4} \cdot d^2 \cdot \Delta \tag{3-24}$$

式中：q'——每米装药量(kg)；

d——药包直径(m)；

Δ——装药密度(kg/m³)。

由不同药包直径、装药密度按式(3-24)计算出每米炮孔装药量(表 3-8)。表 3-8 也可作为选择钻孔直径时的参考。

表 3-8　　　　　　　　　　　　　　每米炮孔装药量

孔径/mm	密度					
	1.2×10^3 (kg/m³)	1.3×10^3 (kg/m³)	1.4×10^3 (kg/m³)	1.5×10^3 (kg/m³)	1.6×10^3 (kg/m³)	1.7×10^3 (kg/m³)
42	1.66	1.80	1.94	2.08	2.22	2.35
50	2.36	2.55	2.75	2.94	3.14	3.34
75	5.30	5.74	6.18	6.62	7.07	7.51

孔径/mm	密度					
	1.2×10^3 (kg/m³)	1.3×10^3 (kg/m³)	1.4×10^3 (kg/m³)	1.5×10^3 (kg/m³)	1.6×10^3 (kg/m³)	1.7×10^3 (kg/m³)
100	9.42	10.21	10.99	11.78	12.56	13.35
150	21.20	22.96	24.73	26.49	28.26	30.00
200	37.68	40.82	43.96	47.10	50.24	53.38
250	58.88	63.78	68.69	73.59	78.50	83.40

3.3.3.3　周边预裂与光面爆破

岩塞爆破的预裂孔直径应经比较而选定,小直径的预裂孔,孔距较密爆破成型效果较好;大直径的预裂孔,预裂缝较宽,减震效果较好。岩塞爆破中根据岩塞直径选择预裂孔,一般常用预裂孔为 $\phi 40 \sim 60$mm,也有采用 $\phi 70$mm 的预裂孔。预裂孔装药量为 $270 \sim 300$g/m,不耦合系数为 $2 \sim 5$。孔距选用 $30 \sim 45$cm,孔距与孔径之比为 $8 \sim 11$。预裂孔直径小,钻孔孔底到岩塞体表面的距离可以小一些,孔深应比主爆孔超前,加深 $0.3 \sim 0.5$m。

(1)预裂孔的药量计算

有关预裂孔的药量计算公式较多,均有一定的局限性。可参照本书预裂爆破装药量计算选择,也可参考《水工建筑物地下开挖工程施工规范》(DL/T 5099—2011)中的预裂孔线装药密度按式(3-25)进行估算,并参考表 3-12,经比较确定。

$$\Delta L = 0.042 R^{0.5} a^{0.6} \tag{3-25}$$

式中:ΔL——线装药密度(kg/m);

R——岩石极限抗压强度(MPa);

a——预裂孔孔距(m)。

预裂孔爆破参数也可参考表 3-9 选用。

表 3-9　　　　　　　　　　　　　　预裂孔爆破参数

钻孔直径 d/mm	孔距 a/m	线装药密度 ΔL/(kg/m)
50	0.45~0.70	0.25
62	0.55~0.80	0.35
75	0.60~0.90	0.50
87	0.70~1.00	0.70

（2）预裂孔装药结构

为了防止预裂孔表面岩体形成爆破漏斗，在预裂孔的孔口留一段不装药段，不装药段长度可取预裂孔深的 1/10 作为堵塞段。在不装药段的下部一定孔深作为减弱装药段，其线装药密度可减少 1/3～1/2。中部为正常装药段，孔底 1～1.5m 处的线装药密度应比孔中间的线装药密度增加 1～5 倍。当预裂孔为向上倾斜孔时，为了保证装药质量、加快装药速度，可以采用 PVC 塑料管连同炸药、导爆索、雷管一起加工好装在管内，并采取防水措施后，到现场按孔位编号将加工好的药管装入孔内。

在长甸改造工程中，其进水口岩塞爆破，岩塞直径为 10m，岩塞厚度达 12.5m，属于大直径超厚岩塞。岩塞设计为预掏槽全排孔爆破方案，这种岩塞贯通的最大难度在于中心掏槽，当大岩塞底面施工完成后，首先在岩塞中轴线方向朝前开挖一个直径为 3.5m、深度为 6.5m 的圆柱形槽，圆柱的一末端，迎水面形成一个直径 3.5m、厚度 6.0m 的小岩塞。爆破时，通过爆破网路控制起爆时间，小岩塞采用密孔装药首先爆破贯通，而后大岩塞从内向外逐层依次爆破，周边孔采用光面爆破。

3.3.3.4 周边轮廓爆破参数

周边轮廓孔采用光面爆破，从轮廓面的成型效果来说，预裂爆破要优于光面爆破，但在这种高水头压力条件下，岩塞轮廓孔受到的约束较大。类似工程实践表明，预裂爆破在高围压条件下的成缝效果并不理想，对于长甸岩塞，无法评估围压对预裂效果的影响（一般岩塞轮廓面的下部压应力较大），并根据岩塞爆破试验证明预裂爆破在这种情况下很难达到预期的效果，长甸岩塞轮廓按光面爆破设计。

周边轮廓孔参数：在岩塞半径为 5.0m 的圆周上每 7.5°布置 1 个孔，共布置 48 个光爆孔。炮孔间距 0.65m，轮廓孔与最近的爆破孔距离为 0.6m。钻孔采用 YQ100B 型潜孔钻机（或锚索钻），钻孔直径 90mm。轮廓孔距迎水面的距离按 1.0m 设计。

大岩塞的 1 圈、2 圈的圈间距均为 1.0m，而第 3 圈与轮廓孔的距离为 0.6m，主要是考虑爆破不能对保留轮廓面造成破坏。

岩塞所有炮孔的开口误差应小于 5cm，孔底误差应小于 20cm，孔深误差在不透水条件下应小于 20cm。

3.3.3.5 周边轮廓孔装药结构

长甸岩塞爆破时周边轮廓孔光面爆破设计，其目的是减轻岩塞爆破振动和爆破拉裂作用对保留围岩的破坏，减小爆破松动圈范围，有效控制进水口成型。在光面爆破中光面孔使用 $\phi 35mm$ 中继起爆具，炸药采用 $\phi 35mm$ 的药卷，药卷单节重量为 0.15kg，单节药卷长为 0.115m。光面爆破采用不耦合装药结构，线装药密度为

1.16kg/m,光爆孔底部 1.0m 为加强装药段,药量为 2.6kg/m,光爆孔孔口堵塞长度为 1.2m。

装药结构加工时,将药卷用双股导爆索均匀绑扎在加工好的竹片上,双股导爆索底部留 5cm 长度,5cm 长的导爆索必须插入药卷内,沿炮孔轴线方向必须和炸药紧贴。岩塞共有光面孔 48 个,光爆孔单孔药量 14.85kg,光爆孔总装药量 712.8kg。

光爆孔起爆雷管选择,光爆孔共有 48 个孔,按 4 个孔一段,共分为 12 段。雷管延时时间的选择为:709ms、726ms、743ms、760ms、777ms、794ms、717ms、734ms、751ms、768ms、785ms、802ms。不论是孔内雷管还是孔外雷管,均采用两发,形成复式起爆网路。

3.3.4 药室与排孔爆破

采用洞室集中药包及排孔爆破相结合的方案时,集中药包的作用是将岩塞上部爆通,形成较完整的爆破漏斗,然后采用扩大排孔将集中药包爆通后的岩塞周边剩余部分岩体爆除。其中,洞室设计及药室计算可参考洞室岩塞爆破的相关要求及公式确定。扩大排孔每孔装药量按式(3-23)计算。岩塞爆破集中药包与排孔爆破如图 3-3 所示。扩大孔的钻孔直径可参考表 3-10 确定。起爆时间间隔的选择:

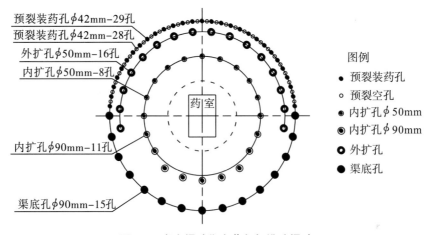

图 3-3　岩塞爆破集中药包与排孔爆破

岩塞爆破距水工建筑物较近,特别是大坝和洞内混凝土衬砌结构,以及闸门等结构,紧挨着岩塞附近。为了减轻爆破振动影响,设计中要注意药包布置,合理选择爆破参数,以尽量减少炸药用量。应采用毫秒延时爆破技术,以减少单段起爆药量,削弱岩塞爆破时的地震强度。合理的时间间隔不仅可以起减震作用,还可以提高炸药的能量利用率,有效地破碎岩石。

1)理论间隔时间计算。

按流体力学爆破理论推导的爆破漏斗,在破裂线方向的时间可按式(3-26)近似计算。

$$t_1 = 0.0037W(1+n^2)^{1/2} \tag{3-26}$$

式中:t_1——形成爆破漏斗的时间(s);

W——最小抵抗线(m);

n——爆破作用指数。

在 W 抵抗线方向的时间可按式(3-27)近似计算。

$$t = 0.0037W \tag{3-27}$$

式中:t——在抵抗方向岩石开始移动的时间(s)。

2)按经验计算式(3-28)估算

$$t = kW \tag{3-28}$$

式中:t——间隔时间(ms);

k——每米抵抗线移动所需要的时间,ms/m,坚硬岩石 $k=3$ms/m,松散岩石 $k=6$ms/m;

W——抵抗线(m)。

按以上各公式计算后,结合毫秒雷管规格,可选择较合理的毫秒时间间隔。如丰满水电站岩塞爆破,爆源与重点建筑物的距离 $S=280$m,最小抵抗线 $W=8.1$m,按式(3-25)和式(3-26)计算的时间为 30.0ms 和 24.3ms,其时间间隔选为 25.0ms。

3.3.5　岩塞体上的淤泥层处理

国内众多河流是多泥河流,而在河流上修建的水库经多年运行后,都会出现不同程度的泥沙、淤积物沉积,有的水库沉积淤泥厚度达到 15~30m,并且淤积厚度随水库运行与日俱增,此种情况下给水库蓄水和运行带来效益下降,为解决淤积物而修建水下泄淤洞时,进水口采用水下岩塞爆破,而岩塞上有较厚的淤积物,给水下岩塞爆破带来新的困难。目前,国内对深厚覆盖层的水下岩塞爆破有两种爆破处理方案。

3.3.5.1　集中药包一次爆通法

汾河水库泄洪隧洞进水口岩塞爆破,其岩塞形状为截头圆锥体,岩塞底部开口直径为 8.0m,顶部开口直径为 29.8m,岩塞厚度为 9.05m,岩塞厚度与内口直径比为 1.13,岩塞中心线与水平线夹角为 30°,岩塞体倾角 60°。岩塞爆破时库水位 1112.02m,爆心处淤泥厚 12m，水深 18m。

（1）爆破方案

采用集中药包强抛掷爆破法，布置一个集中药室和岩塞后部钻孔相结合的布置方式，集中药室的作用是将岩塞与淤泥爆通，并在地表形成较规整的爆破漏斗，达到通畅药包过流的目的。岩塞中心线的岩石厚度为 9.05m，参考以往岩塞爆破工程经验，取 $W_上=4.3m$，$W_下=4.7m$，$\frac{W_下}{W_上}=1.093$。可取得较好的爆破效果。药室的大小要由装药量来控制，药室总装药量为 1291kg，确定药室尺寸为 $1.0m\times1.0m\times1.3m$（1.3m 为高度）。

（2）爆破效果

汾河水库岩塞爆破是在 24m 深的水下和 18m 厚的淤泥下实施的大型岩塞爆破工程，与国内外岩塞爆破相比有两个显著的特点：一是岩塞上面有较深厚淤泥覆盖物；二是水库大坝坝体土为可液化土，干容重较低，距爆源较近。岩塞爆破采用集中药和钻孔相结合的方案，成功地解决了有较厚淤积物覆盖的水下岩塞爆破技术问题，为多泥沙河流水库改（扩）建工程进行岩塞爆破积累了经验。

3.3.5.2 淤泥中布孔扰动方法

在水下岩塞爆破中，由于岩塞口上部有较厚的淤泥层，淤泥层厚 25m，对该淤泥沙沉积层需要采取可靠的处理措施，并保证在岩塞爆破的同时，淤泥沙沉积层被有效扰动，能随岩塞爆破立即形成过水通道，不能阻碍水流通过进水口。当厚层淤泥被扰动后，能瞬间形成自上而下的排沙通道，随岩塞爆通后，在水力冲刷下，把淤积泥沙顺利排走。

扰动厚层淤积层的爆破方案采用爆扩成井原理，采用水下钻孔线性装药的爆破扰动方案。

（1）淤泥孔布置

在岩塞爆破时为确保一次成功爆通，爆破时应对岩塞体前的淤泥覆盖层采取扰动措施，可利用地质钻机在淤泥层中钻爆破孔，爆破孔应在岩塞体进水口轴线上方和左、右两侧布置，应根据淤泥厚度，扰动范围和淤泥性质布置钻孔，钻孔直径宜为 100～120mm，钻孔间距宜为 1.5～2.0m，排距宜为 1.0～1.5m，梅花形布孔，孔内连续装药，淤泥爆破孔线装药密度可为 5kg/m 左右。

（2）淤泥爆破装药量计算

淤泥爆破线装药量采用爆破成井控制爆破，按式（3-29）计算。

$$Q^t = b \times D^2 \tag{3-29}$$

式中:Q^t——线装药密度(kg/m)。

b——介质压缩系数,当采用 2 号岩石炸药时,取 $b=1.3\sim3.7$,并结合现场试验确定,当淤积物为黄土类砂黏土、湿土时 $b=1.5$。

D——爆扩成井的井直径(m)。扩井的井直径 D 在计算时可初选一个值代入计算式中,进行计算比较。

(3)淤泥孔装药与起爆方式

在深水厚淤泥岩塞爆破中,淤泥扰动爆破成为关键的问题之一,应引起足够的重视。如刘家峡水电站对深达 27m 的淤泥进行扰动爆破,共布置了 4 个孔,分布在进水口轴线上和左、右两侧,呈菱形布置,钻孔直径为 100mm,钻孔间距为 1.8m,淤泥孔内为连续装药,在距淤泥表面 25% 的孔长作为封堵段。

淤泥装药爆破时,可采用水封堵。当岩塞爆破时,淤泥扰动炮孔应与岩塞在同一时段爆破,使岩塞口附近淤泥被扰动,当岩塞爆通后,被扰动后的淤泥在水力冲刷下,随着涌水将淤积泥沙排走。厚淤泥爆破为使爆破达到扰动效果,也可采用间隔装药,每段中间用 1.0m 的砂进行隔离,最下段药包和岩塞一起爆,上部药包滞后 10~15ms 起爆,以起到扰动中、上部淤泥作用,使排淤效果更佳。

第4章　岩塞爆破施工技术

随着国内水利水电和城市建设的迅速发展,对很多已建成的水库、天然湖泊的水资源需要做进一步的开发利用。对水库和湖泊进行工程扩建和改建,以达到扩大取水、灌溉、发电、抢险、泄洪和加大城市供水等目的,为此提出在已有水库和湖泊水域下修建引水隧洞及水下进水口工程的要求。但这类进水口一般设于水面以下十几米至几十米,当采用常规围堰法施工,则工程量很大,围堰需在水库深水下填筑,造成围堰防渗、稳定、拆除时有很难解决的问题。因此,在深水的进水口处采用预留一段岩体作为施工挡水之用,称为岩塞,用岩塞替代围堰工程,待下库、厂房、引水隧洞修建完后,再用爆破法一次爆通岩塞,并形成进水口。在水下岩塞爆破施工中,应充分考虑岩塞爆破的特点,施工中应采取有效措施,在确保安全施工的前提下,提高集渣坑开挖、药室开挖、岩塞钻孔、灌浆、装药、爆破网路连接等的施工质量,加快施工进度。

水下岩塞爆破施工与陆地爆破施工的差别是:第一,深水岩塞临水面的水下地形难以精确测定;第二,岩塞临水界面的围岩风化深度、裂隙发育状况和透水性对施工影响较大。因此,在施工中需要采用安全稳妥的措施。目前,国内水下岩塞爆破工程已进行了 20 多例,在水下岩塞爆破施工中已积累了一定经验,本章介绍岩塞爆破施工技术。

4.1　施工技术要求

在岩塞爆破施工中,为了确保岩塞安全起爆,加快岩塞各项施工进度,顺利准时完成岩塞爆通成型的目标。根据岩塞爆破的条件,对岩塞爆破施工提出下列要求:

(1)安全施工

一般岩塞爆破工程都是在十几米到几十米水头作用下的岩石中施工,因此,确保岩塞爆破施工期安全十分重要。尤其是洞室开挖爆破,有时在高处进行,施工条件非常艰苦,在药室导洞和药室开挖中,要特别注意药室与地表间围岩厚度的测量工作。岩塞围岩有裂隙时,施工中会出现较多漏水,应采取技术措施,对岩塞处的集中渗水加以处理,以改善施工条件。

（2）精准地形测量

岩塞爆破进水口一般都在较深的水下，地形愈陡愈难以测准。围岩由于各个方向的节理切割，往往有死角突变，方格网测点不一定测到地形变化的特征点，勾出的等高线难以符合实际，应采用多种方法，反复核实测量结果。水下岩塞爆破地形测量是一项非常重要的工作，测量误差直接影响岩塞爆破效果和施工安全，水下地形图的质量是岩塞爆破成功的主要因素之一。

（3）进水口部位的稳定

岩塞爆破后其进水口常年在深水下运行，爆破后一般情况下洞脸部位无法再进行混凝土衬砌等加固工作。因此，在施工中应特别注意岩塞四周的围岩应当有一定的完整性和稳定性，注意钻孔施工的质量。尤其是岩塞、药室及预裂孔等要准确地测定其位置和角度，严格控制预裂孔钻孔方向，为岩塞爆通成型创造条件，也能确保进水口长期稳定运行。

（4）安全准爆

为了保证岩塞平稳安全准爆，对于选用的所有爆破器材（炸药、堵塞材料、雷管和导爆索）要做水下浸泡 7～10d 后的起爆试验，检验爆破器材在水下浸泡后的起爆能力和爆力，在装药前还应再做防水处理。在装药时做好雷管导爆线的保护，同时施工中要注意保护已经敷设好的起爆网路，以保证岩塞安全起爆。

（5）施工进度

在确保岩塞爆破施工质量的同时，对岩塞有些工序还应加快施工进度。对工作量较大并且控制施工进度的集渣坑开挖与支护应采取措施加快施工进度，岩塞的施工平台承重梁应采用装配式，以便于快速安装与拆除；岩塞钻孔时应多台钻同时钻孔，加快钻孔速度；在斜型岩塞的深孔药包装药施工时，应用 PVC 管在药包加工处预先按设计药量把炸药装在管内，并进行固定和封堵管头，到现场将药管按编号送入炮孔即可，以尽量缩短装药到爆破的间隔时间。

4.2　岩塞爆破模拟试验

岩塞爆破是隧洞工程的最后一次爆破，为确保岩塞爆破一次安全成功贯通，一般工程中应结合现场实际情况，进行岩塞爆破的大比尺模拟试验。岩塞爆破试验按设计的岩塞体采用集中药室装药、药室加排孔装药、全排孔装药、周边布置预裂孔的方式，如岩塞体上部有较厚的淤积层，必须采用水下钻孔、线性装药的爆破扰动等方案一并试验，以验证在淤积层及深水条件下主体岩室爆破方案的合理性及爆破效果,保证主体岩塞爆破一次安全贯通,为岩塞爆破提供科学的试验验证。以刘家峡水电站排沙洞岩塞爆破的模拟试验为例进行介绍。

4.2.1 试验洞位置选择原则

岩塞试验洞的选择尽量保证与主体工程的相似性,在位置选择上尽量靠近主体工程,在施工和实施过程中,又要保证爆破时不影响主体工程的安全。

试验洞的选择应通过详细的勘查,尽量保持地形和地质与主体工程相似。试验洞进口岩塞处的岩面线坡度尽量与主体工程岩塞处的岩面线坡度相近,岩性应与主体岩塞相同,围岩分类与主洞接近。

选择的试验洞位置,其洞口上部无不稳定岩体及围岩不利组合结构,保证试验洞进口爆破后的稳定性。

试验洞进口岩塞上部的水头、覆盖层、淤泥覆盖层厚度尽量与主体工程岩塞上部的水头、覆盖层、淤泥覆盖层厚度接近。

4.2.2 试验洞洞线的选择

在试验洞洞线寻找进口段位置,在拟选试验洞轴线位置上、下游各 30m 长度范围内进行钻探工作,在其上、下游勘探范围内进行确定,确定适合作为岩塞口的岩面顶板和底板位置。并根据勘探成果,结合区域实际的地形、地质构造及岩面线等情况,经综合研究,选择其中一个剖面为进口段轴线位置。

4.2.3 施工出渣竖井位置的选择

岩塞爆破试验洞施工时的出渣竖井选择原则:

1)充分考虑地形特点、地质条件,力求开挖量最小。

2)考虑与原型施工布置不产生干扰,以及对外交通的干扰,确保出渣安全、快捷。

3)出渣竖井施工布置充分利用现有地形,做到简单、方便、实用。

4.2.4 试验洞爆破设计原则

岩塞爆破模型试验洞设计具体要求和原则:

1)试验洞洞口岩塞爆破设计要做到技术措施合理、方法可行。

2)岩塞选位、岩塞体型、爆破布置及参数选取等应根据地勘成果,并充分考虑进口和洞脸的整体稳定性。

3）岩塞的爆破药室、排孔、预裂孔布置应满足与原型爆破方案的相似性，保证为原型岩塞爆破实施方案提供科学验证的依据。

4）岩塞厚度的选择应满足稳定、安全要求，并保证导洞、药室施工开挖期间的安全，同时要满足爆破方案药室布置的要求。

5）在保证爆通成型的条件下应尽量降低炸药用量，在药包布置上要有利于爆破岩体的充分破碎。

6）岩塞爆破时库区内有较厚的淤积层时，淤积层采用爆破方法处理，应考虑水下爆破水击波的作用和影响，对大坝及周围建筑物在岩塞及淤积层爆破处理共同作用下的安全性进行观测。

4.2.5　预裂爆破试验

进水口的水下岩塞预裂爆破，不仅要控制进水口开挖轮廓体的成型及减少对周边围岩的破坏和震动影响，也直接影响洞脸的稳定和水流条件，关系到电站、冲淤、输水过程中的运行安全和效益，施工时采用预裂爆破对进水口加以控制。为了获得良好的预裂效果，检验 $\phi 25 \sim 32mm$ 药卷对预裂爆破效果的影响，应对预裂爆破参数通过试验来确定，并在施工中根据地质条件的变化适当调整爆破参数。

（1）试验内容

模拟岩塞周边预裂爆破设计，先确定药卷直径，预裂孔采用扇形孔布置，一般有隔孔装药和全部装药两种方式，以及药包的防水（压）包装处理，通过不耦合连续装药及不耦合间隔装药结构的群孔试验，观测残留半孔率，采用逐渐接近法，确定下列预裂爆破参数：

1）预裂孔药包埋置深度（确定预裂孔封堵长度）；

2）确定预裂孔线装药密度及装药结构；

3）确定预裂孔的钻孔间距、不耦合系数。

（2）试验地点

根据工程施工进展情况，选择集渣坑上部洞段，结合集渣坑上部开挖进行 3～4 个循环进尺的探索试验。

（3）试验操作程序

先按设计图（预裂爆破试验施工图）进行预裂爆破初步试验设计，根据初试的爆破效果，按下列程序优化爆破参数，寻找最佳的预裂爆破的参数值范围。

药包埋置深度及线装药密度试验。第一次爆破循环试验时，先保持其他参数不变，按照设计的线装药密度及结构与防水处理进行施工,分别布置1/4圆周实施爆破作业。爆破后根据孔口表面和洞壁面爆破效果,并初步选定装药结构和防水措施,再按下列情况进行调整装药量及埋置深度,修改优化参数后进行第二次爆破循环试验,从试验中选取最优或比较接近于最优值的(分段)线装药密度值和埋置深度。当试验中出现下列情况时,应进行参数的适当修正:

1)爆破后孔口破坏严重,孔壁面也有较大破损,这时应减小线装药密度;

2)爆破后孔壁面质量正常、孔口破坏严重,应适当降低药包埋置深度或减少孔口段药量;

3)爆破后孔口围岩破坏但内部孔壁未形成裂缝,先考虑减少预裂孔孔口段装药量,增加中部装药量(以不破坏孔壁为原则),然后再适当增加埋置深度。当这样处置后效果仍不理想,在下一循环试验中适当减小孔间距。

①当爆破后孔壁面很好,但孔口未形成裂缝,应减小药包埋置深度或适当增加孔口段药量。

②当孔口及孔口段预裂质量均较好,中部与孔底段未形成裂缝,主要是扇形孔预裂自孔口到孔底的孔间距都是变化的,其线装药密度也应随之变化。应从孔中部到孔底分段逐级增加药量。

在岩塞预裂孔爆破中,由于地质条件的变异造成预裂缝在孔口的变化和孔壁面质量的改变,施工中需针对具体情况进行具体分析,然后再作出爆破参数的调整。

(4)钻孔间距及不耦合系数试验

在岩塞预裂爆破三次循环试验时,保持其他参数不变(装药量选取最优值或与其接近的参数值),从而改变钻孔间距与钻孔直径(达到调整不耦合系数)两种工况,分别布置1/4圆周,进行爆破对比试验,爆破后通过孔口情况和挖出的洞壁面是否破坏及平整度加以判别,决定岩塞预裂孔较优或接近最优的孔间距和不耦合系数。

(5)预裂效果的检查

在每次岩塞预裂孔爆破后都应检查预裂效果,检查时由设计、监理、施工三方联合进行,检查时必须有地质工程师参加。

1)每一次循环,预裂孔爆破的掌子面应先由地质工程师进行现场地质测绘和鉴定。

2)每次预裂爆破实施后,首先从预裂孔孔口围岩表面开始分析爆破效果。

3)每一循环开挖后,技术人员应根据预裂岩壁面质量加以比较判别,最终确定爆破参数的调整方向和调整幅度。

4)在渣子清理完后,应沿隧洞周边进行检查,检查隧洞周边围岩有无由爆破而引起不同程度的裂缝,并掌握炮孔底部因爆炸冲击影响而产生的超深,确定预裂孔孔底段加强装药量。

5)检查并分析地质构造对预裂效果的影响和爆破振动对软弱结构面的影响。

(6)试验施工要求

岩塞爆破的预裂爆破成败取决于钻孔施工质量和爆破技术水平两大因素,邻孔间岩壁面的不平整度是由爆破参数决定的,而岩壁面超欠挖产生的最主要影响因素是钻孔精度。因此,在岩塞预裂孔施工中要高度重视。并应注意下列几点:

1)根据需要或者施工中已有的钻孔机械,决定预裂孔的直径。装药孔的初试孔径为$\phi 60mm$,然后调整时可增大为$\phi 80mm$或$\phi 90mm$,导向空孔不大于装药孔直径。钻孔时孔位偏差不超过5cm,孔向偏差控制在30′以内。

2)炸药选用$2^{\#}$岩石乳化炸药,定型为$\phi 25mm$药卷,试验时通过调整药包间距,控制线装药密度,以达到预裂设计技术要求。

3)岩塞爆破实际使用药筒在施工现场平台上加工,试验所用药包可在室内加工,并模拟实际施工防水处理,导爆索引爆,毫秒延期雷管(电磁雷管、数码电子雷管)起爆。

4)为了药管或药袋便于加工,预裂孔采用统一管径,管径由孔底加强段装药直径确定,孔底药卷使用定型产品。但要注意加强段、减弱段和中部装药段的药卷都应用竹片固定牢,由底部拉入PVC管中后,封堵药管两头,使炸药按要求固定在药管内。预裂孔间隔装药结构和预裂孔连续装药结构如图4-1所示。

5)预裂孔堵塞时,把雷管脚线或导爆索从炮孔中引出并加以保护,然后用炮泥进行封堵,炮泥用炮棍送入炮孔中,用炮棍把炮泥压实确保堵塞质量。

6)预裂爆破及检查完成后,实施二次开挖时应注意后一圈主爆孔与预裂缝的距离,其布置受到岩性、孔径、药卷直径等因素的影响,主要取决于主爆孔的破坏范围。既要使保留岩体预裂壁面不受到过大的影响,又要使被爆岩体充分破碎,便于机械挖装。因此,最后一圈主爆孔布置应根据药包直径(线装药密度)的爆炸影响半径确定,按松动爆破设计。

7)预裂爆破试验前,应做好准备工作,试验爆破按照原型正式爆破要求进行操作,并应及时记录,并填报预裂爆破试验表。

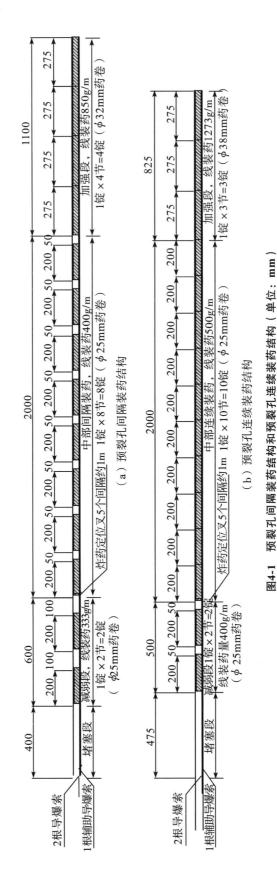

图4-1 预裂孔间隔装药结构和预裂连续装药结构（单位：mm）

4.2.6　试验时岩塞直径与厚度确定

（1）岩塞直径的确定

1）试验岩塞口满足岩塞体的水压力、淤泥压力、岩塞自重等荷载作用下的稳定要求。

2）充分考虑岩面线的情况。

3）试验岩塞口尺寸应在药室与排孔布置与设计原型相似的前提下，满足药室与排孔的布置及施工要求。

（2）岩塞厚度的确定

1）岩塞厚度的确定是根据已建工程经验，岩塞厚度与岩塞直径之比，国内一般取值1.0～1.4，国外大多取值为1.0～1.5。当采用洞室爆破或上游水深较大时，岩塞厚度比值宜取较大值。

2）根据岩塞处边坡地形地质条件，充分考虑岩塞的爆通成型和岩塞体爆破渣料顺利下泄至集渣坑，确定岩塞中心线仰角。

（3）集渣坑的确定

根据模拟试验确定的岩塞体体积，来确定集渣坑容积。其容积为岩塞体体积的1.57倍，集渣坑采用斜坡式集渣坑，集渣坑与平洞间渐变段底部采用1：5的底坡相连，集渣坑开挖宽度与岩塞直径一致。

为满足科研试验对于顶拱结构振动和应变观测的监测仪器埋设要求，在集渣坑紧邻岩塞顶拱处设置5～8m长混凝衬砌试验段，衬砌厚度为0.5m。

4.2.7　试验时的淤泥扰动爆破

（1）设计原则

1）当岩塞所处库区内有较厚的淤泥层，岩塞爆破时对淤泥层应采取可靠的处理措施，使淤泥在岩塞爆破的同时，能立即形成过水通道，使周边的淤泥随着岩塞爆通被水流冲刷带走，不致阻碍水流通过进水口，避免造成爆渣在进水口处的堵塞。

2）当岩塞经爆破后形成进水口，在水力冲刷条件下，岩塞附近的淤泥又经爆破扰动，进水口能瞬间形成自上而下的排淤通道，更有利于排走淤泥。

3）水库淤泥层采用岩塞爆破进水口进行排泄，淤泥扰动爆破方案采用爆破扩井的原理，采用水下淤泥中钻孔（采取下套管保护钻孔）、PVC管管内线性装药的爆破扰动方案。

（2）设计目的

在岩塞爆破模拟试验考虑其库内淤泥扰动爆破的主要目的是：

1)在水库沉积层中,寻求简单易行的淤泥扰动方案,降低岩塞向库区方向爆破的阻抗,为岩塞爆破后提供较好的排淤积物的通道。

2)主体岩塞爆破施工前,通过大比尺(1∶2或1∶5)的模拟试验寻求淤泥扰动时的炮孔布置方式、炮孔钻孔和保护方式、炮孔起爆顺序与有关爆破参数等。

3)试验时寻求高水头、厚淤泥中爆破施工方案,钻孔平台的稳定性、施工过程中的安全措施与防护方法等。

4)试验时验证在水压和淤泥中火工材料的防水性能,单耗变化情况、火工产品的稳定性进行等。

5)所有在深水与淤泥中进行的模拟试验,都是为下一步原型岩塞爆破淤泥扰动方案提供试验验证数据,提供科学依据与指导意见。

(3)设计内容

1)淤泥爆破孔装药量计算。淤泥炮孔线装药量计算采用爆扩成井的控制爆破计算公式,即

$$Q_1 = BD^2 \qquad (4-1)$$

式中:Q_1——线装药密度(kg/m);

B——介质压缩系数,采用2号岩石炸药时,取 $B = 1.3 \sim 3.7$,结合现场模拟试验成果确定;

D——爆扩成井的井径(m)。

2)参数选取。在水库淤积层采用介质压缩系数 $B = 1.5$(属类为黄土类黏土、湿土)。

施工时应结合现场实际情况来确定扩井井径 D。由此,线装药密度 $Q_1 = B \times D^2$ kg/m,实际取线装药密度 Q_1 可大于计算值。

3)水库中淤积钻孔布置。应根据试验洞岩塞口的布置,以及岩塞顶部淤泥厚度、扰动范围和淤积层组成情况、性质,来确定在淤积层中钻孔个数,钻孔应分布在进水口轴线上和左右两侧,呈菱形与锥形布置,钻孔直径为 100～110mm,钻孔间距为 1.8～2.0m,孔内连续装药,炮孔封堵段长 3.0～4.0m。淤泥爆破钻孔平面如图 4-2 所示。

(4)爆破网路设计原则

水下岩塞爆破属于特殊爆破,同时岩塞爆破是工程的最后一次爆破,爆破必须保证一次爆破成型、水流通畅,因此在设计岩塞爆破网路时(电爆网路、电磁雷管网路、电子雷管网路),必须遵循安全准爆的原则。电爆网路须注意以下事项:

1)如果岩塞爆破是采用电爆网路时,在考虑岩塞安全准爆的前提下,应尽量考虑到施工作业的方便、网路简单、准爆率高、材料消耗量少。岩塞爆破电雷管爆破网路如图 4-3 所示。

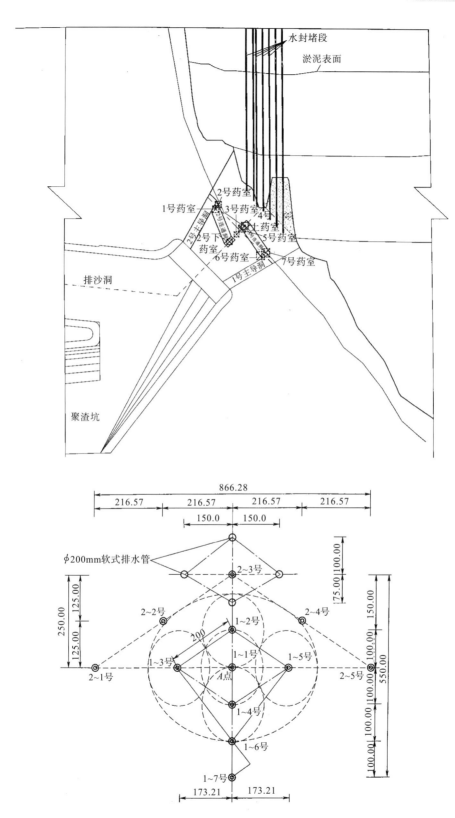

图4-2 淤泥爆破钻孔平面示意图(单位:cm)

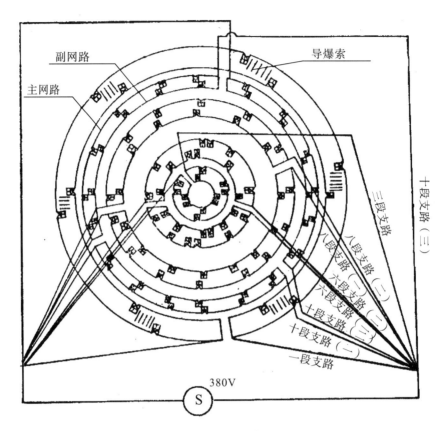

图 4-3 岩塞爆破电雷管爆破网路

2)水下岩塞爆破工程当采用全药室、排孔＋药室时,如果个别药包出现拒爆会给整个工程带来非常严重的后果。当岩塞爆破采用电爆网路时,要求电爆网路具备较高的可靠性,能确保药室、排孔药包全部安全准爆。电爆网路一般采用"并—串—并"的复式网路。

3)为了使电爆网路中所有电雷管都能准爆,在电爆网路中采用的电雷管应是同厂、同批生产的雷管,所有雷管在使用前应测试电阻值。电阻值较大、较小的不能使用,在设计网路时,每发电雷管应获得相等的电流值。

4)岩塞爆破所使用的雷管较多时,应分为多条电爆网路,每条支路中的雷管数应均衡,同时,各支路的电阻值要求相等。如果出现某条支路电阻值不相等时,需要在支路配置附加电阻,对支路进行电阻平衡,确保每发电雷管获得相等的电流值。

5)在正式爆破前,要在地面做1∶1的模拟电爆网路的起爆试验,及地面的模拟电爆网路实际操作试验,验证电爆网路的可靠性和准爆性(采用电磁雷管、电子雷管网路也要进行起爆试验),试验取得成功后所获得的数据才可以用于指导正式的岩塞爆破。

另外,电爆(其他)网路施工过程中,必须考虑洞内的杂散电流,并进行检测,如出现杂散电流应查明来源并进行处理,防止电雷管、其他雷管因外来电流的侵入而发生早爆事故。

(5)药室与排孔封堵

在岩塞爆破时,对药室与各种排孔的封堵是一项非常重要的工作,封堵的好坏也影响岩塞爆破是否成功的关键环节。传统炮孔堵塞材料采用黄泥与砂拌制形成炮孔堵塞体,黄泥堵塞体不能与炮孔石壁挤紧,因而在高水头作用下,堵塞体有可能向孔外滑动,从而可能降低堵塞效果和破坏起爆网路,同时其自身的密实性和抗渗性无法保证。所以,堵塞材料首先应具有一定的早期强度与抗滑的性能。

1)药室封堵。

药室均以木板加木方封堵,木板封闭后再采用编织袋(装砂或细土)垒砌隔墙,木板与隔墙间留有 0.8m 的空间采用黏土填实,药室间连通洞以碎石和砂填实。在药室导洞口设置一道钢板或者木板门,在导洞顶部设置灌浆和排气管,当导洞内碎石和砂填到设计高度,关闭导洞口的封堵门,然后进行导洞灌浆,为争取早期强度,在砂浆中加入早强剂(或速凝剂),要求 24h 水泥结石强度不低于 12MPa。

2)排孔封堵。

预裂孔和排孔在装药完成后,对还有渗水的孔,先预埋一根细塑料管把水引出孔外,炮孔封堵长度为 1.0～1.2m,紧邻炸药处采用黄泥封堵,并用木炮棍捣实,在捣实封孔黄泥时,注意不要损伤雷管脚线和排水塑料管,黄泥封堵长度为 0.6m,孔口剩余的长度用速凝水泥砂浆封堵。

试验中需要检验药室和排孔封堵方法是否合理,封堵能否达到设计要求,各种封堵方法使施工作业是否方便、快捷、安全。

(6)试验报告

岩塞爆破的试验全部完成后,由试验小组编写试验报告。试验报告的内容包括各种试验记录、分析及评价,并附有记录、校核及审查,试验报告编写完成要盖单位公章或岩塞爆破技术组专用章,报送岩塞爆破领导小组,并及时提供给监理、设计等有关单位。

4.3　岩塞尾部 8～10m 段施工

在接近岩塞底部前的爆破开挖中,需要尽量减轻由隧洞爆破开挖对岩塞体及四周围岩在爆破振动作用下导致围岩裂隙的扩张,同时,也减少爆破开挖时产生的超挖,使设计的抵抗线发生变化,而影响后期岩塞爆破施工的安全。因此,在集渣坑段内预留长度为 8～10m 的一段围岩,在岩塞段尾部采用浅孔小药量爆破开挖施工。

4.3.1　短进尺爆破开挖

在岩塞尾部段的开挖中,为使岩塞底部不出现较大超欠挖,爆破开挖过程中对岩塞体围岩不产生松动影响,开挖时可采用下导坑方式,并控制一次单响药量,达到减少爆破振动的目的。在爆破施工中严格控制钻孔个数,钻孔时根据围岩情况每平方米不得少于 2 个孔。同时,根据下导坑面积大小和布孔情况,每次单响药量不得超过 8kg。

下导坑开挖后进行扩大开挖,扩大开挖时其周边采用光面爆破。根据围岩情况周边光爆孔孔距为 40～45cm,光爆药卷采用细药卷,装药为连续装药,线装药密度为 250～350g/m,不耦合装药系数为 0.7 左右,其他炮孔的线装药密度为 500～600g/m。

4.3.2　控制开挖循环

岩塞尾部段的爆破开挖时,应分多段施工,施工中控制循环进尺。在初次开挖时每循环进尺控制在 1.5m,施工两个循环后,对中间段每个循环进尺控制在 1.1m,施工 3 个循环,对最后 1.7m 的岩塞底部段,每个循环进尺控制在 0.85m 范围内,确保岩塞体底部不出现过大的超挖。

响洪甸抽水蓄能电站进水口岩塞爆破时,在集渣坑顶部开挖至岩塞底部前留下 10m 过渡段的施工方法如下:

集渣坑断面为城门洞型,顶部与岩塞体连接预留一过渡开挖段,岩塞体过渡开挖段为 10m,该段爆破时其钻孔孔径为 $\phi42mm$,装乳化炸药,并严格控制各炮孔的装药量,最大单响药量控制在 20kg 以内。

在岩塞底部的过渡段施工中,这时不再采用三臂凿岩台车钻孔,而是采用手风钻钻孔,开挖采用短进尺,分层进行开挖,先施工中导洞,采用限制药量的控制爆破进行施工,人工装 2 号岩石乳化炸药,非电毫秒雷管起爆,周边实施光面爆破以保证开挖质量,确保开挖到岩塞体底部时无大的超挖,岩塞底部达到相对平整,保证岩塞爆破抵抗线($W_{上}/W_{下}$)不能有大的变化。剩余 10m 洞段的爆破参数如表 4-1 所示。

当集渣坑上层开挖至最后 10m 段底部时,应分数次完成此段开挖工作。在开挖前测量人员对测量坐标系统进行一次整体复核,以防岩塞体位置出现较大的偏差。

例如:在汾河水库泄洪洞进水口岩塞爆破施工中,施工时对尾部 10m 段的开挖控制欠缺,造成岩塞面凹凸不平,普遍有 20～50cm 程度不同的超挖,岩塞底部超挖达到 2m,最后采用浆砌块石满铺满挤回填。在这种情况下,中部药包位置的确定就不能根据以往岩塞爆破工作经验来选取 $W_{上}/W_{下}$ 的比值,需要从符合阻抗平衡并取得爆破成型的良好效果进行核算,还应根据排孔爆破孔位布置情况进行相应调整。这也说明控制岩塞尾部 8～10m 段施工的重要性。

表 4-1　　　　　　　　　　　　　　剩余 10m 洞段爆破参数

序号	名称	孔深	线装药密度 /(g/m)	炸药类型	孔间距 /cm	孔排距 /cm	装药结构	备注
1	掏槽孔	1.7	485	φ32 乳化炸药	30		连续装药	斜型掏槽
2	周边孔	1.5	150～180	φ25 乳化炸药	40～50	60	间隔装药	
3	三层崩落孔	1.5	300	φ32 乳化炸药	70～80	80	连续装药	
4	二层崩落孔	1.5	360	φ32 乳化炸药	70～80	80	连续装药	
5	一层崩落孔	1.5	360	φ32 乳化炸药	70	80	连续装药	
6	底孔	1.5	485	φ32 乳化炸药	70	60	连续装药	

4.3.3　岩塞体渗水灌浆处理

岩塞体位置一般靠近水库边坡,由于水库边坡岩石风化较为破碎,裂隙发育,其渗水性能较强,使岩塞进口部位岩石风化、岩性较软,并分布于进口岩塞段。在岩塞体施工前,应对岩塞进口段的水库(湖泊)的坡面、岩塞体进行加固处理,达到提高岩塞体围岩的整体稳定性的目的,并减少岩塞药室和炮孔钻孔时的渗水量。

岩塞体钻孔是一项关系到爆破效果和岩塞体成型的关键工作,由于上库水位与岩塞底面高差变幅较大(15～40m),岩塞体施工时存在严重渗水,漏水甚至达到射水,势必影响到钻孔施工精度,严重影响岩塞爆破施工进度和安全。因此,开挖至岩塞底面下预留段时,先钻 6～8 个平行岩塞轴线的超前探测孔,准确掌握岩塞厚度,避免钻孔贯穿。尽管岩塞部位要进行固结灌浆,并在集渣坑施工中将较大构造进行了灌浆处理,但是由于岩体内的节理裂隙分布的复杂性及灌浆孔数的限制,加之开挖过程的爆破振动的影响,仍然会出现一定数量的渗漏水,这时,应根据基岩构造的变化进行地质预测,并利用部分炮孔进行超前灌浆。

4.3.4　岩塞体灌浆

岩塞进水口上部边坡清理支护。为保证施工与运行期岩塞进水口上部边坡的稳定,施工时要求对岩塞进水口一定范围内的边坡进行清理支护,人工配合机械清理边坡后,采用 YT-28 风钻钻锚杆孔,人工安装锚杆,对围岩破碎易塌孔的部位,根据施工现场的实际情况采用自进式锚杆进行锚固。然后敷设钢筋网,喷射混凝土进行支护,喷射混凝土厚 10～15cm,确保边坡永久稳固。

岩塞超前预灌浆防渗堵漏加固技术。为了保证岩塞爆破施工期的安全,提高岩塞体围岩的整体稳定性,减少岩塞爆破药室开挖和炮孔钻孔时的渗水量,需要对岩塞口靠水库的边坡周围的围岩进行锚杆支护和固结灌浆处理。

在塘寨火电厂取水一级泵站进水口岩塞爆破施工中,经地质勘探,岩塞进水口段围岩裂隙发育,裂隙内充填方解石及泥质,其透水量约为1160mL/s,透水系数$K>10m/d$,属于强透水环境。因此,施工中对进水口段隧洞和岩塞体采用超前预灌浆防渗堵漏加固技术。根据超前预灌浆前压水试验,实测吕荣值大于50吕荣(Lugcon)。

锚杆超前固结灌浆孔采用YT-28手风钻钻孔,孔距离岩石和水交界面50~80cm,超前锚杆孔深入基岩3~6m,间距1.5m,排距2.0m,按梅花形布置。超前固结灌浆孔深入基岩3m,间距0.5m,排距0.8m,按梅花形布置,灌浆采用自孔口向孔底逐渐加压灌注水泥浆,浆液比为1:1和0.5:1,压力值0.1~0.5MPa,将整个爆破岩塞体(岩塞体只进行超前预灌浆,不进行超前锚杆加固)及周边洞室围岩进行加固,使整个岩塞体及岩塞爆破附近区域的引水隧洞围岩整体稳定性提高,提前截断岩塞体水的渗透路径,确保岩塞体施工期安全。贵州华电塘寨火电厂取水口双岩塞爆破时的超前固结灌浆及锚杆布置如图4-4所示。

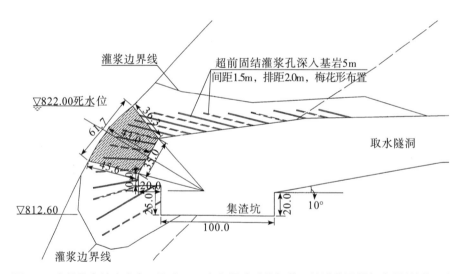

图4-4 贵州华电塘寨火电厂取水口双岩塞爆破时的超前固结灌浆及锚杆布置(单位:m)

在国内长甸水电站改造工程岩塞爆破工程中,岩塞上覆盖层厚度大,为防止岩塞爆破及运行期岩塞口附近的覆盖层垮塌落入洞内,对过流和岩塞口的安全造成不利影响,需要对岩塞口周围的围岩进行锚杆支护和固结灌浆处理。为进行灌浆增设一条锚固灌浆交通洞(长探洞),该洞将到达岩塞和集渣坑上方10m处,先期作为探洞,进一步探明岩塞区域内地质条件,根据揭露的地质条件,决定是否在锚固灌浆交通洞完成后继续朝水库方向开挖锚固灌浆洞,并利用锚固灌浆洞进行岩塞及集渣坑区域围岩预灌浆处理。

为了提高岩塞周边围岩的整体稳定、减少岩塞爆破集渣坑开挖和钻孔的渗水量,在锚固灌浆洞内进行了岩塞体预灌浆工作,共布置 7 排 91 个灌浆孔,其中水泥灌浆孔 78 个(2770m),水溶性聚氨酯化学灌浆孔 13 个(755m),另外布置化学灌浆段(2~7 排共布孔 16 个,总计 889m)。所布置的各类灌浆孔全部完成灌浆工作后,进行压水试验。试验结果表明,岩塞体未灌浆前岩体透水率平均为 13.6Lu,灌浆后岩塞体的岩体平均透水率为 4.0Lu,满足设计要求岩塞体透水率 5Lu 的要求。

(1)岩塞上部岩体锚固

在岩塞爆破施工中,为保证岩塞体上方围岩的稳定,保证岩塞爆破后围岩不出现滑落堵塞进水口,岩塞爆破前在锚固灌浆洞内布置 2~3 排 500~1000kN 预应力锚索,每排布置锚索 8 根,每根锚索应充分把岩塞上部岩体锚固,确保岩塞爆破时上部岩体是稳定安全的。

(2)岩塞体钻孔时的固结灌浆

由于岩塞开挖后,离边坡较近,岩石风化、裂隙发育渗漏较大,施工药室和钻孔前对岩塞体、岩塞四周进行打孔灌浆,封闭裂隙和渗水通道确保岩塞体的稳定。同时,在岩塞体靠水库边坡岩石上打直孔进行灌浆,达到稳定岩塞外边坡的目的。

在钻孔过程中,钻孔岩层出现较大漏水时,应立即停止钻进,退出所有钻杆,钻机保持不移动,立即对炮孔内进行固结灌浆堵漏,待固结灌浆达到一定强度后再扫孔继续钻进,直至完成规定的钻孔深度。

4.3.5　岩塞钻孔堵漏

岩塞体表面岩体节理裂隙较发育,岩塞顶部水压力大。由于岩塞底面施工时未能按照设计要求进行处理,在打超前孔或爆破孔过程中又未及时处理单孔渗水,加之钻孔过程以致库水压力将裂隙中的充填物挤掉与冲走,使超前探测孔与爆破孔和库水之间相通,漏水不止。漏水给岩塞下一步施工带来困难,为了减少岩塞体钻孔后的渗漏水对施工带来的影响,施工中采用下列三种堵漏措施进行处理。

4.3.5.1　对大面积漏水采用水泥浆止水

首先在岩塞体上布置一部分灌浆孔,在岩塞部位进行水泥固结灌浆。灌浆时压力不能过高,一般不超过外部水压的 1 倍,以避免压力过大后,水泥浆液向水库里流失,同时应根据压力变化调整浆液浓度。

4.3.5.2　对渗漏水互相串通的孔采用水泥水玻璃灌浆止水

在超前探孔和爆破孔施工中,如出现孔中渗漏水互相串通时,先采用丙凝灌浆堵漏,当用丙凝灌浆无效,可采用水泥水玻璃灌浆止水。灌浆的方法分两种:

（1）单液灌浆

根据炮孔渗水量大小，先灌注一定数量的水泥，然后再压入一定数量的水玻璃浆液止水。一个炮孔中先灌注约 100L 水泥浆，然后再灌注 30L 水玻璃浆液，灌浆后炮孔中渗水量由 20L/min 减少至 3～5L/min 就达到堵漏效果。

（2）双液灌浆

当超前探孔和炮孔的渗水量较大时，可采用双液灌浆即水泥浆液与水玻璃液相间灌注。按这种方式先后灌注一定量的水泥浆和水玻璃，可使孔中的渗水量大大减小。

通过灌注试验，采用 $500^{\#}$ 硅酸盐水泥，按 1∶0.6～1∶0.75 的水灰比与波美度 37.3 的水玻璃相混合，其混合比值范围为 0.1～0.2 时，浆液开始凝固时间是 47s。渗漏水孔经水泥与水玻璃浆液灌注后，岩塞渗漏水情况得到有效改善。

4.3.5.3 丙凝灌浆堵漏

岩塞部位进行水泥固结灌浆和水泥水玻璃灌浆后，再进行丙凝浆液灌浆，考虑到丙凝浆液粘度大约为 1.2 厘泊，和水相近，可灌性较高。丙凝浆液胶凝时间由几秒至数小时，可以根据施工需要进行控制。丙凝胶凝后，其强度低、有弹性、不溶于水。丙凝浆液充填岩层裂隙胶凝后，能起到防渗水作用，其渗透系数为 2×10^{-10} cm/s，胶凝的挤出阻力较高，根据有关资料介绍，在直径 0.25mm、长 30cm 的管内能耐 35kg/cm² 以上压力，丙凝凝胶不致被挤出、破坏等特点，用丙凝凝胶来进行岩塞体内裂隙渗漏的堵漏是比较适宜的。下面将丙凝浆液灌浆施工情况作以下介绍。

（1）丙凝浆液配方

丙凝是以丙烯酰胺为主剂，配有引发剂、交联剂、促进剂及其他组合的化学灌浆材料。丙凝浆液配比如表 4-2 所示。密云水库和香山水库丙凝浆液配比比较如表 4-3 所示。

表 4-2　　　　　　　　　　　　　丙凝浆液配比

	名称	作用	重量/g	备注
甲液	丙烯酰胺	主剂	19.000	浆液浓度为 20%
	双丙烯酰胺	交联剂	1.000	岩塞部位温度 10～14℃
	三乙醇胺	促进剂	0.400～0.800	水温 12℃
	铁氰化钾	缓凝剂	0.001～0.006	渗漏水温 5～8℃
	水	稀释剂	40.000	配制好浆液温度 4～5℃
乙液	过硫酸铵	引发剂	1.000～1.200	
	水	稀释剂	50.000	

表 4-3   密云水库和香山水库丙凝浆液配比比较

名称		密云水库	香山水库
甲液	丙烯酰胺	19.000	19.000
	双丙烯酰胺	1.000	1.000
	三乙醇胺	0.400～0.800	0.800
	铁氰化钾	0.001～0.006	0.006
	水	40.000	90.000
乙液	过硫酸铵	1.000～1.200	1.000
	水	50.000	10.000

（2）丙凝灌浆堵漏施工中的问题

在岩塞体堵漏采用丙凝灌浆时，影响丙凝灌浆堵漏效果的主要因素是配制浆液的温度、浓度、铁氰化钾用量和灌浆压力。

a. 灌浆液度。

丙凝灌浆的浆液浓度除影响胶凝时间外，胶凝的强度亦随浓度的降低而下降。当丙凝灌浆浆液浓度为 5％时，胶凝几乎丧失了堵水能力（外观与浆糊相似），多数资料建议，一般情况浓度采用 10％左右。密云水库由于岩塞漏水量较大，丙凝浆液浓度采用了 20％。

b. 灌浆压力。

选用的灌浆压力将关系到灌浆能否取得成功。施工中选用的灌浆压力过大，灌注的丙凝还未能充填裂隙和在裂隙中胶凝而使浆液流失，对止漏防渗没有起到任何作用，灌浆施工中因灌浆压力过大，反而使围岩裂隙扩大，使岩塞体的漏水更严重。但是选用灌浆压力过小，结果造成丙凝在灌浆管内或灌浆桶内凝固。

丙凝灌浆堵漏失败的主要原因是丙凝灌浆时选用的灌浆压力出现偏差，灌浆一般应以不大于水的渗透压力 $1kg/cm^2$ 来掌握为宜，可使浆液不断徐徐地注入裂隙，并确保在丙凝胶凝前灌注完毕。

c. 胶凝时间测定。

将两种配制好的浆液各取 10～20mL，从两种溶液混合时起，按下秒表并将 0.1℃刻度的温度计放入浆液中，并用玻璃棒搅拌几分钟，待到温度计放不下去时，记下时间，即为胶凝时间（温度上升 0.2℃时为升温时间）。

施工中受气温、水温的影响，一般在配制浆液前应作试验，取 20～50mL 浆液即可。临灌注前亦应剩余少量浆液，观察浆液变化情况，达到控制灌浆时间的效果，防止浆液在管路中胶凝。

d. 摸清岩塞渗水规律。

丙凝灌浆前应事先摸清岩塞与炮孔的渗水规律,测定渗水量、渗水压力及钻孔漏水时孔在什么深度漏水,以及岩塞体岩石中裂隙发育情况等,然后根据掌握的资料分析估计灌浆量、灌浆时间、灌浆压力和确定胶凝时间,以确保灌浆成功。

4.3.5.4 药室导洞回填灌浆

在药室封堵完成后进行药室导洞的回填与灌浆。良好的药室导洞堵塞,不仅可以提高炸药能量利用,也是保证岩塞爆破成功的一个重要环节。在岩塞爆破中,对斜洞或斜井的向上堵塞工作往往比较困难,施工中一般可用砖砌、用黏土砖把药室全部堵满后,回填二级配骨料,由于骨料向下滑动,可用黏土砖在 $1.0 \sim 1.5\text{m}$ 处作一挡墙,并一段一段地填塞,事先在导洞顶部预设一根灌浆管和一根排气管,当导洞堵塞完成后,导洞口用木插板或用薄铁皮封闭木门锁闭,再采用水泥灌浆固结导洞内的骨料与填满空隙。

这种方法就是在导洞的洞口设置一个锁口以形成灌浆区,在灌浆区内设置注浆管和排气管,在 200m 外设置灌浆系统,系统由搅浆槽、输浆管、C-232 型单缸砂浆泵及灌浆管组成。灌浆水灰比为 $0.5:1$ 和 $0.6:1$,灌浆压力可采用 $1.5 \sim 2.0\text{kg}$。

为了使岩塞按时爆破要争取灌浆早期强度,为此,在水泥浆液中要掺加早强剂。早强剂可用无水硫酸钠,其用量为水泥重量的 3%,当水灰比为 $0.5:1$ 时,R_1 的强度为 $110 \sim 118\text{kg/cm}^2$,初凝时间一般在 1h 以上。

4.4 集渣坑施工

在有集渣坑的岩塞爆破施工中,集渣坑的开挖对岩塞爆破工期起到控制作用。特别是工程规模较大的岩塞爆破,其岩塞爆破渣多,使集渣坑的开挖工程量很大,因此,不利地质构造组合下的集渣坑高边墙稳定及大型集渣坑岩渣运输等问题对爆破施工期影响较大。如丰满水电站泄水洞岩塞爆破的集渣坑施工,该集渣坑是一靴形方式,爆破开挖后出渣非常困难,石渣要吊装设备吊出,出渣导致工期延长,仅集渣坑岩石开挖就用了一年时间。因此,在集渣坑开挖施工中,采用方便装载设备和运输车辆到集渣坑内作业的斜坡式渣坑的方法较好。这种斜坡式渣坑既方便了开挖,又加快了集渣坑的施工进度。同时,装、运机械直接进入渣坑内作业,使施工方法简单、开挖速度更快。

4.4.1 集渣坑形式

国内已成功进行的岩塞爆破中采用过多种集渣坑形式,如丰满岩塞采用靴形、清河水库岩塞采用平洞形、镜泊湖岩塞采用矩形等。平洞形仅适用于施工支洞设于炸坑下部的情况,且由于爆破时平洞内水体对石渣的推拒作用,使得石渣不能全部进入渣坑内。靴形集渣坑边墙高度大、施工难度大、施工工期长、成本较高。其靴形集渣坑与岩塞平洞冲渣方式如图1-12所示。

矩形集渣坑可以通过增加长度方向的尺寸,使集渣坑在较小的边墙高度工况下,达到所需的渣坑容积。矩形集渣坑具有结构简单、施工较方便、支护工程量较小等优点。其后部多做成直坎式,开挖过程中有70%的石渣需要二次倒运,施工仍较困难。矩形集渣坑见贵州华电塘寨火电厂取水口岩塞爆破的矩形集渣坑(图4-5)。

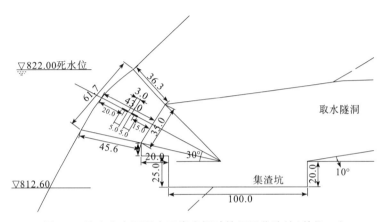

图 4-5　塘寨火电厂取水口岩塞爆破的矩形集渣坑(单位:m)

针对靴形与矩形集渣坑的这些缺点,在岩塞爆破施工中又设计了斜坡式集渣坑,即将集渣坑下游端的直坎改为斜坡,以使渣坑下游流道变为渐变过渡,保持水流平顺,其下游斜坡度能满足自卸汽车与装载设备到集渣坑内出渣需要。斜坡式集渣坑在结构受力、水力学条件、施工难易程度方面都得到有效改善。响洪甸抽水蓄能电站岩塞爆破斜坡式集渣坑如图4-6所示。

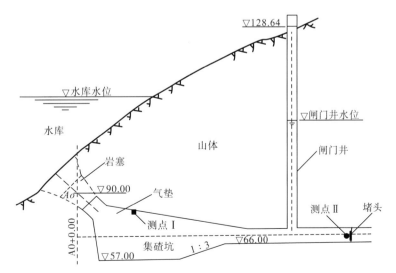

图 4-6　响洪甸抽水蓄能电站岩塞爆破斜坡式集渣坑(单位:m)

4.4.2 集渣坑开挖前的灌浆

如果集渣坑和岩塞体埋深较浅,集渣坑部分围岩较破碎,裂隙也较发育,且使围岩渗水严重,同时考虑到集渣坑开挖时的安全及工程施工质量,集渣坑第一层开挖前,在岩塞上部岸坡打斜孔对岩塞部位进行超前灌浆,并采取对集渣坑的围岩进行防渗和固结灌浆的施工措施,对于出现较大渗水且集中的部位,打孔用软管进行导流后,再进行由周边逐渐向中心的灌浆,固结灌浆孔应直穿破碎带进行灌浆,这样对岩塞和集渣坑围岩起到固结和防渗作用,也为集渣坑施工创造了很好的施工条件。贵州华电塘寨火电厂取水工程取水口采用双岩塞爆破方案,引水隧洞围岩裂隙发育,裂隙内充填方解石及泥质,透水量约为1160mL/s,透水系数 $K > 10$m/d,属于强透水环境,因此整个取水隧洞及岩塞体采用超前预灌浆防渗堵漏加固技术。

超前预灌浆防渗堵漏加固技术采用 YT-28 手风钻钻孔,孔深距离岩石和水交界面50~80cm,超前预固结灌浆孔深入基岩3.0m,灌浆孔间距0.5m,排距0.8m,梅花形布置。超前预灌浆采用自孔口向孔底逐渐加压灌注水泥浆,浆液比例为1:1和0.5:1,预灌浆压力为0.1~0.5MPa。灌浆将整个岩塞体(岩塞体只进行超前预灌浆,不进行超前锚杆加固)及周边洞室的围岩进行了加固,使整个岩塞体及岩塞爆破附近区域的引水隧洞围岩整体性提高,达到提前截断库区水渗透途径的效果,并进一步确保施工期的安全。塘寨火电厂取水口岩塞体与集渣坑固结灌浆孔及范围如图4-4所示。

4.4.3 集渣坑开挖施工程序

上层开挖(包括过渡段)→系统锚杆、观测设备、预应力锚索钻孔→系统锚杆、观测设备、预应力锚索安装→第二、三层边墙预裂爆破→顶拱钢筋混凝土浇筑→固结灌浆钻孔、固结、回填灌浆→第二层开挖及边墙系统锚杆、预应力锚索安装→第三层开挖及系统锚杆安装→第四层三角体开挖→边墙混凝土浇筑及岩塞体施工→边墙固结灌浆。

4.4.4 集渣坑开挖及支护

根据集渣坑的开挖断面及机械设备情况,把较大集渣坑分为多层开挖,以平行于顶拱的坡度控制,最大开挖高度控制在10m左右,其机械设备能够满足这一高度要求。在靠近集渣坑顶部与岩塞体过渡段10m范围内,其钻孔采用 ϕ42mm 钻头钻孔,装填32mm乳化炸药,周边孔采用光面爆破,非电雷管起爆。除此之外的部位,采用光面爆破,主爆孔孔深2.2~2.5m,最大单响药量控制在40kg。出渣采用侧翻装载机,配15t自卸汽车。

（1）锚索孔孔位放样及钻孔

在顶部开挖出 15m 长的空间后，立即组织进行喷混凝土支护顶拱，随后进行系统锚杆与顶拱锚索的钻孔，施工时由于锚索孔向、高程不一，有垂直向上的，有向不同方向、方位扩散的，为此采用测量仪器进行孔位放样定点，并根据开挖图计算出该点坐标，经校对桩号、高程后进行定位，并编排孔号。

在锚索施工中，锚索孔钻孔是一个重要环节，施工时采用潜孔钻钻孔，孔径为90mm。开钻时先采取慢速低压钻进，钻进时为控制孔斜率，采用罗盘定位，每钻进 2m 对孔斜进行一次校核，如发现孔位偏斜超过规定时，应及时纠正，特别注意钻孔上部的偏斜，严防锚孔扭曲。在钻进过程中，还应对钻头磨损情况进行检查，确保孔口至孔底孔径的最大负差不大于 2mm。钻孔过程中，如发现岩层较差并伴随有大量涌水，应立即停止钻进，随即对该孔进行灌浆处理，灌浆达到一定强度再进行该孔钻进，对于孔底涌水较大的孔，采取超设计孔深 20cm，主要利用灌浆来加强孔底岩石的整体性，扫孔时扫至设计孔深。

（2）锚索孔围岩灌浆及扫孔

锚索孔钻孔验收合格后进行围岩固结灌浆，对于锚索孔涌水的不同深度，分别采用纯压式灌浆法和循环式灌浆法进行灌注，围岩固结灌浆采用 525# 水泥，灌浆浆液水灰比为 5:1、3:1、2:1、0.8:1、0.6:1 浆液逐级变浓，灌浆压力小于 0.5MPa，注浆管插入距孔底 50cm 处，对于仰孔，注浆管则插至孔底，在灌浆过程中应对岩面进行观测，以防止岩面抬动。

由于灌浆后孔内存有残留水泥浆液及水泥结石，为保证安装锚索能顺利下孔，必须进行扫孔工作。在围岩固结灌浆 24h（闭浆）后进行扫孔，扫孔与开孔一样，对准孔位，调试好角度再进行钻进，扫孔完成后应校核孔向、孔深是否达到设计深度，终孔经验收合格后，用高压风水冲洗锚索孔至孔内返清水为止，并做好孔口保护。

4.4.5　预应力锚索施工要求

4.4.5.1　选用主要材料和设备

根据集渣坑预应力锚索的设计要求及施工特点，采用的主要材料、设备有：

（1）钢绞线

采用国产直径 6～7mm 的高强低松弛预应力钢绞线。其主要指标为，公称直径12.7mm，公称面积 100mm²，单位质量 0.78kg/m，强度级 1860MPa，破断力 195.4kN，延伸率 6.6%。

（2）锚具

根据确定的钢绞线的规格、品号及根数，锚具选用 QVM13-6 与工作锚板配套使用，该工作锚具由夹板、锚板、锚垫板、螺旋筋等构成，具有适用性强、自锚性较强、操作简便、锚固性能稳定的优点。

（3）千斤顶

预应力锚索张拉用千斤顶为配套的千斤顶，型号为 YCW100 型（穿心式千斤顶），压力 50MPa 时，千斤顶主动加载时吨位为 932N。

（4）电动油泵

电动油泵采用 QVM 厂生产的 ZB4-500 型，额定油压 50MPa，电动机功率 3kW，配 0.4 级油压表与千斤顶配套使用。

4.4.5.2　锚索制作及下锚

锚索下料长度为孔深加张拉外端长度，用切割机下料，分别编号、挂牌，隔离架可采取自制的长 10cm、内径为 $\phi50mm$ 的铁管，外径用 $\phi8mm$ 的圆钢焊成弧形，铁管内可穿 $2\phi20mm$ 的 PVC 管。

止浆环也是在锚索施工时自己制作，其长 17cm，外径为 $\phi80mm$，导向管是采用 $\phi75$ 的铁管，长 30cm，前 12cm 加工成锥形。为了增强锚索的抗拉力，采用 QVM 的挤压套，挤压套固紧在钢绞线的末端，每根锚索均设 6 个挤压套，错落地排在导向帽里，导向帽是采用无镀锌铁丝与锚索绑扎在一起的，上述工序验收合格后，再进行锚索编制。

（1）锚根段的编制

止浆环设置在锚索 3.5m 处，锚根段隔离架间距为 1.0m。为了加强锚索与水泥浆的黏结力，增加了锚根段的藕形编制，隔离架内穿 $\phi20mm$、$\phi14mm$ 的 PVC 管，即进浆管和排气管，对于仰孔，排气管穿至孔底，灌浆管穿过止浆环 10cm，对于倾斜孔和水平孔，灌浆管穿至孔底，排气管穿至止浆环处。

（2）张拉段的编制

隔离架间距为 1.5m，对于仰孔，$\phi14mm$ 排气管穿至距止浆环 3cm 处，进浆管穿至距止浆环 10cm 处，对于俯孔和平孔，无排气管，只有一根进浆管，距定位止浆环 30cm，锚索加工经检查验收合格后，进行成品挂牌编号堆放。

（3）锚索管理

锚索检查验收合格后成为锚索成品，锚索成品应进行挂牌编号堆放，送锚时应进行对号下锚，锚索应平稳地送入孔内，送入孔内的锚索应与计算长度完全吻合后，用灌浆泵灌水检查管路是否畅通,并做好孔口保护。

4.4.5.3　锚墩制作

锚墩混凝土浇筑前,先钻定位锚杆孔,灌注 $4\phi20mm$ 的锚杆,待锚杆浆液凝固后,将预先制作好的锚墩钢筋笼焊接在锚杆上,钢筋笼为梯台形,张拉固定板平焊在钢筋笼上,固定垫板距外层钢筋5cm,长50cm、$\phi75mm$ 铁管穿过整个钢筋笼中心且与钢筋笼牢固地焊在一起,并与固定垫板垂直焊接,且中心一致。在钢筋笼与锚杆焊接时,为了保证固定垫板与孔向的垂直和中心一致,将 $\phi75mm$ 的铁管插入灌浆孔内20cm(预先留长的锚墩导管),锚墩导向管上焊两根 $\phi32mm$ 白铁管,作为二次进浆管和排气管的预埋管。

锚墩安装经检查验收合格后,进行混凝土浇筑,锚墩浇筑应采用特制高强度无收缩水泥、一级配的骨料拌制的混凝土进行锚墩浇筑。

4.4.5.4　锚根段灌浆

锚根段灌浆是锚索是否成功的关键工序之一。浆液质量、工艺质量好坏,将直接影响整个锚索的成功。因此,锚根段灌浆采用特制高强度材料进行灌注,浆液水灰比为 $0.45:1$,灰砂比为 $1:1$,用限量法进行灌注。孔口封闭后,用压力风检查进、排浆管是否畅通,止浆系统在灌浆前利用进浆管注水使其膨胀,再排干孔内积水,经检查无误后,才能进行灌浆。待排气管返浓浆即进行闭浆,该孔下浆量与计算量相符时才进行下一孔灌注。

4.4.5.5　锚索张拉

在锚根段注浆5d后进行锚索张拉,张拉施工前,对锚具、千斤顶及配套工具进行检查和标定。在张拉过程中,严格按照有关操作规程进行操作,按照设计要求的张拉吨位和施工质量要求进行张拉。

同时,因为固锚索孔径小或锚索孔深度浅,施工时采取张拉力由零级逐级增加至超张拉力,即仅一次张拉。但张拉前先用 $20\%\sim30\%$ 的设计张拉值预张拉1次,张拉时,卸荷速率每分钟不超过设计应力的 $1/10$,卸荷速率每分钟不超过设计应力的 $1/5$。张拉过程中,准确地做张拉记录,严格控制好张拉力和速率。

4.4.5.6　封孔灌浆及孔口保护

锚索张拉验收全部符合要求后,即进行封孔灌浆和张拉段灌浆,灌浆采用 $525^{\#}$ 水泥(水灰比 $0.40:1$、灰砂比 $1:1$)进行灌注,灌浆压力0.5MPa。灌浆待排气管返浓浆后进行闭浆,在下浆量与计算量相符后,进行下一孔灌浆。

封孔灌浆即张拉段灌浆完成经检查验收合格后,按设计要求,切断外锚体,留20cm长的安全头。由于集渣坑边墙、顶拱都要进行混凝土支护,锚头不再做特殊保护处理。

4.4.6 集渣坑系统锚杆

对于集渣坑围岩应力应变分析表明,各种工况下集渣坑围岩均不会出现塑性区,洞壁位移远小于允许变化值。集渣坑中前部拱顶由于距爆源较近,爆破地震作用较明显,一般按常规进行支护设计,仅对爆源近区和围岩破碎带加强支护。对于处于爆破破坏半径范围内的岩塞后部渐变段和集渣坑中前部洞室全断面设置系统锚杆,锚杆按梅花形布置,采用锚杆直径为 25mm,间距 1.5m,锚入岩石 3~5m,并进行固结灌浆,孔深 4~6m,间距为 3m。对于集渣坑局部裂隙发育区域,锚杆应适当加深加密。对集渣坑中后部处于爆破破坏半径范围外,且洞室高度较小,也视地质情况分别处理,对于集渣坑新鲜岩石,不设置系统锚杆,不进行固结灌浆,其余部分仍同中前部一样。对于爆破地震作用较明显的岩塞后部过渡段及渣坑前部顶拱部位,设置预应力锚索加强支护,锚索入岩深度 9~11m,间距 4m,张拉力 525kN,集渣坑顶拱及边墙衬砌混凝土,尾部 8m 长洞段底板衬砌混凝土,集渣坑其余底板不衬砌。

贵州华电塘寨火电厂取水口岩塞爆破施工中,其中,1[#] 岩塞轴线与水平线的夹角为 30°时,内口直径 3.5m,外口直径 6.17m,上沿厚度 3.63m,下沿厚度 4.56m,平均厚度 4.095m,岩塞方量 81m³,岩塞厚度与直径比值为 1.17。2[#] 岩塞轴线与水平线的夹角为 30°时,内口直径 3.5m,外口直径 6.02m,上沿厚度 3.97m,下沿厚度 4.31m,平均厚度 4.14m,岩塞方量 82m³,岩塞厚度与直径比值为 1.18。

由于岩塞隧洞属于强透水,为了保证岩塞爆破施工安全,需要对引水隧洞及岩塞口周围的围岩进行超前锚杆支护、系统锚杆支护和固结灌浆处理。其超前锚杆孔深入基岩为 3~6m,其间距为 1.5m,排距为 2.0m,按梅花形布置。塘寨火电厂岩塞锚杆支护布置如图 4-7 所示。

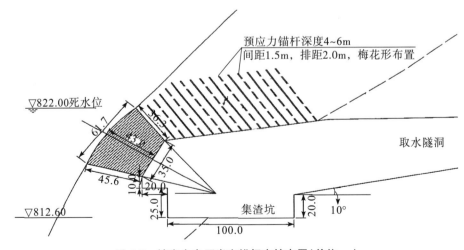

图 4-7 塘寨火电厂岩塞锚杆支护布置(单位:m)

（1）岩塞体底部渐变开挖

岩塞体爆破对岩塞体各工序施工要求较高,尤其岩塞下部平面要平整,故与岩塞体接触部分的渐变段开挖必须满足这一要求。

当集渣坑上层开挖至渐变段底部时,应分数次完成此段开挖工作量。为此,在开挖前对测量坐标系统进行一次整体复核,以防止岩塞体位置出现大的偏差。校核时,以交通洞洞外为控制点,以支导线步设至闸门井附近,然后将闸门井上部的坐标系统引至闸门井下部与支导线步设点进行坐标复核,当 X、Y 值最大相差在施工规范允许范围,最后用校核数据作为最终放样的依据。

此段施工采取 3m×3m 的中导坑掘进,第一茬及第二茬爆破进尺控制在 1.5m 以内,由 YT-28 手风钻钻孔,扩大跟进。接近掌子面时,开挖进尺控制在 1.0m 左右,预留 60~80cm 的保护层,采取上导坑法开挖,用 YT-28 手风钻钻孔,弱振动爆破,上导坑修整符合设计要求后,沿掌子面用手风钻钻孔,间距为 30cm,装药密度控制在 150g/m 以内,逐渐将岩塞体下部平面修整平整。

（2）集渣坑边墙预裂爆破

集渣坑下部开挖前对边墙先进行预裂爆破,达到减小开挖爆破对围岩和上部结构的振动影响的目的。由于第一层开挖时边墙与起拱部位较近,使独臂钻无法满足钻孔要求,因此钻孔采用潜孔钻,预裂孔孔径为 ϕ90mm,间距为 80cm。预裂时由于岩石夹持力较大,预裂孔底部装两节 ϕ50mm 乳化药卷,孔间其余部分间隔装 ϕ40mm 乳化炸药,线装药密度为 420g/m。预裂孔装炸药后的堵塞长度随孔深不同而有所变化。

4.5　岩塞部位钻孔及渗水堵漏

岩塞体的钻孔是一项关系到爆破效果和岩塞体成型的关键性工作。由于岩塞体外部水位与岩塞底面高差较大,如果施工时岩塞存在严重渗水、漏水甚至射水,这样,势必影响岩塞爆破施工精度、进度和安全,因此开挖至岩塞底面下预留段时,先钻多个平行岩塞轴线的超前探孔,达到准确掌握岩塞实际厚度的目的,避免钻孔时钻孔贯穿岩塞。尽管岩塞部位已进行了固结灌浆,并在集渣坑施工中将较大构造带进行了灌浆处理,但由于岩体内的节理裂隙分布的复杂性及灌浆孔数的限制,加之开挖过程的爆破振动的影响,仍然可能出现一定数量的渗漏水。为此,施工中还应根据基岩构造的变化进行地质预测,并利用部分炮孔进行超前灌浆。

岩塞进行了超前探孔和超前灌浆孔处理后,虽然岩塞底面渗水量不大,但是施工应考虑到岩体裂隙的透水性及导洞和药室开挖影响,且炮孔孔底接近水面的地表风化岩层,可能还有少数炮孔在施钻时将会产生漏水现象而影响钻孔。因此,在岩塞体钻孔时发生炮孔大量漏水、渗水时,都必须及时采用化学灌浆截渗堵漏,封堵岩塞体内的渗流通道,提高岩塞体的不透水性及抗渗性。在钻孔首次出现渗漏水时,即予以灌浆堵漏。为的是避免几个钻孔同时渗漏再灌浆,由岩塞体内裂隙串通而引起渗水相互流动,稀释了灌浆溶液,造成灌浆效果不佳而延误渗漏处理时机而影响施工。因此,在钻孔前必须做好一切施工准备,力争在钻超前孔或小直径孔期间完成灌浆止水,避免在大直径钻孔或导洞开挖时再灌浆,不仅减少灌浆材料的浪费,也减少大直径钻孔时灌浆困难,有效地保证施工操作的安全,也能有效保证工期。

4.5.1 超前探孔和超前灌浆孔

(1)超前探孔

超前探孔孔径要求≤ϕ65mm,根据使用钻具,尽量采用小孔径,当钻孔出现漏水时以便快速堵漏。

(2)钻孔时注意事项

在超前探孔钻孔过程中随时注意异常情况,记录检查孔位和孔向误差、渗漏水情况及钻进情况。钻进中出现渗漏水量过大,而无法继续钻进的情况时,应及时进行化学灌浆,灌浆后待浆液凝固后再继续钻孔,若钻孔不渗水或渗水量较小时则不灌浆。钻孔接近地面时,钻孔应放缓推进速度,以便准确掌握贯穿孔深度。

(3)堵漏准备工作

为确保钻孔出现渗水的安全,钻孔前应准备好木楔。当钻孔出现较大渗水时,先采用楔子打入炮孔内止住孔中射水。木楔子小头直径比钻孔直径略小,大头直径比钻孔直径略大顶入炮孔中。再采用化学灌浆止漏,然后进行防渗灌浆。

(4)超前灌浆孔

被选定为超前灌浆孔的炮孔,应由监理工程师、施工地质工程师和设计代表现场协商确定。

(5)孔径要求

超前灌浆孔应先造小直径孔(孔径小于或等于周边预裂孔),对灌浆孔进行灌浆封闭,并等浆液凝结后再进行扩孔。

4.5.2 钻孔前应具备的条件

1)在超前探孔灌浆封堵完成后,根据设方修订后的岩塞底面位置,将预留段按周边分段预裂、中部浅孔密眼小药量松动爆破开挖到位,经测量对位置复核准确,其误差不大于±2cm。

2)塞底钻孔前应对掌子面进行全面修整与清理,掌子面平整度必须达到超欠挖不大于 10cm,同时,必须清除掌子面上所有不牢固的石块。

3)岩塞体钻孔前,必须对所有受爆破影响的建筑物进行一次全面的验收,如集渣、引水隧洞、闸门井、闸门、闸门启闭装置、堵头等,在验收未通过前不得进行岩塞钻孔放样。

4)岩塞体钻孔前,必须对气垫室和集渣坑进行一次全面的清理,清理完成必须经现场监理工程师的认可,否则不得钻孔。

4.5.3　钻孔放样

岩塞爆破施工中,其岩塞爆破施工方式分为药室＋预裂、药室＋排孔＋预裂、排孔＋预裂等三种爆破方式,岩塞体呈截头圆锥体,除药室全排孔时的中心空孔和掏槽孔平行布置外,其余炮孔布置呈散射状,炮孔的空间角度不一样,主爆孔和预裂孔各有一个聚焦点。为了使钻孔方便快捷,钻孔前用全钻仪将两个聚焦点进行放样,并通过这两点将岩塞掌子面上各炮孔孔位进行放样。

1)按照设计图纸要求的钻孔位置布孔,炮孔孔位用醒目的红油漆标志,对每一个炮孔进行编号。

2)施工中除超前探孔平行岩塞轴线外,设计的各圈炮孔系辐射状,各圈炮孔的反向延长线与岩塞中心线共同汇交于一点,此点为施工控制点,控制点应临时设定固定标志,钻孔时在岩塞掌子面的孔位点和控制点之间拉方向线与调整钻机角度(即为钻孔方向),以供检查复核炮孔之用。

3)为了保证钻孔孔向的精度,钻孔前,应专门为确定孔位、孔向制作样架。样架可采用两层 1/4 圆的扇形板或 ϕ12mm 的钢筋焊接架组装成台体,在样架上下层面上按设计的角度、换算的布孔半径将各孔位点画出,沿孔位点设导向孔环。

4)采用车床上的 360°刻度盘放样。测量人员先放出岩塞中心点,在中心点打锚杆,随后在该锚杆四周打 4 根锚杆,把数字刻度盘固定在锚杆上,利用刻度盘角度定位每个孔的方向与角度。如有条件也可利用汇交点采用激光照准布孔,再利用孔位与汇交点的拉线确定孔位。

5)炮孔放样必须精确,孔位误差不得大于 5mm,孔向误差不得大于 30′,孔深误差不得大于 10cm。

4.5.4　岩塞钻孔顺序

1)岩塞体爆破的钻孔分为五大类孔,即超前探孔、超前灌浆孔、周边预裂孔、掏槽孔

（岩塞为全排孔爆破时）、扩大主爆孔。各类钻孔的孔径、孔向和深度应根据设计图纸和技术要求进行施钻。

2）钻孔顺序为：有集渣坑和药室的岩塞爆破工程分预留段开挖前、后两个阶段。第一阶段钻超前探孔。第二阶段先钻超前灌浆孔，由外圈向内圈进行，然后钻导洞附近的主爆孔，在导洞开挖之后，再钻其他主爆孔。同时，钻孔顺序视施工方便而定，最后钻周边预裂孔。导洞和药室开挖后，进行所有炮孔的扫孔和清孔。

全排孔岩塞工程钻孔顺序为：先钻超前探孔，再钻超前灌浆孔，再进行周边预裂孔，随后钻主爆孔（含空孔、掏槽孔）的钻孔。根据"小孔易灌"的经验，可改变同类工程钻孔方式即"打到出水就灌浆"，超前灌浆孔、预裂孔、主爆孔、探孔采用了一次钻孔到设计深度的钻孔方法，不仅减少了扫孔和灌浆损耗，又加快了施工进度。

4.5.5 钻孔控制

1）岩塞体钻孔可采用轻型潜孔钻或导轨钻，在脚手架上进行钻孔。岩塞爆破不设集渣坑时，可采用多臂凿岩台车钻孔。

2）超前探孔的孔口位置应测量准确，钻孔精度必须达到放样规定的要求。孔向误差超过规定必须及时纠正，避免与主爆孔发生交叉。

3）在钻其他孔过程中，如遇到渗漏水量较大时，也应立即进行化学灌浆止水，待灌浆凝固后再钻至设计孔深。

4）进行预裂孔钻孔时，若因水下地形测量及地质勘探误差，造成少数孔被钻穿或打到地表坡积层中。这种情况应按超前探孔处理方式及时进行堵漏处理。

5）若在其他炮孔中出现贯穿孔时，通过贯穿孔的实际孔深，应立即报告岩塞爆破技术组，以便按该孔深度及时调整附近各孔的设计孔深和修改装药量。

6）钻孔深度控制，炮孔钻进过程中应根据设计孔深在钻杆后端设定标志，在最后一段钻杆后段画上刻度，以便在钻进过程中在标志处停钻及量测孔深。

7）在脚手架平台上钻孔，即使采用了样架，也并不能完全保证钻孔的精度。在钻孔过程中，必须有专门的技术人员在现场进行监督，发现问题及时处理，并重点抓好下述三个方面：

①开钻前或钻进过程中都应加强钻机平台的牢固度检查，严格校验开孔时钻机轴线的仰角和方位角，确保开孔段钻孔方向角的准确。

②钻孔过程中，加强钻具的导向作用。必要时孔内钻杆接头处可采用加大（强）接点，使全孔接头沿程都有可靠的支撑点，确保钻杆只能在钻孔中心作圆周运动，不再出现自由抖动及敲打孔壁。岩塞底面下部少数孔，如不能近距离施钻，孔外应设导轨或钻

杆承托架来控制钻杆的抖动。

③钻机开钻时,为防止开孔时钻头滑动,可采用低速慢钻,使钻孔形成后再加压快钻,同时可采用轻型钻(风钻)先开孔,然后更换钻具再钻孔。在撤去样架及接钻杆时应检测孔的斜误差,并视钻孔需要,合理采用纠偏措施。

8)对于不合格的炮孔必须及时上报岩塞爆破技术组,以便研究处理方案,在钻机还没移动时能及时补钻炮孔。

9)钻孔过程中,各炮孔必须按设计要求的孔径、孔深及方位进行钻孔,钻孔完成后,施工人员应自检孔深、孔向等。施工中每一炮孔应有钻孔记录,包括开钻、停钻时间,炮孔渗漏水情况,钻进情况及化学灌浆有关资料等。

4.5.6　钻孔过程中渗水堵漏

岩塞爆破一般在30m或更高的水头作用下施工,而且从岩塞中部至地表这段坡面岩石,又多为风化岩石,强度较低,而节理裂隙比较发育。因此,在岩塞钻孔和药室开挖时(后)渗水是不可避免的。岩塞爆破施工时渗水有以下几种工况:沿围岩断层、岩石张开裂隙的漏水,岩石破碎地段与地表岩石张开裂隙漏水,钻孔贯通和药室开挖到裂隙的大量涌水。对于不同渗(漏)水情况,可采用不同的方法处理,达到有效改善施工条件的效果。对岩塞少量渗水时可不必处理;渗水量较大时,又是一小片位置,可打孔将水集中引出;岩塞体出现大量渗水时,但渗水点较少,也可以在集中渗水处将水引出,岩塞体上渗水点较多对施工影响较大时,可以采用化学灌浆的方法处理。各岩塞工程漏水情况如表4-4所示。

表4-4　　　　　　　　　　　　各岩塞工程渗漏水情况

工程	渗水量/(L/min)	渗水途径	处理措施
清河水库岩塞爆破	370	沿断层大裂隙破碎地段大量漏水	在渗水集中处打0.5~1.0m的孔用胶管引出
丰满试验岩塞爆破	12	沿节理少量渗水	用塑料布将渗水导出
镜泊湖水下岩塞爆破	22.78	沿节理少量渗水	水库堵漏,在岸坡加固水泥灌浆及氰凝灌浆试验
香山水库岩塞爆破	360~441	钻孔底距岩石面只有1.1~1.62m,两个钻孔贯通张开大裂隙漏水	采用丙凝化学灌浆

目前,岩塞体中所用的化学灌浆材料有丙凝、氰凝、聚氨酯及水泥水玻璃几种材料。上述材料在可灌性、堵漏性、不溶于水、灌浆设备等方面都具有共同的特性,但灌浆后材

料的强度以氰凝为高,在实际应用中上述几种材料都获得了良好效果。

4.5.6.1 丙凝灌浆止水

丙凝是丙烯酰胺浆材的简称,由丙烯酰胺(主剂)和其他交联剂、促进剂、引发剂等材料所组成。浆材初始粘度约 1.2×10^{-3} Pa·s,与水的粘度接近,可灌性好,能渗入粒径小于 0.01mm 的土层。浆液的凝胶时间可根据促进剂、引发剂或阻聚剂的掺量在几秒至数十分钟内非常准确地控制。浆液凝固后成为三维网状结构的合水凝胶。凝胶体具有高弹性、高抗渗性(10%丙烯酰胺浆液凝胶体的渗透系数为 $1 \times 10^{-10} \sim 1 \times 10^{-9}$ cm/s)、耐稀酸弱碱、不受大气和细菌侵蚀等优点。但由于丙烯酰胺凝胶体的抗压强度极低,因此仅能作为堵漏防渗灌浆材料。

丙凝是以丙烯酰胺为主体的高分子聚合物,配有引发剂、交联剂、促进剂及其他组合材料。在岩塞温度为 10℃时,丙凝配方可参考表 4-5。

表 4-5 丙凝配方

名称		作用	重量/g
甲液	丙烯酰胺	主剂	10
	双丙烯酰胺	交联剂	1
	三乙醇胺	促进剂	0.8
	铁氰化钾	缓凝剂	0.006
	水	稀释剂	90
乙液	过硫酸铵	引发剂	1
	水	稀释剂	10

要求甲、乙两液混合后 20~30min 胶凝,一般采用 10%的浓度,如果漏水量大,可采用 20%的浓度。随着浓度的提高,凝胶的强度也有所提高。灌浆压力一般大于孔内水压 1kg/cm^2。

灌浆前,由人工将灌浆栓放入钻孔中一定深度,拧紧螺帽。推动套管、垫板,压迫橡皮塞膨胀,使之橡皮塞塞紧孔壁,达到止水的目的。待灌完了丙凝胶凝后,拧松螺帽,橡皮塞复原,即将灌浆栓拔出。

4.5.6.2 丙凝灌浆堵漏施工中应注意的问题

在岩塞采用丙凝堵漏灌浆时,影响丙凝灌浆堵漏效果的主要因素是配制浆液的温度、浓度、铁氰化钾用量和灌注时的灌浆压力。

(1)灌浆浓度

灌浆的浓度除影响胶凝时间外,胶凝的强度亦随浓度的降低而下降。当灌浆浓度为 5％时,其胶凝几乎丧失了堵水能力(外观与浆糊相似),很多资料建议,一般情况下浓度采用 10％左右。而密云水库岩塞体漏水量较大,丙凝浆液浓度采用了 20％。

(2)灌浆压力

灌浆时选用的灌浆压力将关系到灌浆能否取得成功。施工中发现选用的灌浆压力过大,灌注的丙凝还未能充填裂隙和在裂隙中胶凝而使浆液流失,对止漏防渗没有起到任何作用,相反因灌浆压力过大,使围岩裂隙张开,漏水会更加严重。如果灌浆压力选用过小,又造成丙凝在灌浆管内或灌浆桶内凝固,造成灌浆材料浪费,又没起到堵漏效果。

工程实践中认为丙凝灌浆时选用的灌浆压力,一般应以不大于水的渗透压力 $1kg/cm^2$ 为宜,这样使浆液不断徐徐地注入裂隙中,并使丙凝浆液在丙凝胶凝前灌注完。

(3)胶凝时间测定

将两种配制好的浆液各取 10～20mL,从两种溶液混合时起,按下秒表并将 0.1℃刻度的温度计放入浆液中,用玻璃棒搅拌几分钟,待到温度计放不下去时,记下这时的时间,即为丙凝浆液的胶凝时间(温度上升 0.2℃时为升温时间)。

施工中受气温、水温的影响,一般在配制浆液前应作试验,试验取 20～50mL 浆液即可。临灌注前亦应拌和桶中剩余少量浆液,观察其变化情况,以控制灌浆时间,预防丙凝浆液在管路中胶凝。

(4)灌浆前应掌握渗水情况

进行灌浆前应事先调查清楚渗水规律,测定渗水量、渗水压力、钻孔漏水时孔深度所在的漏水和该深度岩塞体围岩裂隙发育情况等,然后根据所了解资料分析估计灌浆量、灌浆时间、灌浆压力和确定胶凝时间,确保灌浆一次成功。

4.5.6.3　用水泥水玻璃灌浆止水

在岩塞体上进行超前探孔与钻孔施工中,由于岩体中的裂隙使钻孔过程中会出现几个孔中渗漏水互相串通的情况,这种情况下用丙凝灌浆效果很差,而采用水泥水玻璃浆液进行灌浆止水效果较好。灌浆的方法分为两种:

(1)单液灌浆

灌浆时应根据孔中的渗水量来确定处理措施,单液灌浆先灌注一定数量的水泥浆,然后再压入一定数量的水玻璃,在压入的水玻璃和先灌注的水泥浆在裂隙中相互混合后,发生化学反应而使快速凝固而达到止水效果。在密云水库潮河泄空洞岩塞爆破施工中,2#探孔渗漏水止水灌浆中,先灌注约 100L 水泥浆,然后灌注 30L 的水玻璃,灌浆效果是孔中渗水量由 20L/min 减少至 3～5L/min。

（2）双液灌浆

双液灌浆即水泥浆与水玻璃浆液相间灌注。先通过灌注试验，当采用 525# 硅酸盐水泥，按 1∶0.6～1∶0.75 的水灰比与波美度 37.3 的水玻璃液相混合，其混合比值范围为 0.1～0.2 时，浆液开始凝固的时间是 47s。在岩塞体 5 个探孔中总共灌注水泥浆约 900L，水玻璃 140L。经过水泥水玻璃灌注后，岩塞的渗漏情况得到大大改善。

4.5.6.3　对大面积漏水采用水泥灌浆

岩塞体表面节理裂隙较发育，顶部水库中水压力大，施工爆破时震动使裂隙产生扩张，以致库水压力将裂隙中的充填物挤掉，使岩塞体出现大面积漏水。为减少岩塞体钻孔过程中渗水对施工带来困难，施工前首先在岩塞上布置一部分灌浆孔，对岩塞部位进行水泥固结灌浆。灌浆时灌浆压力不能过高，一般压力不超过外部水压力的 1 倍，以避免压力过高后，将水泥浆液压向水库里流失，同时应根据压力变化调整浆液浓度。

超前预灌浆防渗堵漏技术。超前预固结灌浆孔，应深入基岩 3m，间距 0.5m，排距 0.8m，梅花形布置。灌浆采用自孔口向孔底逐渐加压灌注水泥浆，浆液比例为 1∶1 和 0.5∶1，压力为 0.1～0.5MPa，将整个爆破岩塞体及周边洞室与周边围岩进行加固，使整个岩塞体及岩塞爆破周边区域的引水隧洞围岩的整体性提高，并提前截断库区水渗透路径，进一步保证了施工的顺利实施。

4.5.6.4　聚氨酯浆材堵漏

聚氨酯类化学灌浆材料属于氨基甲酸酯类低聚物，是有多异氰酸酯和多羟基化合物反应而成，可分为水溶性和非水溶性两大类。有水裂缝的堵漏防渗选用水溶性浆材，非水溶性弹性聚氨酶用于干燥或潮湿活动缝的防渗灌浆处理则很合适。

水溶性聚氨酯浆液不遇水是稳定的，遇水后浆液中活泼的异氰酸基团立即和水发生化学反应，交联生成不溶于水的聚合物，快速达到堵漏防渗补强的目的。在反应过程中放出二氧化碳，使聚氨酯浆液体积膨胀，并产生压力，促使浆液二次扩散。正由于此，粘度为 1.0×10^{-2} Pa·s 的水溶性聚氨酯浆液比粘度为 1.4×10^{-3} Pa·s 的丙凝浆液的可灌性好。

水溶性聚氨酯浆液灌浆为单液灌浆，施工方便。浆材与水具有良好的混溶性，遇水分散乳化而聚合，包水量可达 35 倍，在 10% 浓度时仍有较好的抗渗性。对水质有较强的适应性，在 pH 值为 3～13 均能正常凝聚，凝胶时间可控制在几秒至十几分钟。高强水溶性聚氨酯浆液固砂体的抗压强度可达 10～20MPa，潮湿情况下"8"字形试件的黏结强度可达 2.0MPa。国内常用的聚氨酯浆材牌号有：氰凝、LW 低强水溶性聚氨酯、SK 型聚氨酯浆材、HW 高强水溶性聚氨酯浆材。聚氨酯灌浆材料也可以和水泥联合使用。

4.5.6.5　灌浆工艺

(1)下设孔口灌浆管

根据工程中渗水压力高低、渗漏量大小等特点,在施工中要考虑加工特制的套阀花管,使套阀花管具有逆止阀作用,仅允许浆液流出而不允许流回灌浆管或灌浆泵中,避免渗压,较大浆液(尤其是遇水立即反应的聚氨酯浆)回流造成灌浆管路及灌浆泵堵塞问题。另外,打开灌浆管上的阀门后,套阀花管的逆止作用允许放空灌浆管内的浆液而灌入钻孔中的浆液无法逆流,减少了清理灌浆管的困难。当灌入围岩裂隙和钻孔中的浆液凝结后,可将孔中的花管取出循环使用。

(2)灌浆栓塞孔

灌浆前,用人工将灌浆栓送入灌浆孔中,当灌浆管下到预定的位置后拧紧活动螺帽,使橡胶塞受压后产生膨胀变形,并与孔壁挤紧,直到栓塞孔不漏水为止。然后打开孔口灌浆管上的阀门,如灌浆花管内不向外流水,说明逆止阀可正常工作,否则取出灌浆管检查橡胶套是否移位或破裂,将橡胶套置于原来位置或更换后重新下入孔中。

(3)灌浆压力或速度

采用灌浆泵进行灌浆时,其灌浆压力采用 0.4～0.6MPa。灌注水泥水玻璃浆液时,采用低压力;灌注聚氨酯时,由于浆液遇水反应后粘度增大,因此采用高压力。为了确保施工安全,控制灌浆速率小于 1.0L/min,化学灌浆孔结束标准采用限率法,即当吸浆率小于 0.1L/min 时,结束该孔灌浆。超前探孔等贯穿孔结束标准采用限量法,即一次灌注浆液 30L(相当于孔内黏浆的 5 倍)即可结束灌浆。灌浆结束后拆除灌浆管路,打开灌浆花管上的阀门,放空管内存留的浆液并立即清洗胶管及灌浆泵。灌浆结束 4h 后取出孔口灌花管,灌浆结束待凝 12h 后可进行该孔的扫孔工作。

4.6　导洞及药室开挖

进水口水下岩塞爆破采用洞室与排孔爆破方式时,由于导洞及药室均布置在岩塞体中,其断面都较小,开挖时要求规则准确,且不能对岩塞体围岩产生较大的损伤。为了保证导洞及药室开挖工作能够顺利进行,首先必须克服高空作业、小断面开挖的各种困难,其次结合岩塞爆破试验的导洞与药室开挖经验,探索出合理的爆破参数,并在实际施工中根据不同地质情况进行调整,严格执行施工技术要求。

4.6.1　施工平台

导洞(连通洞)、药室开挖施工时,利用前期岩塞后部已形成的钢结构平台作为施工通道,在岩塞后部斜坡混凝面上利用 ϕ48mm 钢管脚手架搭设人员作业平台。脚手架两侧和基础与混凝拉模筋焊接、后部与钢平台焊接牢固,人员作业面处满铺马道板,马道板与脚手架间利用 8# 铁丝绑扎牢固,作业面下部悬挂安全网,作业面其他三面布设密布网。搭设人员上下爬梯,爬梯水平角度<45°。考虑开挖爆破或扒渣时石渣会冲撞脚手架,因此导洞口正下部脚手架立杆间距大于 1.8m,同时及时更换施工中被撞变形的架管。

4.6.2 施工方法

导洞(连通洞)、药室开挖采用手风钻钻孔,全断面掘进,周边光面爆破,非电起爆网路起爆的施工方法。导洞(连通洞)和药室开挖施工采用中心掏槽,周边打密孔的爆破方法。周边孔孔距≤30cm,周边孔 4 个角孔装乳化炸药、其他孔装导爆索,循环进尺 0.5m。施工时根据实际岩石情况调整孔间排距及循环进尺,当岩石条件较差或靠近岩塞体前部时,适当减少循环进尺,加密孔的间排距。

爆破后先进行掌子面的安全处理,然后再进行出渣。出渣先由人工采用铁锹、耙犁、簸箕等将石渣运到主导洞口溜至下部的集渣坑内。

4.6.3 施工顺序

(1)施工测量

为了满足设计断面要求,每个循环钻孔前必须采用全站仪对开挖掌子面进行全断面测量放样,测出断面开挖轮廓线,用红油漆标在开挖面上。洞顶中心线、两侧边墙及钻孔方向点等由测量人员向施工人员进行交底,并在断面上标出。同时对上个循环断面的超欠挖情况进行复测,对欠挖部位立即处理,并严格控制超挖。

(2)布孔

爆破工程师根据揭露的岩石情况、测量交底、按爆破参数和爆破监测成果,填写爆破参数表,交底至现场施工员、钻爆队,并组织布孔。炮孔孔位用红油漆在开挖面上标出,同时施工员组织施工。

(3)钻孔、验孔

一切交底确认无误后进行开钻。钻孔过程中,施工员要逐一检查每个钻孔角度、深度及间排距等控制要求,经检查不符合要求的钻孔,要进行处理或重新钻孔。钻孔完成后,由质检人员抽检炮孔孔深、间排距、角度等,查看与设计是否相符,填写炮孔检查记录,上报爆破工程师。

（4）装药、联网、起爆

炮孔验收合格后，由爆破员按钻爆设计、操作规程进行装药、堵塞。严格按爆破设计要求进行装药，采用石粉等柔性材料对炮孔进行堵塞，并用炮棍轻轻捣实。装药、堵塞完成后，按设计联网。爆破网路要处于松弛状态，不要拉得太紧，要有一定的拉伸余地。联网结束后，要检查复核整个网路，避免漏装漏联。爆破前进行清场警戒，施工人员撤离警戒区域，机械设备做好安全防护，并预警三次。第三次预警结束，确认一切准备工作完毕后，由爆破员起爆。

（5）爆破后安全检查及处理

待烟尘消散后，爆破员进入作业面进行检查，发现瞎炮、拒爆及时处理。确认安全后解除警报、警戒，进行安全处理转入下一工序。

4.6.4　钻孔施工要求

1）钻孔质量要符合的要求。

①钻孔孔位要根据测量定出的中线、边线及孔位轮廓线确定；

②周边孔在断面轮廓线上开孔，沿轮廓线调整的范围和掏槽孔的孔位偏差不大于3cm，其他炮孔的孔位偏差不大于5cm；

③炮孔的孔底要落在爆破图规定的平面上；

④炮孔方向要一致，钻孔过程中，要经常进行检查，对周边孔要特别控制好钻孔角度；

⑤炮孔经检查合格后，才可装药爆破。

2）光面爆破效果要达到的要求。

①残留炮孔痕迹要在开挖轮廓面上均匀分布，炮孔痕迹保存率：炮孔半孔率Ⅱ类围岩不得小于90％，Ⅲ类围岩不得小于80％，Ⅳ类围岩不得小于50％，并按照规范和业主达标投产的相关规定中两者要求较高者执行；

②相邻两孔间的岩面平整，孔壁不能有明显的爆震裂隙；

③相邻两茬炮之间的台阶不应大于5cm。

3）钻孔爆破要保证已建完的混凝土衬砌和支护结构免遭损坏。

4）开挖断面必须严格按设计断面尺寸进行，特别要严格控制离水最近的药室不准超挖，其余部位应严格控制超挖、欠挖，超欠挖要控制在±10cm以内。

5）导洞（连通洞）在开挖过程中，应使渗漏水能自流排出岩塞段，必要时可设集水坑，利用临时排水设备排水。

6）为排除上部导洞（连接洞）和药室渗水，沿3#连接洞的边壁钻排水孔，将水排至

1# 主导洞中,自流排出岩塞段。

为排除 6# 药室的渗水,在药室边壁钻排水孔,将水排附近洞室内或洞室外,自流排出岩塞段,最后在药室封堵时将排水孔用水泥浆封堵。

7)当药室有渗水和漏水时,应将药室顶板和边壁用防水材料搭成防水棚,导水至底板,由排水盲沟或排水孔排出。

8)导洞(连通洞)及药室开挖必须控制每一循环进尺 0.5m,单孔药量≤100g,每段起爆最大单响药量 1.2kg。

9)导洞(连通洞)及药室开挖必须设有超前孔探测渗漏水,最后一个循环的超前孔不得穿透岩面。当导洞(连通洞)和药室掘进方向朝向水体时,超前孔的深度 1.5m。

10)每次爆破后应及时进行安全检查和测量,及时纠正断面位置及尺寸偏差,对不稳定围岩进行锚固处理,只有确认安全无误,方可继续开挖。

4.6.5 导洞、药室开挖及测量方法

由于岩塞爆破精度较高,药室导洞洞径较小,给施工造成相当大的困难,为进行导洞及药室的测量,首先向平洞与斜洞交接处引控制网作为基准点,控制网由洞口控制点向洞内测设基本导线和施工导线,考虑到便于导线点的保存,导线点沿洞壁两侧布设,施工导线点 50m 左右埋设一个,以满足施工放样与验收的需要,并每隔数点与基本导线符合,保证其精度。平面控制采用光电测距导线,高程采用全站仪三角高程往返测量。对基本导线点定期进行复测检查。

(1)导洞前期施工放样

导洞在前期掘进过程中,仪器安置在平洞与斜洞交界处的平洞施工导线上,应用极坐标法进行放样,在掌子面上标定中线和腰线,以及开挖轮廓线。洞内开挖轮廓线放样点相对于洞室轴线的限差为±50mm。随着洞室逐渐延伸,观测过程受到照明、烟尘等影响,通视条件愈来愈差,而且 60° 的仰角给观测带来相当大的难度,因此掘进一定深度,在视线较好的情况下,在开挖的洞壁上,选择坚固岩石测设两个以上的导线点,以供后期进行坐标传递。

(2)导洞掘进中施工放样

导洞掘进一定深度后,在仰角 60° 的坡度上安置仪器非常困难,加之导洞断面较小,底部流渣较多,给放样造成诸多不便,在不能依照常规方法进行工作的情况下,施工中采用悬垂线法进行放样。针对几个斜竖井(导洞),为便于施工放样,分别建立独立坐标系,并将轴线方向与 X 轴线方向平行,坐标原点设在平洞、斜洞相交的左侧 50m 处(根据现场情况设定坐标原点,亦可设定在右侧 Nm 处),将原设计坐标换算为

独立坐标系统的坐标,同时将原设计桩号转换为独立桩号,独立桩号即为轴线点 X 坐标。

（3）测站设置

首先在洞壁的导线点附近,选择安置免棱镜全站仪器的位置,为保证观测者和仪器架设的安全,先清理周围流渣,利用全站仪（带无棱镜反射功能）的后方交会功能,由洞壁上的导线点,测量测站点的坐标。因缺少必要的检核条件,均测量两个测回,取其平均值作为最终的测站坐标 (X_o, Y_o, Z_o)。如图 4-8 所示,O 为测站点,A,B,C 为洞壁上的导线点,i 为导洞轴线点在底部的投影。

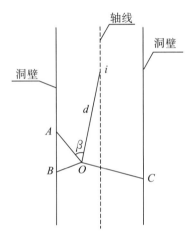

图 4-8　导洞轴线点在底部的投影

（4）悬垂线位置确定

在测站前后已开挖的导洞底部,选择 3 个便于放置棱镜的点位,点与点之间相距 3～5m,用棱镜分别测量 3 个点至测站的距离。根据测站坐标分别计算出 3 个点的坐标,其 X 坐标即为该点的桩号。由该点的设计坐标 $(X_i, Y_i)(i=1,2,3)$,计算放样数据。

$$\beta = \alpha_{OA} - \alpha_{Oi} \tag{4-1}$$

$$d = \sqrt{(X_i - X_o)^2 + (Y_i - Y_o)^2} \tag{4-2}$$

式中:β——水平角;

α_{oA},α_{oi}——测站至 A 点和 i 点的坐标方位角。

d——水平距离;

(X_i, Y_i)——轴线上桩点平面坐标;

(X_o, Y_o)——平面测点坐标。

依据以上数据,用极坐标法放样,测设 i 点的位置,并将此点投射到导洞的顶部。

4.6.6　导洞轴线确定

在导洞顶部的投影点喷射铆钉,悬挂垂线。测量铆钉的点位坐标(X_j,Y_j,Z_j),校正铆钉位置,以满足 $X_j=X_i$,$Y_j=Y_i$,其中 j 为铆钉点。根据导洞轴线的桩点设计坐标(X_i,Y_i,Z_i),计算悬垂线与轴线交点位置:

$$L_i=Z_j-Z_i \tag{4-3}$$

式中:L_i——铆钉到轴线的长度;

Z_i——轴线 i 点设计高程;

Z_j——铆钉 j 点高程。

从铆钉测量点位沿悬垂线向下丈量 L_i,得到轴线的点位,做一明显标记。如图 4-9所示,1、2、3 点为位于悬垂线上的导洞轴线。施工时,利用手持激光仪通过悬垂线上的1、2、3 三个中轴线点。

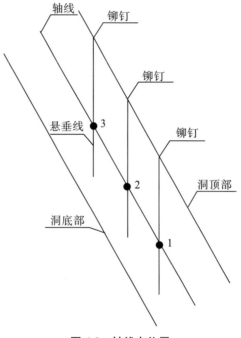

图 4-9　轴线点位置

4.6.7　炮孔设计

图 4-10 为炮孔布置,根据开挖爆破实际情况现场适当调整。

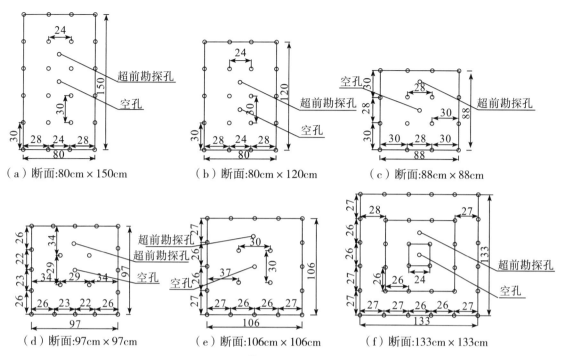

（a）断面:80cm×150cm　　　（b）断面:80cm×120cm　　　（c）断面:88cm×88cm

（d）断面:97cm×97cm　　　（e）断面:106cm×106cm　　　（f）断面:133cm×133cm

图4-10　导洞及药室开挖炮孔布置(单位:cm)

4.6.8　爆破参数表

不同断面导洞及药室开挖爆破设计参数如表 4-6 至表 4-10 所示。

表 4-6 　　　　　　　　　开挖爆破设计参数(断面 80cm×150cm、断面 80cm×120cm)

钻孔名称	孔径/mm	孔深/cm	药卷直径/mm	装药长度/cm	堵塞长度/cm	单孔药量/kg	孔距/cm	排拒/cm
掏槽孔	42	50	32	10	10	0.100	24	30
光爆孔	42	50	32	10	10	0.100	—	—
	42	50	18	50	10	0.017	30(28、24)	—

表 4-7 　　　　　　　　　开挖爆破设计参数(断面 88cm×88cm)

钻孔名称	孔径/mm	孔深/cm	药卷直径/mm	装药长度/cm	堵塞长度/cm	单孔药量/kg	孔距/cm	排拒/cm
掏槽孔	42	50	32	10	10	0.100	28	28
光爆孔	42	50	32	10	10	0.100	—	—
	42	50	18	50	10	0.017	30(28)	—

表 4-8 开挖爆破设计参数（断面 97cm×97cm）

钻孔名称	孔径/mm	孔深/cm	药卷直径/mm	装药长度/cm	堵塞长度/cm	单孔药量/kg	孔距/cm	排拒/cm
掏槽孔	42	50	32	10	10	0.100	29	29
光爆孔	42	50	32	10	10	0.100	—	—
	42	50	18	50	10	0.017	26(23、22)	—

表 4-9 开挖爆破设计参数（断面 106cm×106cm、101cm×101cm、104cm×104cm）

钻孔名称	孔径/mm	孔深/cm	药卷直径/mm	装药长度/cm	堵塞长度/cm	单孔药量/kg	孔距/cm	排拒/cm
掏槽孔	42	50	32	10	10	0.100	30	30
光爆孔	42	50	32	10	10	0.100	—	—
	42	50	18	50	10	0.017	27(26)	—

注：此表仅示断面 106cm×106cm 爆破设计参数。

表 4-10 开挖爆破设计参数（断面 133cm×133cm）

钻孔名称	孔径/mm	孔深/cm	药卷直径/mm	装药长度/cm	堵塞长度/cm	单孔药量/kg	孔距/cm	排拒/cm
掏槽孔	42	50	32	10	10	0.100	24	—
崩落孔	42	50	32	10	10	0.100	26	
光爆孔	42	50	32	10	10	0.100	—	
	42	50	18	50	10	0.017	27(26)	—

4.6.9 装药及封堵

爆破使用 $2^\#$ 岩石（$\phi32mm$）乳化药卷。周边光爆孔 4 个角孔使用 $2^\#$ 岩石（$\phi32mm$）乳化药卷,其他周边孔采用（3 根合拼）导爆索。光爆孔单孔装药量为 16.5g,崩落孔装药量为 100g,掏槽孔装药量为 100g。采用岩粉堵塞,堵塞长度 10cm。

4.6.10 连线起爆

由当地民爆公司提供火工材料,根据爆破公司货源情况,现有的非电毫秒雷管有（1、3、5、7、9 段）（5m 引线）。每次爆破选用 3 个段位毫秒雷管,其中进行 1.33m 断面药室开挖时每次爆破选用 4 个段位毫秒雷管。

4.6.11 导洞及药室施工要求

在导洞及药室开挖中,为减少爆破振动的影响,更好地控制开挖尺寸,其开挖时的

超挖、欠挖宜控制在 10cm 以内,施工要求如下:

1)打钻时为减少粉尘危害,严禁打干钻,采用短气腿风钻湿式钻孔。根据试验导洞施工经验,按掏槽孔、崩落孔、周边孔原则布孔,钻浅孔、多循环、弱爆破进行开挖。

2)为减小预裂爆破的震动对岩塞体的影响,预裂孔爆破时按每边(上、下、左、右)分 4 次起爆将导洞预裂,严格按设计线装药密度进行装药。

3)为了探明导洞及药室前面的围岩情况,在每一循环钻孔时应打超前探孔,以了解前方地质、渗水情况,做好应对突发情况的准备,预防意外事故。

4)在导洞及药室爆破后,要认真对导洞及药室顶部松动的岩石撬干净,以防止在下一循环施工中落石伤人,注意对残孔进行检查,如发现残孔中有雷管、炸药应清除后再打孔。

5)导洞及药室开挖时,应每槽炮都应由测量人员进行放线,如出现偏差应及时纠正,施工中做到每槽炮测量一次,做到放线正确无误。

6)每次爆破后,所有施工人员(钻工、炮工、测量员、地质勘察员、技术员和设计人员)到掌子面进行检查,检查导洞及药室是否出现偏差,残孔中有无炸药,雷管、炸药用量是否合适,围岩变化情况,并决定下一槽炮的布孔、装药和起爆等有关问题和处理措施。

4.6.12　导洞及药室施工验收

导洞及药室施工期间,实行班组自检、工序互检,质检员和监理专职检查相结合的方式进行过程控制。洞室开挖完毕,应做到严格验收,业主应组织验收小组由设计、监理、施工单位等组成,主要验收以下内容:

1)对导洞及药室的中心线、平面位置和高程进行复测,对药室的几何尺寸进行测量,并提交最小抵抗线和绘测竣工图,对与设计有出入的内容提出相应修改意见。

2)对已施工完成的导洞及药室,应清除洞内残留的雷管、炸药、钎子、风、水管路、施工设备及一切导电杂物,以根除一切潜在的不安全因素。

4.6.13　渗漏水安全应对措施

1)当施工过程中发生渗漏水时,采取以下措施:

①对于少量的地下水主要采取排、引、堵、截等方式进行处理。观察渗水部位出水的渗水点,当渗水呈滴状,对渗水点打排水孔进行引、排,钻孔孔径 50mm,钻孔深度视地质情况和渗水情况而定,在孔口安装埋设导管排水,导水效果不好的含水层设排水盲沟。顶拱部位的排水设施沿开挖周边引至侧墙底部,达到妥善排水的目的。

②当渗水呈线状或渗水、涌水较严重时,在渗水、涌水四周钻孔,采用固结灌浆方式

进行止水。施工前应准备好水玻璃灌浆材料,以作为应急封堵灌浆、堵漏之用。对于互相串通的钻孔采用水泥、水玻璃灌浆止水。

③施工现场需要布置一套备用排水系统,当现有排水系统不能满足排水需求时,启用备用排水系统。此时,将供水管路(供风管路)作为备用排水系统的排水管路,进行抽排水。

2)当出现钻孔时将孔钻透至库区内现象时,采用的堵漏措施如下:

先不退出钻头钻杆,在旁边钻孔安装钢管及阀门,引水泄压;再退出钻头钻杆等,封堵原孔;之后关闭旁孔的阀门后进行原孔的浓浆灌浆封堵,在附近重新开孔。

4.6.14 不良地质段施工

由于岩塞段处于临近水面处,长期受库区高压水头下渗漏、侵蚀的影响,可能存在岩石整体性差的情况。在不良地质地段开挖后容易出现坍塌、失稳等现象。防止塌方是确保施工顺利进行及保证工程质量的关键所在。为了预防事故的发生,特制定以下防坍措施:

1)根据在不同地质条件下选用合理的施工方法。

2)在施工中要做到:

①采用光面爆破控制爆破,减少超挖量,减轻围岩松弛圈的影响范围。

②开挖成型后及时进行初期支护或边开挖边支护。

③保证初期支护质量,使初期支护尽快封闭成环。

④开挖后自稳能力差的地段应采用超前加固前方围岩,即坚持先护顶、后开挖的原则组织施工。

⑤对围岩自稳能力较差地段,当初期支护变形出现异常现象且无收敛趋势时,应采取初期支护加强(如增打锚杆、补喷混凝土等)措施。

⑥施工过程中对围岩及支护结构进行监测,根据量测数据并结合观察结果,正确分析和判断围岩和支护的稳定性,并采取相应对策。

3)方案经讨论确定后,操作人员必须严格执行,不得私自变动,否则,无论后果如何,都应受到严肃处理。

①在施工过程中实行工程师24h值班制,确保技术交底和各种工程措施的落实,保证标准化、规范化作业。

②在开挖过程中配备有经验的现场工程师轮流值班,及时监控地质变化情况,按照施工规范及设计、监理指示指导现场施工,同时加强与设计、监理的沟通。

③在软弱、不稳定围岩地段施工,安排主要领导轮流值班,强管理、严要求,及时解决

施工现场出现的紧要问题。

4.7　爆破器材及检测试验

在水下进水口岩塞爆破中,对选定的主要爆破器材如乳化炸药、毫秒延期电雷管、电磁雷管、电子雷管、导爆索等产品必须确保在使用条件下的安全、可靠性。由于多数岩塞都是在 $20\sim30$m 或更大的水头作用下施工,当采用"气垫"时,且起爆前需在岩塞下游充水,从岩塞装药到起爆需历时 $3\sim7$d,爆破器材的性能会随时间延长而发生变化,并存在在水压下药包变形和炸药变质、导线接头出现漏电及雷管在水压下不能准爆等问题,岩塞爆破使用的爆破器材必须合理选择上述爆破器材及其有效的防水措施,以保障爆破安全。因此,为了掌握爆破器材在特殊环境下使用条件的各项性能指标,给岩塞爆破设计和施工提供必要准确的依据,以达到安全准爆的要求,必须对爆破器材的性能进行检测,并进行有关防水、耐水(压)试验。

爆破器材试验的基本内容包括:先进行爆破器材出厂产品的性能检测,选定符合要求的产品后,再测定炸药、雷管、导爆索位于 $20\sim30$m 深水下经 72h、120h、168h 浸水后的主要性能指标,用同等浸水时间的雷管引爆不同药径的炸药,经不同浸水时间的雷管深水下进行引爆,并用经不同浸水时间的雷管引爆经防水处理的导爆索,观测准爆情况及检验防水措施是否可靠。

在试验现场进行上述爆破器材检测试验中,为保证操作人员的安全,必须把外来电流的强度控制在允许的安全范围以内,此外,还应对作业区内的杂散电流进行检测,并采取相应的安全预防措施。

4.7.1　爆破器材的采购及使用要求

1)所有与爆破有关的材料(电雷管、电磁雷管、电子雷管、炸药、导线、导爆索)都必须经过监理工程师的认可,并提供厂家出具的出厂证明和有关技术检测部门出具的合格证明,否则所有材料不允许在岩塞爆破及相关试验中使用。

2)对采购进行岩塞爆破的爆破器材必须具备性能指标表,购进材料应填写爆破器材表,表中注明爆破器材名称、规格型号、生产厂家、批号、生产日期等。

3)用于岩塞爆破及系列试验的爆破器材,必须采用选定的生产厂家及指定的型号。

①炸药初步选定岩石乳化炸药,选定的炸药通过试验鉴定性能,最后确定生产厂家。

②毫秒电雷管(电磁雷管、电子雷管)采用高精度系列特制防水毫秒延期雷管,对雷管进行延时、浸水、水下起爆等试验后,确定最终使用雷管。

③导爆索选用国内高抗水导爆索,导爆索经过多种水深的不同时间浸泡、切头防水

处理等,浸水后的导爆索再经过现场性能试验后,再确定使用型号。

④导线选用铜芯线。

4)购进作岩塞爆破的所有爆破器材先进行外观检查,如出现破损、折叠、破皮等现象的材料作为次品,合格的材料在现场仓库中单独存放,必须妥善保管,不合格的材料必须及时按要求清除出现场。合格材料必须具有足够的数量,以备岩塞爆破现场调整。

5)正式用于岩塞爆破的爆破器材必须是检验后的同厂同批号产品,爆破器材加工前,必须对仓库内保管的爆破器材进行抽样检测,检测其各项性能指标必须达到规定的要求,并经岩塞爆破领导小组中监理工程师确认后,才能用于岩塞体的爆破。

4.7.2 技术性能要求

(1)炸药的主要性能指标

选定的乳化炸药,其主要性能指标必须满足表 4-11 中的要求。

表 4-11   乳化炸药浸水前、浸水后性能指标

性能指标	出厂产品(浸水前)	出厂产品(浸水后)
密度/(g/cm³)	≥1.05	≥1.05
做功能力/mL	≥300	≥300
猛度/mm	≥18	≥12
爆速/(m/s)	≥4000	≥3000
殉爆距离/cm	≥6	≥3

(2)电雷管的主要性能要求

在网路试验及正式爆破使用的雷管,除准爆电流、延期误差等符合产品说明书外,还需对各段雷管严格挑选,同段雷管的电阻值误差要求不大于 0.1Ω,超出此范围的雷管用作爆破试验。

(3)导爆索的质量要求

1)外观检查:导爆索是否有折伤,导爆索包缠层是否出现不牢固、涂料不均匀及污垢等损伤现象,索头有无防潮措施,装有两根导线的药芯,表面涂红色。

2)每米导爆索的药芯量:黑索金不小于 12g。

3)导爆索的直径:4.8～5.8mm,不大于 6.2mm。

4)导爆索的爆速:不小于 6500m/s。

5)导爆索的耐拉强度:承受 500N 拉力时,导爆索仍能保持爆轰性能。

4.7.3　检测试验的基本要求

(1)操作规定

1)试验单位的确定。

爆破器材选择时,对基本性能指标可在厂家现场进行或委托国内有关单位进行试验。

2)爆破器材防水检测。

所有爆破器材的防水(压)、引爆等试验及加工前的检测,必须在现场进行,如有些试验项目委托有关单位进行时,也应安排在现场进行。

3)测定方法。

爆破器材的基本性能测定必须符合规范要求,如炸药的爆力、猛度试验分别采用 Wj301-65 及 Wj302-65 测定方法,试验用铅柱、铅罐需经标准 TNT 炸药标定。

4)技术要求和参加人员。

爆破器材的防水措施检验及引爆等试验,必须按本岩塞爆破的技术要求进行。凡是现场外的检测试验必须有岩塞爆破器材组中监理、施工等单位人员参加、监督进行。

5)试验时的要求。

凡是现场进行的检测试验必须由施工单位人员操作,岩塞爆破器材组人员参加,监理人员现场检查核实。

(2)过程控制

1)浸水后的爆破器材各项性能指标如果有不符合规定要求时,应检查分析原因。属于防水问题,应研究改进防水措施;属于材料本身性能问题,必须另选产品再做试验。

2)进行试验前应做好准备工作,及时记录,并填写下列表格(表 4-12 至表 4-14),测试后所得到的测试数据填入表中,据此对爆破参数和作业过程进行优化完善。

表 4-12　　　　　　　　　　　　　　电雷管浸水后性能测试

测试项目	未浸水	浸水后			备注
		72h	120h	168h	
可爆率(%)					
电阻变化(%)					
0Ω					
±0.1Ω					
≥0.2Ω					
毫秒延期(ms)					

表 4-13 药卷现场密度测试

药卷直径/mm	25	40	50	55	60	备注
密度/(g/cm³)						

表 4-14 乳化炸药浸水后性能测试

序号	浸水条件	爆力/mL	猛度/mm	爆速/(m/s)	殉爆距离/cm	备注
1	未浸水					
2	浸水 72h					
3	浸水 120h					
4	浸水 168h					

4.7.4 毫秒延期电雷管测试试验

(1)测试项目

电雷管的测试,分为浸水前与浸水后两种条件,测试项目包括雷管的电阻值、最大安全电流、毫秒延期值、最小准爆电流、起爆稳定性、引爆试验及不同段雷管串联准爆试验等项目。

(2)浸水前测试

1)安全电流检查,取不同段位的雷管各段 5 发,串接后通以 0.05A 恒定直流电流,持续 5min 不发生爆炸。

2)准爆试验。把已串在一起的各段 5 发电雷管线路,通以接近设计准爆电流值(5A)的电流起爆,必须一次全部爆炸,如出现一发雷管拒爆,则应加倍复试,复试再出现有拒爆者时,则该批雷管应做报废处理。

3)延期时间测定。取各段雷管 3 发,采用 BQ-2 型爆破器材参数综合测试仪或 SG-16 线示波器等相应精度的测试仪器测试,测试结果(毫秒量误差)应符合产品说明书中的规定。

4)电阻值测量。使用 2H-1 型电雷管电阻测试仪或国产 QJ-4 线路电桥进行电阻检验。取经挑选合格的各段位雷管各 60 发,按段位逐一进行编号,并测记其电阻值,测量电阻需精确至 0.01Ω。

5)进行上述电雷管的动力基本参数除电阻值外,其余在厂家测定,测试仪器在使用前必须先进行率定。

(3)防水及耐水(压)性能试验

1)浸水后电阻值测试试验。

①雷管防水处理。将经统一编号、已测记电阻值的雷管,在封口处涂抹黄油后用高强胶布缠绕封闭,在胶布处再涂抹黄油,然后逐一装入双层不漏气的塑料防水套中,并排出套内的空气,在防水套口上涂上黄油,防水套经180°折转后,再用塑料绳扎紧,外层用高压胶布缠绑。

②浸水条件。将经过防水处理的各段雷管按每份20发均分成3组,每等份为1组,各段雷管分别占20发,置于各岩塞体的设计水(静水)深中,分别经72h、120h、168h的浸泡,按各时段后取出一组,进行后续相关性能指标试验。

③雷管经浸水后的电阻值。经浸泡过的雷管,分别测记3个时段浸水后每发雷管的电阻值,电阻值需精确至0.01Ω。

2)延期毫秒量测定。

对不同浸水时段的雷管,抽取不同段位各5发,分别测定毫秒延时值,需精确至0.1ms。根据雷管的测试结果,经整理分析,确定顺序或隔段、挑段使用。

3)安全电流测定。

取经过72h、120h、168h浸水的各段位雷管各5发,串接后通以0.05A恒定直流电5min,观察是否发生早爆现象,确定不同浸水历时的各段雷管的安全电流是否符合规范要求。

4)准爆电流测试。

取经过72h、120h、168h浸水后的各段雷管各5发,串接后通以5A电流起爆,统计浸水后的雷管可爆率。

5)浸水后的雷管起爆浸水后的炸药。

同等浸水后的雷管引爆 ϕ55mm 炸药卷,取经过72h、120h、168h浸水后的各段雷管各两发,直接引爆经相同时间浸水的 ϕ55mm 炸药卷。

6)浸水雷管水下引爆。

①雷管及接线的防水处理。取经过浸水相同时间的各同段位雷管两发,每发保留0.2m×2的脚线,测记雷管电阻值,并联后再测记电阻值。将并联后的脚线接于双芯电缆上,再将并联雷管及电缆接头一并放入塑料防水套中,排出套内空气,用黄油封口,塑料绳绑扎,绝缘胶布缠紧。用同样方法,再套一层防水套,进行二次防水。

②浸水后的雷管深水下引爆。把浸水后的雷管各段位雷管各两发,在进行上述防水处理后分别置于深水下,通电引爆。

(4)炸药性能试验

1)检测项目。

岩塞爆破选用的乳化炸药需检测内容包括在不浸水和浸水条件下的密度、爆力、猛度、爆速及殉爆距离等性能指标,以及在浸水后用防水处理的导爆索引爆 $\phi 25\text{mm}$ 药卷和雷管引爆 $\phi 55\text{mm}$ 药卷的准爆性能。

2)浸水前性能测试。

①密度测定。测定炸药的实际密度,并与厂标值进行比较。

②主要性能指标测定。按照规范测定随机取样炸药($\phi 25\text{mm}$ 和 $\phi 55\text{mm}$ 药卷各 30 卷)进行爆力、爆速及猛度等指标测定。

3)炸药的防水及耐水(压)性能试验。

①炸药卷的防水处理与浸水。取用浸油纸包装的 $\phi 25\text{mm}$ 和 $\phi 55\text{mm}$ 药卷各 30 卷,逐一装入不漏气的双层防水套中,排出套内空气,用黄油封口,两次各 180°折转后,再用塑料绳扎紧袋口。

②炸药卷的浸水。将上述经防水处理的炸药卷,均分成 3 份后浸入 30m 深的水中,分别经 72h、120h、168h 后取出,进行后续相关试验。

③进行炸药的爆力、猛度及爆速试验。取经过 72h、120h、168h 浸水后的炸药进行爆力、猛度及爆速测定。

4)浸水后殉爆距离测定试验。

制作 $\phi 25\text{mm}$ 、长为 20cm 的炸药包若干个,取两个炸药包沿炸药轴线放置,两个药包顶端间距为厂家提供殉爆距离数据,其中一个是主动药包用雷管引爆,观察另一被动药包是否被主动药包的爆炸冲击波引爆。

如按厂家的殉爆距离能引爆被动药包,则以间隔差距为 1cm 逐次加大两药包的间距,做同样试验,直到被动药包不能被引爆为止,记下这一距离 $T\text{cm}$ 。

以 $S = T - 1\text{cm}$ 为间距,连续做 3 次这样的试验,如果能保证连续引爆成功,那么这距离 S 即为新的殉爆距离。

如果厂家提供的殉爆距离不能引爆被动药卷,则以间隔差距 1cm 逐次减小两药包距离,做同样的试验,直到被动药包被引爆为止,记下这一距离 $T\text{cm}$ 。

以 $S = T\text{cm}$ 为间距,连续做 3 次这样的试验,如果能保证连续引爆成功,那么距离 S 即为新的殉爆距离。

(5)导爆索的测试与传爆试验

1)导爆索爆速测定。检测购进导爆索的爆速是否达到厂家提供的数据。

2)导爆索的防水处理。塑料的抗水导爆索本身具有较好的防潮抗水性。考虑工程特殊情况,采用两种防水处理方法:

第一种,由于孔内药包采用硬质塑料管防水(压)处理,其导爆索采用涂抹黄油或石蜡;

第二种,孔外导爆索采用外套塑料软管。

为检验浸水后爆轰能力,试验方法如下:取 5m 长导爆索,两端用高压防水胶布紧缠密封,第一种防水处理为再用防水胶布将两端裹紧扎好;第二种防水处理同时将封口的导爆索装入 $\phi10mm$、壁厚为 0.5mm 的塑料软管帽中,把两头戴帽的导爆索放到蜡液中封口,对所有导爆索切口戴塑料帽并做封蜡处理。

为了观察、掌握导爆索与雷管引爆装置配合条件下的感度与起爆性能,取未经浸水的 1~3 段雷管,单发引爆经第二种防水处理的导爆索装置。

(6)浸水试验

1)浸水条件。

将经第一种防水处理的导爆索 36 根分成 2 份,分别装入塑料袋中封好口后,与第二种防水处理的 36 根导爆索分成 2 份,形成 2 组,并放入岩塞相应水深中浸泡 72h、120h 后取出,两种防水处理的导爆索其中一半供雷管引爆试验,另一半导爆索供传爆试验,即引爆经相同浸水历时的 2 号岩石乳化炸药(药卷直径为 25mm)。

2)引爆试验。

取经过 72h、120h、168h 浸水的 1~3 段雷管各 2 发,分别绑扎于长 5m 的导爆索一端(绑扎距导爆索端头 20~30cm),引爆绑扎于导爆索另一端,经过浸水的 $\phi25mm$ 炸药卷,按照设计的装药结构进行引爆。如果单根导爆索不能完全引爆药卷时,则采用 2 根并排导爆索引爆药卷,每次用 1 发雷管,并作多组引爆试验。

3)传爆试验。

用浸水后雷管引爆经防水处理的导爆索,取经过 72h、120h、168h 浸水的 1~3 段雷管各 2 发,分别绑扎于经过防水处理的导爆索上,绑扎时距导爆索端 20~30cm 处,并通电引爆。

(7)试验的电源

浸水后雷管的安全电流、毫秒延期值、最小准爆电流,炸药的爆力及猛度测定中,用干电池组作为电源,通过起爆器起爆。除上述测试外的其他项目试验中,均以干电池组作为电源,直接通电起爆,最高电源电压为 30V。

(8)试验报告

爆破器材及检测试验完成后应编写试验报告,试验报告由试验单位编写,报告内容包括记录、分析及评价。应有记录、校核及审查,报告应盖单位公章或岩塞爆破器材组专用章(材料采购部),报告应报送岩塞爆破领导小组,并及时提交监理、设计、施工等有关单位。

4.8 混凝土堵头施工

对于抽水蓄能水电站和用于引水的引水隧洞,当采用水下岩塞爆破法施工时是不允许有爆破石渣通过隧洞到达厂房机组和引水隧洞中。因此,在进行上述两种水下岩塞爆破时在闸门井后段隧洞中必须设置临时堵头。如果不设置临时堵头时,也可以考虑用进水口闸门抵抗岩塞爆破时的爆破冲击荷载。当采用进口闸门来抵抗冲击荷载时,对闸门设计就会提出很高的荷载要求,为了抵抗岩塞爆破时的爆破冲击波,就会把闸门设计得非常笨重,并且不合理。但采用其他的防护措施也是可行的,在响洪甸抽水蓄能水电站进水口岩塞爆破中,针对岩塞爆破水气浪的冲击力过大,产生高达数十米的"井喷",爆破后石渣冲到下游闸门井和隧洞内,出现闸门和深水清渣难度大等问题,响洪甸抽水蓄能水电站岩塞爆破中采用由下游闸门井充水,在集渣坑顶部形成 1.2MPa 气垫缓冲新技术,以消除"井喷"并保证爆破石渣堆积于预设的集渣坑内,为减少爆破后拆除的工程量,在隧洞中堵头采用双曲拱形,最后采用爆破拆除堵头是比较可靠的。

岩塞爆破时的堵头段一般设置在进水口闸门井的下游侧,堵头要能足够抵抗岩塞爆破时的爆破冲击力。堵头结构是根据岩塞爆破的大小、下游有无建筑物而有多种型式,从材料上看有钢筋混凝土、素混凝土、土石堆积体、钢木结构、厚体岩壁等。从结构型式上看,有全部堵塞和部分堵塞。堵头结构一般都是临时性质的,岩塞爆破后都需关闭进水口闸门,然后放掉闸门与堵头间的水后,再将堵头体拆除。也有堵头不拆除的,成为永久结构,如挪威的阿斯卡拉岩塞爆破半堵塞体就不需要拆除。根据工程的使用情况,堵头体不允许在岩塞爆破过程被破坏,必须确保安全。堵头结构的设计荷载随布置形式和爆破方式的不同而异,一般应根据所作的水工模型试验分析来确定。

4.8.1 从水工模型试验看堵头段受力情况

国内岩塞爆破时所做的水工模型试验以镜泊湖和丰满水库水下岩塞爆破为例,对闸门下侧的堵头受力分析如下:镜泊湖岩塞爆破的后堵头段布置在闸门后 3m 处,距爆破中心 46m。岩塞爆破时库水位为 351.2m 时,当集渣坑充水水位不同时,其岩塞爆破时对后堵头段的冲击荷载也不一样。

从镜泊湖水下岩塞爆破的水工模型试验来看,集渣坑在不同充水水位下与冲击力有密切的关系。当集渣坑充水水位到 323.00m 时,相应库水位与集渣坑充水水位差 $H=28.2m$,其闸门后堵头段受力量小,其冲击力 $P=6.7kg/cm^2$。此时 P 与 H 的关系是 $P=2.38H$。

在丰满水库水下岩塞爆破的水工模型实验中堵头爆破实验,堵头段的位置(距离)

在不同地段时,其岩塞爆破时受力的大小和反复受力次数也不相同。当堵头段距闸门井中心后 38.376m 处不充水爆破时,爆破后在闸门井产生很高的井喷。井喷从闸门井底板高程算起,井喷水头高度 $h=211\sim145$m。这个水头值直接作用在堵头段上,所以可看成是后堵头段所受的冲击荷载 P。P 值与库水位和闸门井底板高程的水头差为 H,则 $P=3\sim4.5H$。

当堵头段布置在闸门井中心后 353.00m 处时,岩塞爆破后其井喷高度 $h=85\sim92$m,这时 $P=1.7\sim1.8H$,而井喷反复产生 18 次,并逐渐减小到稳定。这次井喷高度降低的原因是隧洞内空气在爆破洞口后被水流封闭在洞内,空气团起到了缓冲和调节的作用。而反复井喷现象是由于洞内的空气团被井喷时的压缩,在没有井喷水柱压力时气体又膨胀,从而产生第二次与多次的井喷,又使部分气体随之排出洞外。在没有全部被排出洞外之前,隧洞内的气体会反复被压缩和膨胀,随之产生了反复的井喷,井喷的同时隧洞内的一部分气体被排出。当井喷水柱下落时气体又被封堵压缩,在这反复井喷的过程中直到气体大部排出洞外,反复井喷才能停止。

在岩塞爆破时影响后堵头段受力大小的因素很多,总装药量、装药药室在岩塞中部前后抵抗线的比值大小、装药形式、最大一响药量、爆破方式、集渣坑的大小形状、充水高度、后堵塞段材料和后堵头段的位置、后堵头段的堵塞方法、全堵和部分堵塞等,都影响堵头段受力的大小。因此,岩塞爆破一般通过模拟试验并结合工程的实际情况来确定后堵头段的荷载。

4.8.2　后堵头段结构的稳定分析

岩塞爆破的后堵头段受力荷载是一个比较复杂的问题,大概有以下几种情况:

(1)集渣坑不充水和半充水的工况

岩塞爆破时爆破高压气团有排气通道的条件下,作用在堵头段的荷载有爆破地震冲击波、空气冲击波、爆破气浪、水石渣冲击、井喷瞬间的水柱压力。

(2)集渣坑充满水的工况

岩塞爆破的后堵头段的荷载有地震冲击波、水中冲击波压力。水中冲击波压力很大,当后堵头段的结构比较单薄、承载能力比较低时,堵头有被破坏的风险,应当尽量避免出现这种情况。

堵头段受各种作用力均为冲击荷载。当堵头位置到爆破点的距离超过 1.75 倍的爆破破坏半径 $r_{破}$ 时,爆破地震冲击荷载可以不必考虑。而空气冲击波作用时间就比较短,作用力也比较小。水击波和井喷水柱压力值一般都比较大,同时,作用时间相对也比较长,因此可按静荷载校核堵头段的稳定。当堵头 c 段的厚度超过隧洞直径的 2/3 时,可

以按剪切破坏计算,其公式如下:

$$K = \frac{\sum G \cdot f + F \cdot c}{P} \qquad (4\text{-}4)$$

式中:K——稳定安全系数;

$\sum G$——堵头段自重;

f——滑动面的摩擦系数;

F——周边破裂面的面积;

c——周边破裂面上单位面积的抗剪断加黏着力的综合指标;

P——水击波或水柱压力,即最大的推力。

以上公式计算的爆破冲击作用时间比天然的地震荷载作用的时间要短很多,能量也小很多,实属于特种荷载,其安全系数可取 1.0~2.0。

对于采用混凝土或者岩石体的堵头体都可以进行上述的稳定分析。其破裂面和参数是根据地质调查和现场岩石力学试验提供的。

对于采用薄拱或板型堵头体结构时,除了需要进行稳定计算外,还应进行应力分析。

闸门井后堵头段起着承担岩塞爆破时冲击荷载保护地下厂房或其他建筑物的安全作用,承受着爆破振动、气浪及水击等作用,在岩塞爆破后下闸排水然后再行拆除。

清河水库水下岩塞爆破的引水隧洞其直径 2.2m,在距岩塞爆破中心 75m 处采用素混凝土作厚 2.0m 的堵头体。岩塞爆破用炸药 1.2t,爆破后在堵头段后面只有烟雾,堵头完好不漏水。清河水库岩塞爆破进水口布置如图 4-11 所示。

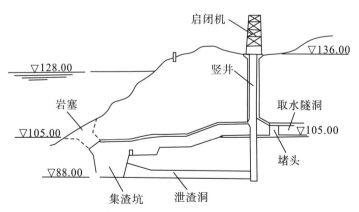

图 4-11　清河水库岩塞爆破进水口布置(单位:m)

在国内镜泊湖水下岩塞爆破时也采用了堵头体方式,该堵头段距离爆破中心 46m,隧洞开挖直径 9.0m,隧洞开挖时预留隧洞岩塞堵头段 7.0m。隧洞开挖过程中出现超挖,实际堵头段不足 7.0m,由于施工需要又在中部开挖了一条交通导洞,交通导洞破坏了堵头段的整体性。为了保证岩塞爆破时的安全,又在中导洞回填素混凝土,把堵头迎水面做成了拱形。拱冠处计算厚度为 9.0m,侧边厚度为 7.0m。岩塞爆破用炸药量1.2t,爆破堵头效果也很好。

镜泊湖水下岩塞爆破如图 4-12 所示。

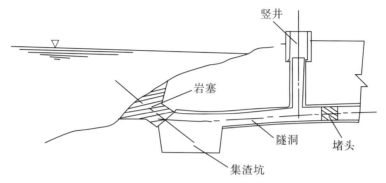

图 4-12　镜泊湖水下岩塞爆破

在国内第一个响洪甸抽水蓄能水电站水下岩塞爆破中为解决爆破时水气浪的冲击力过大,产生高达数十米的井喷,爆破时石渣冲到下游闸门井和隧洞内,而存在深水清渣难度大等问题,岩塞爆破采用由下游闸门井充水,在集渣坑顶部形成气垫缓冲等新技术,达到消除井喷并保证石渣堆积于预设的集渣坑内,同时,为减少爆破后拆除工程量,堵头采用双曲拱形,堵头厚仅 1.5m。

岩塞爆破时装药量 1969kg,分为 6 段,最大单响药量 610kg,爆破时的库水位为115.2m,岩塞最大水深 28m,闸门井充水水位 103.7m,气垫水位 78.1m,压力为0.356MPa,气垫体积约 1200m³。1999 年 8 月 1 日岩塞爆破成功,爆破时没有发生井喷,最高涌浪水位在井口(高程 132.5m)以下 4m 多处。爆破后通过水下摄影、测量等检查,石渣平缓堆积在集渣坑范围,下游闸门井及隧洞内无散落石渣,形成的进水口体型符合设计要求,闸门井及隧洞等结构均完好无损,作用于堵头的最大动水压力仅 0.5MPa。爆破振动和大坝观测成果表明,爆破对上库大坝的安全无任何不良影响,坝体最大震动速度 1.34cm/s,最大震动加速度 0.73m/s²,作用于上库坝面的动水压力 0.10～0.13MPa。响洪甸抽水蓄能水电站水下岩塞爆破剖面如图 4-13所示。

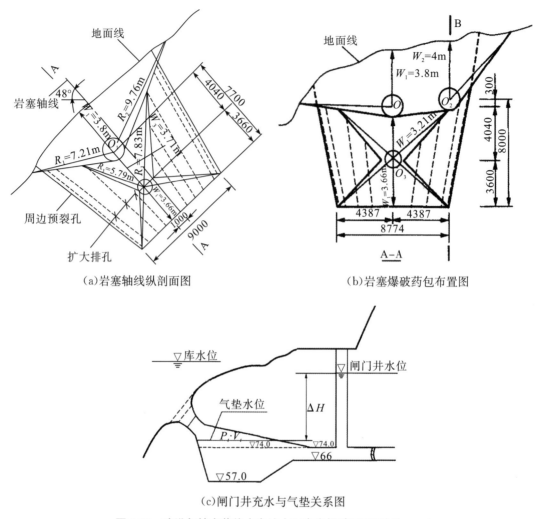

（a）岩塞轴线纵剖面图 （b）岩塞爆破药包布置图

（c）闸门井充水与气垫关系图

图 4-13　响洪甸抽水蓄能水电站水下岩塞爆破剖面（单位：mm）

4.8.3　混凝土堵头施工

混凝土堵头是岩塞爆破实施过程中确保隧洞下游主体工程及其施工安全的保障，因此，在混凝土堵头的拱座开挖、锚杆施工、钢筋绑扎、闸阀安装、模板安装、混凝土浇筑、灌浆施工中都应加强技术指导，并编制出详细的施工技术措施指导施工。

4.8.3.1　拱座开挖

①在堵头拱座开挖前应进行测量放样，放样的开挖边线用油漆标定，确定拱座的开挖位置。要求开挖拱座位置桩号误差不大于±5cm，开挖好的拱座圆周面垂直于隧洞轴线，其圆周面偏斜误差不大于30′。

②堵头拱座开挖时，由于主洞断面已经开挖形成，且隧洞上游的闸门井、集渣坑的

混凝土衬砌亦全部完成,因此在拱座开挖时,必须采用建基面先双向预裂松动爆破,为防止大量装药爆破造成松动圈扩大,使围岩稳定受影响,爆破单响最大药量不大于 20kg。

在拱座开挖过程中,要求拱座开挖轮廓面上经爆破后岩面上半孔率达到80%以上,半孔和岩面上不应有明显的爆破裂隙和裂纹。

③拱座施工过程中,应严格按照设计图纸进行开挖。由于拱座面积较小,开挖完的建基面不得欠挖,超挖部分也应严格控制,超挖不得大于 15cm,最大凹凸差不得大于 5cm。

④拱座全部建基面开挖完成,所有浮渣清理冲洗干净后,应及时通知设计的地质工程师进行地质素描和开挖建基面验收。

4.8.3.2　拱座锚杆施工

①拱座中的锚杆应按设计图布置施工,锚杆的孔位、孔向和孔深应满足设计要求,锚杆钻孔完成后应对孔深、间距、孔向进行检查,不符合要求的孔位应重新钻孔并达到设计要求。并应符合《岩土锚杆与喷射混凝土支护工程技术规范》(GB 50086—2015)要求与水下岩塞爆施工技术的要求一致。

②为加强堵头拱座混凝土衬砌体和锚杆的连接,钢筋施工过程中利用直角短钢筋将锚杆外露端与衬砌主筋焊接成整体。短钢筋直径不小于锚杆与衬砌主筋直径的小值。焊缝长度单面焊按 10d、双面焊按 5d 控制。

③在拱座锚杆施工结束后,应对锚杆锚固力进行随机抽样检查,整个拱座抽3~5根锚杆进行拉拔试验。要求所检查锚杆的拉拔力平均值不小于设计值,任意一根锚杆的拉拔力不低于设计值的90%。当检查结果不满足设计要求时,应加倍进行抽检,并在不合格的锚杆附近重新打锚杆来替代不合格的锚杆。

④当拱座施工部位出现软弱构造带时,应对软弱构造带附近的锚杆适当加密,加密的锚杆其孔向、孔深、距离等应与监理工程师、施工地质工程师和现场设计代表协商确定。

4.8.3.3　模板、混凝土浇筑

(1)模板安装

在模板安装时应紧扣在下一张模板上,安装好的堵头模板必须牢固、平整,模板安装偏差与支撑必须符合《水工混凝土施工规范》的规定。在模板安装时,应做好放水管与阀门、观测设备的布置和安装,并在安装上部模板施工过程中做好妥善保护,同时在堵头混凝土浇筑过程中加以保护。模板、排水管与观测设备安装结束后应进行检查验收。

（2）混凝土浇筑

浇筑混凝土前，要做好堵头处围岩渗水处理。混凝土入仓时应保持匀速入仓，入仓后的混凝土应及时震捣，震捣时不要出现漏震、过震等问题。浇筑成型后的混凝土堵头拆模后必须表面平顺。其拱轴线误差不超过±1cm，厚度误差不得大于 3cm，顶拱部位应全部浇满，不能出现欠浇和空腔。

在堵头混凝土中可适量掺入微膨胀剂和非氯盐早强剂，膨胀剂确保混凝土充分和围岩接触减少缝隙，早强剂以提高混凝土早期强度。其用量须通过试验确定。

堵头混凝土浇筑完，其强度达到 70% 后方可进行模板拆除。如浇筑混凝土出现缺陷，应采用高一标号的混凝土进行修补。同时，应检查排水管闸阀有无损伤，堵头混凝土达到 28d 强度后方可充水爆破。

4.8.3.4 灌浆

（1）堵头灌浆

岩塞堵头混凝土浇筑完成后应按设计要求进行基岩固结灌浆和顶拱回填灌浆。堵头拱座混凝土达到 70% 强度后进行回填灌浆，回填灌浆结束 7d 后进行固结灌浆，其回填灌浆压力控制在 0.5～0.7MPa 范围内，固结灌浆的压力控制在 0.8～1.2MPa 范围内。

在堵头进行混凝土浇筑时，其开挖基座出现渗水构造时，应先对基座周边进行防渗灌浆处理后再进行混凝土浇筑。

（2）灌浆检查

堵头灌浆工作完成后，应对所有灌浆按规定进行检查和验收，在固结灌浆结束 7d 后方可充水爆破。

4.8.3.5 堵头拆除

（1）下闸门

当岩塞爆破结束并完全稳定，再放下闸门，在闸门放置平实后，打开隧洞端的放水管闸门放水，放干堵头与闸门间存放的水后进行堵头拆除。

（2）放水注意事项

岩塞爆破时下游输水系统施工结束，并进行了验收，这时应关闭厂房蝶阀，蝶阀关闭后方可放堵头内的水。放水过程中应密切观察闸门后部水位变化情况，如出现长时间放水而水位不下降，或仅微量下降现象时，应及时关闭放水闸阀，并查明原因后采取处理措施。

（3）堵头爆破拆除

堵头在完成岩塞爆破后应全部规则拆除，拆除堵头时采用中心直线掏槽，使堵头中部形成导洞，再由导洞向四周采用松动扩挖爆破、堵头周边进行间隔孔光面爆破的方法拆除。松动爆破孔间距为 70cm，光面爆破孔间距为 50cm。单耗药量控制在 0.40～0.45kg/m³。最大单响药量按建筑距离来确定，避免拆除爆破振动对闸门及其门槽产生破坏。

（4）拆除后的处理

堵头爆破拆除后应对拱座混凝土面进行检查，对整个堵头拆除面上的凸出设计洞壁面的棱体进行凿除。爆破堵头后出现大于 3cm 的凹陷应采用环氧水泥砂浆填平，对有破坏迹象的部位应及时处理，处理后喷混凝土进行修补。

（5）处理渣料

堵头爆破拆除的混凝土渣料，应通过闸门井吊出，并用自卸车运到堆渣场。并对洞内废弃的电线、雷管脚线、胶管、其他材料、出渣工具等均应全部清理干净并运出洞外。

4.9　爆破药管加工

由于岩塞爆破时大多排孔都是倾斜，而且炮孔也比较深（5～9m），有时还要深一些，使炸药条的装填困难、输送时会造成堵孔，难以达到设计装填深度和要求。为了达到施工时装药的合理性，又有效达到防水要求和安全准爆的目的，在深孔药包加工过程中必须严把质量关，确保每一个药包、每一个接口、接头的连接防水处理有效，以及药卷和引爆的位置正确。

（1）预裂孔爆破药管加工

1）预裂孔药管应根据设计装药结构图进行加工，并将 ϕ25mm 和 ϕ38mm、长度为 200mm/节的药卷用宽胶布或宽塑料带捆扎在两根并联的导爆索上，并将导爆索的末端绕孔底第一节药卷折叠起来用胶捆绑在药卷上。ϕ25mm 药卷再捆扎在薄竹片上用胶布固定所有药卷，然后将固定好的药卷装入 ϕ50mm 的 PVC 管中。为了确保药卷在PVC 管的中央，并防止药卷在管内挤压变形，要求竹片加工宽约 2.5cm，竹节及竹片两边修整光滑平顺。

2）PVC 管长度根据装药长度和封堵段长度之和确定。药片装入 PVC 管内后，管孔底端用橡胶塞封堵，并在堵塞的塞子周边涂黄油或强力胶密封缝隙，然后在管子底端处外套一个气球或防水橡胶袋，气球或橡胶袋口处涂黄油或强力胶封口，最后用高压胶布扎紧。

3)导爆索的保护。从加工好的药管中引出的两根导爆索外套 $\phi 10mm$ 的塑料软管，软管应插入PVC管内20cm，并用塑料绳或胶布将软管与药卷扎紧。PVC管口端再用橡胶塞封堵，橡胶塞上刻一个槽口引出导爆索管，塞子周边及槽内涂黄油或强力胶密封缝隙，然后用高压胶将塞子与PVC管口外壁捆扎。

4)把加工好的药管、盘好的导爆索管后进行编号，编号应与岩塞炮孔的编号对应，并按岩塞分区和编号进行堆放，岩塞装药时按装药分区和编号运输。

(2)主爆孔爆破药管加工

1)在主爆孔的药管加工时，为了药径与孔径合理匹配，需要事先订制(外径)适合的PVC管。为了防止PVC管在装好炸药后出现问题，管壁厚度选用3mm厚，管子的长度应根据炮孔最大深度选用。

2)如果主爆孔装药结构有连续和间隔两种装药结构，其炸药均采用同一直径的药卷。

当采用连续装药时在PVC管孔底端第二节药卷中反向插入相同段的两发并排毫秒电磁雷管。为了提高起爆保证率，在孔口端第二节药卷中正向插入相同段时的两发毫秒电磁雷管，加工药管时应注意雷管脚线不能出现死弯、打结等问题，插入雷管处的药卷应先把炸药捏松。

间隔装药的药管，按设计的药卷布置，采用事先加工好的竹片把药卷按间隔距离布置，并用胶布把药卷固定在竹片上。固定好的药卷外径约小于管径20mm。雷管设置同连续装药药管一样，不同的是前后排雷管间串两根并联导爆索，药卷、雷管脚线、导爆索都用胶布捆扎在竹片上，导爆索长度略长于药管，导爆索两端在药卷处折转25cm，由封口塞压牢。

3)主爆孔药管封口方法同预裂药管一样。把加工好的药管进行编号，编号应与岩塞分区炮孔的编号对应，并按岩塞分区进行堆放，岩塞装药时按装药分区和编号运输。

4)在主爆孔药管加工中，对安放起爆雷管、做药管两端的封口防水处理等事项要细心，确保质量，不能求快，务求做好，并有专人检查。

(3)引爆体和起爆体加工

1)引爆体加工

引爆体是指周边预裂孔导爆索的引爆装置，引爆装置必须现场加工。采用一节 $\phi 25mm$ 药卷，正向插入选定的2～3发毫秒电磁雷管，岩塞周边较大，预裂孔数多，应按设计分组进行施工。引爆体加工时将同组的导爆索在助爆药卷四周均匀绑扎，然后外缠塑料布,再用防水胶布密封,缝隙部位涂抹石蜡或强力胶。注意同组导爆索应先理顺,不能有死弯、打结等状况,起爆雷管的聚能穴与导爆索的传爆方向一致。

2)起爆体加工

起爆体是在集中药室装药的同时放在炸药中部进行起爆。按设计起爆药量的体积先制作木箱,木箱内外全部用沥青涂刷,进行防水处理,起爆体如图 4-14 所示。木箱中装入一半炸药量时,将安好雷管束的起爆体放入木箱内,然后把炸药装满,将木箱封闭好,用封口胶带纸并排缠绕,再用尼龙绳将四周绑扎牢固。表层药包起爆体之间对接导爆索束,导爆索束外套 ϕ50mm 的 PVC 管保护,管外应缠裹石棉隔热层防护。雷管束脚线外套 ϕ40mm 的 PVC 管防护并引出施工导洞,如果使用电工套管作防护时,PVC 管外可不采取隔热措施。

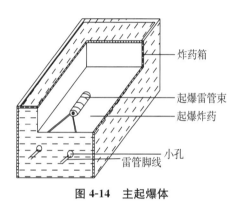

图 4-14　主起爆体

(4)爆破药管、引爆体加工时的安全规定

岩塞爆破时的爆破器材加工时,应严格遵守爆破安全规程、有关安全操作规程及水下岩塞爆破施工技术要求中的安全注意事项,提高安全防范,防止意外事故发生。特别要注意下列事项:

1)在毫秒电磁雷管、电子雷管及其他雷管检测时,应遵守普通电雷管的有关规定,在专用加工房内或室外加工场安全地点中进行加工时,周边环境应无电源,且场内杂散电流不得高于 50mA。对电雷管进行电阻测定,对使用的仪表、电线、电源进行必要的性能检验。

2)加工起爆药包和起爆体时,应在指定的安全地点进行,每个工作台上存放的雷管不得超过 100 发,并应放在带盖的木盒里,操作者手中只准拿 1 发雷管。

3)每次运送和准备检查的雷管不得超过 100 发,并由专业持证人员运送和回收,所有爆破器材及加工好的药管必须由专业人员妥善保管。

4)药管加工时炸药与雷管必须分开运到加工场内,加工场内应断掉强电流,加工场用低压电照明。爆破药管加工制作时,所有工作人员严禁带火、手机到加工场,严禁穿化纤布服、毛衣到场工作。

4.10 岩塞装药与堵塞

岩塞爆破施工中装药有两种类型:一个是药室的集中药包装药,另一个是两种钻孔直径的药卷装药。由于岩塞爆破时钻孔较深且为向上有一定倾角的斜孔,为解决在倾斜和深孔直接装药卷的输送难度又便于防水处理,施工中采用孔外先加工成药管,即在加工场采用竹片固定药卷,然后送到硬质 PVC 管内,封闭管口两端,炮孔装药时把 PVC 管推入孔中,然后进行药管的固定和堵塞。

炮孔的堵塞材料要经历岩塞平台拆除和集渣坑充水时间。由于平台拆除和充水时间较长,岩塞炮孔均为倾斜孔,孔口向下,同时炮孔堵塞后因岩体有水渗漏,若炮孔采用常规炮泥堵塞,可能出现遇水软化而失去堵塞作用,影响爆破效果。对于岩塞集中药室和导洞的封堵必须做到闭气可靠、强度满足抵抗的要求。因此,必须按照设计的堵塞材料、堵塞工艺及技术要求进行准备和施工,并确保堵塞质量。

4.10.1 装药前的准备

(1)炮孔检测

岩塞炮孔装药前应对每一个炮孔与药室进行一次全面检查(包括平台脚手架的安全),每个炮孔用压缩空气吹孔(吹出孔内的石粉、水等物质),并逐孔检测孔深、检查孔口编号标注与做好检查记录。

(2)集中药室的检查

集中药室装药前,对集中药室进行检查,如药室内出现积水须人工排除,排除采用塑料勺盛水,塑料桶运出,并在药室口拦截其他部位的自流渗水。

(3)杂散电流检测

在岩塞装药前,电工应仔细测定岩塞区范围内的杂散电流值,测点不少于 8 个,在岩塞底面上最少要测 2 点,脚手架上检测 2 点,集渣坑内和闸门井等运输通道和药管周转地至少要各测 1 点。检测方法可用电缆接头对接接地钢钎。当量测的杂散电流值高于100mA 时,应立即查明原因,并予以排除。

(4)药管加工质量控制

在药管制作时质量检查人员随时检查制作质量(雷管、炸药直径、间距、炸药量、加强部位长度、固定、两端封闭、编号是否准确)。同时,对雷管脚线或导爆索有无损伤,保护是否做到位。测量磁环判断雷管与脚线的电阻(电子雷管的芯片)有无变化,并做检查记录。

(5)电源控制

在药管加工与岩塞装炸药时,岩塞底部和闸门井区域切断动力电源,洞内运输通道可采用 36V 低压灯进行照明,工作面药管加工和装药时用低压电源和绝缘手电筒辅助照明,注意更换电池一律到洞外进行。为集渣坑和药室支洞作灌浆用的动力线,应全面检查线路绝缘工况(最好使用新线),并由专职电工负责管理。电动机与接线箱应放在干木板上,底部需垫橡胶板保证与地绝缘。

(6)堵塞材料准备

在岩塞进行装药前,各种岩塞材料必须事先准备充足(黄泥块、石棉被、碎石、油腻子、粗沙、水泥、大木塞、小木塞、排水胶管等),各种材料运至集渣坑尾部堆放备用。根据堵塞和灌浆要求适当增加用材,施工后多余材料运出洞外。

4.10.2　岩塞装药及堵塞顺序

(1)岩塞装药顺序

岩塞装药时按集中药室装药、封堵、灌浆,周边预裂孔药管安装、固定、封堵、雷管保护,主爆孔药管安装、固定、封堵、雷管保护的顺序进行施工。

(2)集中药室防水与防潮

集中药室装药前的防水及防潮措施,药室开挖完成后,对药室有渗水处采用防水环氧砂浆进行堵漏,或混凝土中加防水剂进行药室整形和防水处理。集中药室装药时再设置药包防水层,防水层由厚塑料布制成袋装药包,药条全部装在药袋中,装完药后袋口用胶布绑扎牢固。

(3)起爆体的安放

在集中药室装药时其起爆体应布置在药包中心稍微偏上的位置,以使起爆体的爆炸冲击波能够同时传播到药包各边缘点上。

(4)药室装药

装药时将 6kg 的塑料袋装成袋的炸药直接整齐堆放在防水袋中,药室总装药量过半时放入起爆体,并理顺引出穿好保护胶管的雷管起爆脚线或对接导爆索,然后继续装完设计药量,炸药装完将防水袋口用胶布扎紧,袋口留在药室的上部,装口缝隙用黄油涂抹,再用封口胶带密封。

（5）药室堵塞

药室装完炸药后，在药包四周缝隙及药室口段用黏土块填满，并应保证装好的炸药不受挤压。药室内处理完成后在支导洞处铺满15mm厚的木板封盖药室口，木板用木枋作支撑，注意支挡木板内用黏土填塞密实，同时木板外全断面垫两层石棉被隔热层，表层药室应用木板支撑固定，最后用黏土砖堵塞一段支洞，将石棉被四边用黏土与洞壁压紧、封死，预防灌时冲坏保护层。做好上述封堵后，检查起爆线路胶管外缠裹的石棉布有无损伤、现场量测雷管电阻值有无变化后，开始导洞内回填碎石。导洞内碎石灌浆时，其灌浆管与排气管事先固定在主导洞顶部的位置，两根管子延伸到主导洞口处。在主导洞口按设计要求制作一木插板门锁口。

主导洞灌浆时，采用设在集渣坑尾部的灌浆机实施灌浆，灌浆水泥采用525#早强水泥，水灰比为0.5∶1和0.6∶1，必要时浆液中掺加早强剂，确保主导洞内的水泥结石强度24h达到10MPa以上。

4.10.3　炮孔装药及堵塞

（1）炮孔装药要求

岩塞炮孔装药过程中，应派专人运送药管，运送的爆破药管与孔位必须一一对号入孔。预裂孔药管安装时应将竹片正对保留岩体部位，使竹片之间聚能方向与预裂方向一致，引出炮孔的导爆索管位于炮孔的中上部。主爆孔药管安装时应将引出的雷管脚线置于炮孔的上部。

（2）炮孔渗水排除

在炮孔装药过程中，对于少数炮孔还存在少量渗水时，应采用插入细胶管引出孔外的排水方法，防止炮孔内的堵塞炮泥被挤出。排水管应设在炮孔的底部。

（3）堵塞要求

为了防止堵塞材料被水软化、稀释而失去作用，封堵时先采用防水油腻子堵塞15cm左右，再用炮泥堵塞，炮孔口再用油腻子堵塞压紧，再打入炮孔直径一样的木塞，以防堵塞物脱落。

4.10.4　岩塞装药和堵塞注意事项

（1）装药堵塞的注意事项

岩室药室和炮孔装药堵塞过程中应注意保护起爆线路，如在堵塞过程中线路发生损伤、损坏情况，应及时进行线路和雷管的更换，并进行雷管导通检查与电阻测量，更换后的雷管与线路经现场监理、设计认可,各项措施符合规定要求后方可重新装药堵塞。

（2）堵塞与灌浆要求

炮孔堵塞的黏土应用炮棍捣实,导洞与支洞口用黏土坯堵实并用人工填塞密实,在主导洞灌浆混凝土堵塞段应将排气管和送浆管固定在主导洞顶部,并应插入顶支洞最高点处。灌浆先从导洞中间预埋管开始,灌浆压力采用 0.15MPa、0.2MPa 和 0.25MPa 逐级加大,然后用顶部预埋管补灌密实,最后将排气灌密实。

（3）工序要求

岩塞全部装药和堵塞完成后,质检人员应逐孔检查合格后,方可进行下一步网路接线工作。

4.11　爆破网路敷设、连接及洞内撤出

4.11.1　爆破网路器材准备

1）检测仪准备。岩塞爆破时不管采用电雷管、电磁雷管、数码电子雷管都应进行现场检测,检测时对线路电阻测试的仪器应率定准确,同一性能指标测定要求固定 1 台已率定好的仪器。

2）电缆要求。在使用电磁雷管爆破时,因采用双复路起爆,两根起爆电缆的规格是 3×7/1.04BVV300/500V 铜芯电缆母线接出洞外,电缆各长 300m,测量电缆的电阻值,应符合 3.08Ω/km,即单根线电阻 300m 为 0.924Ω。

3）软电线规格。电磁雷管用软电线穿过磁环时,4 根 16/0.15RV 铜芯聚氯乙烯绝缘连接软电线,每根长 80m,其中两根用于网路模拟试验,另两根用于正式岩塞爆破,检测的电阻值应符合 30Ω/km,即每根 80m 长软电线电阻力 2.4Ω。

4）在其他材料准备的同时,还应准备足够的高压胶布、绝缘手电筒或塑料壳应急灯。

4.11.2　爆破网路敷设

1）爆破管的脚线。电磁雷管的脚线随爆破管加工已敷设在药管中,炮孔堵塞时把雷管脚线引出炮孔并作相应保护,预裂孔的雷管脚线不需要埋设。

2）雷管脚线区别。在药包加工时应根据不同段别雷管的脚线颜色不同选择雷管敷设,并检查雷管段别与磁环标注段别是否一致,雷管段别与药包编号不能发生差错。

3）加工要求。岩塞爆破的集中药包的起爆体加工、安放,预裂孔与主爆孔的导爆索、

引爆体加工等工作,必须一人作业,一人监督检查,共同负责。

4)敷设前、后检查。雷管敷设前后,均要进行雷管电阻值量测,并记录好检测电阻值,并与原检测的电阻值比较,当电阻值发生变化的雷管必须更换新雷管重新加工。达到要求后,把露出孔外的雷管(磁环)暂时采用塑料袋保护,并用拉绳吊离岩塞底面。特别要注意脚线、磁环不能与积水或金属导体接触。

4.11.3 引爆母线敷设

1)电雷管、电磁雷管和电子雷管的引爆母线必须在装药前,从闸门开中预埋的 φ300mm 钢管中穿出引爆母线(电缆),至集渣坑顶部接线盒分成两路,即 φ50mm 预埋管中各穿一根电缆到岩塞底面。

2)在所有预埋穿线管中应事先预设铁丝,以方便引爆母线穿线。

3)每根引爆母线要达从岩塞联线到起爆器接线处,中间不得有接头,即要求采购时应到厂家定制相应规格的电缆,并订购一根备用电缆。

4)在雷管接线(或电磁雷管穿线)前后,均要对雷管逐个进行电阻量测,并记录好电阻值,采用经检查合格的电线穿过磁环或联线,穿线和联线后电阻值测试与网路试验时雷管检测结果符合的导线做好标志、做好两端绝缘保护,并将闸门井外明铺电缆线在平台上暂时盘好并专人看管。如合格的单导线不够 4 根,应补穿同样规格导线及补足根数,并应检验合格。

5)母线敷设要求。在母线敷设时不能碰地、着水,也不能接触钢管、架管和铁器。

6)爆破母线敷设检验合格后,及时堵塞接线盒和岩塞底面处管口。接线盒封堵先用石棉布包裹电缆及管口缝隙,然后用高压胶布缠紧,再用防水砂浆将盒内填平并覆盖住电缆线,最后用混凝土堵塞。管口用橡胶塞封堵,其密封措施与药管口封闭一样。

4.11.4 岩塞爆破网路接线

岩塞爆破网路接线,电雷管、电磁雷管、数码电子雷管的接线方式各有不同,应根据各自的特点进行连接。

1)网路接线。岩塞爆破网路接线必须在装药堵塞、网路敷设、充水设备安装调试、补气设备调试完成并全部验收完毕,岩塞体、集渣坑和闸门井处的无关人员全部撤离至安全地点之后,从岩塞上部与岩塞底部逐条网路进行(复合网路)。

2)网路接线要求。网路接线要仔细认真,严格按设计的雷管分组,采用两根检验合格的主线分别串联一组雷管形成正副网路。连接雷管脚线和电磁雷管穿磁环时不能出现漏接与漏穿现象,连接时应理顺主线后,将两个或多个一组的雷管脚线和磁环用高压胶布包裹密封做防水处理。

3）主母线接线要求。在岩塞爆破时引爆主线与主母线接头要紧密结实,线头接好后用绝缘胶布包扎好,并用高压胶布包裹密封做防水处理,各接点应错开 10cm。

4）总电阻检测。在引爆破主线与母线连接后,必须检测全线路的总电阻。检测的总电阻值应与实际计算的值符合（允许误差±5%）,若检测不符合总电阻值时,应检查接头、接线是否有问题,必须查明原因,并调整总电阻值符合要求为止。然后在母线引出端挂有标签标识,标注正、副网路母线的颜色。

5）母线的保护。预敷设的母线在起爆站的两端头,应进行短路,短路后用绝缘胶布包好锁在木箱内,未经接线负责人的允许或总指挥的命令,任何人不得任意打开木箱,在闸门井充水完成时不得与发爆器连接。

6）撤出时间。在岩塞主爆线检查合格与主母线连接后,进行网路电阻检测验收合格后,经起爆指挥批准,方可进行岩塞平台、洞内其他设施撤除,并全部运出洞外。

4.11.5　洞内撤除

1）在集渣坑内的供风、供水、通风管路及照明线路、药管加工平台,当导洞封堵验收后即可全部撤除,并运到洞外。进行洞内和高空脚手架拆除时,必须编制拆除方案和安全措施,并给施工人员交底。

2）岩塞体部位的脚手架与平台。当岩塞装药与网路连接全部完成,网路电阻值检测验收合格,主爆线与母线连接与保护工作完成后,装药脚手架从上到下逐层快速拆除,脚手架拆除过程中,要注意保护连接好的网路不得有任何损伤。脚手架拆除后进行平台拆除,平台从里到外逐步拆除,拆除时应注意安全。

3）集渣坑与闸门井清理要求。从平台上拆除的钢管、木板、工字钢应及时从闸门井吊出,集渣坑到堵头处的洞内必须清理干净,不得在洞内残留木板、钢筋、钢管、铁丝等,清理完后应有专人负责清场。

4.12　闸门井充水与气垫室补气

针对国内已实施的岩塞爆破时水气浪的冲击力过大,产生高达数十米的"井喷",岩塞爆破时的石渣冲到下游闸门井和隧洞内,从闸门井冲出的石渣对闸门造成损伤。同时,在隧洞内清渣难度较大等问题,采用在集渣坑内充水在岩塞下游形成气垫缓冲技术,具有减小和消除岩塞爆破时的冲击力,避免产生井喷,又可以限制岩渣只堆积在集渣坑内而不扩散到下游闸门井和洞身等重要部位。

上述的作用和集渣坑堆渣形态与充水水位及其相应的气垫体积密切相关。因此,岩塞爆破前应严格按设计要求进行集渣坑和闸门井的充水,并在岩塞底部形成气垫。充水之前应按照岩塞爆破施工技术要求,对集渣坑混凝土边墙表面进行涂抹防渗漏材料,严防集渣坑漏气。防渗漏处理完后再进行充水。

4.12.1 抽水设备及安装

1)根据充水总量和起爆期限选用较大抽水流量的水泵,水泵扬程也根据预测岩塞爆破时的水库水位选择,水泵扬程不小于 30m。备用水泵台数不少于总台数的 1/3,水泵使用前应进行检查维修和试抽水,预备部分新水泵,确保安全可靠。

2)水泵安装位置靠近闸门井的水库边坡上,先进行水泵安装平台搭设,要求水泵安装平台高程比预测爆破时的库水位高 3~4m。

3)在事先选定安装水泵位置预先进行基础开挖,开挖后浇筑混凝土基础(基础位置能满足多台水泵安装)。同时,应修筑简易的交通便道,以满足施工人员上下班和拆运时方便。

4)水泵安装好后,水泵电机控制开关与集渣坑和闸门井内的水位计监控终端应安装设置在一起,充水时以便根据渣坑内水位升降情况及时控制水泵的开与停。

5)在集渣坑充水过程中由安装于集渣坑和闸门井内的水位计控制。其中,在集渣坑侧墙上并排安装两个多点浮子水位传感器,闸门井内安装一个压力式水位传感器。两种水位计均采用微机测控,采取多路水位显示与报警,以方便充水和补气操作控制。

6)在集渣坑充水过程中,为防备集渣坑和岩塞底部由于各种因素出现漏气使气垫缩小或气压变小,从而导致水介质中爆破而产生严重后果,现场配备了一套补气设备。

补气管可采用 $\phi50mm$ 钢管,在施工闸门井和集渣坑后部渐变段时应预埋 $\phi200mm$ 钢管,把 $\phi50mm$ 的钢管内套于已经预埋好的 $\phi200mm$ 钢管内,在集渣坑部位施工中,把 $\phi50mm$ 钢管直接预埋于顶拱混凝土中,浇筑混凝土时钢管用风吹是否通顺,通顺时在浇筑混凝土时用棉纱堵住管口,要确定补气管出口高程。补气气源由闸门井外的空压机提供,空压机选用 $20m^3/min$ 电动空压机。

为了调节进风压力,确保气垫压力能满足设计要求,空压机上应配置一台储气罐。空压机和储气罐均利用工地现有设备,以节省工程投资。空压机和储气罐及测压装置、阀门等均应预先进行检查维修与测试,以确保补气时的正常使用。

7)集渣坑和闸门井充水补气所需的主要设备及材料如表 4-15 所示,根据各个工程的特点确定具体的型号规格和数量,其中集渣坑内的浮子水位计由观测单位确定。闸门井内的压力式水位计列入电气设备材料中,不需要另行购置。

表 4-15　　　　　　　　　　　　主要设备及材料

序号	名称	型号或规格	单位	数量	备注
1	水泵		台		
2	进水管		根		
3.	出水管		根		
4	浮子水位计		套		
5	压力式水位计		套		
6	空压机		台		
7	储气罐		个		
8	补气管	$\varphi75mm$	m		钢管

4.12.2　充水前的检查

集渣坑充水前,应对从岩塞平台上拆除的钢管、跳板、工字钢、集渣坑内抽水管、抽水泵、电线等全部拆除并运出洞外,集渣坑内清理完成后,再进行一次检查。检查下列项目,符合要求后方可进行充水。

1)炮孔和导洞堵塞完毕并保持完好;

2)集渣坑及岩塞底部支护混凝土完好,所有混凝土衬砌无裂缝,或有裂缝且已处理良好;

3)所有岩塞爆破的观测设备、起爆网路等安装完成,经过检测具备运行条件;

4)闸门及闸门井经过启降试运行,符合安全运行条件;

5)堵头混凝土达到 28d 强度,接缝灌浆满足要求,放水管、闸达到运行条件;

6)集渣坑内和闸门井周边的施工设备、材料、工器具及临时交通设施等已拆除并搬运完毕。

4.12.3　充水和补气过程的控制

通过对集渣坑充水而使岩塞和集渣坑之间形成一个缓冲气垫,达到减小岩塞爆破时的闸门井井喷高度、防止石渣进入下游闸门槽及引水洞内、降低爆破冲击力、保护地下工程的安全等的目的。在向集渣坑内充水时应严格按设计充水总量以及闸门井充水位的准确高程实施,并根据岩塞爆破时的实际库水位调整。闸门井不同充水位时的充水总量如表 4-16 所示。

表 4-16　　　　　　　　　　　　　　闸门井不同充水位时的充水总量

闸门井充水位 Z_j/m	74	80	85	90	95	100	105	110	115
相应集渣坑水位 Z_x/m	0	4	5	6	7	5	5	2	9
总充水量 V/m³	9858	10772	11330	11783	12171	12514	12828	13119	13395
气垫压力 P_i/巴	1.000	1.448	1.853	2.276	2.712	3.157	3.609	4.067	4.528

1)充水与补气的要求。闸门井充水水位至设计高度后,应开始对闸门内的水位和集渣坑内的水位实行同步监测。如集渣坑水位高于与闸门井水位相应的计算水位,或闸门井水位低于与集渣坑水位相应的计算水位时,对判定为气垫室漏气,此时应开启空压机给气垫室进行补气。

当集渣坑水位充至预定水位以下 50cm 处时,监测微机发出预备信号,此时充水仅由一台水泵继续供水,其他水泵停机待命。充水达到预定水位时,监测微机发出停泵警报,工作水泵应立即停机。等闸门井水位停止波动后,再进行闸门井和集渣坑水位测量,测量数据与理论计算值对照,判断岩塞部位是否漏气。如集渣坑水位与预定水位值相差在 ±10cm 范围内,闸门井水位与预定水位值相差在 ±30cm 范围内时,则认为已满足要求。如两种水位计水位均低于计算值,且差值超过允许范围,则应开启一台水泵继续充水至设计水位。当集渣坑水位高于计算值,而闸门井水位低于计算值,且至少有一个差值超过允许范围时,此时,应开启空压机给气室进行补气,直至气压满足设计要求。

2)补气要求。根据上述方法判定气室需要进行补气时,首先依据理论计算的气垫压力值来调好储气罐的压力表,然后开启空压机进行补气。

补气过程中应随时监测集渣坑内和闸门井水位计读数的库化。当集渣坑水位下降、闸门井水位上升达到设计预定值时,应立即停止补气和关空压机。

3)在补气过程中充水、补气操作人员与水位计监测人员应服从现场的统一指挥,相互密切配合,严格控制充水和补气操作过程,尽量避免过量充水和过量补气。

4.12.4　充水和补气实例

响洪甸抽水蓄能电站水下岩塞爆破具有规模大、库水较深,而且具有发电、抽水双向水流进出口等特点,在电站发电、抽水运行时,要求石渣在电站运行时比较稳定,岩塞爆破时避免发生"井喷"现象,设计采用高水位充水,在岩塞体底部形成一个有压力的缓冲气垫。

缓冲气垫布置在岩塞底部,利用岩塞底部与集渣坑顶拱空间形成气垫室,渣坑顶拱由高程 84.00m 按 1:6.34 坡度下降至渣坑尾部 74.00m 高程,在 74.00m 高程以上气垫容积为 2920m³。集渣坑在充水过程中,随着闸门井水位上升,集渣坑水位气垫压力、气垫体积都发生变化,闸门井充水位最好维持在低于库水位 10m 左右,爆破时的库水位不宜超过 120m,闸门井充水位不高于 108m,相应集渣坑充水位为 78.07m,气垫压力 393kPa,气垫体积 1032m³。

响洪甸抽水蓄能电站水下岩塞爆破于 1999 年 7 月 30 日 22 时开始向集渣坑内冲水,第一水位为 57.11m,按集渣坑总水量要求,安装 5 台 18.5kW、扬程 14m 的水泵,分两级接力进行抽水,每台水泵额定量为 340m³,第一级泵站设在 116.00m 高程,在 127.00m 高程位置修建 1 座 8m³ 的水池,水池中安装 2 台同一级别水泵将水抽到闸门井,由于池中有部分水流出,又在水池中加 2 台(4 寸)潜水泵协助向闸门井充水,从 7 月 30 日 22 时 1 台水泵抽水到 8 月 1 日 9 时 48 分全部停机。这时,集渣坑内总充水量达到 12691m³,闸门井最高水位达到 103.73m,相应集渣坑内水位达到高程 78.10m,这时气垫体积 1197m³,气垫压力达到 351.31kPa,闸门井口的空压机输风管的压力为 0.24MPa。

从现场观察到水库岩塞处有个别漏气点,从两次补气后的数据上可以看出,补气后气垫压力能稳定在 40min 左右,这对爆破非常有利,响洪甸岩塞爆破时库水位为 115.26m,处于爆破最佳水位。岩塞起爆后,库面鼓起一个水包,随后翻出泥浆水,接着出现 3 个不同大小的冒水圆圈。这时,闸门井涌浪达到 127.28m 高程,离闸门井出口还有 5.02m,爆破未发生"井喷"现象,人员能到井口观测,这说明气垫是非常成功的。

4.12.5　其他事项

1)根据预定要求和时间完成集渣坑充水后,应及时拆除闸门井上的水泵、平台、线路及其附近 10m 以内的设备和材料,并运存于安全地带。同时清除该范围内的杂物,以预防岩塞爆破时闸门井涌浪将杂物带入集渣坑内。

在集渣坑充水结束后,应将集渣坑和闸门井的水位计终端改设于观测站内或其中位置,具体位置由观测单位确定。

2)为避免岩塞内部已装好的炸药及起爆体在水中浸泡时间过长而影响爆破效果,抽水时应适当增加水泵加快充水,集渣坑内充水完成至岩塞起爆间隔时间应尽可能缩短。

4.13　岩塞爆破观测及效果检查

4.13.1　闸门井井喷和岩塞爆通后水力学观测

岩塞爆破时在进、出口,闸门井,坝面安排多台摄像机拍摄爆破后闸门井井喷情况和岩塞爆通后泄水洞出口气浪、泥石流及水流等情况的观测,摄像机对爆破全过程进行录像,宏观观测人员对爆破情况进行记录,以便将来分析爆破效果和比较方案用。

(1)堵塞爆破时

当水下岩塞爆破采用堵塞爆破方式时(又没在岩塞下设置气垫),岩塞爆破后井喷严重,可在堵塞段和闸门井大梁上安设电阻式压力盒来测量爆破后水流的冲击压力。

(2)开门爆破时

当水下岩塞爆破采用开门爆破方式时,可在泄水洞内或泄水洞出口安设脉动压力仪、脉动流速仪,设置若干测点,并在出口边墙上画上水位线,观测泄水洞爆通后的水力学情况。

4.13.2 仪器监测和宏观调查

岩塞爆破效果和破坏现象除进行设计计算,用仪器观测外,在每次岩塞爆破前后进行一些简易可行的宏观观测也是必要的。观测可以补充电测数据的不足,以取得全面的资料,对爆破效果和破坏现象进行正确的评价、分析。宏观调查对象主要针对大坝和泄水洞进行。

岩塞爆破的大坝调查内容:爆破前后大坝顺河向水平位移和垂直位移变化情况、大坝表面裂缝变化情况,以及采用钻孔电视或者声波对坝体及坝基进行裂隙变化观察,判别是否有新的裂隙产生。

对泄水洞的宏观调查,闸前段需要由潜水人员(或机器人)进行检查,闸后段需要在闸门关闭的条件下,对闸墩、洞壁及闸门区进行磨损及破坏调查。

汾河水库泄洪洞进水口岩塞爆破的爆破观测、监测及宏观调查共有两部分。

4.13.2.1 监测和调查内容

(1)观测、监测内容

汾河水库泄洪洞岩塞爆破时,为了对大坝和进水塔闸门井等建筑物进行安全监测,校核设计提出的振动标准和参数是否合适,了解有较厚淤积物覆盖的岩塞爆破的特点,获得较为完整和系统的资料,为今后类似工程积累经验和数据,提高国内岩塞爆破技术水平,汾河水库泄洪洞岩塞爆破安排了鼓包运动高速摄影等10项观测、监测项目。汾河水库泄洪洞岩塞观测监测项目情况如表4-17所示。

(2)宏观调查内容

岩塞爆破时在进、出口,坝面安排了6台摄像机对爆破全过程进行了录像。宏观观测人员对爆破情况进行了记录。

表 4-17　　　　　　　　　　　汾河水库泄洪洞岩塞观测监测项目情况

序号	项目	位置	测点数	主要仪器	观测单位
1	鼓包运动高速摄影	右侧距爆心 258m，左测距爆心 420m	2	德国 ZLI 型转镜式，德国 PENTAZET16 型	中国科学院
2	水和淤泥中冲击波	距爆心 70m 范围内	水中 8，淤泥中 6	TEAC-R280C 磁带机，TCH-2000 记录仪，压电晶体传感器	中国科学院
3	大坝地震效应	坝体 0+490 断面	10 组 56 条线	日本 TEAC 磁带记录器 891 型传感器	国家地震局工程力学所
4	8m 隧洞进水塔及闸门地震效应	进水塔及上下游地面、闸门	12 点 30 条线	美国 SSR-I 型固态记录器，FBA 型传感器	国家地震局工程力学所
5	混凝土衬砌动应变	引水洞内距岩塞下底 32m 内	6 点 12 条线	日本 6G01 型动应变仪，TEACXR-310C 磁带机	太原工业大学
6	4m 输水洞进水塔振动	原进水塔	3 点 18 条线	GZ-5 型放大器，SC-16 型示波器，CD-7 型拾震器	太原工业大学
7	大坝静态观测	大坝	6 项		管理局
8	出口冲淤测量	隧洞出口	70000m²		管理局
9	摄像	进、出口	6 台摄像机		中国水利水电设计院
10	岩塞体潜水测量	塞体、喇叭口、洞脸			省防潜水队

4.13.2.2　监测和调查结果

（1）岩塞爆破过程描述

汾河水库泄洪隧洞进水口岩塞爆破于 1995 年 4 月 25 日上午 11 时 30 分准时起爆，炮声较弱，大坝抖动了一下，震动感不大。其现象描述如下：

随着起爆声响，在爆心的前上方距岸边约 30m 水面涌起一个高 6～7m 的水鼓包，紧接着在距岸约 20m 处又升起一个泥鼓包，这个鼓包轮廓清晰，高度 4～5m。起爆 5～6s 后，鼓包回落，形成一个由岸边起直径近 60m 的冲击水花区。30s 后，轴线右侧水面出现一个直径 5.5m 左右的漩涡，顺时针旋转，40s 后，接着在左侧又出现一个漩涡，并逆时针旋转，两个漩涡相距 7～8m。岩塞爆破后 8min 按时关闭平板闸门，至 15min 两扇门同时关闭。随着闸门的关闭，水面漩涡逐渐变小以致消失。

进口平板闸门竖井处，随着爆破声响，黄黑色气浪由井口喷出，彩色气球破裂。通气孔亦喷出强大气流，将拦栅盖托起 0.5m 高左右。

隧洞出口先是一股黑烟冒出，悬挂在洞口的气球随即破裂，随着气流的涌出，洞内发出隆隆的响声。起爆约 1min27s 后黑水夹裹着石渣冲出洞口;3min 左右全洞满流;4～8min 洞内出流量最大,1＋076m 断面标尺水位稳定在 1078.5m 高程;8min 开始关闭进口闸门;15min 闸门完全关闭,出口水流由大变小;在 18min 后出口断流。在洞口至挑坎处浮标测流速 16 次,平均流速为 11.9m/s。

(2)监测和调查结论

汾河水库土坝安然无恙,无滑坡、无液化,经检查亦未发现有裂缝出现。泄洪隧洞进水塔、竖井、启闭机室混凝土结构均完好无损,仅启闭机室上游侧砖墙有一些细微裂缝,不影响使用。进、出口闸门均完好无损。4m 输水洞进水塔等建筑物均未受到任何影响。

岩塞体进口观察上破裂线位置和设计非常吻合,破裂线后未发现有环向裂缝。

洞内在距弧形闸门 120～220m 处留有 700m³(虚方)渣团。洞内侧拱和顶拱 280°范围内混凝土衬砌无磨损,底拱 80°范围内有不同程度的磨损,大部分范围较轻微,有 7～8 处主钢筋表面外露。

两扇平板钢闸门完好无损,闸门槽无损伤,闸门关闭很严,几乎无漏水现象。

泄出的石渣和淤泥在下游河槽中堆成一扇形淤积面,最远处距挑坎 175m,最大宽度 143m,面积约 17516m²。渣石粒径大部在 59cm 以下,大小较均匀,大块渣石很少,最大一块渣团 1.84m×0.9m×0.45m。

挑坎外形成一个上、下游方向长 70m、左右宽 46m、上口面积 2310m²、深 8.8m 的冲坑。

距洞口 400m 下游的水文站,在 11 时 42 分测得最大流量 560m³/s,该断面过水历时约 1h26s,测得泄水总量 53.0 万 m³。

4.13.3 爆破效果检查

岩塞爆破后为了了解其效果(爆通、成型、设计尺寸、混凝土损伤情况、堆渣曲线等),需要进行水下地形测量、岩塞成型断面测量、混凝土顶拱裂缝检测、闸门井检查、集渣坑内岩渣堆积曲线测量等工作,获得的数据来分析和评价其岩塞爆破效果。

4.13.3.1 水下地形测量

岩塞爆破后,通过水下地形测量,可以了解爆破漏斗的平面开口尺寸及形状、岩塞的纵横剖面,根据各工程所处的地区条件,有以下两种水下地形测量方法。

(1)冰上测量

在北方和寒冷地区,可以利用冬季结冰的时候,在冰上进行水下测量工作,并根据工程规模的大小确定测量范围。在确定测量范围内布置冰上钻孔位置,按图中坐标把钻孔点放在岩塞口的冰面上,用钻机在冰上钻孔,用测绳测其水深,即可绘制水下地形图。如丰满泄洪洞岩塞爆破后在岩塞口的冰上,46m×52m 的范围内,共布置了约 1300 个钻孔,绘制了 1/200 水下地形图,绘制了进水口地形图。实测结果表明,水下岩塞爆破口的尺寸基本满足设计要求,取得了较好的爆破效果。

（2）浮排测量

在南方与非寒冷地区,可以使用浮排进行水下地形测量。浮排可用浮筒、木枋绑扎而成,浮排大小根据测量范围而定。浮排按坐标固定在岩塞口水面上,浮排上标示出岩塞的纵横轴线,按 0.5～1.0m 间距标出测点位置,用测绳测量其水深,按测量获得的数据绘制水下地形图。

4.13.3.2　岩塞断面测量

采用常规测量手段是无法测量水下岩塞断面的,可以用特制的水下工作平台由潜水员在水下进行测量。根据水下测量的工作条件所制的工作平台,要满足重量轻、结构简单、便于定位、测量精确、操作方便和能够适应断面变化要求。工作测量平台为圆形,其直径由岩塞断面大小来确定。为了使工作平台能适应测量断面的变化,在工作平台上安装两个可以绕平台圆形铰转动的伸缩臂,每个臂可转动 180° 以测量全断面。臂的外伸最大长度由所测断面变化决定。为了准确地测定每一个点,根据要求把工作平台圆周按一定角度等分,潜水员在水下即能将伸缩臂准确地转动到下一个测点位置。

把浮船固定在岩塞口的水面上,用经纬仪交会法,按图上坐标将工作平台放在水下要测的断面位置上,工作平台有 4 根缆绳固定在浮船上,放松岩塞口中心线方向的两根缆绳即可调整工作平台角度使之与岩塞纵剖面中心线垂直,待位置校正准确后潜水员即可下水测量。

4.13.3.3　混凝土裂缝检查

岩塞爆破振动对混凝土顶拱衬砌可能产生影响。岩塞爆破后为了解混凝土裂缝情况,可用水下激光电视进行探测。这种电视机是上海交通大学研制的飞点扫描式水下激光电视机。该设备具有体积小、重量轻、耗电量小、不用调焦距等特点,对水工建筑物的水下检测工作较为适宜。这种电视机是用体积小、点燃方便的氦氖激光器作光源,连续扫描的光束对观察目标进行扫描,利用空间滤波技术克服光噪声(后向散射光),通过光电倍增管,接收观察目标返回的光讯号,将光讯号转变为电讯号,经电视信号处理,在显像管光屏上做实际图像显示。

进行混凝土裂缝检查时,潜水员在水下用激光发射器,接收头对准水下混凝土表面。

4.13.3.4　集渣坑岩渣堆积曲线测量

在抽水蓄能电站进水口岩塞爆破后,爆破石渣在集渣坑中的堆积曲线非常重要,发电时石渣的稳定是电厂的一个重要指标。岩塞爆破后通过潜水员掌控水下摄影机与测量工具等在水下正常作业。响洪甸抽水蓄能电站进水口岩塞爆破中，集渣坑充水前，已用白铅油在集渣坑边墙画好 0.5m×0.5m 的方格，并标注有高程、桩号，岩塞爆通后由潜水员携带激光发射器进行水下摸查测定堆渣曲线，从实测堆渣曲线可以看出，渣堆面比较平坦，驼峰高程 65.00m，与模型试验结果一致。检查未发现渣坑后部流道内有石渣沉积。形成的进口体型符合设计要求，闸门井及集渣坑边墙、隧洞和混凝土堵头均未发现裂缝。建筑物结构均完好无损。

4.14 厚淤泥钻孔与装药施工

4.14.1 箅式平台安装

箅式平台主体由 6 个片体通过法兰对接拼装而成（长 12m，宽 9m，重 18t 左右），主体安装完成后，用门机在坝前将其吊放到水面上，利用拖船拖至施工水域，在其上、下游两侧交叉抛锚，抛距 150m 左右，测量工程师利用测量仪器进行孔位放孔，通过绞紧平台上锚绳，调节平台使箅式平台上的 12 个孔位中心与 12 个钻孔坐标重合，拉紧锚绳固定平台，钻孔定位综合误差控制在 3cm 以内，并随时进行复测。

为保证平台在钻探施工过程中的稳定性，防止产生漂移，将 4 个平台锚的锚尖改造成面积为 1.5m² 的扇形铲，提高平台锚杆在库底淤积层中的锚固力。

4.14.2 淤泥孔钻孔施工要求

1）水下钻孔位置准确测定，经常校核，为保证爆破精度和效果，要求淤泥孔的孔斜应尽可能小，孔斜应控制不大于 1%。

2）水下钻孔应嵌深基岩以下 0.5m，其超钻深度应满足装药底高程，并根据孔内淤积情况进行调整。

3）钻机工作平台应固定牢靠，不受水流、风浪、水位升降而产生摆动或位移。

4）在下 PPR 塑料套管前，对于钻孔要进行清孔处理，保证套管顺利下放；PPR 塑料套管就位后，对其水上部分要采取可靠的固定措施，防止套管倾斜，孔口做好临时封堵措施，防止坠物堵塞套管。

5）钻孔施工中使用钢套管内径 158mm，管节连接处要求采用内径为等径的钢套管，满足装药套管的下放要求。淤泥孔钻孔套管长度根据实施时库水位及实际孔深确定。

6）装药用 PPR 塑料套管规格：公称直径（外径）为 125mm，壁厚 11.4mm，一般长度为 4m，管节接头采用等径直通连接。考虑水位上升对 PPR 塑料管的影响，安装 PPR 塑料管时高出水面 0.3～1m,同时与电厂相关人员做好沟通,在淤泥孔装药前后库区水位要保持稳定。

7)为了保证扰动效果,预埋 2 道 φ100mm(LDMY100 型)自带滤布的圆形塑料排水盲沟。

4.14.3　施工方法

4.14.3.1　钢套管定位

通过预设的 φ300mm 的钢管钻位,下入外径为 280mm、内径为 175mm 定制的定位导向管,定位导向管与平台通过法兰连接,利用高精度测斜仪及角度调整结构保证定位导向管处于铅直状态,偏斜率控制在 0.2% 以内。定位导向管长度拟定为 12m。

4.14.3.2　钢套管安装

在定位导向管内垂直下入 φ173×6 钢套管。其安装方法如下:用钻机卷扬悬吊钢套管,让其管脚离开库底淤积层 0.2～0.5m,调整钢套管使其呈垂直状态后迅速下放,使其插入库底淤积层中,当钢套管在淤积层下降缓慢时,利用钻机卷扬反复上、下起放钢套管,靠冲击力使其下入淤积层相对较稳定处,利用高精度测斜仪在管中部及底部测量钢套管的偏斜和弯曲情况,垂直度满足技术要求后,方可固定钢套管,进行下一道施工工序。不满足技术要求则取出重新下入。管口处安装管夹子,套管间采用丝扣连接,连接处采用焊接钢筋条的方法防止丝扣脱扣,并用钢丝绳(φ13～15mm 的钢丝绳)将套管串连在一起,以防套管脱落,造成钻探事故。

岩塞口处的淤泥扰动爆破孔,孔间距小,为实现良好的爆破扰动效果,要求钻孔偏斜精度小于 1%。在水深约 40m,覆盖层厚约 30m,且有较大水流速度影响的作业条件下,下直钢套管有非常大的难度。下直钢套管(要求钢套管顶角偏斜角度不大于 0.3°,特殊情况下不大于 0.5°)是保证钻孔偏斜精度达到技术要求的最基本前提条件,为此拟综合采取"配重体法""偏吊套管法""定位调节绳法""导向架法"及"移动钻机或平台法"等一系列技术措施结合高精度陀螺测斜仪测斜来保证钢套管的垂直度。

(1)加配重体法

在钢套管下部加设重 500kg 左右的三圆钢配重体,在重力水平分力的作用下,对套管可起到很好的保值效果。

(2)偏吊套管法

在水流的冲力作用下,钢套管顺水倾斜,不易下直。采用在平台以上接长套管至4～5m 高,对上游侧的管夹子端部进行提吊,由于套管的重心需回复到提吊拉力的作用线上,这样使钢套管产生一个合适的偏斜角,以抵消水流冲力对钢套管造成的倾斜,达到钢套管垂直的目的(图 4-15)。

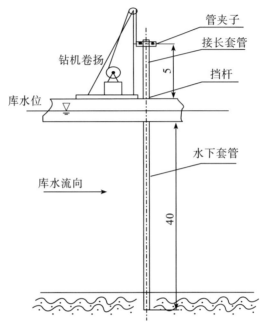

图 4-15 偏吊套管法(单位:m)

(3)导向架法

自行设计了角度可调的钢套管下放导向架,先将长 3m 的导向滑道的导向架固定在孔口,按水流流速大小和方向反向调节导向架滑道至合适角度,将钢管放入导向架滑道中顺角度下放,这样钢套管在导向架的限制下形成一定的偏斜角,同时导向架给钢套管提供一个反力矩来抵消高速水流冲力对钢套管造成的倾斜,达到套管垂直的目的。

(4)定位调节绳法

在钢套管中下部的上游侧呈一定夹角安装两根调节绳,实现对钢套管的偏斜和弯曲调整,钢套管系绳点焊在三圆钢配重体上,三圆钢配重体的固定位置由计算确定(水深 40m 时,固定点位于 20～25m 处),调节绳通过在平台端部法兰安装的水下(或侧伸式)桁架端部滑轮和平台滑轮,由绞盘等紧绳装置来控制调节幅度,以抵消高速水流冲力对钢套管的造斜作用(图 4-16)。

(5)移动平台法

根据由高精度测斜仪测出的钢套管偏斜情况,预先将钻机或平台反方向移动相应偏移量,下放套管至淤泥层一定深度后,再回移钻机或平台以实现钢套管垂直的目的。

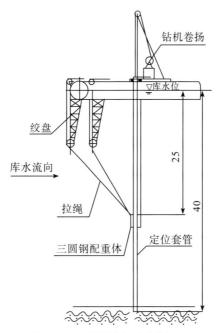

图 4-16　定位调节绳法(单位:m)

4.14.4　淤积层取芯取样钻进

采用归心钻钻进或常规牙轮钻进工艺进行钻进。归心钻钻进工艺的基本原理为:归心钻钻具为偏心设计,在高速回转的情况下,产生一个离心力,当钻孔偏斜时,钻具会紧靠偏斜面,在偏心钻具产生的离心力作用下,带动钻头侧齿不断地刻蚀偏斜面,从而实现钻孔垂直的目的。

拟采取的主要钻进参数如下:转速为 300～500r/min,泵量≥100L/min,泵压为 0.3～0.5MPa,钻压为 1～2kN(考虑钻杆重量,孔深时减压钻进)。

4.14.5　基岩钻进

到基岩面后,换 ϕ160mm 金刚石钻头钻进至设计孔深。钻进过程中如发现钢套管松动,需根据实际情况加接钢套管。钻进过程中随时进行钻孔孔斜测量,发现孔斜过大,就得及时采取相应的纠斜措施进行纠斜。

由于岩塞口处基岩与覆盖层接触面很陡,坡度为 65°～85°,为防止"顺层跑"情况发生,当钻进到基岩面时,必须采用长钻具、低轴压、慢转速、小泵量等钻进工艺,同时控制进尺速度,钻进 20cm 左右后方可正常钻进。

金刚石基岩钻进主要参数如下:转速为 180～800r/min,泵量为 80～100L/min,泵压为 0.3～0.5MPa,钻压为 2～3kN(考虑钻杆重量,孔深时减压钻进)。

4.14.6 施工测斜

国内多个工程都是采用武汉基深勘察仪器研究所生产的 CX-6B 型高精度陀螺测斜仪进行钢套管和孔底顶角、方位角的测斜。该测斜仪是采用高精度电子陀螺测量方位角、石英挠性伺服加速度计测量顶角的新型测斜仪器,可用于磁性矿区钻孔及铁套管内顶角和方位角的高精度测量。其主要技术指标为:顶角测量范围为 $0°\sim\pm60°$,顶角测量精度为 $\pm0.1°$,方位角测量范围为 $0°\sim360°$,方位角测量精度为 $\pm2°$。

施工过程中对钢套管管身、管底及钻孔进行多点测斜,测量工作由经过测量培训的技术值班员按操作规程来完成,并做好测斜记录,确保钢套管及钻孔偏斜资料的准确性。

4.14.7 终孔

钻到设计孔深,验收合格后方可终孔。要求入岩深度大于 0.5m,并满足设计要求。

4.14.8 PPR 管和塑料盲沟安装

当复核钻孔深度、孔向达到设计要求后,从钢套管内插入 PPR 管,PPR 管采用专用套管或热熔连接。

塑料盲沟外覆土工布装入孔内。

4.14.9 验孔与钢套管拆除

PPR 管安装就位后,与平台可靠固定,然后吊入沙袋法进行试孔,逐孔检查孔深及孔径是否满足要求,内壁是否光滑平整,之后逐节拆除钢套管。

4.14.10 淤泥孔施工质量保证措施

水下淤泥孔钻孔位置应准确测定,经常校核。为了保证爆破精度和效果,要求淤泥孔的孔斜应尽可能小,孔斜应控制不大于 1%,及时向现场设计人员提供每孔的坐标、测斜数据,便于调整后序钻孔位置。水下钻孔应嵌深基岩以下 0.5m,其超钻深度应满足装药底高程,并根据孔内淤积情况进行调整。

钻机工作平台应固定牢靠,不受水流、风浪、水位升降而产生摆动或位移。在下 PPR 塑料套管前,对于钻孔要进行清孔处理,保证套管顺利下放;PPR 塑料套管就位后,对其水上部分要采取可靠的固定措施,防止套管倾斜,孔口做好临时封堵措施,防止坠物堵塞套管。

为了确保淤泥孔 PPR 套管不受水流、风浪、水位升降而产生摆动或位移,作业平台不移走而响炮。

第5章　岩塞岸坡处理与防渗漏水灌浆技术

岩塞爆破洞口以上洞脸山体的稳定与否,直接影响着岩塞爆破的成败。如果岩塞洞脸地质条件不好,同时又没经过加固处理,在强烈的爆破振动影响下,就容易发生大量的坍方威胁隧洞的运行安全。特别是对于那些地形较陡,又没设置集渣坑的岩塞进水口威胁更大。

在岩塞爆破施工时对洞脸稳定问题,施工前首先要进行地形、地质资料的分析,对现场地形进行了解,对可能存在的各种围岩组合下滑面,先进行静力计算,在此基础上再考虑爆破影响。当静力计算出现不稳定时,必须对进口洞脸围岩进行加固处理,或采取必要的防护措施。对于只是表层不稳定的洞脸,可以采用打锚杆与挂网和喷混凝土联合结构加固。对于围岩有深层滑动面的情况,就必须采用深锚杆或者预应力锚索等加固措施。在镜泊湖进水口岩塞山体加固中,对预应力锚索进行动观测和静观测。

采用深锚杆与预应力锚索加固岩塞以上洞脸处不稳定的山体是一种好的方法。预应力锚杆或锚索不仅承担了全部的下滑力,同时在施加预应力增加了阻抗下滑力,更有利于山体的稳定,并且预应力锚索具有抗震的良好性能。对预应力锚索动观测是采用Y6D-3型6线动态应变仪及SC-1型八线示波器,3×2的纸基应变片,贴到锚索高强钢丝上进行岩塞爆破时动应变测量。测量结果表明,锚索的抗震性能良好,预应力锚索起到了预想的效果。静观测是采用YJ-5型电阻应变仪测应变,用测长仪及差动变压器测位移、用比例电桥及卡尔逊应变计测应变,对锚索施工时施加预应力,以及爆破后锚索的受力情况进行观测,观测表明锚索运行情况良好。

对于预应力锚索的计算,一般要求安全系数为1.0～1.5。爆破震荷载可以近似采用增大1.5～2.0倍静荷载。为了施工的方便,预应力锚索的种类不宜多。设计中锚索的作用最优方向是沿下滑面方向再向下达到滑动面的内摩擦角的倾角角度。锚索的吨位选择,要符合其合理布局,使锚索既不疏也不过密。例如,一个滑动体的稳定计算只需要一根大锚索就可满足稳定要求,但不能保证山体的稳定。因为岩石不是完整的,在应力达不到的地方,被节理或断层切割的工况下,仍然会产生坍方。应根据围岩的破碎情况和锚索的吨位大小,来考虑锚杆与锚索布置排距和孔距。一般在地表没有完整结构物(如钢筋混凝土贴坡墙等)的情况下,预应力锚索布置成 3.0～6.0m 孔距和排距,之间再用锚杆加固的办法是可以得到保证的。如果地表有整体的结构物与锚索相连,则锚索的布置可不受限制。

同时,岩塞进水口岸坡在破碎和较多裂缝时,在爆破破坏作用范围内的断层、破碎带、软弱夹层、节理、裂隙等分割岩体的地质结构面对爆破效果影响很大,其中以断层与裂隙较为突出。施工中岩塞体越薄,岩塞部位节理、裂隙、地下水及岩塞体上部水压力对药室开挖与钻孔的影响越大,钻孔及装药的施工难度也就越大,孔中的水压力可能会把炸药冲出孔外影响岩塞的爆破效果,同时使岩塞安全性降低。为了提高岩塞围岩的整体稳定性、减少岩塞爆破药室开挖和炮孔钻孔的渗水量,在岩塞上部岩体锚固后又进行了岩塞体预灌浆工作,采用灌浆来加强围岩结构,固结灌浆处理后能使岩塞体平均透水率降低,提高岩塞爆破施工的安全性。

5.1 岩塞灌浆岸坡处理技术

岩塞爆破施工中,由于岩塞靠近水库岸坡,这段岩体又多为风化岩石,在水库高水头作用下,岩塞体钻孔和药室开挖、集渣坑开挖过程中经常出现较大的渗漏水,给施工中的岩塞稳定和施工造成较大影响。因此,在岩塞药室开挖、钻孔、集渣坑开挖前进行超前的灌浆处理会有较好的防渗效果。

在国内的水下岩塞爆破施工中,对岩塞体渗漏水的处理,是为使岩塞稳定性而达到对围岩的加固,以确保岩塞进水口的施工质量和安全。由于岩塞进水口地质条件相对较差、透水率较高,一般应在集渣坑开挖前(或过程中)先对岩体区域岩体进行水下固结灌浆等防渗加固处理是必要的。有的岩塞岩体构造较为发育,采用洞室爆药室的开挖和闭气都有一定难度,对上部岩体进行有效的灌浆,灌浆对中、下部围岩的防渗和强度有所提高,有效改善岩塞渗漏水和提高围岩稳定。下面主要介绍几个岩塞上部岸坡灌浆处理工程。

5.1.1 九松山岩塞岸坡灌浆处理

九松山隧洞岩塞岩性为角闪斜长片麻岩,表面地形倾角 60°,强风化层厚 1～1.5m。岩塞体为弱风化岩,岩塞内口的上半部,顶部和左、右壁岩石比较完整,下半部岩石稍差,节理间距 0.5～1.0m,西边腰部上、下节理较发育,有的节理夹泥。同时,岩塞顶部水头为 36m,岩塞体厚仅 4～5m,漏水比较严重,岩塞爆破施工过程中,采取了水库岸边灌浆、洞内布置了 12 个超前灌浆孔,钻孔过程中的灌浆,由于采取了多次灌浆堵漏,最后炮孔装药时,岩塞掌子面只有岩面上有少量渗流,总量不过 0.5mL/s。

一般来说,岩塞爆破施工过程中,岩塞体很薄时,围岩又是裂隙发育的风化岩石,岩塞爆破施工时掌子面渗漏、漏水一般较大。九松山隧洞的岩塞位于一个半岛上,隧洞的前面、上面、东边、西边四面是水库,岩塞体又薄,岩塞顶部水头又高,九松山岩塞爆破施工过程中漏水、渗水是一大难题,对此安排了多种防渗堵漏措施。

1)九松山隧洞的两侧作帷幕灌浆,在水库水面上采用大型浮排,浮排上安装岩芯钻机,用岩芯钻机钻深孔帷幕灌浆,用帷幕灌浆围住隧洞,灌浆起到隔断渗水渗流通道,有效减少水的渗流量的作用。

2)隧洞末端堵漏。当隧洞末端在岩塞 15m 附近时,地形太陡,水面钻孔造成钻头打滑,把钻孔固定在规定帷幕以外进行。同时,在隧洞掘进离岩塞体较近处,进行洞内超前灌浆处理,达到对岩塞围岩的固结,减少洞内的渗漏。

5.1.2　长甸电站改造工程岩塞爆破岸坡支护处理

太平湾发电厂长甸电站改造工程位于辽宁省丹东市宽甸县长甸镇拉古哨村中朝边界的鸭绿江右岸,改造工程为引水式水电站,电站装机容量为 200MW(2×100MW)。引水系统采用一洞二机的布置形式,隧洞全长 2127.64m。引水系统由岩塞进水口、事故检修闸门室、引水隧洞、调压井、两条引水支管等组成。进水口由岩塞爆破形成,进口内直径为 10.0m,外口直径为 14.4m,岩塞厚度 12.5m,岩塞位于水丰大坝右岸上游约 650m 处,岩塞后布置气垫式斜坡集渣坑,斜坡集渣坑长 73.0m,宽 11.0m,高 13.0~31.94m,由于集渣坑体型规整,开挖成型较为容易。进水口底高程为 60.0m,位于水库设计死水位 95.0m 以下 35m,位于水库正常蓄水位 123.3m 以下 63.3m。若采用常规进水口,不仅施工困难较大,而且工程安全性较低。

太平湾发电厂长甸电站改造工程岩塞爆破时,其岩塞体与周边围岩风化严重,岩塞风化层厚 2.5m,施工中所有的炮孔孔底都将延伸到风化层内,当在 30~60m 的高水头压力下,进入风化层的炮孔,必然导致渗水漏水情况的发生,一旦漏水较大时,会严重影响岩塞爆破的施工和岩塞爆破效果。为了最大限度降低风化层对岩塞爆破的不利影响,应提前对岩塞体及岩塞周边保留岩体进行灌浆、锚索、锚杆、喷混凝土支护处理。灌浆对围岩有两个好处:第一是可以对风化层及新鲜岩体内部的节理裂隙进行封堵,防止岩塞爆破施工时的漏水透水;第二是可以对岩塞体周边的岩体起到加固作用,有利于岩塞爆破过程中周围围岩的稳定。

(1)岩塞口的支护和固结灌浆

太平湾发电厂长甸电站改造工程进水口岩塞爆破其岩塞的外侧岩体较岩,外侧迎水面的岩石风化层厚度为 2.5m,这部分岩体的承载力较正常内部新鲜岩体弱,因此实际的安全性要略低于设计安全性。岩塞口的覆盖层厚度太大,为防止岩塞爆破和运行期岩塞口附近的覆盖层垮塌并落入岩塞口内,对岩塞口过流与安全造成不利影响,需要对岩塞口周围的围岩进行锚杆支护和固结灌浆处理。超前固结灌浆孔布置为:当岩塞厚度为10m时,固结灌浆孔深入基岩9.0m,间距1.5m,排距2.0m,按梅花形布置。锚杆布置,支护锚杆深入基岩9.0m,间距1.5m,排距2.0m,按梅花形布置。

(2)岩塞进水口锚固灌浆交通洞

长甸电站改造工程岩塞进水口在条件成熟时,结合前期工程施工,布置探洞进一步查明岩塞进水口区域特别是岩塞部位的地质情况。在这个基础上,设计增设了一条锚固灌浆交通洞(长探洞)。该交通洞将到达岩塞和集渣坑上方10余米处,先期作为探洞,进一步揭示和探明岩塞区域地质条件。根据揭露的地质条件,利用完成后的锚固灌浆交通洞继续朝水库方向开挖锚固灌浆洞,并利用锚固灌浆洞进行岩塞及集渣坑区域围岩预灌浆处理。

为了提高岩塞体围岩的整体稳定性,减少岩塞爆破炮孔钻孔和集渣坑开挖时的渗水量,于2011年11月27日至2012年6月10日,在锚固灌浆洞内进行了岩塞体预灌浆,共布置了7排91个灌浆孔,其中水泥灌浆孔78个(2770m),水溶性聚氨酯化学灌浆孔13个(755m),另外有化学灌浆段(2~7排,总计889m)。灌浆处理完成后的压水试验结果表明:灌浆处理前岩塞岩体平均透水率为13.6Lu(吕荣),对岩塞体进行灌浆处理后岩塞岩体平均透水率为4.0Lu(吕荣),岩塞体进行灌浆后满足设计透水率5Lu(吕荣)的要求。

同时,为保证岩塞体上方围岩的稳定性、确保岩塞爆破成功进行,在锚固灌浆洞内布置2排共引16根1000kN的预应力锚索,每排布置8根,设计索长分别为21.5m和22.5m。

(3)岩塞进水口上部边坡清理支护

长甸电站改造工程岩塞进水口施工中,为保证进水口上部边坡的稳定,设计要求对岩塞进水口边坡90~123.3m高程范围内进行清理支护。人工清理边坡后,采用YT-28手风钻钻锚杆孔,锚杆孔浇注混凝土后,人工安装锚杆。对于破碎、易塌孔的边坡部位,根据现场实际情况可采用自进式锚杆安装。锚杆施工完成后,在边坡上敷设ϕ8mm的钢筋网,网格为15cm×15cm,然后进行喷混凝土施工,设计喷混凝土厚度为10cm。由于在丰水期施工,库水位一直较高,完成边坡101~123.3m高程范围内的开挖与支护施工,而边坡90~101m高程段在水下无法施工。共计完成普通锚杆ϕ28mm,锚杆长6.0m,共计213根,自进式锚杆ϕ28mm,锚杆长6.0m,共计80根。

5.1.3 响洪甸抽水蓄能电站进水口岩塞爆破岸坡处理

响洪甸抽水蓄能电站岩塞和集渣坑部位主要为火山角砾岩和粗面岩,间断分布有凝灰角砾岩,岩塞轴线右侧凝灰角砾岩内局部有绿泥石化现象,呈团块状和囊状分布,集渣坑洞室埋藏在新鲜岩石内,开挖中未发现有断层出露,左壁岩石完整,右壁局部裂隙发育,岩石较破碎,岩石抗压强度 $70\sim100$MPa,岩体透水性一般在地表 15m 范围内为较强透水带,K 值为 $0.1\sim0.51$ 米/昼夜,$15\sim25$m 深度为中等透水带,K 值为 $0.05\sim0.21$ 米/昼夜,局部深层岩体受构造裂隙的影响部位透水性较大。

在施工图设计阶段,根据地质补充钻探成果,并结合现场钻爆试验和松散系数试验结果,对岩塞体和集渣坑的结构尺寸进行了优化,施工前对岩塞部位周边的水库岸坡打孔进行超前灌浆防渗处理。

(1)水库岸坡防渗处理技术

集渣坑开挖前,在岩塞上部岸坡上打斜孔对岩塞体进行超前灌浆处理,岩塞左、右边坡共布设 4 排 40 个超前灌浆孔,进行水泥灌浆,有效改善了岩塞体的防渗条件,提高了岩塞整体强度,为此将岩塞厚度减薄 2.0m,以减小爆破工程量。对岩塞部位进行超前灌浆,对岩塞和集渣坑前部的防渗起到了良好的作用,因而在岩塞和集渣坑开挖过程中未出现严重的渗漏现象。

(2)集渣坑前部开挖过程中的支护

集渣坑中前部拱顶由于距爆源较近,爆破地震作用明显,故按常规进行支护设计。仅对爆源近区和围岩破碎带加强支护。对处于爆破破坏半径范围内的岩塞后部渐变段和集渣坑中前部(桩号 A0+30.0 以前)洞室全断面设置系统锚杆,锚杆为 ϕ25mm,梅花形布置,间距 1.5m,锚入岩石 $3\sim5$m,同时对围岩进行固结灌浆,灌浆孔深 $4\sim6$m,间距 3.0m,局部裂隙发育区域,锚杆适当加深加密。

(3)对集渣坑前部的加强支护

集渣坑部位主要为火山角砾岩和粗面岩,拱顶及左壁(顺水流方向)总体来看岩石较完整,在桩号 A0+12~A0+36 段,受陡向裂隙的影响,透水性较大。同时,集渣坑右壁构造较发育,裂隙分布疏密相间,且岩层较破碎,对边墙稳定有不利影响。而且,又是爆破地震作用较明显的岩塞后部过渡段及集渣坑前部顶拱部位,该部位设置预应力锚索加强支护,锚索入岩深度 $9\sim11$m,间距 4.0m,张拉力 525kN,共计 48 根,起到非常好的加固作用。

5.1.4　华电塘寨取水口岩塞爆破岸坡处理

塘寨火电厂取水一级泵站属于塘寨火电厂一期工程升压补水系统的一部分,是整个升压补水系统中的一级提升泵房兼厂外取水口,泵站位于乌江索风营水电站库区右岸花地人渡处。工程采用布置两条平行平洞,平洞施工采用预留岩塞挡水,待洞内施工完成后,同时爆破两个岩塞,实现取水目的。

1#、2#洞在同一高程平行布置,中线距离 11m,其中 1#洞全长 37.3m,平直段长21.5m,进口段长 15.8m;2#洞全长 39.4m,平直段长 21.5m,进口段长 17.9m。1#岩塞轴线与水平线夹角为 30°时,岩塞内口直径 3.5m,外口直径 6.17m,岩塞上沿厚度3.63m,下沿厚度 4.56m,平均厚度 4.095m,岩塞方量 81m³。2#岩塞轴线与水平线夹角为 30°时,岩塞内口直径 3.5m,外口直径 6.02m,岩塞上沿厚度 3.97m,下沿厚度4.31m,平均厚度 4.14m,岩塞方量 82m³。

取水洞洞口布置地形坡度较陡,其中 1#洞洞口地形坡度为 41°~65°,2#洞洞口地形坡度为 44°~62°,岩层产状为 N35°~40°E/NW∠40°~52°。经工程地质钻探显示,岩塞部位岩石为深灰色灰岩,引水隧洞围岩裂隙发育,裂隙中充填方解石及泥质,透水量约为 1160mL/s,透水系数 $K>10m/d$,岩塞体属于强透水环境,因此整个取水隧洞及岩塞体采用超前预灌浆防渗堵漏加固技术。根据超前预灌浆前在水试验,实测吕荣值>50吕荣(Lugeon)。

(1)岩塞口的锚杆支护

为了保证岩塞爆破施工的安全,需要对岩塞口上部周边的围岩进行锚杆支护。锚杆采用 YT-28 手风钻钻孔,锚杆孔距离岩石和水交界面 50~80cm 布置,锚杆超前固结灌浆孔,深入基岩 4~6m,间距 1.5m,排距 2.0m,呈梅花形布置。1#取水系统岩塞锚杆支护布置(30°方案)如图 4-7 所示。

(2)超前预固结灌浆支护

岩塞岸坡超前预固结灌浆时,灌浆钻孔应深入基岩 5m,间距 1.5m,排距 2.0m,呈梅花形布置。灌浆时采用自孔口向孔底逐渐加压灌注水泥浆,浆液配比为 1:1 和 0.5:1,灌浆压力为 0.1~0.5MPa,预固结灌浆是将整个岩塞体进行超前预灌浆,但不进行超前锚杆加固,对周边洞室和周边围岩进行超前锚杆加固,预灌浆后使整个岩塞及岩塞爆破附近区域的引水隧洞围岩整体性提高,同时提前有效地截断库区水渗透路径,进一步确保岩塞爆破施工期的安全。1#取水系统岩塞固结灌浆孔及范围(30°方案)如图 4-4 所示。

在塘寨取水工程中,岩塞爆破施工前在水库岸坡采用超前锚杆和预灌浆进行防渗堵漏和加固技术,实现了对岩溶地区出现强透水达到有效预防。当岩塞面开挖至岩塞设计厚度时,应对岩塞体进行全面灌浆处理防止渗漏。在岩塞爆破孔钻孔过程中,如钻孔达到深度值或没有达到深度值时出现较大的渗漏,应立即采取有效措施进行再灌浆处理,确保岩塞爆破施工的安全和爆破效果。

5.1.5　310 电站扩建工程进水口岩塞爆破岸坡处理技术

310 电站扩建工程进水口岩塞爆破时岩塞跨度为 8m,高度为 9m 的城门洞型,岩塞厚度为 8m,水库为一天然湖泊。扩建工程的进水口在水下 23m,岩塞首次采用了单层药包布置,总装药量为 1230kg,最大一响药量为 694.4kg,共爆落岩石 1112m³。

进水口围岩主要为闪长岩,局部有花岗岩、花岗斑岩等岩脉穿插。半风化围岩厚度为 3~3.5m,微风化岩石湿抗压强度为 1000kg/cm²,抗拉强度为 37kg/cm²。进水口区域有数条规模不大的断层,其中 F_4、F_6 断层平行进水口中心线,从岩塞中部切过,对岩塞及岩塞进口的稳定有一定的影响;同时,平行湖岸与进水口中心线近于垂直的 F_5 断层,与其余的地质构造组合在一起,构成了山坡岩体在爆破中的不稳定因素。由于进水口山坡存在不利于岩体稳定的地质构造,经分析计算进水口山体在爆破时可能下滑,因此,对岩塞岸坡岩体采取了大吨位的预应力锚索,对山体不稳定岩体进行了加固。

(1)进水口山坡岩体加固

为了保持岩塞爆破后进水口山坡岩体的稳定,采用预应力锚索来加固进水口山坡不稳定岩体。根据不利岩体稳定的结构面的分析,由 F_5 断层与 5 号花岗岩脉所组成的滑动面最为不利,经计算在岩塞轴线上、下游各 6m 范围内不稳定岩体总方量为 1700m³,最大下滑力为 762t。

预应力锚索由 22 根 $\phi7mm$ 的高强钢丝组成,锚索的内外锚头均用爆破压接方法施工。并根据实际的地形地质条件,在岩塞口正面共布置了 8 组(16 根)锚索,两侧布置了 3 组(6 根)锚索,总共布置了 22 根锚索。锚索每根长 15m,张拉吨位为每根 50t。

(2)岩塞爆破时锚索的工作状态

从实测资料可以看出,在岩塞爆破后很短时间内锚索由于受压,拉应力有所损失,实测最大损失值为 1750kg/cm²,在同一根锚索上距离爆心越近这种应力损失也就越大,在爆破后 20h 后,在剩余应力的基础上锚索拉应力又有回升,平均回升应力为 372kg/cm²,最大回升应力为 510kg/cm²。

(3)对预应力锚索加固山坡岩体效果的看法

从 310 电站扩建工程进水口岩塞爆破后观测资料看出:

1)结构面的位移量和变化规律以及岩体的变形情况分析结果,说明岩塞进水口山坡的岩体在爆破后是稳定的。

2)岩塞爆破时岩体受到压缩,而爆破后岩体回弹使锚索应力增加,锚索对岩体加固起到了作用,采用预应力锚索对岩塞岸坡岩体进行加固是必要的。

3)利用预应力锚索加固岩塞岸坡岩体的效果,与锚索的加工工艺、内锚头锚固位置的选择和张拉程序等因素有关。为了有效地加固岸坡岩体,还必须搞清岩体结构和结构面的物理力学性质,并在设计时认真考虑。

5.2　岩塞体钻孔漏水灌浆处理

水下岩塞爆破施工时,其岩塞一般在 20m 至更高的水头作用下,而且从岩塞中部至地表这段岩石,岩石体表面又多为风化岩石,表面节理裂隙较发育,岩石强度较低,岩塞顶部水压力大。岩塞口长年处于水下运行,用岸坡灌浆对裂隙进行加固和堵漏,达到岩塞进口边坡的围岩稳定的目的。同时,在集渣坑开挖、岩塞药室开挖、岩塞钻孔过程中或钻孔以后都有渗水出现,在打超前探测孔的过程中也会出现单孔渗水较大的问题。为了减少岩塞体超前探孔、集渣坑、药室开挖、岩塞钻孔施工中渗水给施工带来的困难,当岩塞的渗水有以下几种情况:沿节理的少量渗水;沿断层、张开裂隙的渗水;破碎地段及地表岩石张开裂隙与药室或集渣坑和钻孔贯通的大量涌水。对于岩塞中不同渗水工况,可按渗水量大小分别用不同的方法处理,达到改善现场施工条件的目的。对于岩体中少量渗水可不必处理,渗水量较大时,可将水集中引出,对大面积漏水采用水泥灌浆止水,首先布置部分灌浆孔,在岩塞部位进行水泥固结灌浆,灌浆时压力不能过高,一般不超过外部水压的 1 倍,以避免压力过高后,导致水泥浆液向水库里流失,同时应根据压力变化调整浆液浓度。国内各岩塞工程漏水情况如表 5-1 所示。

在岩塞爆破施工前通过地质勘探及详细测量资料的分析,对岩塞进口的地形地貌情况有较全面的了解,设计和施工正是建立在这些勘测资料的基础之上。但为了确保岩塞爆通成型、消除水下测量的误差,在岩塞体药室和炮孔钻孔前,应在岩塞面上布置 5～6 个超前探孔,准确探清岩塞各个部位的实际厚度,这就是提前布置超前探孔的作用。为了保证超前探孔顺利钻孔,施工中先用 YT-28 风钻打超前探孔。

表 5-1　　　　　　　　　　　　　国内各岩塞工程漏水情况

工程	渗水量	渗水途径	处理措施
清河水库岩塞爆破	379.00L/min	沿岩塞断层大裂隙破碎地段的大量漏水	在渗漏水集中处打 0.5～1.0m 的孔用胶皮管引出
丰满试验岩塞爆破	12.00L/min	沿岩塞节理有少量渗水	用塑料布将渗水导出
镜泊湖水下岩塞爆破	22.78L/min	沿岩塞节理有少量渗水	在水库岸坡堵漏,山体加固用水泥灌浆及氰凝灌浆试验
香山水库岩塞爆破	360.00～441.00L/min	钻孔孔底距岩石面只有 1.10～1.62m,两个钻孔贯通形成张开大裂隙漏水	采用丙凝化学灌浆
塘寨火电厂取水口双岩塞爆破	1160.00mL/s（$K>10m/d$）	岩塞围岩裂隙发育,裂隙内充填方解石及泥质,属强透水	离水库岩石和水交界面 50～80cm 处打超前预固结灌浆孔,对岩塞体进行超前预灌浆

工程	渗水量	渗水途径	处理措施
九松山岩塞爆破	5.00L/s	岩塞体西边有几条交叉节理夹泥,漏水较大	在水库用浮排钻深孔帷幕灌浆,洞内作超前灌浆,固结围岩,减少渗漏
响洪甸水下岩塞爆破	0.10~0.50L/min	岩塞轴线右壁局部裂隙发育,岩石破渗水较大	在岩塞上部岸坡打斜孔进行超前灌浆,起到良好防渗

岩塞体的超前探孔工作是一项关键性的工作,整个岩塞体上如何确定钻孔深度应以岩塞厚度的准确判断为依据。同时,由于水库水位与岩塞底面高差达十几米至几十米,如果钻孔与水库相通后,炮孔内单位水压力非常高,出现严重漏水时,势必影响爆破施工和施工安全。在超前探孔和炮孔钻孔过程中,出现超前探孔和炮孔漏水时,应及时采取灌浆处理,确保钻孔施工期安全。超前探孔施工时,探孔应逐个施工,钻探一个孔应立即封堵一个孔。

5.3　岩塞超前探孔钻孔要求

(1)超前探孔的布置

为保证岩塞安全施工,在洞体开挖施工中必须进行超前钻探,做到先探后开挖,以保证岩塞厚度的准确性。每个岩塞的探孔是根据岩塞大小进行布置探孔个数,孔深依据原设计炮孔深度而定,探孔钻孔至漏水时停钻,同时确定该部位岩塞厚度。

(2)探孔漏水处理

在超前探孔施工中要注意渗水的变化情况,当探孔出现渗水时应及时进行灌浆处理,灌浆后的探孔应待浆液固结有一定强度再施钻。探孔钻孔时出现透孔或喷水时,可采用多人将塞杆插入孔内、拧紧止水螺栓进行止水,随即进行化灌止水。

例如:密云水库潮河泄空隧洞进口岩塞爆破施工中,原设计岩塞厚度为5.0m,而在开挖过程中岩塞底面出现超挖,按照开挖的实际情况,岩塞实际厚度为4.54m。为了确保岩塞爆通成型,消除水下测量误差,在岩塞面上又布置了26个超前探孔。超前探孔钻孔情况如表5-2所示。

密云水库潮河泄空隧洞进口岩塞爆破,设计岩塞厚度为5m,在开挖过程中岩塞底面出现超挖,按照开挖的实际情况,岩塞厚度为4.5m。经过超前探孔的实际探测,岩塞面上部1#孔设计孔深为4.4m,钻孔至3.0m时有渗漏浑水出现,实际钻孔深度为3.3m,所以决定在其下部将4#孔打穿,钻孔深至4.7m时不漏水,钻进到5.5m时出现漏水,孔深6.0m时钻杆卡住,最后钻进到6.45m时,用7.0m长的钢筋去捅孔,孔中冒出大量泥浆水。

表 5-2 超前探孔钻孔情况

钻孔编号	设计钻孔深度/m	实际钻孔深度/m	渗水情况		钻进情况
			渗水量/(mL/min)	渗透压力/(kg/cm²)	
1	4.4	3.30	60～80	3.5	
2	4.1	4.13	20	1.7	
3	4.0	4.08	7～10		
4	贯穿孔	6.45	200～220		
5	4.5	4.40～4.95	20～30	3.3	
6	4.5	4.43	33	2.0	
7	4.5	4.40～4.95	15～20	3.3	
8	4.2	4.20～4.95	40～60	3.3	钻进 3.0m 左右时皆有渗漏浑水现象。由 3# 孔压水时，2# 孔反应强烈，有喷水现象，7# 孔冒浑水，孔深 1.3m 处漏水，超过 1.3m 后压水试验，无反应；4# 孔在 4.7m 时不漏水，5.5m 左右漏水，6m 时卡钻，孔深加深后，渗水量基本不变；7# 孔钻孔 4.2m 时渗水量小，加深到 4.95m 时渗水量变大。大部分孔深加深后，会由不漏水变为微量漏水直至渗水量加大
9	4.4	4.45	不漏水		
10	4.1	4.10～4.95	7	3.3	
11		4.00	微漏水		
12		3.40	不漏水		
13		3.80	微漏水		
14		4.50	微漏水		
15		4.20	2		
16		3.30	10	2.0	
17		3.70	3		
18		3.55	微漏水		
19		4.20	不漏水		
20		3.60	5	2.0	
21		3.60	不漏水		
22		4.85	微漏水		
23		4.90	微漏水		
24		4.85	微漏水		
25		4.80	微漏水		
26		4.00	23	3.0	

通过超前孔和贯穿孔钻进资料分析，该岩塞体岩石上薄下厚、左薄右厚（面向下游），上部为 4.0m 左右、中间厚度 4.5m 左右，岩塞下部为 6.0m 左右。该结论与设计数据还是基本相符的。

5.3.1　岩塞钻孔时漏水灌浆

在岩塞炮孔钻孔时应比设计炮孔深度超深 20cm,先打超前探孔,再打周边预裂孔,后打主爆孔。小孔要做到漏水一个灌浆堵漏一个,以小孔包大炮孔,避免钻孔时出现严重渗漏。

(1)岩塞钻孔顺序

岩塞采用全排孔爆破时,其钻孔顺序为先造贯穿孔和超前灌浆孔,再进行预裂孔和主爆孔(含空孔、掏槽孔)的钻孔,主爆孔钻孔时先造直径 50mm 的主爆孔探孔,再进行主爆孔的扩孔。根据灌浆效果和同类工程"小孔易灌"的经验,采用小直径钻孔和用小孔进行灌浆,最后把小直径孔扩大到规定的直径。

(2)灌浆止漏水的要求

在岩塞钻孔施工过程中,当岩塞面出现大面积漏水时,采用水泥灌浆。钻孔施工钻孔漏水量大于 $0.3\text{m}^3/\text{h}$ 时,采用丙凝或聚氨酯灌浆。钻孔过程中漏水量小于 $0.3\text{m}^3/\text{h}$,可采用水泥和水玻璃浆液灌浆,灌浆压力大于孔内水压力 $0.3\sim0.5\text{MPa}$。

(3)岩塞钻孔结束后的工作

岩塞体全部钻孔完成以后,应逐个孔重新用风钻进行清孔。有的孔进行扫孔后又出现漏水,再进行补灌浆处理,直到全部钻孔都达到设计深度。如果这时有少量钻孔还有少量漏水,2min 内有 21m 漏水时,漏水顺岩面渗流,并且不影响装药情况下,就不再进行补灌。

5.3.2　药室与导洞封堵与灌浆

在有导洞和药室的岩塞爆破施工中,对药室和导洞的良好堵塞,不仅可以提高炸药能量的利用,也是保证岩塞爆破成功的一个重要环节。在岩塞导洞和药室有斜度向上堵塞工作往往比较困难,施工中一般可用砖砌、堆码碎石口袋把导洞分成短洞段,然后填碎石沙,最后用水泥灌浆进行封堵,用水泥灌浆封堵具有施工方便、速度较快、堵塞质量好等优点。药室导洞灌浆前应做好相应的封堵。

5.3.3　导洞封堵前的准备工作

(1)水泥准备

采购 $525^{\#}$ 的早强快硬硫铝酸盐水泥来做试验,试验包括原材料质量检测和现场初凝、终凝时间试验,是否满足设计提出的水泥结合强度 24h 的技术要求,该工作在药室开挖时完成。

（2）其他封堵材料准备

在药室装药完成后的封堵材料有黄泥砖、木板、石棉被、胶管、灌浆管等材料,并按设计图纸要求预埋灌浆管路和导洞封门的钢锁门埋件。

（3）灌浆与排气管固定和安装

当药室开挖完成后,在导洞顶拱灌浆管和排气管路布线处的岩拱上按间距 1.5m 布设 ϕ14mm 插筋($L=25$cm,入岩 15cm),将灌浆管和排气管通过线卡固定在插筋上。回填灌浆管和排气管安装时管路上设置明显标志,所有灌浆管、排气管全部接引至岩塞段后部掌子面处,管子外露 40~50cm。

5.3.4 导洞口钢门(木门)施工

导洞口钢锁门应按现场导洞口实际开挖尺寸制作,在岩塞主导洞、连通洞及药室开挖完成后,立即进行导洞口植筋和门框安装施工工作。

插筋钻孔的孔径为 22mm,插筋直径 ϕ18mm,钻孔深度≥50cm,钻孔完成后孔内用风和水将孔内冲洗干净。

插筋采用普通水泥砂浆固结,用砂浆泵把砂浆压入插筋孔内,采用先注浆后插筋的施工工艺。

安装门框时,插筋不宜露出门框过长,外露 2~3cm 为宜,所有插筋应与门框焊接在一起。

门框安装完成后,门框与导洞开挖轮廓之间的缝隙应采用水泥砂浆填塞密实,以防下一步灌浆时浆液从缝隙中流出。门框安装和固定好,应进行锁门试装,试装时出现的缺陷应及时处理。

5.3.5 药室口封堵

药室内装药和雷管脚线保护完成和引出后,即进行药室口的封堵。药室第一道封堵采用掺砂黄泥块封堵,黄泥块规格为 15cm×15cm×23cm。要求所用黄泥(黏粒含量 20%以上),黄泥与沙子体积比为 3:1,黄泥的含水率为 10%。黄泥块制作安排在装药前在洞内制作,同时将药室口封堵段底板找平。

封堵时由于黄泥块是软塑体,适应变形能力强,封堵时要求人工码平,堆码一层泥块用木橦逐层夯实,保证黄泥块堵塞物与药室周边岩壁紧密结合,必须保证封堵黄泥与药室口封闭密实、不透气。黄泥封堵时可在木板(砌砖墙)的保护下上升,直至药室口顶部,在确保封堵黄泥被捣密实,经检查合格后,药室口用木板或砌砖封闭,随即在封闭体上粘两层石棉隔热层加木板固定。

5.3.6　回填灌浆施工

（1）导洞内进行回填

在回填灌浆前应对 0.8m×0.8m（宽×高）的导洞进行二级配骨料回填，因中导洞是斜洞回填较困难，回填时将导洞分成长 1.0～1.5m 一段，分段用编织袋装二级配料作挡墙，回填时尽量多装骨料，减少回填灌浆。

（2）回填灌浆试验

在实际回填灌浆施工前，根据施工现场的气温、水温等外界情况，施工前按设计提供的配合比对水泥浆做试验，按要求配制与实际灌浆液相同的浆液，然后测试凝结时间及 1d、2d、3d 的强度，应确保灌浆液在 1d 内达到设计要求的强度。

（3）封堵施工前对灌浆管与排气管检查

封堵施工前应检查安装好的灌浆管路与排气管路是否通畅（如果是全药室爆破时应检查各灌区的灌浆管路），保证灌浆分区布置及灌浆管路布置无差错，灌浆管伸到封闭门外的裂缝处的缝隙应用快速凝固砂浆即时进行封堵。

（4）拌浆设备布置与压力要求

在导洞封堵灌浆时，将搅拌桶设置在闸门井井口处，注浆泵放置在集渣坑与主洞相连接处，灌浆输送管路接至岩塞导洞的灌浆管上。灌浆压力控制在 1.5～2.0MPa 范围。

（5）灌浆方式

导洞进行回填灌浆时，灌浆采用纯水泥浆灌注，水灰比为 0.43。在灌浆中无特殊要求的，可采用 42.5# 普通水泥中加 3% 无水硫酸钠进行灌浆，在 42.5# 普通水泥中加 3% 无水硫酸钠的水泥浆结面强度能达到 124kg/cm²（1d 强度）以上。

岩塞导洞灌浆结束，并经检查合格后将灌浆管路与排气管路进行封堵。撤除灌浆管路和所有灌浆设备并运到洞外。

例如：丰满岩塞爆破工程药室导洞是两个倾角为 60°的斜洞。两条导洞长 10m，导设计断面为 120m×160cm 和 100m×100cm，实际开挖量超过 30m³，采取水泥回填灌浆方法封堵，有效的灌浆时间仅为 5.5h 共灌入浆液 25.5m³，耗用水泥 34t，掺入无水硫酸钠 1020kg。由于导洞采用了回填灌浆方法加快了导洞的堵塞进度，保证了丰满岩塞爆破的顺利进行。

例如：响洪甸抽水蓄能水电站岩塞爆破时，设计为双层药室，表层药室 2 个，中心药包 1 个。中导洞为斜洞断面尺寸为 0.8m×0.8m（宽×高），整个导洞开挖采用周边孔分段钻进预裂、浅孔、少药多循环，超欠挖控制在 5cm 范围内。药室装完炸药并将穿好保护管的导爆索和雷管脚线从导洞沿洞脚引出，药室口用黏土砖进行封堵，药室口封堵完成后再用木板封上,在木板上贴两层石棉隔热层并用木板固定。随后导洞用黏土砖封堵长 1.0m,导洞回填二级配骨料,骨料回填采用分段回填,保证导洞内空腔较小。灌浆管和排气管固定在导洞顶部,导洞口用木插板锁闭,灌浆管和排气管伸出木门 40cm。用 525# 水泥对导洞进行固结灌浆,灌浆水泥比 0.5:1 和 0.6:1 两种,由于灌浆距离较长,灌浆压力控制在 0.15MPa、0.2MPa、0.25MPa 逐级加压,然后采用导洞顶部预埋灌浆管补灌密实,最后将排气管灌密实,并确保水泥结石强度 24h 达到 10MPa 以上。

5.4　化学灌浆技术

为了提高岩塞围岩的整体稳定性,减少岩塞爆破药室开挖和炮孔钻孔时的渗水量,特别是岩塞后部钻孔时有渗水、漏水情况。为了保证岩塞顺利钻孔,先用 YT-28 风钻钻周边预裂孔及灌浆孔,钻孔过程中凡遇炮孔出现渗漏水,即可采用化学灌浆堵漏,灌浆堵漏对于水压较大、孔洞中有较大且漏水量大的孔洞的封堵也很合适,也可在围岩的较细裂缝的渗漏处理中使用。化学灌浆材料有水玻璃、丙凝、丙烯酸盐,以及水泥和水玻璃、丙烯酰胺、丙烯酸盐的混合灌浆材料。目前,在化学灌浆中使用广泛的尚属丙凝、氰凝和水溶性聚氨酯类堵漏灌浆材料。同时,所用的化学灌浆中的丙凝、水玻璃和氰凝三种材料,在可灌性、堵漏性、不溶于水、灌浆设备等方面都具有共同的特性,但灌浆后材料的强度以氰凝为高,但在实际灌浆应用上两者都获得了良好效果。其丙凝的料源较广,费用较低可以推广应用。为了减少岩塞体钻孔后的渗水给施工带来的困难,岩塞钻孔施工中可采用超前预灌浆等多种堵漏措施进行处理。

5.4.1　对岩塞大面积漏水灌浆方法

岩塞体表面节理裂隙较发育,顶部水库中水压力大,施工爆破时震动使裂隙产生扩张,以致库水压力将裂隙中的充填物挤掉,使岩塞体出现大面积漏水。为了减少岩塞体钻孔过程中渗水给施工带来的困难,施工前首先在岩塞上布置一部分灌浆孔,对岩塞部位进行水泥固结灌浆。灌浆时灌浆压力不能过高,一般压力不超过外部水压力的 1 倍,以避免压力过高后,将水泥浆液压向水库里流失,同时应根据压力变化调整浆液浓度。

超前预灌浆防渗堵漏技术。超前预固结灌浆孔,应深入基岩 3m,间距 0.5m,排距 0.8m,梅花形布孔。灌浆采用自孔口向孔底逐渐加压灌注水泥浆,浆液比例为 1:1 和 0.5:1,压力为 0.1~0.5MPa,将整个爆破岩塞体及周边洞室与周边围岩进行加固,使整个岩塞体及岩塞爆破周边区域的引水隧洞围岩的整体性提高,并提前截断库区水渗透路径,进一步保证施工的顺利实施。

5.4.2　对几个串通钻孔采用水泥水玻璃灌浆止水

在超前探孔和主爆孔施工过程中,钻好的炮孔中有渗漏水互相串通时,采用丙凝灌

浆效果欠佳时,可采用水泥水玻璃浆液灌浆止水。灌浆的方法分两种:

(1)单液灌浆

根据炮孔内渗水量大小,先灌注一定数量的水泥浆,然后压入一定数量的水玻璃。国内密云水库潮河泄空隧洞进口岩塞钻孔施工时,2#孔渗漏水时,对该孔先灌注约 100L 水泥浆,然后灌注 30L 水玻璃,灌浆效果是孔中渗水量由 20L/min 减少至 3~5L/min。

(2)双液灌浆

双液灌浆即水泥浆与水玻璃相间灌注。在密云水库潮河泄空隧洞进口岩塞钻孔施工时,7#孔漏水量较大,施工中采用先后灌注水泥浆 300L 和灌注水玻璃 60L 后,该孔中渗水量亦大大减小。

通过现场浆液灌注试验,水泥浆液的水泥采用 500# 硅酸盐水泥,按 1∶0.6~1∶0.75 的水灰比与波美度 37.3 的水玻璃相混合,其混合比值范围为 0.1~0.2 时,浆液开始凝固时间是 47s。在密云水库潮河泄空隧洞进口岩塞钻孔施工时,有 5 个孔出现漏水,对这 5 个孔进行灌浆处理,总共灌注水泥浆约 900L,灌注水玻璃 140L,5 个孔经过水泥水玻璃液的灌注后,岩塞渗漏情况得到有效改善。

5.4.3　丙凝灌浆堵漏

丙凝浆液灌浆前,由人工将灌浆栓放入钻孔内既定深度,拧紧螺帽。推动套管、垫板,压迫橡皮塞膨胀,使橡皮塞塞紧孔壁,达到止水的目的。待灌完了丙凝胶凝后,拧松螺帽,橡皮塞复原,即将灌浆栓拔出。灌浆栓构造如图 5-1 所示。

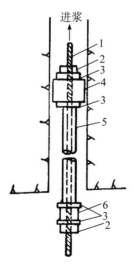

图 5-1　灌浆栓构造

1. 灌浆管外径 18mm;2. 螺帽;3. 垫板;4. 橡皮塞,外径 40mm,内填橡皮泥;5. 套管,内径 22mm;6. 平板轴承

185

灌浆桶顶部安设进浆孔、进气孔,并安装阀门和压力表,底部设出浆口阀门。另外在桶的上、下部设两个孔口,在桶外用高压塑料管连接,用以观察桶内液面变化情况。灌浆时,将丙凝浆液尽快地装入灌浆桶内,关闭进浆孔,按规定压力将压缩空气压入桶内,将丙凝浆液从出浆口压出,通过高压塑料管和灌浆柱进入炮孔灌入裂隙中。

在岩塞采用丙凝堵漏灌浆时,影响丙凝灌浆堵漏效果的主要因素是配制浆液的温度、浓度、铁氰化钾用量和灌注时的灌浆压力。丙凝灌浆堵漏施工中应注意的问题。

(1)灌浆浓度

浆液的浓度除影响胶凝时间外,胶凝的强度亦随浓度的降低而下降。当浆液浓度为5%时,其胶凝几乎丧失了堵水能力(外观与浆糊相似)。很多资料建议,一般情况下浓度采用10%左右。而密云水库岩塞体漏水量较大,丙凝浆液浓度采用了20%。

(2)灌浆压力

灌浆时选用的灌浆压力将关系到灌浆能否取得成功。施工中发现选用的灌浆压力过大,灌注的丙凝还未能充填裂隙和在裂隙中胶凝而使浆液流失,对止漏防渗没有起到任何作用,相反因灌浆压力过大,使围岩裂隙张开,漏水会更加严重。如果灌浆压力选用过小,会使丙凝在灌浆管内或灌浆桶内凝固,造成灌浆材料浪费,又没起到堵漏效果。

在工程实践中,丙凝灌浆时选用的灌浆压力,一般应以不大于水的渗透压力 $1kg/cm^2$ 为宜,这样使浆液不断徐徐地注入裂隙中,并使丙凝浆液在丙凝胶凝前灌注完。

(3)胶凝时间测定

将两种配制好的浆液各取 $10\sim20mL$,从两种溶液混合时起,按下秒表并将0.1℃刻度的温度计放入浆液中,用玻璃棒搅拌几分钟,待到温度计放不下去时,记下这时的时间,即为丙凝浆液的胶凝时间(温度上升0.2℃时为升温时间)。

施工中受气温、水温的影响,一般在配制浆液前应做试验,试验取 $20\sim50mL$ 浆液即可。临灌注前亦应拌和桶中剩余少量浆液,观察其变化情况,达到以控制灌浆时间、预防丙凝浆液在管路中胶凝目的。

(4)灌浆前应掌握渗水情况

进行灌浆前应事先调查清楚渗水规律,测定渗水量、渗水压力、钻孔漏水时孔在什么深度漏水和该深度岩塞体围岩裂隙发育情况等,然后根据所了解资料分析估计灌浆量、灌浆时间、灌浆压力和确定胶凝时间,确保灌浆一次成功。

例如:香山水库泄洪洞进水口水下岩塞爆破时,对岩塞部位单位吸水量 ω 最大为0.695,因设计炮孔数量多,孔底距岩面很近,钻孔过程中孔内渗漏现象是难以避免的。为此,钻孔施工前准备了丙凝灌浆堵漏材料和施工器具,堵漏为岩塞装药爆破创造了良好的施工条件。香山岩塞炮孔渗漏及灌浆数量如表5-3所示。

表 5-3 香山岩塞炮孔渗漏及灌浆数量

项目	灌浆孔		周边炮孔		
	1	3	33	44	58
渗漏水量/(L/min)	0.9~2.0	9.0~35.4	360.0	441.0	<1.0
孔内水压力/(kg/cm²)	2.7	3.2	3.2	3.2	0.2
灌浆量/L	40	70	20	45	/

香山水库泄洪洞进水口水下岩塞渗漏进行丙凝灌浆时,岩塞部位温度为 10℃,其丙凝浆液的配方如表 5-4 所示。

表 5-4 丙凝浆液配方

名称		作用	重量/g
甲液	丙烯酰胺	主剂	10.000
	双丙烯酰胺	变联剂	1.000
	三乙醇胺	促进剂	0.800
	铁氰化钾	缓凝剂	0.006
	水	稀释剂	90.000
乙液	过硫酸铵	引发剂	1.000
	水	稀释剂	10.000

施工时按配方分别精确称量,并充分溶解于水,再滤去残渣,制得甲、乙两种浆液。使用时,将甲、乙浆液混合,浆液混合后立即灌注。浆液的湿度、浓度和铁氰化钾用量是影响浆液胶凝时间的主要因素,即在现场作试验确定。

香山水库泄洪洞进水口水下岩塞渗漏进行丙凝灌浆时,一般掌握甲、乙浆液混合后 20~30min 胶凝,丙凝浆液浓度,是根据炮孔漏水量大,采用较大的 20%(一般情况下用 10%),丙凝浆液随着浆液浓度的提高,凝胶的强度也有所提高。

选用的灌浆压力是根据孔内渗漏水压力及压水试验,综合考虑现场温度、岩石裂隙及浆液浓度等因素,一般按大于孔内水压 1.0kg/cm² 掌握。并根据灌注情况,灌浆压力幅度为 3.5~4.5kg/cm²。采用上述压力可使浆液不断地注入裂隙中,并在丙凝胶凝前灌注完毕。

灌浆栓是主要的灌浆设备之一,灌浆前,施工人员将灌浆栓插入炮孔内既定深度,拧紧螺帽,推动套管、垫板,压紧橡皮塞膨胀,使之塞紧孔壁,达到止水的目的。灌浆完成丙凝胶凝后,拧松螺帽,橡皮塞复原,即可将灌浆栓拔出取下。

灌浆桶顶部安设进浆孔、进气孔、阀门和压力表,底部设出浆口阀门。同时在桶的上、下部设两个孔口,在桶外用高压塑料管连接,用来观察桶内浆液面变化情况。灌浆时,将丙凝浆液尽快地装入灌浆桶内,关闭进浆孔,按规定压力将压缩空气压入桶内,将丙凝浆液从出浆口压出,通过高压塑料管和灌浆栓进入炮孔压入裂隙中。

5.4.4 水溶性聚氨酯堵漏

聚氨酯类浆材是防渗堵漏效能较好、固结效能较高的高分子化学灌浆材料。国内有氰凝、SK 型聚氨酯浆材,以及高强度(HW)和低强度(LW)水溶性聚氨酯浆材等。聚氨酯类浆材分油溶性和水溶性两类,而水溶性聚氨酯又分为 LW 和 HW 两种。HW、LW 预聚体的组成如表 5-5 所示。

表 5-5 HW、LW 预聚体的组成

HW		LW	
材料名称	作用	材料名称	作用
甲苯二异氰酸酯(80/20)	主剂		
环氧丙烷聚醚(640)	主剂	甲苯二异氰酸酯(80/20)	主剂
环氧乙烷聚醚	主剂	环氧丙烷、环氧乙烷	主剂
邻苯二甲酸二丁酯	溶剂	混合聚醚	
二甲苯	溶剂	分子量 1000～4000	
硫酸	阻聚剂		

水溶性聚氨酯堵漏灌浆工艺前面已有论述,下面以具体工程为例进行介绍。

(1)太平湾发电厂长甸电站改造工程进水口岩塞爆破灌浆

太平湾发电厂长甸电站改造工程位于辽宁省丹东市宽甸县长甸镇拉古哨村中朝边界的鸭绿江右岸,改造工程为引水式电站,电站装机容量为 200MW(2×100MW)。引水系统由岩塞进水口、事故检修闸门室、引水隧洞、调压井、两条引水支管等组成,进水口由岩塞爆破形成。岩塞位于水丰大坝右岸上游约 650m 处,岩塞内直径为 10m,外直径为 14.4m,岩塞厚度为 12.5m,$H/D=1.25$,岩塞后布置气垫式集渣坑。岩塞外侧迎水面的围岩风化层厚度为 2.5m,由于岩塞水下上部岩体破碎,存在不利结构面,施工过程中渗漏较大,因此在岩塞连接段开挖前采取超前固结灌浆。

岩塞体预灌浆,是为了提高岩塞围岩的整体稳定性,减少岩塞爆破药室开挖和炮孔钻孔时的渗水量。项目在锚固灌浆洞内进行了岩塞体预灌浆工作。在锚固灌浆洞内共布置 7 排 91 个灌浆孔,其中水泥灌浆孔 78 个,水溶性聚氨酯化学灌浆孔 13 个(755m),同时,另外布置化学灌浆段(2～7 排共有进尺 889m)。灌浆后进行压水试验结果表明:灌浆前岩体透水率平均 13.6Lu;经灌浆处理后岩体平均透水率 4.0Lu,满足设计的透水率 5Lu 的要求。

（2）310 工程水下岩塞爆破中采用氰凝化学灌浆堵漏

在 310 电站扩建工程中，工程包括进水口、闸门井、引水隧洞及压力斜管、地下厂房、尾水洞压室及长 2600m 的尾水隧洞。水库为一天然湖泊，由于扩建工程的进水口在水下 20m 处，加之进水口处地形陡峻，采用通常的围堰施工困难很大，因此采用水下岩塞爆破的方法施工。由于岩塞体的岩体裂隙较多，药室开挖过程中渗漏水多，为解决渗漏水问题，工程施工中采用氰凝化学灌浆堵漏。

310 工程水下岩塞爆破，是国内首次采用了单层药包布置方案，岩塞跨度为 8.0m、高度为 9.0m 的城门洞型，岩塞厚度为 8.0m。进水口基岩主要为闪长岩，局部有花岗岩、花岗斑岩等岩脉穿插。半风化厚度为 3～3.5m，以下为微风化岩石。进水口区有数条规模不大的断层，其中 F_4、F_6 断层平行进水口中心线，从岩塞中部切过，对岩塞及岩塞口的稳定有一定的影响，平行湖岸与进水口中心线近于垂直的 F_5 断层，与其余的地质构造组合在一起，构成了山坡岩体在爆破时不稳定的因素。由于围岩风化带较厚，出现渗漏水较多，施工中采用氰凝灌浆进行堵漏，采用大吨位预应力锚索加固进口山坡围岩体等技术。

在岩塞后部打孔进行化学灌浆堵漏，化学灌浆材料采用氰凝，经试验采用了终凝后泡孔较小的配方，其氰凝配方比如表 5-6 所示，在实际施工中使用的配比如表 5-7 所示。

表 5-6　　　　　　　　　　　　　氰凝配方比

材料名称	试验配比/g	材料名称	试验配比/g
预聚体 TT-1	30	硅油	2
TT-2	70	邻苯二甲酸二丁酯	10
二甲基乙醇胺	2	丙酮	5

表 5-7　　　　　　　　　　　　　施工中使用的配比

原材料	孔号						
	1	2	3	4	5	6	7
预聚体 （TT-1：TT-2＝3：7）	100	100	100	100	100	100	100
邻苯二甲酸二丁酯	10	10	10	10	10	10	10
丙酮	15	10	10	12	15	15	
硅油	2	2	2	3	2	2	
二甲基乙醇胺	0.7	2	1	2	0.7	3	

施工中使用化学材料氰凝灌浆时，采用单液灌浆。灌浆压力大于外水压力 0.5kg/cm²。由于灌浆部位距湖底只有 3～3.5m，为了保证不破坏岩塞，灌浆中不能采用太高压力，

灌浆压力采用 $3.5kg/cm^2$，灌浆压力稍大于外水压力。岩塞 7 个灌浆孔的灌浆效果如表 5-8 所示。

表 5-8　　　　　　　　　　　　　岩塞 7 个灌浆孔的灌浆效果

孔号	1	2	3	4	5	6	7
灌浆前孔中涌水量/(L/mim)	1.64	0.93	116.00	5.05	0	未测	4.46
灌浆后孔中漏水量/(L/min)	0.06	0	0.01	1.04	0	0.06	0

岩塞采用氰凝灌浆后 7 个灌浆孔的漏水量得到有效减少，在接下来进行各药室开挖过程中，药室开挖后仅有 4 处渗水点，对 4 处渗水量测定其水量分别为 3.6L/min、1.6L/min、4.62L/min、12.06L/min，可见各药室的渗水量是很小的，获得了较好效果。

第 6 章　岩塞爆破起爆系统

6.1　起爆方法

在露天明挖大爆破中,电爆网路在过去是一种常用的有效起爆系统。该起爆系统在水下岩塞爆破中也较为适用。起爆网路是否良好,是整个爆破工作中一个重要的问题。在岩塞爆破中设计电爆网路时,一定要做到技术可靠、经济上合理、施工简单、便于检查,以达到岩塞安全准爆的目的。随着国内工业的发展,改变了原来岩塞爆破时只有电爆网路的型式,现在岩塞爆破中出现了安全、可靠的电磁雷管、数码电子雷管和高精度非电雷管起爆系统,新出现的起爆系统有配套起爆器,一般无须外接电源,网路连接简单方便,迅速可靠与安全,从而改变了原有的电爆网路的复杂的各支路的电阻平衡要求等方式。

目前,国内水下岩塞爆破使用电起爆系统已 30 多年,在施工中结合国内实际情况,也取得一些经验,采用常规的毫秒电雷管引爆炸药成为之前岩塞爆破最常用的方法。同时施工中也发现存在着安全隐患问题,即这种毫秒电雷管的不足之处在于起爆网路较为复杂,需要通过网路计算,进行各支路的电阻平衡,并必须保证雷管能安全可靠起爆。而且,在网路联网施工时,在有杂散电流静电、电碰场及雷雨天气的场合下,对电雷管的爆破安全和施工操作人员的安全存在着威胁,所以在设计和施工中如何采取措施确保电起爆系统的安全可靠显得尤为重要,也是一个直接关系到岩塞爆破成功的重要技术问题。

随着国内工业的发展,炸药、雷管、导爆索都得到巨大发展,目前除毫秒电雷管外,又有电磁毫秒电雷管、数码电子雷管起爆系统。电磁毫秒电雷管是一种新型的起爆器材。该产品除具备一般毫秒电雷管的性能外,还使用与电磁雷管配套的高频发爆器起爆系统。这种起爆系统是一种蓄电式仪器,无须外接电源,操作简单,安全可靠。电磁雷管网路接线简单方便,迅速可靠。网路连线时,只须用一根规格为 0.7mm^2、结构是 $7/0.37$ 的绝缘软线穿过电磁雷管的环状磁,并将主线两端与母线相联,母线尾端与高频发爆器连接后便可进行起爆。既不需要大量的脚线连接,又不需要进行网路的串并联计算、电阻平衡及准爆验算,而爆破网路的可靠度不受影响,简化了操作,缩短了联网作业时间。数码电子雷管是近年发展的新型起爆系统,其数码电子雷管防水性能及起爆系统可靠,数码电子雷管延期时间可以任意设置,而且精度较高。雷管的正负误差基本能控制在 2ms 以内,雷管的精度在一定程度上克服了传统非电起爆雷管大误差带来的困难,而且电子雷管也具有一定的抗水能力,数码电子雷管最大的优点是在网路连接完成后,仍可对整个网路进行导通检查。下面对国内不同的岩塞起爆系统进行介绍。

6.2 电雷管爆破网路

6.2.1 引爆方法选择

岩塞爆破工程中采用电雷管,引爆方法选用毫秒爆破。采用毫秒爆破时,各组炮孔起爆间隔极为短促,故前后组炮孔先后爆落的岩块会互相碰击进行补充破碎,同时前组炮孔为后组炮孔的爆破创造新自由面,能使后组炮孔爆落更破碎的岩石,提高爆破效果。采用毫秒爆破,使前后爆炸产生的地震波互相干扰,地震作用减弱,减轻爆破对围岩和坝体的影响。

6.2.2 毫秒间隔时间选择

在岩塞爆破时正确地选择毫秒爆破的间隔时间,是关系到毫秒爆破能否取得良好效果的关键。从炮孔爆破岩石的爆破过程中分析认为,炮孔爆破合适的间隔时间应以后组炮孔在前组炮孔爆破后,岩面已开始形成裂缝、破碎,但尚未抛出时爆炸最为合适。

6.2.3 电爆网路基本材料

岩塞爆破的电爆网路的基本材料中,主要是指电雷管的规格和性能,导爆索的规格和性能,以及导线的规格和绝缘性能等。

1)电雷管。电雷管的电阻值和最小准爆电流值,是电爆网路计算中不可缺少的基本数据。一般以厂家提供的产品说明书作为依据。此外,还应在施工现场进行雷管测试工作,准确地获得电雷管的资料。

2)导线要求。电阻系数小,导电率高;绝缘耐压 500V(或 250V);有一定强度与韧性,在施工时拉伸、屈折而不至于造成断裂。

3)电爆网路的材料易于解决,价格相对便宜(因为每次爆破都有较多的导线损耗,并且数量较大)。

6.2.4 电源

电力起爆的激发源常采用直流或交流电源、蓄电池、移动式发电机等,常用的起爆器为电容式充电器。电力起爆广泛应用于深孔爆破、洞室爆破、拆除爆破等工程中。电力起爆的优点是:起爆前可以用仪表检查电雷管导通状态,保证起爆网路的导通和起爆的可靠,可进行远距离起爆,大大提高了操作人员的安全性,同时解决了群药包的准爆、齐爆问题,使起爆药包增加,有利于增大爆破方量。电力起爆的缺点是:必须有合适的起爆电源,网路设计和计算较复杂,网路连接要求高,当出现雷雨天气、离发射塔与高压线较近、有较强的杂散电流时,电雷管有早爆的危险。

电力起爆的起爆电源要有一定的电压,能克服网路电阻并输出足够的电流。起爆电流必须保证起爆网路中每个电雷管能够获得足够的电流。流经每个电雷管的电流要求如表 6-1 所示。

表 6-1　　　　　　　　　　　保证网路准爆要求流经每个电雷管的电流值

爆破方式	直流电电流(不小于)/A	交流电电流(不小于)/A
一般爆破	2.0	2.5
洞室爆破	2.5	4.0

6.2.5　起爆电源

电力起爆常用的起爆电源有直流电源、交流电源、脉冲电源(起爆器)三大类。

(1)直流电源(干电池、蓄电池)

当需要起爆的电雷管数量较少,施工工地缺乏固定电源且无起爆器时,可临时采用直流电源(电池)作为起爆电源。电池内阻较大,输出电流小。为了满足起爆网路的电压需要,可将数节干电池并联,以增加输出电流并减小内电阻,蓄电池内阻很小,串联后能达到较高的电压和足够的容量,但由于电爆网路起爆后容易出现个别导线或雷管脚线短路状况,极易对蓄电池产生损害。施工中很少使用电池作为起爆电源。

常见的电池有甲、乙两种,新电池的性能如表 6-2 所示。

表 6-2　　　　　　　　　　　新电池的性能

电池名称	电动势/V	内电阻/Ω	保证电流/A	保证电压/V	储存期限
45.0V 乙电池	45.0	10.0	2.25	22.50	半年
1.5V 甲电池	1.5	0.1	7.50	0.75	一年

(2)交流电源(照明电、动力电、移动式发电机)

一般采用 220V 照明电或 380V 的动力电作为起爆电源,交流电源适合于大量电雷管的并联、串并联爆破网路。交流电源对于起爆线路长、药包多、起爆网路复杂、准爆电流要求高的爆破是理想电源。用动力电源或照明电源起爆时,必须在安全地点设置两个双刀双掷闸刀,并安装在具有锁的起爆箱或起爆室内,闸刀分别作为电源开关和放炮开关。在设计网路时除注意电流、电压外,还应保证有足够的功率供给起爆网路。在有瓦斯或矿尘的危险隧洞中爆破时,不得使用交流动力或照明电源。

(3)脉冲电源(起爆口)

脉冲电源(起爆口)主要由专门的起爆器材生产厂家生产,需要注意的是,不同厂家的起爆口一次起爆的雷落数量是有差异的,应根据起爆口的技术参数确定适用范围。

6.2.6　电爆网路的连接注意事项

设计岩塞电爆网路时,必须遵循安全准爆的原则,同时也应根据工程对象和岩塞条件来确定网路的连接型式,在设计时应注意以下事项:

1)设计岩塞电爆网路时,在考虑岩塞安全准爆的前提下,尽量考虑到施工的方便、网路简单可靠、爆破器材的消耗量少。

2)水下岩塞爆破工程过程中,爆破时由于个别药包的拒爆将给整个工程带来严重后果,因此要求电爆网路具有较高的可靠性,要确保药包全部安全准爆。在这种特殊工况下,电爆网路采用并—串—并连接型式,或者采用复杂的双套网路型式。

3)在设计和施工中为了使电爆网路中所有电雷管都能准爆,最理想的情况是在设计电爆网路时,使每发电雷管获得相等的电流值。

4)岩塞爆破时各支路的电阻要求相等,如果支路出现不相等时,需要在不相等支路上配置附加电阻,进行电阻平衡,确保岩塞爆破时每一发电雷管获得相等的电流值。

5)在岩塞正式爆破前,要在现场进行电爆网路实际模拟操作试验,检查验证电爆网路的可靠性和准爆性,最后确定电爆网路型式。

6.2.7　电爆网路的连接型式

在爆破工程施工中,电爆网路的连接型式,一般都是根据爆破方法,工程一次爆破的规模和工程的重要性等,同时结合电源设备能力和材料等条件因素,综合分析后决定。另外,与爆破工作人员的实际施工经验也有一定关系。

在电爆网路设计时,一般采用简单的电路连接型式,以保证各个雷管通过的电流强度相等。在用动力电源、移动式发电机、蓄电池电源做起爆电源时,常用的电路网路连接方式有串联、并联、串并联、并串联和并串并联。国内水下岩塞爆破工程均采用混合连接电爆网路型式(图 6-1)。

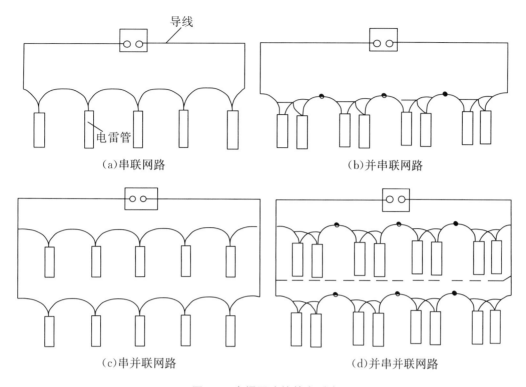

（a）串联网路　　　　　　　　　　　　（b）并串联网路

（c）串并联网路　　　　　　　　　　　　（d）并串并联网路

图 6-1　电爆网路的基本型式

6.2.8　电爆网路的计算

岩塞爆破的电爆网路的计算，主要是计算整个网路及其各分支路上的电阻，从而算出通过整个网路及网路上每发电雷管的电流值。计算出电雷管的电流值，直流电不小于 2.5A，交流电不小于 4A。

水下岩塞爆破工程的电爆网路，常采用复式并串并型式，其电爆网路的计算方法为：

第一支路的电阻：

$$R_1 = \frac{m_1 r}{n} + R_{1-2} \tag{6-1}$$

第二支路的电阻：

$$R_2 = \frac{m_2 r}{n} + R_{2-2}$$

第三支路的电阻：

$$R_3 = \frac{m_3 r}{n} + R_{3-2}$$

......

第 N 支路的电阻

$$R_N = \frac{m_N r}{n} + R_{N-2} \tag{6-2}$$

式中：n——并联成组电雷管的数目；

m——支线的药室数目；

R——支路的端线、连接线、区域线的电阻（Ω）；

N——支路数目；

r——每个电雷管的电阻（Ω）。

根据上述公式求得各支路电阻后，便进行各条支路的电阻平衡。在平衡过程中，首先选取在支路中最大的支路电阻，并假定为 $\frac{m_{3r}}{n} + R_{a2}$，那么其余支路必须加入附加电阻，使各支路电阻平衡，即

$$\frac{m_{3r}}{n} + R_{a2} - \frac{m_1}{n} + R_{1-2}$$

$$\frac{m_{3r}}{n} + R_{a2} - \frac{m_2 r}{n} + R_{2-2}$$

$$\frac{m_{3r}}{n} + R_{a2} - \frac{m_3 r}{n} + R_{3-2}$$

$$\cdots\cdots$$

$$\frac{m_{3r}}{n} + R_{a2} - \frac{m_N r}{n} + R_{N-2}$$

总电阻：

$$R = R_1 + R' + \frac{1}{2N}\left(\frac{m_n r}{n} + R_{a2}\right) \tag{6-3}$$

准爆电流：

$$I = 2nN_i \tag{6-4}$$

故所需电压：

$$E = 2nN_i\left[R_1 + R' + \frac{1}{2N}\left(\frac{m_n r}{n} + R_{a2}\right)\right] \tag{6-5}$$

式中：R——电爆网路中的总电阻（Ω）；

I——电爆网路中所需要的总电流值（A）；

R_1——主导线的电阻（Ω）；

R'——电源的内电阻（Ω）；

r——每个电雷管的电阻（Ω）；

i——通过每个电雷管所需的准爆电流（A）；

E——电源的电压或所需电源的电压（V）。

如果电源的电压 E 为已知,则实际通过每个电雷管的电流强度 I 为:

$$I = \frac{E}{2nN\left[R_1 + R' + \frac{1}{2N}(\frac{m_n r}{n} + R_{a2})\right]} > i(\text{A}) \qquad (6\text{-}6)$$

6.2.9　检测仪表

电爆网路敷设和连接完成后,必须用专用仪表对网路进行导通,以检测网路的敷设质量,确保网路通电后顺利起爆。用来检测电爆网路和电雷管电阻的导通仪,必须是爆破专用的爆破线路电桥和爆破欧姆表,其输出电流小于电雷管的最高安全电流。不能采用普通的电桥、欧姆表和万用表检测网路与电雷管。国产线路电桥和欧姆表的规格如表 6-3 所示。

表 6-3　　　　　　　　　　国产线路电桥和欧姆表的规格

型号	名称	量程/Ω	工作电流/mA	误操作最大电流/mA
205 型	线路电桥	0.2～50、20～5000	<20	<30
ZC23 型	欧姆表	0～3～9	<30	<50
SCZO-2 型	电爆元件测试仪	0～1.1、0～11、0～60	<10	<50
70-4 型	爆破欧姆表	0～2、2～6、0～8	<10	<20
70-3 型	爆破欧姆表	0.2～5、0.4～10、4～8	<8	<15

6.2.10　汾河水库泄洪洞进口岩塞电雷管起爆系统

汾河水库泄洪洞进口水下岩塞爆破的电雷管起爆网路情况,岩塞采用药室和排孔的爆破方式。药室布置一个集中药室,并布置了 57 个预裂孔,内、外扩大孔 24 个,渠底孔 15 个,15 个渠底孔方向水平且平行于洞轴线,爆破参数取最小抵抗线 $W = 3.5\text{m}$,孔距 1.0m,药卷直径为 70mm,单位岩石耗药量 1.7kg/m³。爆破网路采用并串并毫秒微差复式电爆网路。有 8 条并联支路,1#、2# 支路为药室正副网路,3# 支路为预裂孔网路,4#、5#、6# 支路分别为外扩大孔、上部内扩大孔、下部内扩大孔网路,7#、8# 支路为渠底孔网路。汾河水库岩塞爆破支路电阻计算成果及附加电阻值如表 6-4 所示。

支路附加电阻采用电炉丝,为保证接头牢靠连接,接头与裸露的电炉丝都必须用高压绝缘胶布包好,严防漏电。

母线电阻:150×2×0.002＝0.6Ω;

网路总电阻:12.353÷8＋0.6＝2.144Ω;

总电流:380÷2.144＝177.2A;

支路电流:177.2÷8＝22.15A;

雷管电流:22.15÷2＝11.08A。

表 6-4 汾河水库岩塞爆破支路电阻计算成果及附加电阻值

支路	1#	2#	3#	4#	5#	6#	7#	8#
雷管电阻/Ω	2.100	2.200	2.100	5.600	2.800	3.850	5.250	5.250
端线电阻/Ω			0.400	5.200	2.600	4.125	6.725	6.725
支线电阻/Ω	0.900	0.900	0.378	0.378	0.378	0.378	0.378	0.378
支路电阻/Ω	3.000	3.000	2.878	11.178	5.778	8.353	12.353	12.353
附加电阻/Ω	9.353	9.535	9.475	1.175	6.575	4.000	0	0

网路起爆顺序为预裂孔(一段)、集中药室(二段)、内外扩大孔(四段)、渠底孔(五段),起爆时间分别为 25ms、50ms、100ms、125ms,共分为四段。8 条支线路全部接到洞内的主线盒内,量测各支路电阻值并做记录,主线连接时,首先测各支线路电阻值,电阻值无变化便进行各支路配置附加电阻丝,再进行各支线电阻值测试,无误后与主线连接,并做最后检查。设代组、监理工程师、施工单位共同签字验收,网路施工结束。汾河水库泄洪洞进口岩塞爆破电爆网路如图 6-2 所示。

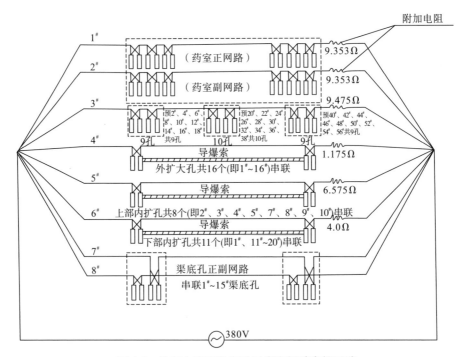

图 6-2 汾河水库泄洪洞进口岩塞爆破电爆网路

6.3　电磁雷管起爆网路

6.3.1　电磁雷管性能

电磁雷管的雷管结构与电雷管结构基本一致,只是雷管脚线与绕在环状磁芯上的线圈相连接。电磁雷管根据线圈位置可分为内置式电磁雷管和外置式电磁雷管(图 6-3,图 6-4)。电磁雷管环状磁芯,磁芯上的线圈和通过磁芯的连接导线构成了一个变压器,当高频起爆器输出的高频电流通过连接导线时,在磁芯内产生交变磁通,这时线圈内感应出一个同频率的电动势而使雷管起爆。由于电磁雷管在电气上与外界是完全绝缘,对直流电和工频交流电而言,电磁雷管桥丝处于回路状态,只接受起爆器输出的一定频率电流,对其他频率电流不发生作用,抗干扰能力强,保密性好。220V 直流电与电磁雷管接通不能引爆雷管。

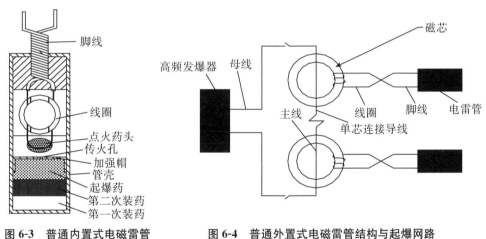

图 6-3　普通内置式电磁雷管　　图 6-4　普通外置式电磁雷管结构与起爆网路

电磁雷管简化了原电雷管复杂电压、电流的计算和复杂的并—串—并网路型式。电磁雷管的爆破网路只要用一根主线:其规格为 $0.75mm^2$ 的绝缘软线穿过电磁雷管的环状磁芯,并将主线两端与母线相接,母线尾端与高频起爆器连接便可进行起爆。

在正常使用时,电磁雷管完全绝缘,起爆电流不会从爆破网路中泄漏出来。电磁雷管爆破网路阻抗低,雷管桥丝回路相互独立,脚线两端电压低,漏电阻抗一般都远大于单个雷管的桥丝阻抗,防漏电性能较普通电雷管有显著提高。

电磁雷管检测仪可检测雷管桥丝的电阻值与毫秒量,装药现场用 IT-3 型电雷管参数测量仪对雷管进行测试与检查,同时又能在线检测雷管导通状况,确保爆破时的准确性和可爆性。

电磁雷管是一种安全、可靠的新型起爆器材,主要优点是安全可靠、使用方便、网路简单、能防止杂散电流引起的意外爆炸,适合用于有煤和煤尘的隧洞、环境复杂的水工隧洞、露天开采、拆除和水下爆破工程中。

6.3.2 起爆系统

高频起爆器是电磁雷管起爆时的专用配套系统。电磁雷管利用高频起爆器起爆,该设备与电容式起爆器一样,只是多一组振荡器,该振荡器振动频率为 1.5 万次。用直流电流给仪器充电,电容器电压达到额定值时,指示灯亮,再拨动毫秒开关,将贮存的电能与振荡器接通,接通后向母线输出高频脉冲电流,电流通过电磁转换器的磁芯,使电雷管的环形脚线中产生感应电压而引爆电磁雷管。该发爆器的主要指标是两路输出的同步性和输出电流的一致性,在额定负载情况下,可以保证规定数量的串联电磁雷管全部爆炸。

电磁雷管只接受起爆器输出的一定频率电流,对其他频率电流不发生作用,抗干扰能力强,保密性好。同时,高频起爆感应起爆系统(QB-Ⅰ型)可以在水中和外电干扰较重的场合下使用,是一种很有前途的起爆系统。该系统还配备了 H-Z1 型无触点检测仪,大大提高了该系统的可靠性。

6.3.3 工程实例

响洪甸抽水蓄能电站发电引水隧洞进水口采用洞室与排孔相结合的水下岩塞爆破,水深 30m,总爆破方量为 1350m³。岩塞位于上库左岸距大坝 210m,岩塞体为锥台形,轴线倾角 48°,底面直径 9m,岩塞体厚 9~13m,中、上部设 2 层药室,3 个药包,周边布置 72 个预裂孔,中层药包和周边孔之间布置 3 层扩大炮孔,共 57 个,分为 6 响,第一响为预裂孔,第二响为表层药包,第三响为中部药包,随后就是 3 层主爆孔逐层起爆,起爆系统采用首次在岩塞爆破工程上应用的毫秒电磁雷管,将全部 280 发雷管的磁环用电线串联,用高频发爆器引爆,大大提高了施工安全,也简化了起爆网路的接线工作。

(1)网路型式

国内水下岩塞爆破工程均采用混合连接电爆网路型式,即采用复式并—串—并连接型式。采用电磁毫秒电雷管可以全部串联起爆,考虑到水下岩塞爆破工程的特殊性,为防止个别药包的拒爆,以及主爆破线在集渣坑充水后电阻发生变化,给工程带来严重后果,网路采用重复的两套网路型式,即用两个串联网路,两条穿环支路在高频起爆器处并联,由起爆器内电子开关控制并同时引爆。

(2)药包起爆分段编排

岩塞爆破时表层 2 个集中药包为一段,中部集中药包和各圈排孔各为一段,共分为

6 段,其中周边预裂孔每 9 个孔为一组,设一个引爆体,引爆体和每个主爆孔各设 4 发电磁雷管,4 发分两组,即 2 发每组,分别与集中药包的起爆体中 5 发电磁雷管组成雷管束,并形成正、副两路串联网路,每路网路各引爆 140 发电磁雷管。

(3)双路电磁雷管起爆装置——高频起爆器

岩塞爆破采用复式串联电爆网路,为保证两路雷管同时起爆,使用双路电磁雷管起爆装置——高频起爆器。该起爆器具有独立起爆两套爆破网路的电磁雷管起爆系统。由于两路输出的同步性和输出电流的一致性,可保证规定数量的串联电磁雷管全部爆炸。起爆器技术指标为:两路输出的时间差$\not>0.1\mu$s,两路输出的电流差$\not>200$mA,每路额定引爆发数 140 发,冲能<8.7A$^2 \cdot$ms。

280 发电磁雷管串联时,在母线和雷管桥丝与脚线的电阻各为 3Ω 时,雷管中得到的电流总时间为 11.6ms,流过雷管的平均电流有效值为 1.34A,雷管得到的冲能为 20.8A$^2 \cdot$ms。

(4)电磁毫秒电雷管作用时间检测

电磁毫秒电雷管是爆破系统的关键部位,在爆破施工前,对电磁雷管进行秒量检测,通过抽样测量,了解爆破时使用的电磁雷管的质量、各段雷管作用时间的离散情况及其规律性。各段电磁毫秒电雷管作用时间检测统计如表 6-5 所示。

表 6-5　　　　　各段电磁毫秒电雷管作用时间检测统计　　　　　(单位:ms)

段号	标准时间	均值	均值时间距	波动范围	段间最小时间	极差值	标准差值
1	<10	5.3		6.4~4.9		1.5	0.55
3	50±7	48.6	43.3	5.30~41.0	34.6	12.0	14.49
5	110±10	119.1	70.5	128.0~111.0	58.0	17.0	15.00
6	150±10	158.4	39.3	166.0~150.0	31.0	8.0	7.13
8	200±10	199.7	41.3	207.0~188.0	22.0	19.0	35.03
10	250±10	251.7	52.0	274.0~249.0	42.0	29.0	127.79

表 6-5 中极差、标准差数据表明,随着段号的增加,其离散幅变相应增大,极差和标准差规律基本一致。

(5)联网起爆

岩塞爆破联网施工基本按试验操作方法进行。联网时,将两根单芯连接导线 CBV 铜芯聚氯乙烯绝缘软电线分别穿过两路每发雷管的环状磁芯,形成两个串联网路后,量测穿磁环后的电阻,正常无误后,将两路导线的两端并联与爆破母线(三芯铜电缆,其中一芯用不上)相连接,并量测两路总电阻,起爆开关处电阻分别为 3.0Ω 和 2.3Ω,网路正常,符合起爆要求,联网施工结束。起爆后,水库水面产生涌浪、浓烟、火光,石渣冲出,而后出现一个个漩涡,响洪甸抽水蓄能水电站进水口水下岩塞爆破一次爆通,电磁雷管在抽水蓄能电站取水口岩塞爆破中应用成功。

6.4 数码电子雷管起爆网路

6.4.1 数码电子雷管的结构性能

数码电子雷管的延期时间由电子芯片进行控制,以取代电雷管中的延时药,其延时精度远高于传统电雷管,延时时间可灵活设置,当延期时间较长时,有更多延期时间供选择。电子雷管有一个可编程的数字化的延时芯片,一旦点火信号发出,即可独立工作。雷管内部有一个保护装置,可以高度可靠地保护雷管不被杂散电流、过载电压、静电和电磁辐射干扰。

数码电子雷管特性:延期时间为 1～15000ms(以 1ms 为增量单位);当延期时间在 0～500ms 范围时,其精度为 ±0.05ms;当延期时间在 501～15000ms 时,其精度为 ±0.01%。数码电子雷管延时可在现场按施工要求设定,在现场对整个爆破系统实施编程。国产铱钵起爆系统是可以一次起爆 400 发以上雷管的爆破网路。

国产的电子雷管铱钵起爆系统由隆芯电子雷管、铱钵表和铱钵起爆器三部分组成。操作方法是将雷管脚线接到铱钵表上,一个铱钵表可带载 1～200 发电子雷管,铱钵起爆器与铱钵表配套使用,一个铱钵表可双线并联连接多发电子雷管,形成一个爆破网路支线,一个铱钵起爆器可组网 1～20 个铱钵表,形成具有多条爆破网路支线的电子雷管起爆系统(图 6-5)。

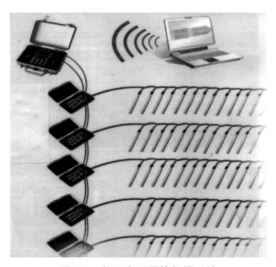

图 6-5 数码电子雷管起爆系统

数码电子雷管的初始能量来自外部设备加载在雷管脚线上的能量,电子雷管的操作过程(如编入延期时间、检测、充电、启动延期等),由外部设备通过加载在脚线上的指令进行控制。

6.4.2　编码器的功能

国产隆芯-1电子雷管是国内具有自主知识产权的高安全、高精度、宽延期范围、可编程的电子雷管,具有孔内在线编程能力,可编程延期范围 0~15000ms,延期编程最小时间间隔为 1ms,延期精度达到 0.1%。雷管状态可在线检测、延期时间可在线校准。系统安全性能好:在铱钵起爆器和电子雷管内设置密码,雷管在铱钵起爆器控制下密码起爆,雷管内嵌抗干扰隔离电路,可抗静电 15kV,可抗交流电 220V/50Hz、抗直流电50V。电子雷管在铱钵起爆器的控制下,通过铱钵表可实现对国产隆芯-1电子雷管的精确、安全、可靠的起爆网路。

编码器的功能是注册、识别、登记和设定每个雷管的延期时间,随时对电子雷管及网路在线检测。编码器可以识别雷管与起爆网路中可能出现的任何错误,如雷管脚线短路、正常雷管和缺陷雷管的 ID、雷管与编码器正确连接与否等。编码器在一个固定的安全电压下工作,最大输出电流不足以引爆雷管,并且在设计上其本身也不会产生起爆雷管的指令,从而保证了在布置和检测雷管时不会使雷管误发火。

国内自主研发的隆芯-1电子雷管,具有自主知识产权的高安全、高精度、宽延期范围、可编程的电子雷管,具有两线制双向无极性组网通信,孔内有在线编程能力,可实现宽范围、小间隔延期数据的孔内设定,起爆精确性好。雷管状态可在线检测、延期时间可在线校准、起爆网路可靠性高,雷管内置产品序列号和起爆密码、内嵌抗干扰隔离电路,使用安全,网路设计简单,操作方便。

6.4.3　国产隆芯-1电子雷管参数

国产隆芯-1电子雷管的技术参数如下:

1)可编程延期范围:0~15000ms;

2)延期编程最小时间间隔:1ms;

3)延期精度:0.1%;

4)电子雷管内置生产企业代码、产品序列号、起爆密码;

5)电子雷管内嵌抗干扰隔离电路,可抗静电 15kV;

6)雷管能抗 AC220V/50Hz、DC50V 交/直流起爆;

7)隆芯-1电子雷管有较强的防水、耐压、抗冲击振动能力;

8)雷管在 -20~+70℃ 下能正常使用;

9)可在线检测雷管状态,实现无故障可靠起爆;

10)两线制双向无极性组网通信,雷管结构尺寸(管壳):$\phi7.3mm\times73mm$。

由于数码电子雷管是一种新产品,第一次使用该雷管时,应接受制造厂家技术人员的培训。在爆破施工中使用数码电子雷管时,当出现不引爆情况时,由于雷管的电容器中可能有残存电荷,施工人员需要等待10min以后才能进入现场处理。

6.4.4 工程实例

贵州华电塘寨火电厂取水一级泵站属于塘寨电厂工程升压补水系统的一部分,一级泵站原取水方式为在索风营库区中采取井筒取水,由于库区水深,围堰施工难度大且成本高。后经优化为竖井加平洞取水方案,布置了两条平行平洞,平洞施工时采用预留岩塞挡水,待洞内施工完成后,同时爆破两个岩塞,实现取水目的。

岩塞爆破施工中,起爆网路是爆破成败的关键,因此,在起爆网路设计和施工中,必须保证能按设计的起爆顺序、起爆时间安全准爆。且要求网路标准化和规格化,有利于施工中连接与操作。所以塘寨取水口双岩塞爆破采用数码电子雷管起爆系统。

塘寨取水口双岩塞爆破数码电子雷管起爆方式是:起爆顺序为周边预裂孔首先起爆,使围岩形成预裂缝,而后中间掏槽孔起爆,使岩塞中间贯通,随即辅助孔最后起爆,使岩塞爆通成型。岩塞爆破时,每孔均装两发数码电子雷管,预裂孔使用导爆索作起爆体,用双发电子雷管联网。岩塞爆破时分4段起爆,其中预裂孔为1段,掏槽孔分2段,辅助爆破孔分1段。各段数码电子雷管的起爆时间如下:1段雷管为0ms,2段雷管为98ms、108ms,辅助孔雷管为178ms。2#取水系统岩塞爆破起爆网路如图6-6所示。

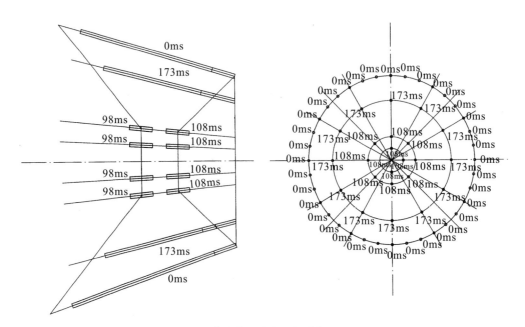

图6-6 2#取水系统岩塞爆破起爆网路

　　$1^\#$、$2^\#$ 取水口岩塞爆破的钻孔参数、爆破参数和起爆网路相同,为减少震动效应,$1^\#$ 岩塞比 $2^\#$ 岩塞滞后 250ms 爆破。同时,为了保证岩塞爆破安全,两个岩塞用一台起爆器同时击发起爆。

　　起爆网路的防护是爆破成败的一个重要环节,必须建立严格的联网制度,由经过培训的爆破人员联网,并由主管技术工程师负责网路的检查。由于所有的雷管脚线都要引到地表进行时间设置和网路起爆操作,因此在雷管脚线的上引过程中,需要注意对脚线的保护和固定,所有的其他工作都不得危及雷管脚线的安全。

　　数码电子雷管起爆系统在完成联网以后,仍可以在电脑系统中进行逐孔的校验,即在全部炮孔工作完成后,起爆前还可以进行检查。但数码电子雷管起爆系统在岩塞有水有压的复杂情况下,隧洞内起爆可靠性也会相应降低,在爆破施工中应十分注意。

6.5　高精度非电复式起爆系统

6.5.1　长甸电站岩塞爆破介绍

　　长甸电站改造工程为鸭绿江现有水丰水库长甸电站的改造工程,改造工程安装 2 台单机 100MW 的机组,总装机容量 200MW。改造工程发电进水口采用水下岩塞爆破方式,岩塞开口尺寸要满足过水断面要求,岩塞的外口直径 14.4m,内口直径 10m,岩塞厚度 12.5m,属于大直径超厚岩塞。

　　设计时通过对全炮孔爆破及药室与炮孔相结合爆破方案的比较,全炮孔爆破方案与药室加炮孔爆破方案均是可行的,但药室爆破时爆破振动对进水口周边围岩影响较大,在药室掘进过程中,存在较大的安全风险。鉴于炮孔爆破方案单段装药量小、进水口爆破成型好、对周边建筑物爆破振动小等优点,岩塞采用全排孔爆破方案。

　　大岩塞爆破施工完成后,在大岩塞居中开挖一个直径 3.5m、厚 6.0m 的小岩塞(起掏槽作用)。这部分岩塞的特点是体积小,受到的约束大,按大单耗集中药量的方式爆破。小岩塞爆破后,大岩塞爆破孔以小岩塞爆破形成的空间和中导洞为临空面,由内向外依序爆破,实现整个岩塞的贯通,爆破石渣利用库水压力,随岩塞贯通下泄入集渣坑内。

6.5.2　起爆网路设计原则

　　起爆网路是岩塞爆破成败的关键,因此在起爆网路设计和施工中,必须保证能按设计的起爆顺序、起爆时间安全准爆,且要求网路标准化和规格化,更有利于施工中连接与操作。长甸进水口水下岩塞爆破对起爆网路有如下要求:起爆网路的单段药量满足爆破振动安全要求;在单段药量严格控制情况下,孔间不出现重段和串段现象;整个网路传爆雷管全部传爆后,第一段的炮孔才能起爆。

6.5.3 高精度非电复式起爆系统

目前,国内有数家单位已经研制出了高精度的塑料导爆管非电起爆系统,其接力雷管段差分别是 9ms、17ms、25ms、42ms、65ms 等,而且精度较高。起爆雷管的延时有 600ms、1025ms 等,其中 1025ms 的高精度雷管的误差可控制在±20ms 以内。以上雷管的精度在一定程度上克服了传统非电起爆雷管误差大带来的种种问题。

当采用高精度非电复式起爆系统时,为确保接力起爆网路的安全,孔内起爆应选用高段别雷管,孔外传爆选用低段别雷管,同时,孔内高段别雷管的延时误差小于孔外段雷管的延时。

6.5.4 长甸电站岩塞爆破时孔内起爆雷管的选择

为防止先起爆孔产生的爆破飞石破坏起爆网路,孔内雷管的延期时间必须保证在首个炮孔爆破时,网路里所有接力起爆雷管已起爆。这就要求孔内起爆雷管的延时尽可能长些,但延时长的高段别雷管其延时误差也大,为达到圈间相邻孔不串段、不重段,同一圈相邻的孔间尽可能不重段的目的,高段别雷管的延时误差不能超过段间、圈间接力传爆雷管的延时值,对单段药量要求特别严格的爆破,高段别雷管的延时误差不能超过同一圈间的接力雷管延时值。高精度雷管孔内均选择 1025ms 延时雷管。

(1)小岩塞爆破孔起爆雷管选择

小岩塞一共布置 5 圈炮孔,在炮孔内装 1025ms 起爆雷管的前提下,各圈炮孔孔外网路如下:

第一圈 1 个炮孔直接起爆,孔内雷管拉到一起起爆,延时时间 0ms。

第二圈 6 个炮孔为空孔,如果在炮孔底部装药则与中心孔同时起爆,延时时间 0ms。

第三圈 8 个炮孔,分 4 段起爆,采用 17ms 做孔外接力雷管,延时时间 117ms、134ms、151ms、168ms。

第四圈 8 个炮孔,分 4 段起爆,采用 17ms 做孔外接力雷管,延时时间 217ms、234ms、251ms、268ms。

第五圈 15 个炮孔,分 4 段起爆,采用 17ms 做孔外接力雷管,延时时间 317ms、334ms、351ms、368ms。

(2)大岩塞爆破孔起爆雷管选择

在大岩塞中共布置有 4 圈炮孔,炮孔内全部装 1025ms 段雷管,同一圈炮孔段间采用 17ms 低段雷管接力。各圈炮孔孔外网路如下:

第一圈 15 个炮孔，一共分 7 段起爆，段间雷管为 17ms，延时时间 409ms、426ms、443ms、417ms、434ms、451、468ms。

第二圈 24 个炮孔，一共分 11 段起爆，段间雷管为 17ms，延时时间 509ms、526ms、543ms、560ms、577ms、594ms、517ms、534ms、551ms、568ms、585ms。

第三圈 30 个炮孔，一共分 14 段起爆，段间雷管为 17ms，延时时间 609ms、626ms、643ms、660ms、677ms、694ms、711ms、617ms、634ms、651ms、668ms、685ms、702ms、719ms。

在考虑起爆雷管延时误差的情况下，必须保证先后圈相邻孔不出现重段或串段现象，杜绝先爆圈炮孔滞后或同于后圈相邻孔起爆。因此，圈与圈之间的雷管延时误差应尽可能小于段间雷管的延时。根据段间选择 17ms 延时情况，相邻圈炮孔有 3 种雷管延时时间 42ms、65ms 和 100ms 可供选择，考虑到延时时间大一点，有助于先爆炮孔为后爆炮孔形成良好的临空条件，因此选择 100ms 的雷管做相邻圈炮孔之间的接力雷管。高精度非电复式起爆网路如图 6-7 所示。

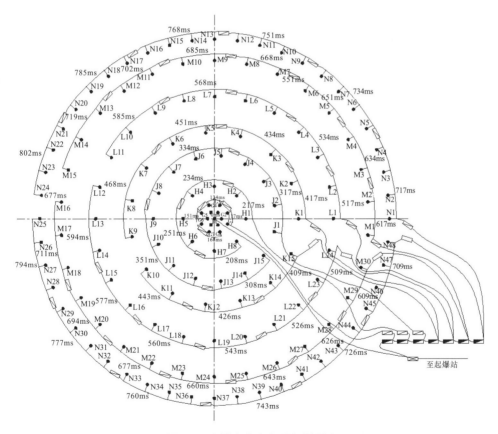

图 6-7　高精度非电复式起爆网路

（3）轮廓孔（光爆孔）起爆雷管选择

第四圈岩塞爆破光爆孔共 48 个孔，4 孔一段，共分为 12 段。延时时间分别为709ms、726ms、743ms、760ms、777ms、794ms、717ms、734ms、751ms、768ms、785ms、802ms。

这套起爆系统，不论是孔内雷管还是孔外雷管，均采用两发，形成复式起爆网路。

高精度非电复式起爆系统尽管在国内已经有非常成功的应用经验，其精度和可靠性已经得到了充分的验证，但该系统和一般非电起爆系统都有一个共同的缺陷，就是网路连接完成后，无法进行逐孔的检测校验，只能通过地表的外观检查来确定是否安全。

6.6 导爆索

导爆索是一种常用的起爆器材。导爆索一端用雷管起爆，经导爆索传爆再引爆导爆索另一端的起爆药包或炸药。国内导爆索的药芯以猛炸药黑索金为主，药芯中间有 4 根药芯线通过，在药芯外边有 3 层棉线及 1 层纸条，最外边还有一层聚乙烯塑料防水层。

6.6.1 导爆索分类

（1）普通导爆索

普通导爆索是一种以猛炸药为药芯，用来传递爆轰波的索状火工产品。按《工业导爆索》（GB/T 9786—2015）的规定导爆索外径 5.5～6.2mm，外表用红白线缠绕或红色塑料管包裹，药芯药量为 30g/m，药芯为白色的黑索金或太安，其爆速达到 6500～7000m/s，有一定的抗水性。导爆索在爆轰过程中，产生强烈的火焰，该导爆索只能用于露天爆破和没有瓦斯或矿尘爆炸危险的地下工程爆破施工中。

普通导爆索具有一定的防水性能和耐热性能，在 1m 深的水中，水的温度为 10～25℃下浸泡 4h 后，塑料导爆索在水压为 50kPa、水温为 10～25℃状况静水中，浸泡 5h，导爆索的感度和爆炸性能仍能符合要求，在 50±3℃的条件下保温 6h，其外观和传爆性能不变。

（2）低能导爆索

低能导爆索的优点之一是低能导爆索引爆后对炮孔内炸药不会造成动态压死而失效，保证了爆破的可靠性。低能导爆索内装药量较小，一般导爆索药芯药量为 6g/m、3.6g/m，现已有 1.6g/m 的低能导爆索。

（3）高能导爆索

导爆索的药芯装药量大于 30g/m，光面爆破时可代替光面爆破炸药，多用于石材开采。

导爆索的主要技术指标如表 6-6 所示。

表 6-6		导爆索的主要技术指标
序号		主要技术指标
1	组成	以黑索金或太安炸药为药芯,聚丙烯带及棉纱为包裹物,高压聚乙烯塑料为防潮层
2	直径	外径 5.8～6.2mm
3	爆速	不低于 6000m/s
4	起爆	2m 长的导爆索能完全起爆 200gTNT 药块,用 8 号雷管可正常起爆导爆索
5	耐温	在 50±3℃的气温条件下,存放 6h 后性能不改变
6	抗水性	在 0.5m 深静水中,浸泡 24h,感度和爆炸性能仍能符合要求
7	抗拉性	导爆索受 490N 拉力后,仍保持原有的爆轰性能
8	连接	连接方法用串联、并联及簇联均可,连接处与轰爆波方向夹角不大于 90°

6.6.2　导爆索起爆法

导爆索起爆法利用绑在导爆索一端的雷管起爆导爆索,用导爆索爆炸时产生的能量来引爆药包。由于导爆索本身需要通过雷管的引爆,因此在爆破作业中,从装药、堵塞到联线等施工过程中炮孔内无雷管,爆破之前装上雷管以起爆。从安全性来讲,该起爆法优于其他起爆方法,而且操作简单,易于掌握,节省雷管,可防止雷电、杂散电流等影响,在爆破工程中广泛应用。

导爆索有普通导爆索、安全导爆索、油井导爆索、其他品种的导爆索。

6.6.3　导爆索连接方法

导爆索与雷管应绑在离导爆索末端 15cm 的部位,雷管的聚能穴必须朝传播方向。导爆索传递爆轰波的能力有一定的方向性,在传播方向上爆轰波强度最大,连接起爆网路时,必须使每一支路的接头迎着传爆方向,夹角应大于 90°。导爆索与导爆索之间的连接,应采用搭接、扭结、水手结、"T"形结的连接方式,搭接长度不得小于 15cm,搭接部分用胶布捆扎。几种正确的导爆索连接方法如图 6-8 所示。

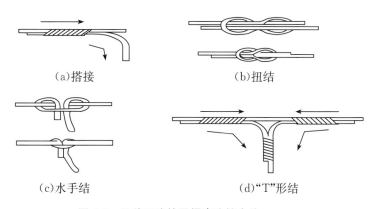

　　　(a)搭接　　　　　　　　　　　　(b)扭结

　　　(c)水手结　　　　　　　　　　　(d)"T"形结

图 6-8　几种正确的导爆索连接方法

6.6.4 导爆索起爆网路

导爆索起爆网路形式比较简单，只要合理安排起爆顺序即可。在敷设网路时应注意两根导爆索之间的间隔距离应大于10cm，交叉通过时应有厚度不小于10cm的垫块。导爆索采用的网路形式有串联网路、并簇联网路、分段并联网路、双向分段并联网路等。

串联网路是将导爆索依次从各炮孔引出串联在一个网路上，操作简单，但是当有一个药包的导爆索发生拒爆，后面的药包都会拒爆，所以一般很少使用。导爆索起爆网路形式如表6-7所示。

表 6-7 　　　　　　　　　　　　导爆索起爆网路形式

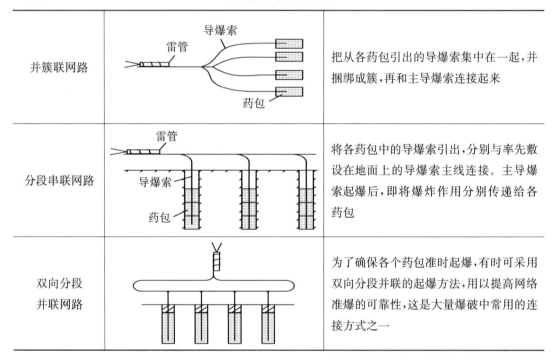

并簇联网路		把从各药包引出的导爆索集中在一起，并捆绑成簇，再和主导爆索连接起来
分段串联网路		将各药包中的导爆索引出，分别与率先敷设在地面上的导爆索主线连接。主导爆索起爆后，即将爆炸作用分别传递给各药包
双向分段并联网路		为了确保各个药包准时起爆，有时可采用双向分段并联的起爆方法，用以提高网络准爆的可靠性，这是大量爆破中常用的连接方式之一

起爆网路是岩塞爆破成败的关键，因此，在岩塞爆破起爆网路设计和施工中，必须保证岩塞能按设计的起爆顺序、起爆时间安全准爆。而且要求岩塞网路标准化和规格化，更有利于施工中的连接与操作。国内进水口水下岩塞爆破对起爆网路有如下要求：起爆网路的单段药量满足爆破振动安全要求；在单段药量严格控制的情况下，孔间不出现重段和串段现象；整个网路传爆雷管全部传爆，第一段的炮孔才能起爆。

第7章　岩塞爆破的金属结构防护

7.1　岩塞爆破对金属结构及水工建筑物设计要求

　　水下岩塞爆破是一种特殊的进水口施工方法,岩塞爆破时产生的空气冲击波、地震波等因素,都直接影响着闸孔口尺寸的确定、门型的选择及埋件设计等,同时岩塞爆破后泄渣方式不同,对隧洞混凝土结构也产生一定影响。岩塞爆破的特点影响着金属结构和其他建筑物的布置与设计,在金属结构的布置上,常规进水口、泄洪洞、发电工程通常将拦污栅布置在进水口前端,而在水下岩塞爆破工况下,采取常规布置是比较困难的,当岩塞爆破时冲击波将进水口前的建筑物损毁,因此设计时可将拦污栅布置在洞内,或在水库内设置柔性拦污栅。

　　当岩塞采用开门爆破时,岩塞爆破时洞内水流挟带着大量岩渣从洞中通过,这时岩渣对隧洞的混凝土产生冲刷,对洞中混凝土产生伤害,对有三岔口钢管方向加强保护,防止激流、气浪直冲钢管,加大排气能力。同时,岩塞爆破前在闸门不能进行动水关闭试验的情况下,爆破后闸门必须能顺利启闭,否则会拖延工期或造成库水失去控制,因此爆破后应做到有秩序安全关闭闸门,尽量使库水量损失最小。在岩塞爆破时,进水口岩塞采用渣坑不充水的堵塞爆破方案时,岩塞爆通后闸门井发生井喷,井喷超过数十米,水流挟带石渣在闸门井中反复运动数次才逐渐平稳下来,井喷时随水流喷出的岩块约 600kg,随水流喷出的最大岩块约 $2m^3$,喷出的岩块会对闸门井上部启闭机房和设备造成损伤,对闸门槽与埋件造成损坏。当岩塞采用堵塞爆破时,门槽及门楣埋件不能被破坏、启闭机和钢绳不能受损伤、闸门能安全关闭等,均是水下岩塞爆破建筑物结构设计中要注意解决的问题,也是水下岩塞爆破对建筑物结构设计的要求。

7.2 进水口设置拦污网或拦污栅

7.2.1 拦污网设置

在发电、工业及民用取水的引水隧洞,为了拦截污物,通常情况下设计将拦污设备设在进水口。由于进水口采用水下岩塞爆破施工,拦污栅设计有两个难点:

一是拦污栅若仍设在进口,采用常规布置方案,当进水口在水下 20m 以上深度处时,在深水下进行拦污栅施工,不但钢材用量多,投资增大,而且埋件、混凝土浇筑、拦污栅安装与调试都要在深水下进行,施工难度很大;

二是拦污栅修建时岩塞还未进行爆破,当拦污栅修建好后进行岩塞爆破,岩塞爆破时装药量较大,爆破冲击波可能把修好的拦污栅损坏,再次进行拦污栅修建而延长工期、增大投资。

为了解决上述问题拦污栅可布置在洞内,所以拦污栅设备的布置及型式选择应通过多方案的比较后确定。

在国内有些工程进口处采用拦污网来拦截污物。拦污网是一种柔性结构,拦污网是由网片、浮筒、网纲、重锤、大沉子、小沉子、浮木、铰磨等部件组成。进水口拦污网如图 7-1 所示。

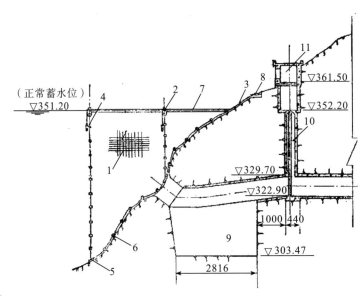

图 7-1 进水口拦污网(高程单位:m;其余:cm)

1. 网片;2. 浮筒;3. 网纲;4. 重锤;5. 大沉子;6. 小沉子;7. 浮木;8. 铰磨;9. 集渣坑;10. 闸门井;
11. 启闭机室

拦污网网片的主要用途是拦截污物,可用尼龙绳或细钢绳编制而成,是拦污网的主体。通过网纲与控制定位用的浮筒及浮木连接一起,在网片下部系有大沉子和小沉子,使网片在大沉子与小沉子负重下网片下部沉落于库底,并使网片保持一定的垂直度,这样岩塞进水口前面就形成一道拦污栅网,起到拦截水库中漂来的污物的作用,当水库水位发生变化时,可通过岸边的铰磨松紧网纲,使拦污网保持原状。

这种拦污网虽然具备结构简单、钢材用量较少、造价比较便宜、施工安装及制造较容易等优点,但由于拦污网组成的部件较多,安装在水库中受到风浪作用拦污网会左右摆动,使拦污网上的连接件易松动脱落,因而维护工作量较大。同时,当水库水位发生变化时需要操作铰磨,松紧网纲使拦污网保持一定形状,因此运行管理麻烦。

国内镜泊湖电站扩建工程进水口岩塞爆破后,进水口采用了拦污网,把拦污网设在引水隧洞进口处,代替常规进水口布置的拦污栅(图 7-1)。拦污网于 1977 年 10 月安装完成,运行至 1978 年 4 月,这时正是冰化开江季节,恰遇湖水开江,开江后冰块漂流,在风浪推移下的冰块撞击拦污网,使浮筒摆动,套管将网绳磨断,有的部件甚至损坏,造成拦污网片下沉湖底,拦污网部分失效。

由此可见,在寒冷风大的地区,进水口不宜采用拦污网拦截污物,但在温暖地区,污物不多的河流,水库库水位变化不大的工程中,进水口采用拦污网拦截污物也是可以的。

7.2.2 拦污栅设置

在已完成水下岩塞爆破工程,进水口拦污设备不适宜采用拦污网,当把拦污栅设在其他位置又有问题时,可将拦污栅布置在岩塞爆破后的进水口上,拦污栅布置尺寸应根据爆破后的实测断面来确定,拦污栅可采用固定或活动型式。这种拦污栅主要由正栅和侧栅构成,承受的荷重通过主梁、立柱及支承柱传递到底坎和支承平台上,并采用锚筋将底坎及支承平台固定牢固。用起吊拦污栅排架和环链式手动葫芦操作拦污栅(图 7-2)。

在镜泊湖水电站引水洞进水口的拦污设备,原设计采用拦污网拦截污物,由于湖面冰层解冻后的冰块撞击下,拦污网严重损坏失效后,进水口拦污设备改为活动式拦污栅。

该进水口孔口面积约 180m²,拦污栅制作安装时钢材用量约 165t。各种主要工程量如表 7-1 所示。

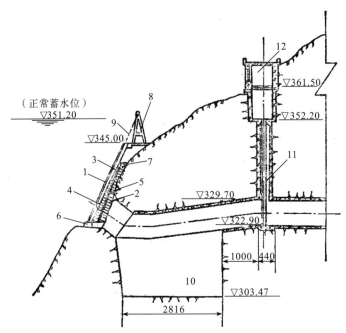

图 7-2　进水口拦污栅（高程单位：m；其余单位：cm）

1. 正栅；2. 侧栅；3. 主梁；4. 立柱；5. 支承柱；6. 底坎；7. 支承平台；8. 起吊排架；9. 环链式手动葫芦；10. 集渣坑；11. 闸门井；12. 启闭机室

表 7-1　　　　　　　　　　　　镜泊湖水电站岩塞进水口拦污栅主要工程量

序号	工程量名称	数量
1	钢材/t	165
2	水下混凝土/m³	76
3	水下岩石开挖/m³	106
4	钢筋与锚筋/t	6

将拦污栅布置在岩塞爆破形成的进水口上，虽然具有运行方便、安全可靠等优点，但是由于岩塞爆破后的进水口尺寸较大，形状很不规则，造成拦污栅的结构复杂，钢材用量增大，同时，拦污栅施工时还要进行大量的水下施工，浇筑水下混凝土、钻孔、锚筋、侧栅、承重梁柱的安装和调整等工序，而且在水下进行上述工序其施工条件差，施工质量及安装精度都很难保证。鉴于上述施工状况，建议设计中应尽量不要采用这种布置方式。

7.3　洞内布置拦污栅

为了克服在进水口和水库中安装拦污栅和拦污网方案所带来的施工困难、钢材用量多、造价昂贵等缺点，拦污网容易出现损坏、修补较困难等问题。设计时可考虑将拦污栅移到引水洞内布置,同时结合地形、地质具体情况,进口闸门的工作性质等因素,拦污栅可布置在进口闸门井前面、后面或在同一竖井中。

在岩塞爆破进水口设置检修闸门时,设计可考虑将闸门井尺寸扩大一点,闸门采用前部封水型式,把拦污栅设在闸门后部,这样使闸门与拦污栅布置在同一竖井中(图7-3)。

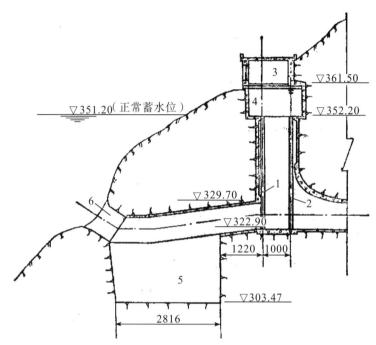

图7-3　拦污栅与闸门布置在同一竖井(高程单位:m;其余单位:cm)

1. 检修闸门槽;2. 拦污栅槽;3. 启闭机室;4. 闸门及拦污栅检修室;5. 集渣坑;6. 进水口

这种设计布置具有紧凑、结构简单、岩石开挖量增加不多、闸门混凝土方量增加有限、施工难度降低、节省投资等优点。而且,当拦污栅进行清污时,还可以关闭闸门后清理,避免水下人工或机械清污,提高清污效率,改善了清污条件,保证了施工安全。

当岩塞进水须设置事故或快速检修闸门时,若采用拦污栅与闸门布置在同一竖井中的方案时,在电站长期运行过程中,拦污栅前会积存很多污物,有的污物会积存在闸门底坎处,电站需要停机检修或停水清污时,会影响闸门的关闭,使闸门起不到事故保护作用。为了克服这个缺点,可使闸门与拦污栅单独分开布置。国外岩塞爆破工程中,采用这种布置方式的有加拿大的休德巴斯水电站,把拦污栅布置在进水口闸门井前单独竖井里(图7-4)。苏格兰的格鲁提桥水电站岩塞爆破时,同样把拦污栅布置在进水口闸门井后部单独的竖井中(图7-5)。

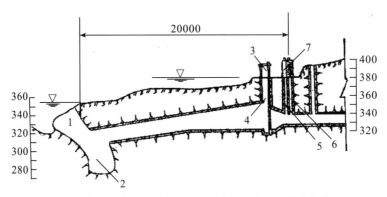

图 7-4　休德巴斯水电站拦污栅布置(高程单位:m;其余单位:cm)

1. 进水口;2. 集渣坑;3. 拦污栅启闭机;4. 拦污栅井;5. 事故闸门井;6. 工作闸门井;7. 事故和工作闸门启闭机

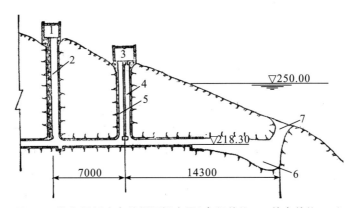

图 7-5　格鲁提桥水电站拦污栅布置(高程单位:m;其余单位:cm)

1. 拦污栅启闭机室;2. 拦污栅井;3. 事故和工作闸门启闭机室;4. 事故闸门井;5. 工作闸门井;6. 集渣坑;7. 进水口

从已修建完成的工程来看,把拦污栅布置在进水口闸门井前面或后面均可。拦污栅的位置主要由地形、地质条件来决定,但也要考虑水库与河流中的污物的多少和污物的性质。如果水库中污物很多,而且又多是沉木、半沉木与树枝等污物时,拦污栅应尽量采用布置在闸门井后部单独竖井内,这样可避免水下清污,并改善清污条件。

通过拦污栅设备的几种不同布置工况来看,每个布置方案均有优缺点和适用条件,设计时应结合本工程具体情况进行分析,并通过技术、施工、经济、运行、管理等方面的比较和论证,选择技术可行、经济合理、施工方便、运行安全的布置方案。

7.4 岩塞爆破"井喷"对埋件的影响

隧洞进水口岩塞爆破按隧洞用途不同,可分别采用集渣堵塞、开门泄渣、洞内集渣与气垫集渣堵塞爆破方案。不同的爆破方案岩渣运动方式不同,对埋件影响也各不相同,因此岩塞爆破时集渣坑、闸门井的埋件设计要考虑这些不利因素。

把岩塞爆破下来的岩渣堆积在集渣坑中,并在闸门井后部浇筑混凝土堵头截断岩塞爆破后洞内水流流向下游,同时阻断岩渣进入洞身,爆破时的剩余岩渣与水流能量,从闸门井喷出来,形成有一定破坏作用的"井喷"。

如清河热电厂引水隧洞工程,进水口岩塞爆破采用集渣坑不充水堵塞爆破方案,当岩塞爆通后闸门井发生"井喷",水柱超出闸门井井口 12m 以上,其水流挟带石渣在闸门井井筒中反复运动数次后才逐渐平稳下来,随水流喷出的最大岩块有 600kg,在水流挟带石渣反复冲击下,闸门井中的钢爬梯被撞击变形。

在镜泊湖水电站扩建工程的进水口岩塞爆破时,岩塞采用集渣坑充水堵塞爆破方案,其集渣坑采用低水位充水,岩塞爆通后闸门井发生"井喷","井喷"情况类似清河热电站引水隧洞工程,其"井喷"现象小一些,从闸门井中喷出的石块数量不多,石渣粒径为 3~5cm,但闸门井底部堆积石渣厚 20~30cm,总方量约 30m³,其中最大一块岩石尺寸为 0.7m×0.5m×0.3m,岩块重量为 250kg。

从上述两个岩塞爆破采用堵塞爆破方案的情况来看,爆破时出现井喷除使钢爬梯被撞击变形,埋件表面个别处有擦痕外,其余建筑物未出现异常现象。集渣与堵塞爆破方案虽有很大部分能量从闸门井口喷出,设计上可以在以下几个方面来解决岩石在井喷过程中撞击磨损埋件问题。

(1)选择适宜的渣坑充水位,减小"井喷"现象

采用集渣堵塞爆破方案时,"井喷"现象是不可避免的,"井喷"现象轻重程度主要与爆破库水位、集渣坑充水位、堵塞段位置、集渣坑形状等因素有关。镜泊湖电站扩建工程岩塞爆破室内试验成果如表 7-2 所示。

从表 7-2 中可以看出,一般情况下集渣坑中充水位越高,出现的"井喷"现象越小,"井喷"越小对埋件磨损就越轻。因此,选择适宜的渣坑充水位,可以减小"井喷"现象。

表7-2   镜泊湖电站扩建工程岩塞爆破室内试验成果

库水位/m	渣坑充水位/m	井喷高度/m	闸门井底部堆渣量		堵塞段冲击力/(kg/cm²)	入坑渣量/%
			m³	%		
351.2	325.00	6	0	0	7.90	72.1
351.2	323.00	18~24	6.40	0.37	6.72	83.5
351.2	321.00	21~24	20.38	1.20	9.70	85.8

（2）集渣坑充水形成"缓冲气垫"解决井喷

集渣堵塞的岩塞爆破方案，出现"井喷"现象是可以避免的。响洪甸抽水蓄能电站集渣坑位于岩塞后部，事故检修闸门井前，岩塞爆破时，在闸门井后部设一堵头，爆破完成后，放下事故检修闸门，拆除堵头。响洪甸抽水蓄能电站进水口岩塞爆破时，在岩塞后部，集渣坑上部为气垫室，对集渣坑充水过程中，随着闸门井水位的上升，气垫体能压缩，压力升高，在一定的爆破总装药量下，爆破前气垫内压力越高，这时闸门井井喷越低，使渣堆重心越往前移，爆破时对堵头的冲击力越大。岩塞爆破采用药室与钻孔相结合方案，中、上部设2层药室、3个药包，周边布置预裂孔，中层药和周边孔之间布置3层扩大孔，岩塞爆破石方1350m³，岩塞爆破总装药量为1969kg，分为6段，最大单响药量610kg。堵头能够承受的极限冲击压力为1.02MPa，据此算得闸门井允许最高充水位为106.79m，相应的集渣坑水位为78.51m，气垫体积为1131m³，实际爆破时，闸门井充水位103.73m，相应的集渣坑水位78.10m，气垫体积为1197m³，岩塞爆破时，闸门井涌浪由安装于闸门井内的水位计自动测记，最高涌浪水位达到128m高程，离闸门井出口还有4.50m，岩塞爆破时未发生"井喷"现象。这说明气垫减压是非常成功的。

同时，也验证南京水利科学研究院进行的水工模型试验，结果表明，水库水位在水库死水位以上，闸门井充水位低于水库水位10~20m爆破时，集渣坑下游流道内基本无石渣沉积，集渣坑中渣堆形态较为平坦，峰顶高程均不超过65m，发电和抽水运行时坑内积渣稳定，无移动迹象，岩塞爆破时闸门井涌浪水位均不超过井口高程132.5m，不会发生井喷现象。当库区水位为120m、闸门井充水位为110m时，岩塞爆破时最高涌浪水位为128.60m，这时相应的堵头上所受的总作用力为0.8MPa，发电工况下，渣坑上部有一较大的回流区，渣堆上下游端有小回流区出现，抽水工况时，仅渣堆上下游端有小回流区存在，渣坑内流态较好。经测试，发电工况下，进口段平均水头损失系数为0.310，抽水工况下，平均水头损失系数为0.957，试验结果比较满意。

响洪甸抽水蓄能电站进水口岩塞爆破，为解决岩塞爆破时发生"井喷"造成建筑物损伤，爆破石渣冲积到下游闸门井和隧洞内的问题，岩塞采用了由下游闸门井充水到集渣坑中，在集渣坑顶部形成气垫缓冲技术，以消除"井喷"现象。岩塞爆破时没有发生"井喷"，最高涌浪水位在闸门井井口以下 4.5m 处，爆破后通过水下摄影、测量等检查，石渣平缓堆积在集渣坑范围，下游闸门井及隧洞内无散落石渣，形成的进口体型符合设计要求，闸门井及隧洞等结构均完好无损，作用于堵头的最大动水压力仅 0.5MPa。爆破振动和大坝观测成果表明，爆破对上库大坝的安全无任何不良影响，坝体最大震动速度 1.34cm/s，最大震动加速度 0.73m/s^2，作用于上游坝面的动水压力为 0.10～0.13MPa，爆破时坝体最大位移增值 0.05mm(正垂线)，经 10～20min 即恢复正常。响洪甸抽水蓄能电站进水口岩塞爆破时采用气垫缓冲技术有效解决了"井喷"现象，有效保护了闸门井和上部启闭机室、门槽和隧洞内无石渣堆积等问题。气垫缓冲技术在太平湾发电厂长电电站改造工程进水口岩塞爆破再次应用中，同样获得较好效果。

7.5 "洞内集渣、控制出流"保护方法

当采用洞内集渣的泄流方案时，没有"井喷"危害，但要对泄流流速和流量进行控制，必要时还应有防护措施。

密云水库九松山隧洞是北京市第九水厂的首部工程，九松山隧洞长 3034m，洞径 3.5m。距进口 184m 为深 60m 的闸门井，井内装有动水闸门和拦污栅，距隧洞出口 155m 有岔口，由此引出直径 2.5m、长 87m 的支洞，支洞出口有弧形闸门与平板检修门。支洞在岩塞爆破时为石渣和流水的出口，将来为隧洞检修的进出口。本工程岩塞内径 3.5m，外口直径 7.5m，岩塞平均厚度 4.75m，爆破岩塞体积约为 120m^3。岩塞爆破后以 1.0m^3/s 的小流量，平安地经下游河道排入潮河。

(1)保护农田和村庄

九松山隧洞出口为穆家峪镇，支洞出口附近有一条小河，穿过农田、村庄后大约 5km 才汇入潮河。初设时按一般岩塞爆破泄渣方案，水流将挟带石渣以 56m^3/s 的流量从支洞泄出，会对农田、村庄造成毁坏。为了避免出现这一情况，需修建泄水渠和调蓄水库，使工程费用和拆迁费用过高。根据该工程隧洞较长的特点，提出了洞内集渣、控制出流的新方案，并请清华大学水力学试验室进行了水工模型试验核对，比较准确、可靠地掌握了岩塞爆破后水流、石渣、气体运动的动态过程和力学数据。

(2)处理危害的方法

反复对爆破后的气浪、气锤、气爆的可能危害进行计算，研究了可能出现的问题及其处理措施。针对三岔口钢管方向筑围堰，防止激流、气浪直冲钢管，使钢管受到损伤。同时，将支洞出口的 4 个排气阀和放水阀打开，加大排气能力。

(3)制定一套严密的起爆、关门控制程序

在岩塞爆破时对进出口闸门正确定位，起爆时，进口闸门升到必要的安全高度躲避

石块直撞,出口闸门有足够开度,能顺利排出气浪冲击。岩塞爆破后进出口闸门按时下落,石渣全部通过闸门井后进口闸门关到底,水到出口闸门时,出口闸门已关到较小开度,并继续关门到只留一条小缝,控制足够少的出洞流量,有效保证村庄的安全与农田不受水冲。

(4)岩塞爆破后的效果

在炮响的同时,进、出口同时冒出猛烈的气浪,烟尘浓密,闸门井、闸房门口附近和支洞出口前交通桥上,有高速气流冲击,人们站立不稳,彩纸和气球飞出闸门井的窗户,爆破 8s 后石渣过闸门槽的撞击声从喇叭中传出。22s 时闸门井中连续传出两声巨响,35s 时,指挥部下令开始下落进、出口闸门。由于爆破气浪较大,进、出口闸门下不去。指挥部下令进口采取第二种方案,松开闸门抱闸,手动下闸门,出口继续关门。58s 后石渣已全部通过闸门井。1min30s,进口闸门开始手动松闸落门,2min25s 后进口闸门关到底。4min33s 水到出口,这时出口弧形门已关到剩 66cm 开度。5min25s 出口 4 个小排气阀全部关闭。6min35s 出口闸门关到只有 3.5cm 开度,出口出流量不足 $0.5m^3/s$,下游的农田和村庄平安无事,岩塞准时爆通,"洞内集渣,控制出流"方案获得成功,下游建筑物得到有效保护。

(5)对隧洞的磨损与建筑物损伤

岩塞爆破后对进、出口闸门和门槽进行检查,其闸门与门槽都无损伤,闸门四周的水封良好。手动落闸门速度较快,有石块碰到门体,都未造成闸门损伤。爆破后石渣通过隧洞流向出口时,石渣对洞底的磨损亦十分轻微,磨光露出砾石的仅在闸门井以后 300m 内发现几处,但深度仅 1~2mm,并无害处。另外在伸缩缝边有一边长 $25cm \times 15cm$,最深有 4cm 的三角坑,经检查是由施工时漏振造成混凝土不实。在紧贴混凝土表面支承底模的环向架立钢筋露出了长 50~60cm,其中一根为端头,并翘出了混凝土面,向下游弯曲。这几处损伤都可用高强砂浆修补。

这是国内外尚未有的岩塞爆破石渣处理技术,对于国内今后越来越多在现有水库、湖泊内取水,不得不采用岩塞爆破的方式打开进水口,隧洞出口往往是农田、村镇,离河道有较远距离时,采用"洞内集渣,控制出流"这一方案,优点是显而易见的。

7.6 加强闸门埋件防护

在岩塞爆破不采用缓冲气垫技术时,为抵御"井喷"过程中石渣对闸门井埋件的撞击,其主轨宜采用铸钢件,并使护角与主轨铸为一体,门槽下游侧设置错距,采用一段斜坡同边墙衔接(同深孔平板门槽型式一致)。门楣结构立面与水平面相交处宜采用圆弧连接,一期闸门混凝土里应设加强件与门楣连接一起,这样使闸门门槽、门楣整体性好,增强门槽与门楣的抗撞击能力。

岩塞爆破时为了防止石渣对闸门井门槽和其他部位埋件的撞击,一般用方木将门槽进行封闭保护,将闸门提到相应高度,避免石渣冲撞闸门而造成损坏。在镜泊湖电站扩建工程进水口门槽用方木填平与边墙成为一平面,门楣用方木做成圆弧形加以保护。

为了使爆破石渣尽可能不被水流带到闸门井底堆积,影响闸门关闭,可在集渣坑尾部增设两道用 $\phi 15mm$ 的细钢绳编织的 $15cm \times 15cm$ 网眼的拦石网,把网用锚杆固定在集渣坑尾部的边墙与顶拱上。岩塞爆破时发现防护方木首先随气流飘出来,然后闸门井喷出水柱,未等水流携带石渣到达之前,防护方木已被气浪吹走,因此门槽这种防护方法作用不大。爆破后潜水检查,固定拦石网的锚杆被拔出,拦石网被卷入集渣坑中,闸门井底部也有堆积的石渣,拦石网未能起到预想的效果。

集渣堵塞爆破方案,闸门槽防护应采取妥善的办法,解决国内已实施的岩塞爆破时水气浪的冲击力过大,产生高达数十米的"井喷",对闸门槽造成损坏,爆破石渣冲积到下游闸门井底部和隧洞内,存在深水清渣难度大等问题。岩塞集渣坑采用斜坡式集渣坑,由闸门井充水,在集渣坑顶部形成气垫缓冲等新技术,以消除"井喷",并确保岩塞爆破的石渣堆积于预设的集渣坑内,下游的闸门井及隧洞内无散落石渣,闸门井及隧洞等结构均完好无损。采用气垫缓冲技术、斜坡式集渣坑措施后,"井喷"、闸门槽、闸门井底堆积石渣问题基本上都能解决。

7.7　岩塞爆破方案对保护物的影响

7.7.1　开门泄渣爆破方案

岩塞爆破时采用开门泄渣方案,在岩塞底部隧洞中不设集渣坑,爆破下来的石渣在爆破力与水流冲击力作用下,把全部石渣冲泄到出口下游。岩塞爆破时闸门全部打开,在气浪裹挟下石渣快速通过洞身冲向出口。这时,冲出隧洞的石渣会对下游农田、村庄、隧洞洞壁与底板、埋件会产生磨损和破坏。

(1)玉山水库进水口开门泄渣岩塞爆破

江西玉山水库隧洞进水口岩塞爆破采用泄渣爆破方案,岩塞爆落石约 $1000m^3$ 通过隧洞泄出到下游,泄出的石渣块径 $30 \sim 40cm$,个别石块块径达 $70cm$,其岩性为泥质页岩。隧洞采用 $200^{\#}$ 钢筋混凝土衬砌,未采用闸门控制水流,水库放空后到隧洞内检查,洞内底板 80% 的面积被磨损,使混凝土环向钢筋外露,螺纹钢筋的螺纹被磨平,洞底混凝土一般磨损深度为 $5cm$,局部混凝土磨损达 $10cm$,底板混凝土磨损范围位于底拱中心角 $80°$,隧洞洞顶及边墙则完好无损。

（2）汾河水库泄洪隧洞开门泄渣岩塞爆破

汾河水库泄洪隧洞岩塞爆破工程，是在水库右岸增建一条内径为 8.0m 的泄洪隧洞，采用关闭闸门、控制下泄流量的方式，泄水总量为 53 万 m^3，最大泄洪量为 785m^3/s，使水库防洪标准提高、调蓄水量增加，岩塞爆破时采用泄渣开门爆破方案。

经计算，汾河水库泄洪洞进水口岩塞爆破后岩渣最大等容直径为 1.211m，其在洞内的起动速度为 5.18m/s，运动速度为 8.47m/s，而洞内流速为 12.3m/s，泄渣主体是以渣团形式排出，渣团出洞历时 10min 左右，总排渣历时 13~18min，由明流转入压力流时间约 7min，有淤泥时渣团移动速度慢些，泄渣结束时间要长些。岩塞起爆 8min 开始关闭平板闸门，15min 平板闸门全关闭。岩塞起爆后 12min 开始关闭弧形闸门，17min 弧形闸全关闭。岩塞爆破后在水流冲击下，已经起动的岩渣不会在运动到闸门槽部位或闸门底槛时停止运动而沉降到门槽内或底槛处。汾河水库泄洪洞泄渣后闸门能正常关闭，闸门槽不需要加防护措施，岩塞爆破后进水口平板闸门顺利关闭。

岩塞爆破后经宏观调查，水库大坝安然无恙，无滑坡、无液化，经检查土坝亦未发现有裂缝出现。泄洪隧洞进水塔、竖井、启闭机室混凝土结构均完好无损，仅启闭机室上游侧砖墙有一些细微裂缝，不影响使用。进、出口闸门均完好无损，4m 输水洞、进水塔等建筑物均未受到任何影响。

洞内在距弧形闸门 120~200m 处留有 700m^3（虚方）石渣团。隧洞内侧拱和顶拱280°范围内衬砌混凝土无磨损，隧洞底拱 80°范围内的混凝土有不同程度的磨损，但大部分范围内的混凝土磨损较轻微，也有 7~8 处的磨损部位主钢筋表面外露。两扇平板钢闸门完好无损，关闭很严，几乎无漏水现象。

岩塞爆破水力冲渣水工模型试验共进行了两次，模型试验表明，当岩塞爆破后，石渣瞬间即成为散粒体，在水力作用下迅速冲入洞内，随水流排出洞外。洞内开始为明流，石渣以散粒状随水运动，但很快在闸门井后形成渣团，有时是一个大渣团，有时也为几个小渣团，两渣团之间为清水段，渣团过后，有少许零星渣块沿隧洞底部滚动而下。渣团移动速度为 2~4m/s。岩塞爆破时库面无大的波动，当岩塞爆通后在洞口顶部水面产生逆时针漩涡，对冲渣起到一定的辅助作用。闸门井中水位无突变现象，只是随洞内压力增加而增加。经多次试验观测，在各种起爆水位和给定的石渣级配的情况下，水流条件和泄渣情况良好。试验中还一次加入粒径 4.4m×1.78m×1.1m、4.2m×1.78m×1.1m、3.1m×1.78m×1.3m、2.9m×1.28m×1.3m 的大石块，以及比重稍轻的粒径为9.8m×6.7m×2.4m 的石块，结果都能顺畅泄出，说明在库区有淤泥的情况下也不容易出现堵洞，同时，对隧洞衬砌混凝土的损伤也较轻。

岩塞爆破后设计计算隧洞进口最大流量为 620m^3/s，爆破后 200s 内从 0 增至最大，保持 15min 后开始关闭闸门，8min 后闸门全关闭，并考虑 5m^3/s、15m^3/s、30m^3/s 三种基本流量情况。计算结果表明,距隧洞出口 0.5km 的下石家村 $Q_{max}=590m^3/s$,距出口 1.0km 的杜交曲村 $Q_{max}=565m^3/s$,距出口 3.0km 的罗家曲村 $Q_{max}=280m^3/s$,其余各段流量均在 $200m^3/s$ 以下。

根据以上演算成果和河道危险断面测量情况可知,下石家庄河滩部分房屋院落要进水,修筑了一条长 500m 的护村堰,水库汾河桥杜交曲一边公路要过水,为避免过水冲毁公路及部分农田,从桥头至山崖路边修筑一条 200m 长的护路子堰。同时,为减轻洪水对下石家庄村房屋的压力,将村下游旧木桥处河道断面扩宽 50m,其余村镇都不存在问题。由于提前采取了防护措施,岩塞爆破后检查都起到了预期效果。

上述岩塞爆破工程说明隧洞通过石渣后,引水隧洞的底板会产生一些磨损,但隧洞的边墙和顶拱不会被磨损。从江西玉山水库隧洞进水口岩塞爆破后泄渣对洞底板的磨损情况看,一般混凝土磨损为 5cm,局部混凝土底板磨损深度达 10cm,磨损范围位于底拱中心,有 80°。事后分析认为,再浇筑的二期素混凝土强度较弱,同一期混凝土结合不好,造成在石渣水流冲刷下,更易被磨损掉或被淘刷成深沟,这样闸门槽埋件前端会受到石渣冲撞,侧墙埋件下部一旦产生变形,会影响闸门安全关闭,底坎上翼如冲毁二期混凝土会被淘成深沟,闸门关闭后顶水封会脱离水封座板,造成闸门上下过水,流态混乱易发生事故。

而汾河水库泄洪洞进水口岩塞爆破时,岩塞顶部的淤泥层厚约 18m,当岩塞爆破后淤泥混合于石渣中,淤泥混入石渣后使水流阻力减小,岩塞入口处的流速相对要高,提高了泄渣率。同时,淤泥与石渣混合后,会减轻对隧洞混凝土的磨损。岩塞爆破中短暂泄渣,对混凝土底板磨损程度属于轻微,对洞身、闸门及门槽段等均无破坏作用,不影响工程的正常运用。汾河水库泄洪洞进水口岩塞爆破后,泄渣对洞内侧拱和顶拱 280°范围内混凝土衬砌无磨损,底拱 80°范围有不同程度的磨损,大部分范围较轻微,也有 7~8 处主钢筋表面外露。采用一般的修补方法后,隧洞能正常使用。

为了解决开门泄渣时出现的问题,对泄水(洪)隧洞埋件的设计应考虑到进口平板闸门槽不具备检修条件,岩塞爆破时又承受石渣的撞击和磨损,所以应根据隧洞过渣数量、石渣性质、隧洞过渣和过流时间等因素确定门槽结构及保护范围。在岩塞围岩坚硬、流速相对较快、爆破石渣较多等因素下,门槽埋件可采用钢板镶护与铸钢主轨连成一体,对门槽上、下游边墙也用一段钢板铠装,底坎与门楣钢衬范围同门槽侧墙一样,对埋件前后两端采用深埋设施,钢筋一端与槽钢腹板焊在一起,这样使整个孔口形成钢衬保护。

对于出口弧形闸门的保护,出口弧形闸门埋件具备检修条件,埋件结构可简单一些,为适应大量石渣短暂通过闸门的条件,对弧形闸门的底坎及边墙(导轨)下部 1/4~1/2 孔口高度范围内增设一段钢板镶护,同一期混凝土预埋件连接一起,把二期混凝土保护起来。这种结构虽然施工麻烦,钢材用量多些,但增强了边墙、底板的抗冲撞与被淘刷能力,适用于岩塞爆破的开门泄渣爆破方案。

(3)开门泄渣对洞内磨损较轻的原因

岩塞爆破的石渣是刚刚爆落下来的带有棱角的,而且一般质地比较坚硬,用隧洞泄渣必然对隧洞结构造成磨损,但对隧洞磨损程度与通过隧洞的石渣数量、泄渣时间、洞内流速及混凝土施工质量等因素有关。国内工程石渣对隧洞内磨损情况比较如表 7-3 所示。

表 7-3　　　　　　　　　　　国内工程石渣对隧洞内磨损情况比较

工程名称	泄渣时间	泄渣方量/m³	洞内流速/(m/s)	磨损情况
刘家峡右岸导流洞	12 个月	10000	9.69	骨料裸露深度约为 5cm,冲出一高、深度各为 0.5～1.0m 的贯穿性深沟
三门峡 1#、2# 隧洞	261d	1000	19.00	中墩前形成磨损坑,深度为 5cm,洞底板磨损深度 1～1.5cm
七一水库	20h	1000	6.26	洞内底板 80% 被磨损、露筋混凝土磨损 5cm,局部深度为 10cm
香山水库	6min	268	12.00	磨损轻微,磨损深度为 1.0cm,最大撞击裂缝深度为 2～3cm
密云水库	2min47s	748	11.46	磨损轻微,对洞壁没有造成大的磨伤

从表 7-3 中可以看出,岩塞爆破工程泄渣与一般水电工程中导流洞的排渣情况是有所不同的:

1)岩塞爆破时泄渣时间短暂,仅 6～15min。在短暂时间内快速水流挟带爆破石渣下泄,因此隧洞底板磨损量及磨损厚度小。

2)岩塞爆破后石渣集中形成渣团运动,这种渣团运动应比同等数量零星散渣对洞壁的磨损要轻。

3)在岩塞爆破后泄渣数量偏少,其中小石渣较多,石渣在泄渣过程中是浮容重。石渣块径小,对洞壁撞击造成硬伤较轻,同时石渣在洞内与洞壁之间有水,有效地减少了摩阻力。水流在其中起到了水垫和滑润作用。实验又证实,压力隧洞内紊流,并非整个有效断面都是紊流,紧贴洞壁存在极薄一层流体,保持层流运动,而层流边层的厚度是沿长度方向,即沿水流的流动方向逐渐增厚的。因此减少了石渣与洞壁接触、碰撞的机会,减少了石渣对门槽等结构的冲撞磨损。

4)岩塞爆破后泄渣过程中,石渣最小断面受水压推动顺流而下。大块径石渣在洞内经高压水流的推力推动调整,使最小断面受水压推动顺流而下,石渣与洞壁接触撞击机会减少。

7.7.2　集渣开门爆破方案

岩塞爆破要求所爆落下来的石渣大多数都能堆放在集渣坑中,除有零星石渣通过闸门井与隧洞内时,对隧洞底板和边墙磨损不大。岩塞爆破时进、出口的闸门全敞开,不产生"井喷"现象,大大减轻了对门楣、门槽与启闭机室的撞击伤害,因此采用集渣开门爆破方案时,大部分石渣都堆积在集渣坑内,少数石渣运动对埋件与隧洞底板磨损影响不大,埋件结构可在常规设计基础上局部加强一些即可。

国内丰满水电站新建泄水隧洞位于混凝土坝的左岸,是一种采用集渣坑集渣的开门爆破方案。其泄水隧洞由进口段、闸前段、洞身段和出口段等部分组成,泄水隧洞前部设一道双扇检修平板闸门,可在库水位 246.00m 以下动水关闭。泄水隧洞尾部设一道单扇弧形工作闸门,可在全水头下动水启闭。泄水隧洞进水口采用岩塞爆破成型,进水口岩塞置于 37m 水深之下,岩塞直径 11m,岩塞厚度 18.5m。

岩塞的爆破采用集中药包布置形式,药包分 3 层布置,上层为 1 号药包,下层为 2 号药包,中层为 3~8 号药包,1~2 号药包的作用是把岩塞爆通,并达到一定的开口尺寸,中层 3~8 号药件呈"王"字形布置,其作用是把 1~2 号药包爆破后剩余的岩体炸掉使进水口达到设计断面。为了有效地控制岩塞体周边轮廓,并起到减震作用,岩塞体周边布置一圈预裂防震孔。岩塞爆破时的总用炸药量为 4075.6kg。

丰满泄水隧洞进水口水下岩塞爆破采用集渣坑集渣,在岩塞的下部设一个集渣坑,其目的是收集爆破下来 90% 以上的石渣。岩塞爆破下来的实方为 3794m³,其中岩石方量为 2690m³,覆盖层方量为 1104m³。考虑覆盖层中有 50% 的方量为石方,以及爆破后岩塞超挖量为 15%,取松散系数 1.5,这样爆破的松散方量为 5600m³。根据水工模型试验选定的集渣坑形状为靴形,包括过渡段其集渣坑开挖容积为 9550m³。

丰满泄水隧洞进水口岩塞爆破采用集渣坑集渣开门爆破方案,爆破方量为 5600m³,爆破后有 40~200m³ 石渣通过隧洞泄走。爆破后关闭平板闸门对隧洞进行磨损检查,洞内所有埋件良好,仅弧门底部腹板个别部位有擦痕,深度达 2mm,埋件附近混凝土无较重损害,更无钢筋外露现象。洞内混凝土磨损轻微,磨损部位一般在圆形断面底拱中心角 80°~90° 范围内。弯曲段后部外侧,混凝土表层被磨掉骨料外露较光滑,冲坑和麻面很少见到。无衬砌段和明流段底部有磨损,其余部位未见擦痕。

7.7.3 对岩塞泄渣的认识

国内岩塞爆破中采用泄渣方案较多,如丰满水电站、香山水库、密云水库、汾河水库岩塞爆破都采用泄渣方案,通过多个工程泄渣实践,对隧洞泄渣过程中石渣对隧洞混凝土结构造成的磨损问题,有以下几点认识:

1)岩塞爆破泄渣时必然对隧洞内结构造成磨损,其磨损规律与导流洞内推移质运动的磨损规律一致,但是,在岩塞爆破工程中的短暂时间的泄渣磨损程度属于轻微,对洞身、闸门及门槽段等均无破坏作用。因此,岩塞爆破泄渣对隧洞、闸门与闸门槽的正常运行不产生危害。

例如:汾河水库岩塞爆破泄渣时,泄渣主体是以渣团形式排出,渣团出洞历时 10min 左右,总排渣历时 13~18min,由明流转入压力流时间约 7min,有淤积时渣团移动速度慢些,因而渣至洞出口时间及泄渣结束时间要长些。泄渣后洞内侧拱和顶拱 280°范围内混凝土衬砌无磨损,底拱 80°范围内有不同程度的磨损,大部分磨损范围较轻微,隧洞底拱也有 7~8 处主钢筋表面外露,但不影响建筑物使用。

2)采用泄渣方式处理石渣对洞身磨损轻微,因此对隧洞底拱混凝土不必采用抗磨措施,也可以不用提高隧洞底拱混凝土标号的防护措施。如果岩塞爆破采用缓冲坑时,由于爆破时炸药爆压的作用,使得进水口初始水流流速达 30m/s 以上,这就增加了水流挟带石渣下泄对缓冲坑的冲击磨损,这一点施工中是不可忽视的。

3)采用先进的气垫缓冲技术有效减轻爆破后石渣对闸门槽、隧洞底板的伤害。爆破前在隧洞闸门井后用球壳型混凝土拱做堵头,然后用水泵抽水从闸门井往隧洞集渣坑充水至库水面下一定高程,使岩塞后面形成封闭的气体空间,采用备用空压机通过预埋于集渣坑顶部的钢管,向封闭气室内进行补气,使气室内形成 0.26MPa 的气垫,然后进行爆破。这种封闭式气垫层水下岩塞爆破,可以减轻爆破冲击和动水压力的负面影响,使爆破后的石渣规则堆放在集渣坑中,石渣对闸门槽、隧洞底板都无伤害。

4)采用洞内集渣,控制出流,有效减小水流速度,使洞内集渣的冲刷降低,而达到减少对隧洞底板的磨损。制定一套严密的起爆、关门控制程序,起爆时,进口门有必要的安全高度躲开石块直撞,出口闸门有足够开度,顺利排出气浪冲击。起爆后进、出口闸门按时下落,石渣全部通过闸门井后进口闸门关到底,水到出口闸门时,出口闸门应关到较小开度,并继续关到只留一条小缝,控制足够少的出洞流量。使用该技术使洞底的磨损亦十分轻微,磨光露出砾石的仅闸门井以后 300m 内发现几处,深度仅 1~2mm,并不影响隧洞的使用。

7.7.4 堵头、集渣坑与缓冲气垫爆破方案

在岩塞爆破中针对国内已实施的岩塞爆破水气浪的冲击力过大,爆破时产生高达数十米的"井喷"给建筑物造成损坏,爆破石渣冲积到下游闸门井和隧洞内,使闸门槽受到损伤和磨损,冲积到隧洞内的石渣清渣难度大等问题,岩塞爆破中引入了缓冲气垫这一新技术。缓冲气垫原理是利用岩壁和水面围成封闭式气室,并利用气室内高压空气形成"气垫"抑制室内水位高度和水位波动幅值的变化。缓冲气垫是优越的涌波控制技术,岩塞爆破中为解决"井喷"和石渣在爆破冲击波冲击下石渣冲积到闸门槽的隧洞内,采用了由下游闸门井充水,在集渣坑顶部形成缓冲气垫室,岩塞爆破时以消除"井喷"和磨损闸门槽,并保证岩塞爆破石渣不进入隧洞,使石渣堆积于预设的集渣坑内。

堵塞集渣爆破时通过对集渣坑充水而使岩塞和集渣坑之间形成一个缓冲气垫,气垫对于减小岩塞爆破时的闸门井井喷高度、防止石渣进入下游闸门槽及引水隧洞内、降低爆破冲击力、保护地下工程的安全等具有重要作用。但是气垫室对围岩有一定的地质要求,要求围岩强度高、能抵抗高压力、透水性微弱、有较好完整的岩体。对气垫室的水动力学特性要求比较高,应避免裂隙较发育的砂岩、喀斯特及节理较发育的其他围岩,应避免透水性强和软弱夹层发育地段,并应避免易产生水压劈裂破坏地段。

通过岩体的漏气是修建气垫室时所遇到的主要问题。出于围岩原因,有一些漏气是容许的,但是,如果气垫室的实际漏气超出容许范围时,就必须采用工程处理措施使漏气下降至允许范围以内。一般岩塞体漏气主要采取的措施是进行灌浆处理。实际工程经验表明,灌浆处理的方法是可行的,通过灌浆可降低周围岩体的渗透性,并不能完全消除漏气现象,但能使气垫的气压达到起爆时要求的压力。同时,岩塞出现漏气情况,也可在岩塞爆破前采用空压机补气,补气后气垫压力能稳定在一定时间内,这对岩塞爆破是非常有利的。

在岩塞爆破中采用缓冲气垫时,设计应考虑岩塞体距边坡较近,围岩的裂隙较多,风化层较厚,出现气垫室漏气是可能的。气垫室内少量漏气是通过设置空压机补气来解决的。空压机是在修建集渣坑顶部混凝土衬砌时把风管埋入其中并通过闸门井接到地面空压机站,当发现岩塞气垫室有少量漏气时,爆破前 1h 用空压机向气垫室补气,确保气垫室压力达到设计规定的压力,使岩塞爆破时不发生"井喷",并保证在爆破后石渣平缓堆积在集渣坑范围,下游的闸门井及隧洞内无散落石渣。

国内首个采用气垫室的是响洪甸抽水蓄能电站进水口岩塞爆破。该岩塞爆破采用堵塞、集渣与气垫室的爆破方案,通过对集渣坑充水而使岩塞和集渣坑之间形成一个缓冲气垫,气垫对于减小岩塞爆破时的闸门井井喷高度、防止石渣进入下游闸门槽及引水洞内、降低爆破冲击力、保护地下工程的安全等起到一定的作用。响洪甸抽水蓄能电站

进水口岩塞爆破实方体积 1350m³,采用松散系数 1.55,并考虑岩塞口上部可能塌方体积,渣坑内总石渣方量 2302m³。集渣坑为前高后低,断面为城门洞型,宽 8.0m,顶高程 84.00~74.00m,底板水平段长度 32m,底高程 57.00m,反坡段长度 27m,坡度 1∶3.0,尾部 8.0m 长度为水平段,底高程 66.00m,集渣坑容积为 3318m³,利用率为 69.4%。岩塞后部、集渣坑上部为气垫室,充水过程中,随着闸门井水位的上升,气垫体积压缩,压力升高,在一定的爆破总装药量下,爆破前气垫内压力越高,闸门井井喷越低,渣堆重心越往前移,这时爆破对堵头的冲击力越大。本工程岩塞爆破总装药量为 1960kg,堵头能够承受的极限冲击力为 1.02MPa,据此算得闸门井允许最高充水位为 106.79m,相应的集渣坑水位为 78.51m,气垫体积 1131m³。实际爆破时,闸门井充水位 103.73m,相应的集渣坑水位 78.10m,气垫体积 1197m³。其间由于发现气垫室有小量漏气,利用空压机向气室补气。

岩塞爆破后由潜水员携带激光发射器进行水下摸查测定堆渣曲线,从实测堆渣曲线看出,渣堆面比较平坦,驼峰高程 65.00m,与模型试验结果一致,检查时未发现渣坑后部流道内有石渣沉积,集渣坑边墙、闸门井、混凝土堵头均未发现裂缝,闸门井涌浪由安装于闸门井井内的水位计自动测记,最高涌浪水位 128m,距闸门井顶部还有 4.5m,未发生"井喷"现象,从起爆至稳定历时 2.25h,由安装于堵头上的晶体传感器测得作用于堵头上的最大冲击波压力为 0.8MPa。

响洪甸抽水蓄能电站是国内第一座通过水下岩塞爆破形成进水口的抽水蓄能工程,岩塞采用斜坡式集渣坑,岩塞后部、集渣坑上部为气垫室,在充水过程中随着闸门井水位上升,气垫体积压缩,而气室压力升高,爆破时气垫有效降低冲击波压力,使闸门井井喷降低,渣堆重心越往前移。岩塞爆破时未出现"井喷"现象,潜水人员携激光发射器进行水下检查,未发现集渣坑后部流道内有石渣沉积,集渣坑边墙、闸门井、混凝土堵头均未发现裂缝,在集渣坑充水并设置气垫减震技术是非常成功的。

7.8 岩塞爆破时闸门的防护

在岩塞爆破的泄渣与聚渣开门爆破方案中,爆破时进、出口闸门均需提至闸门井井口,悬吊在检修闸门室里,岩塞爆破产生的空气冲击波和地震波,均会作用到闸门和启闭机上,必要时还需要采取一定的防护措施,确保闸门在爆破时的安全。

7.8.1 空气冲击波

岩塞炸药爆炸时在隧洞内产生的空气冲击波,对隧洞内混凝土结构影响不大。由于闸门悬吊在检修室里,爆破产生的空气冲击波和地震波,均会作用到闸门和启闭机上,对闸门和启闭机都会产生一定影响。其程度主要取决于冲击波超压值、正压持续作用时间及比冲量值大小,同时还与振动体系(闸门与启闭机)的自振周期有关。

隧洞中空气冲击波正压持续作用时间按 A. H 哈努卡耶夫公式(7-1)计算。

$$t_+ = 1.5 \times 10^{-3} \sqrt[6]{\frac{2\pi Q R^5}{A}} \tag{7-1}$$

式中:t_+——空气冲击波正压持续作用时间(s);

R——测点到爆炸中心的距离(m);

A——隧洞的断面面积(m^2);

Q——炸药量,齐发爆破为总药量,秒差和毫秒爆破为最大一段药量(kg)。

闸门自振频率及周期按单自由度振动体自动频率和周期公式(7-2)至公式(7-4)计算。

$$\bar{\omega} = \sqrt{\frac{g}{y_{cm}}} \tag{7-2}$$

$$T = \frac{2\pi}{\sqrt{\frac{g}{y_{cm}}}} \tag{7-3}$$

$$y = \frac{IG}{EA} \tag{7-4}$$

式中:$\bar{\omega}$——闸门自振频率(次/s);

g——重力加速度;

y_{cm}——闸门静力位移(钢丝绳伸长,cm);

T——闸门自振周期(s);

I——钢丝绳长度(cm),钢丝绳长度指由启闭机定滑轮中心到闸门吊具中心的距离;

A——钢丝绳总的断面面积(cm^2);

E——钢丝绳弹性模量(kg/cm^2);

G——闸门及加重重量(kg)。

当 $t_+ \ll T$ 时,空气冲击波对闸门的影响,取决于比冲量;反之 $t_+ \gg T$ 时,则取决于空气冲击波的最大压力或静压作用。

空气冲击波一般情况正压持续作用时间较短,产生的比冲量不大,而闸门又是悬吊空间自由体,本身由钢板制成,强度较高,抗冲击韧性较好,所以空气冲击波的冲量对闸门影响不大,可忽略不计。若 $t_+ \gg T$ 时,空气冲击波的最长压力按静压力作用于闸门上,并按式(7-5)和式(7-6)核算闸门的稳定性,其安全系数不小于 3。

平板闸门：

$$\frac{G}{\sum FP} > K \tag{7-5}$$

弧形闸门：

$$\frac{GR_c}{\sum FPR'_c} \geqslant K \tag{7-6}$$

式中：K——安全系数，取 $2\sim3$；

G——闸门及加重重量（t）；

R_c——闸门及加重重心到支铰距离（m）；

R'_c——空气冲击波压力重心到支铰距离（m）；

$\sum F$——空气冲击波压力作用面积（m^2）；

P——空气冲击波波阵面压力（t/m^2）。

经核算闸门如不满足式（7-5）及式（7-6）要求时，可在隧洞内增设柔性防护幕等措施，减少空气冲击波波阵面的压力，还可以用地锚将闸门下部固牢增加闸门的稳定性。

7.8.2 空气冲击波压力计算

目前，空气冲击波波阵面压力计算公式较多，在隧洞中进行炮孔或深孔药包爆炸时中空气冲击波波阵面的超压值可参考 A. H. 哈努卡耶夫公式（7-7）计算。

$$P = \left(0.29\frac{\eta\varepsilon}{R} + 0.76\sqrt{\frac{\eta\varepsilon}{R}}\right)e^{-a\frac{R}{d}} \tag{7-7}$$

式中：P——空气冲击波波阵面压力（kg/cm^2）；

R——测点到爆破中心的距离（m）；

ε——平面波能流密度（cal/cm^2）；

α——隧洞粗糙系数；

d——隧洞直径，$d = \sqrt{\dfrac{4S}{\pi}}$（m），其中，$S$ 为隧洞断面面积（m^2）；

η——能量转移系数。

在独头隧洞中爆炸裸露药包，平面波波阵面上的能流密度按式（7-8）及式（7-9）计算。

$$\varepsilon = \frac{q_r Q_r}{S} \tag{7-8}$$

$$q_r = q_i \frac{Q_r}{Q_i} \tag{7-9}$$

式中：q_r——使用炸药的 TNT 当量(kg)；

　　　Q_r——TNT 炸药的比重(kg/m^3)；

　　　q_i——使用炸药的重量(kg)；

　　　Q_i——使用炸药的比重(kg/m^3)。

在隧洞中传播的空气冲击波的总能量 E_n 与药包总爆能 E_0 之比称为能量转移系数，并用 η 表示，则 $\eta=E_n/E_0$，裸露药包在隧洞中爆炸时能量转移系数 $\eta=1$，不同爆破条件能量转移系数是不同的，可按表 7-4 选取 η 值。

表 7-4　　　　　　　　　　不同爆破条件能量转移系数 η 值

爆破条件	能量转移系数(η)
约束状态的深孔爆破	0.300～0.350
向回采空场爆破矿石,装满药的深孔	0.030～0.025
孔口空 1.0m 的深孔	0.025～0.023
孔口空 3.0m 的深孔	0.023～0.015
孔口空 5.0m 的深孔	0.015～0.013
孔口堵 1.0m 的深孔	0.027～0.023
孔口堵 2.0m 的深化	0.014～0.018
孔口堵的深孔	0.010～0.005
用浅化掘进巷道	0.050～0.010
采空区的体积小于 30000m^3 时(用洞室药包爆破矿石)	0.100～0.250
采空区的体积大于 30000m^3 时(用洞室药包爆破矿石)	0.020～0.100
用表面药包破碎矿石,无堵塞情况	0.300
用表面药包破碎块石,用碎石堵塞	0.150

7.8.3　爆破地震波

炸药在岩体中爆炸，其能量向四周释放，导致岩体振动，这样闸门随岩体运动而振动，假定闸门为一刚体，吊在一端固定的弹簧(钢丝绳)上，这样闸门可视为单自由度振动体系。闸门增加附加动力荷重后，是否超过启闭机容重，悬吊闸门启闭机钢丝绳是否安全应进行核算。

岩塞爆破时地表基岩振动加速度主要与药量和距离有关，通常用经验关系式(7-10)表示。

$$a=K(Q^{1/3}/R)^{\alpha} \tag{7-10}$$

式中：a——地表基岩振动加速度(g)；

　　　Q——药量，齐发爆破为总药量，秒差和毫秒爆破为最大一段药量(kg)；

R——爆破中心至测点间距离(m);

K——与爆破方式,地形、地质等因素有关的系数;

a——衰减快慢指数。

式(7-10)中 K、α 值是与土岩特性等因素有关的系数。不同地点,由于地形、地质条件不同,K、α 数值也不同,如丰满电站大坝左岸岸边地表基岩加速度衰减规律,通过试验和岩塞爆破整理出的经验公式为:

$$a_{地竖} = 97(Q^{1/3}/R)^{1.73}$$
$$a_{地径} = 126(Q^{1/3}/R)^{1.74} \tag{7-11}$$

式中:$a_{地竖}$——地表基岩竖向加速度(g);

$a_{地径}$——地表基岩径向加速度(g);

其他符号意义同前。

岩塞爆破时地表基岩振动会引起闸门振动,由于地震波不是直接作用在闸门上,而是通过启闭机钢丝绳传递到闸门上。如丰满泄水洞进口岩塞爆破时,实测平板闸门启闭机室附近地面基岩竖向加速度为 1.09g,而在平板闸门上测出最大竖向加速度为0.3g。这说明通过柔性钢丝绳传递以后,振动加速度会减少,而起到一定的减震作用,这样爆破地震波引起闸门附加动力荷重可按式(7-12)估算。

$$F = fma_{地径} \tag{7-12}$$

式中:F——爆破地震波引起闸门附加动力荷重(t);

m——闸门与加重块质量(g);

$a_{地径}$——地表基岩振动竖向加速度(g);

f——钢丝绳减震作用系数,一般可取 1/4～1/3。

闸门增加附加动力荷重后,启闭机容量应满足式(7-13)的要求:

$$T \geqslant n(G + F) \tag{7-13}$$

式中:T——启闭机容量(t);

n——安全系数,取 1.2;

G——闸门及加重重量(t);

F——附加动力荷重(t)。

经核算后如不满足式(7-13)的要求时,可采取拆除部分加重块以减轻重量或增加临时吊具的措施,确保岩塞爆破时钢丝绳的安全。

如果岩塞爆破时还采用集渣堵塞爆破方案,在岩塞爆破时闸门井产生"井喷"现象。这时,应将闸门调试合格后提出闸门井口,安放在检修闸门室一侧并锁牢固,同时,拆除启闭机移到安全地方,闸门和启闭机上部采用覆盖措施,防止"井喷"时喷出的岩石砸坏零部件,启闭机承重大梁采取加固措施防止损坏和移位,影响启闭机二次安装。

当然,在岩塞爆破时采用"缓冲气垫"技术时,在岩塞体底部形成一个有压力的缓冲气垫,缓冲气垫有效地将岩塞体与下游水体隔开,缓冲气垫起到一个弹性的缓冲作用,可有效减弱岩塞爆破时的冲击波。闸门升到闸门井口,启闭机上的设备可按计划安装到位,因为岩塞爆破时避免了"井喷",减弱了岩塞爆破时冲击波,有效保护了闸门井上的闸门、启闭机室和钢丝绳的安全。

7.9 岩塞爆破时的闸门操作

7.9.1 采用一般集渣堵塞爆破方案

在一般常规的集渣堵塞岩塞爆破中,岩塞爆破的水气浪的冲击力过大,产生高达数十米的"井喷"现象,造成爆破石渣冲积到下游闸门井和隧洞内,同时,由于"井喷"会对闸门和启闭机造成损坏,因此闸门和启闭机不能一次安装形成,应按下列要求操作。

1)在岩塞爆破前对闸门、启闭机及埋件进行全面检查、验收和调试工作,上述项目都满足设计技术要求后,岩塞才具备爆破条件。

2)采用常规的集渣堵塞的岩塞爆破施工方法时,因产生"井喷"现象,"井喷"时会有较大石块冲出对闸门和启闭机都有伤害,所以岩塞爆破时把启闭机临时装在承重大梁上,待闸门和启闭机调试合格后将闸门移出井口,放置到检修室一侧固定,然后拆除启闭机移到安全地方。

3)岩塞爆破成功后,在堵塞未拆除时潜水员潜水清除闸门井底部和闸门槽内的石渣,并检查闸门槽和水封不锈钢座板磨损状况,当磨损影响橡皮水封使用时,应立即进行更换处理。

4)岩塞爆破后将启闭机吊装到原位置安装固定,并拆除闸门锁定及保护设施,把闸门移到闸门井口并锁定在检修平台上,操作启闭机关闭闸门。

5)闸门关闭后,利用堵头底部预埋阀门将闸门到堵头段之间的水量放尽,然后再检查闸门槽和隧洞段有无损伤,随后拆除堵头。

国内清河热电站引水隧洞进水口岩塞爆破时,在岩塞爆破前未进行闸门与启闭机安装及调试工作,由于闸门井经常积水,启闭机钢丝绳及运行开关调整都需要闸门在水下进行,不但费事,而且准确性也差,闸门放下后又无法掩门,因此造成闸门漏水量较大。响洪甸抽水蓄能电站进水口岩塞爆破时,把缓冲气垫布置在岩塞底部,在岩塞爆破前进行闸门与启闭机的安装、调试及验收工作,闸门提起放到工作位置(孔口),岩塞爆破时闸门井涌浪达到127.28m高程,离井口还有5.02m,未发生"井喷"现象,爆破后闸门工作的漏水量很小、启闭机运行正常,未出现异常现象。

7.9.2 泄渣或集渣开门爆破方案

岩塞爆破时为了做到有计划、有秩序地关闭前后闸门,施工中应制定出一套严密的起爆、关门控制程序,进、出口闸正确定位。岩塞起爆时,进口闸门有必要的安全高度躲避石块直撞,出口闸门有足够开度,顺利排出爆破气浪冲击。起爆后进、出口闸门按时下落,石渣全部通过闸门井后进口闸门关到底,水到出口门时,出口闸门已关到较小开度,并继续关到闸门只留一条小缝,控制足够少的出洞流量,尽量减少爆破时的水量损失,爆破后应按下列要求进行操作保证安全关闭闸门。

1)闸门、门槽、埋件及启闭机的安装,应严格按设计要求与精度进行施工,施工完成后在岩塞爆破前进行全面检查和验收,所有施工项目均满足要求时岩塞才具备爆破条件。

2)在闸门与启闭机调试合格后,按实际工况作一次试运行,在试运行中找出其薄弱环节,并在爆破前加以改进,为岩塞爆破后闸门及启闭机投入运行做好准备。

3)岩塞爆破前将闸门提至闸门井井口,吊在设计预定位置,按爆破空气冲击波及爆破地震波对闸门和启闭机的影响计算成果,确定是否采取必要的加固防护措施。

4)岩塞爆破时进、出口启闭机室之间应备有通信联系,并由专职人员负责,如果启闭机室设在洞内,一定注意补气问题,尤其交通洞兼作通风洞时更应重视,岩塞爆破前应打开洞口大门,严防关闭,预防隧洞通水后影响补气造成事故。

5)岩塞爆破起爆后应间隔一定时间,相关工作人员再进入闸门井与启闭机现场,如果启闭机室内有烟雾应先排出烟雾,然后进行各部位检查,如出现问题应立即修复和上报。

6)进行各部位检查没有问题后,拆除闸门和启闭机的锁定装置及启闭机室的有关加固防护措施。

7)岩塞爆通后,初期水流态极为复杂,同时水流又携带石渣从洞中通过,这些都是闸门关闭过程中的不利因素。操作过程中为避免在上述不利情况下下闸,应待洞内流态较稳定、在水流中基本不携带石渣的前提下,方允许关闭闸门。当接到关闭闸门通知后,操作人员首先关闭工作闸门,关闭过程中一旦发生事故,可反复提起再关闭,或用人工手动关闭闸门。万一发生闸门不能落到底坎上的情况时,应立即关闭井口事故闸门。

8)当工作闸门关闭后,再关闭进口事故闸门,然后小开度逐渐提起工作闸门,施工人员进入隧洞内,全面检查隧洞及埋件的磨损情况。

丰满水电站泄水洞水下岩塞爆破采用集渣开门爆破方案,岩塞爆破前专职人员对闸门及启闭机认真地进行调试工作,并采取了加固防护措施,为安全下闸做了充分准备工作。因此,在岩塞爆破后弧形工作闸门顺利落到底坎,平板闸门按时关闭,闸门关闭后漏水量不大,也未出现异常现象。

九松山隧洞进水口岩塞爆破,利用隧洞长度采用"洞内集渣、控制出流"的处理技术。在岩塞爆破前制定出一套严格的起爆、关闭闸门的控制程序,起爆时,进口闸门有必要的安全高度躲避开石块撞击,出口闸门有足够开度能顺利排出气浪冲击。同时,对方案进行试验、分析计算,对闸门高度选择一个最合适的位置。方案经过多次试运转、模拟演习,确保工作人员熟练操作不出差错,并对停电等意外事故备有第二种方案。

岩塞爆破 35s 后指挥下令开始下落进、出口闸门。进口闸门报告情况异常,闸门下不去,出口报告气浪很大。随即指挥下令,进口采取第二种方案,松开抱闸,人工手动下门。出口继续关闭闸门。58s 后石渣全部通过闸门井,1min30s,进口闸门开始手动松闸落门,2min25s 进口闸门关到底。4min33s 水到隧洞出口,这时出口弧形闸门已关到只剩 66cm 开度,5min25s 出口 4 个小排气阀全部关闭。6min35s 出口闸门关到只有 3.5cm 开度,出流流量不足 $0.5m^3/s$,下游平安无事。本次岩塞爆破能准时起爆,进、出口闸门能按时下闸到位,实现了"洞内集渣、控制出流"的方案得以实现。

第8章 岩塞爆破施工质量控制

水下岩塞爆破是在一定水深条件下,在预留岩塞中进行的具有两个自由面,有较强夹制作用的一种控制爆破。这种控制爆破要求岩塞一次爆通成型,并确保周边水工建筑物的安全及尽量减少施工工作量,使岩塞得以安全顺利施工。在水下岩塞爆破施工中,应当考虑岩塞爆破的特点,采取有效措施,在确保安全施工的前提下,提高施工质量,并加快施工进度。

根据岩塞体施工的实际情况,编制岩塞开挖、喷锚支护、岩塞体灌浆、岩塞药室开挖、岩塞爆破器材试验、网路试验、岩塞装药、回填灌浆等质量控制措施。

8.1 加强施工质量制度与培训

8.1.1 组织落实

鉴于岩塞爆破的重要性和特殊性,现场施工管理十分关键,必须合理安排、精心组织、精心施工。在岩塞爆破工程中,组织是保障、制度是关键。施工过程中着重抓好组织建设与制度的落实。根据项目管理需要编制出一套系统、完整、全面、细致的施工措施和规章制度,作为岩塞爆破施工的依据。为了保证施工质量,必须严格按规范及设计要求进行施工,现场成立岩塞爆破施工的专门质量检查机构,对岩塞爆破施工工艺和施工过程进行全面控制。加强测量、打孔、导洞与药室开挖的实际监测手段,确保岩塞爆破施工质量满足设计要求。

8.1.2 签证制度落实

施工中完全按照设计要求施工是确保岩塞爆破成功的关键。在岩塞整个施工过程中,应建立一套完整的质量检查、监督、控制系统,并将其制度化、程序化。执行三检制度、签证制度、许可证制度。许可证由设代、监理(或指挥部总工)、施工技术负责人三方签字,任何一方不签字,不准进行下一道工序。

8.1.3　人员培训

抓好岩塞爆破的组织机构及检测仪器的落实,派专职钻工、炮工、电工、测量、技术人员进行短期培训,培训后的人员能达到独立完成钻孔、检测控制钻孔方向、深度、距离等质量的能力。炮工经培训后能熟练检查炸药、雷管、导爆索的完好程度,模拟试验时能按要求操作联线,能熟练按设计要求进行药卷加工和装药,堵塞时能按要求进行堵塞并能保证质量。

在岩塞爆破施工现场,应有持同类证书的爆破工程技术人员负责现场工作,特种爆破工程亦应有爆破工程技术人员在现场指导施工,并熟悉本工程所有技术措施和规定。

岩塞现场电工经培训后,能熟练岩塞爆破工地的用电要求和措施中的规定,在药管加工场地与岩塞装药现场应保证无强杂散电流存在,各闸刀与开关、线路接头质量必须满足施工现场用电的规范要求。

测量人员通过对地质勘探及设计测量资料的了解,对进水口的地形地貌情况有较全面的分析,施工正是建立在这些勘测资料的基础之上。为了确保岩塞爆通成型、消除水下测量误差,测量人员应定期检查测量成果、消除误差,确保为岩塞爆破成型提供技术支撑。

8.2　施工期的质量要求

8.2.1　岩塞爆破的测量质量

水下岩塞爆破的地形测量是一项非常重要的工作,测量误差直接影响岩塞爆破效果和运行安全,水下地形图的质量是岩塞爆破成功的主要因素之一。岩塞上表面不仅坡度大、地形复杂,地面起伏大,有时还有较厚的淤积物覆盖,会给测量工作带来很大困难。

为保证地形图的精度,采用冬季冰上方格网的测图方法,测量范围是洞轴线方向30m,两侧左右方向30m,控制基岩高程范围。测点间距、排距均为2.0m,梅花形布置。点位用经纬仪测定方向,钢尺量距。淤泥面采用重锤,基岩面采用轻型钻机,吊锤冲击钻杆,钻杆垂直穿过淤泥探至岩面。根据测点绘制1/100基岩面等高线图和淤泥面等高线图。完成后经校核检查,基高程中误差不大于±0.20cm,测量结果应保证岩塞爆破设计中岩塞形状的准确性。

8.2.2　岩塞尾部段开挖质量

在岩塞尾部8～10m段开挖时,必须严格按照施工措施要求进行爆破开挖。开挖方法采用下(中)导坑方式时,应严格控制单响药量,减轻开挖对岩塞体开周边围岩的爆破振动影响和减少超挖。作为岩塞段尾部采用浅孔小药量进行爆破开挖。

尾部段开挖采用分段施工,控制开挖循环的进尺。开挖时把尾部段分成多段进行爆破,严格控制每次钻孔深度,不准随意增加钻孔深度,特别是最后一槽炮的孔深更不准超过设计孔深,避免岩塞底部出现较大超挖。

尾部段扩大开挖时,周边采用光面爆破,光爆孔距为 40cm,采用连续细药卷装药,线装药密度为 250~250g/m,其他炮孔的线装药密度为 600~700g/m。最后一炮的装药量应严格控制,避免造成岩塞体围岩受到破坏。

例如:汾河水库泄洪洞岩塞爆破施工中,由于在岩塞尾部段爆破开挖中,开挖方法欠妥,对钻孔深度和药量控制不严,造成岩塞底部超挖达 2.0m 深,最后用浆砌块石满铺满挤回填情况下,中部药包位置的确定就不能根据以往岩塞爆破工作经验来选取 $W_上/W_下$ 的比值,需要从符合阻抗平衡并取得爆破成型的良好效果进行核算,还在根据排孔爆破孔位布置情况进行相应调整。

在岩塞体开挖时应严格控制超挖,如果存在开挖时造成的超挖,应采用高标号混凝土进行修补齐,确保岩塞体抵抗线不发生太大变化。

8.3 岩塞导洞与药室开挖质量控制

8.3.1 导洞开挖要求

在药室导洞爆破开挖时,应严格按设计要求布孔、开挖,采用中心掏槽,周边打密孔进行先预裂,循环进尺控制在 0.5m 左右,起爆采用分段爆破的开挖方法。

(1)导洞开挖钻孔按设计钻孔布置图进行

钻孔孔位要根据测量定出的中线、腰线及孔位轮廓线确定,周边孔在断面轮廓线上开孔,沿轮廓线调整的范围和掏槽孔的孔位偏差不大于 3cm,其他炮孔的孔位偏差不大于 5cm,炮孔的孔底要落在爆破图规定的平面上,炮孔方向要一致。

钻孔过程中,要经常进行检查,对周边孔要特别控制好钻孔角度,炮孔钻完经检查合格后,才能装药爆破。

(2)钻孔、验孔

钻孔前对施工人员进行交底,交底确认无误后进行开钻。钻孔过程中,施工技术员要逐一检查每个钻孔角度、深度及间排距等控制要求,经检查不符合要求的钻孔,要求重新钻孔。钻孔完成后,由质检人员抽检炮孔孔深、间排距、角度等是否符合设计要求,填写炮孔检查记录。

（3）钻孔质量要求

1）钻孔孔位要根据测量定出的中线、边线及孔位轮廓线确定；

2）周边孔在断面轮廓线上开孔，沿轮廓线调整的范围和掏槽孔的孔位偏差不大于 3cm，其他炮孔的孔位偏差不大于 5cm；

3）钻孔时炮孔方向要一致，钻孔过程中要经常进行检查，钻孔时炮孔的深度应一致，炮孔的孔底要落在规定平面上。对周边孔要特别控制好钻孔角度，钻好的炮孔经检查合格后，才能装药爆破。

（4）光面爆破效果要求

1）爆破后残留炮孔半孔率要在开挖轮廓面上均匀分布，炮孔半孔率在洞壁上的保存率：炮孔半孔率在二类围岩不得小于 90%，三类围岩不得小于 80%，四类围岩不得小于 50%，并按照规范和业主达标投产的相关规定中两者要求较高者执行。

2）导洞爆破后，相邻两孔间的岩面平整，半孔率中不能有明显的爆破裂隙，当裂隙较多时应适当减少周边孔的装药量。

3）导洞爆破施工中，相邻两茬炮之间的台阶≤5cm，导洞开挖必须控制每一循环进尺 0.5m，单孔药量≤100g，每段起爆最大单响药量 1.2kg。

每次爆破后应及时进行安全检查和测量，及时纠正断面位置及尺寸的偏差，对不稳定围岩及时进行处理，不稳定围岩处理后确定安全，才能继续开挖。

8.3.2　药室开挖质量要求

药室开挖采用手风钻钻孔，全断面掘进，周边采用光面爆破、非电起爆网路起爆的施工方法。周边光爆孔孔距小于 30cm，周边孔 4 个角孔装乳化炸药，其他孔装导爆索，循环进尺 0.5m。施工期间根据实际岩石情况调整孔间排距及循环进尺，当岩石条件较差或靠近岩塞体前部时，应适当减少循环进尺，加密孔的间排距。

1）药室要严格按照设计位置、高程、方向、断面尺寸、爆破要求进行开挖，药室的临坡面不准超挖，其他方向和部位的超挖、欠挖宜控制在 10cm 以内。药室开挖位置应符合设计要求，边墙与底部出现的超挖超过设计规定时，应采用混凝土补齐。

2）施工测量。为了满足药室设计断面要求，每个循环钻孔前必须采用全站仪对开挖掌子面进行全断面测量放样，测出断面开挖轮廓线，用红油漆在开挖面上标注。药室顶中心线、两侧边墙及钻孔方向点等由测量人员向施工人员进行交底，并在断面上标注出来。同时，测量将上个循环断面的超挖、欠挖情况进行复测，对欠挖部位立即处理，并严格控制超挖。

3）药室开挖必须控制每一循环进尺在 0.5m 范围内，光面爆破孔单孔装药量为 16～

20g,崩落孔装药量为 100g,掏槽孔装药量为 120g。掏槽孔的孔位偏差不大于 3cm,其他炮孔的孔位偏差不大于 5cm,周边孔在断面轮廓线上开孔。

每次药室爆破后,开挖、测量、炮工、地质和设计人员在药室掌子面共同检查爆破效果,并决定下一槽炮爆破的布孔、装药和起爆等有关问题。

4)药室验收。药室开挖完毕,应做到严格验收。对药室的中心线、平面位置和高程进行复测,对药室的几何尺寸进行测量检查,并提交最小抵抗线和绘测竣工图,对与设计有出入的提出相应修改意见。

8.4 岩塞钻孔质量要求

岩塞体上进行钻孔是一项关键工作,钻孔精度是保证爆破效果最主要的因素之一。所谓钻孔精度包含钻孔的开孔偏差和钻孔方向上的偏斜度两个方面。开孔偏差一般不超过 0.1m。在岩塞体上钻孔关键在于,一是要孔位定得准确,二是方向掌握准确。

8.4.1 钻孔定位要求

（1）钻孔定位方法

由于爆破开挖的岩塞面凹凸不平,并有 20～40cm 程度不同的超挖,为了将孔位准确地定在岩塞体上,一般采用木样板架或带刻度盘和指针的旋转样架,将样架和刻度盘固定在标准岩塞中心位置上,然后通过样板架和刻度盘上角度将各孔位点移到岩面上。

（2）钻孔的方向

钻孔的关键在于孔位定得准确,钻孔过程中应控制好方向,为了将孔位准确地设定在岩石上,在岩塞体中心位置安设一个有刻度的标准定位盘,带定位杆的指针绕刻度盘旋转,将孔位按设计角度准确放在岩面上。岩塞体的钻孔是由钻杆承托架来控制的,承托架可指示出钻孔的角度,还可以上下升降和左右移动,也可以调整水平。测量人员、质检人员在岩塞每个孔开钻前,对孔位、角度、钻机摆放的位置进行认真的检查复核后才准开钻,炮孔钻进过程中也应进行检查。

8.4.2 钻孔质量要求

1)岩塞体必须严格按设计要求进行布孔、钻孔,钻孔施工中控制好孔位、孔向和孔深,确保钻孔质量。造好的孔经验收合格的孔要做好孔口保护,并做好详细记录。

2)岩塞的钻孔精度要求:开孔误差控制在 ±2cm,孔底误差控制在 ±3cm,钻孔深度误差控制在 ±3cm。

为了确保岩塞钻孔的精确度,钻孔过程中应严格控制钻孔质量,并做好每一个孔的施工、验收记录,对验收不合格孔应做报废处理,并需要重新布孔。

3)预裂孔施工质量要求。沿岩塞周边的预裂孔钻孔前,应详细计算出每一个孔的钻孔方向、角度、孔深等参数。使用钻孔样架控制预裂孔方向,由测量严格控制定位并在钻孔过程中进行复核。钻孔时将钻杆放在样架半管内,经测量校正后开始钻孔。钻孔前、开孔后及钻孔过程中要及时跟踪检查钻孔角度,确保钻孔偏斜误差不超过 $1°$。

8.4.3　岩塞淤泥孔施工质量

在岩塞口处的淤泥扰动爆破时,其爆破孔的孔间距小,为实现良好的淤泥爆破扰动效果,要求淤泥中钻孔偏斜精度小于 1%。在较深水中,其覆盖层较厚时,且有较大水流速度影响下实施钻孔,下直钢管有非常大的难度,下直钢管(要求钢套管顶角偏斜角度不大于 $0.3°$,特殊情况下不大于 $0.5°$),是保证淤泥钻孔偏斜精度达到技术要求的最基本条件。

8.4.3.1　"三检"制度

为保证淤泥钻孔施工质量,必须严格按规范及设计要求进行施工,现场设立专门质量检查机构,严格实行"三检"制度,并把"自检"与"互检"相结合,对施工工艺和施工过程进行全面控制。同时,加强测量、实际监测等手段,确保施工质量满足设计要求。

(1)人员准备

施工中合理和有效的人员配备是完成本工程的决定性因素,组织精干的专业爆破施工队伍是安全、顺利、优质完成本工程的关键所在。

(2)施工准备

施工平台、施工机具的准备是淤泥钻孔时又一决定因素。因淤泥孔设计要求高、工艺复杂、施工难度大,为满足施工需要,水上钻孔平台应组织提前进场进行组装、固定和熟悉。

(3)技术准备

施工前组织有关技术、施工人员熟悉设计技术条款要求和图纸要求,熟悉钻孔平台操作要领,做好充分的技术交底,与业主、设计和监理单位做好沟通。

8.4.3.2　淤泥孔的准确测定

施工前对水下淤泥孔钻孔位置应准确测定,并经多次校核,为保证钻孔精度和爆破效果,要求淤泥孔的孔斜应尽可能小,孔斜应控制不大于 1%,施工中及时向现场设计人员提供每个孔的坐标、测斜数据,便于调整后序钻孔位置。水下淤泥钻孔应嵌入基岩以下 $0.5m$,其超钻深度应满足装药底高程,并根据孔内淤积情况进行调整。

8.4.3.3 钻机平台质量要求

在水库中进行淤泥钻孔时,钻机工作平台应固定牢靠,不受水流、风浪、水位升降而产生较大摆动和出现位移。在下护孔的PPR塑料套管前,钻孔要进行清孔处理,保证套管顺利下放到孔底,对其水上部分要采取可靠的固定措施,防止套管倾斜,套管孔口做好临时封堵措施,防止其他物品堵塞套管。

为了确保淤泥孔中的PPR套管不受水流、风浪、水位升降而产生摆动或出现位移,采取钻孔作业平台不移走而爆破。

8.5 爆破器材的质量要求与检测

8.5.1 爆破器材质量要求

由于岩塞爆破只能一次爆破成功,对使用的各类爆破器材都提出了相关要求,同时,选定的爆破器材必须进行爆破试验。在岩塞爆破时,主要对炸药在水中浸泡168h后的工作力进行试验;雷管测试毫秒量(智能电子雷管的稳定性),雷管在水中浸泡168h后的水中试爆,测试雷管抗杂散电流能力;对导爆索进行不保护浸水和采用保护后浸泡120h后的准爆试验,然后进行1:1的网路试验。通过上述试验后能确定材料性能、购买标准,又检查了爆破器材的质量,为下一步在岩塞爆破中应用提供依据。

(1)雷管

雷管安装前应对所有要使用的雷管进行检查,不是同批次雷管不能使用,雷管自身有损坏、雷管的脚线有折叠痕迹、脚线外包胶皮有损坏、通电效果较差的雷管,都应按有质量问题不得使用处理。

电雷管、电磁雷管、数码电子雷管毫秒量误差在允许范围,且在该岩塞水头压力下具备浸泡3~7d后不影响起爆能力,不影响安全准爆率。

(2)炸药

在岩塞排孔装药时,对药卷外包装有损坏的、药卷的药量明显不足的、不是一个批次的炸药,在装药时应去掉,做质量不合格处理。

炸药质量要求:成品卷状乳化炸药密度大于$900kg/m^3$,爆速不低于$4000m/s$,爆力不低于$320mL$,猛度应达到$16~18mm$,殉爆距离大于$5cm$,炸药连续传爆性能良好。

(3)包装

炸药包装要求采用厚塑料膜包装。

(4)导爆索质量要求

塑料防水导爆索是以黑索金或太安炸药为药芯,高强度聚丙烯带及棉纱为包裹物,高压聚乙烯塑料或其他辅助敷层为防潮物组成。浸水前导爆索爆速不低于 6500m/s；能可靠传爆和起爆炸；导爆索爆速不低于 6000m/s。

8.5.2　爆破器材质量检测

8.5.2.1　雷管质量检测

岩塞爆破使用的爆破器材要承受动水的考验，在水压力作用下，爆破器材的性能随时间发生变化。采用的雷管(电雷管、电磁雷管、数码电子雷管)都先检查雷管外形有无损伤、脚线有无折伤，雷管外形和脚线受损都属于质量问题不能使用。不是同批次雷管也不能使用，作为有质量问题雷管处理。

1)选择不同段别电雷管各多发，在水中浸泡多天后，对电雷管主要技术性能指标在现场测 4 项：电阻值、延时值、最高安全电流、最低准爆电流。4 项性能指标符合出厂产品技术标准，在检测过程中未发现拒爆(瞎火)、早爆及混段现象。

2)选择不同段别电磁雷管各多发，在水中浸泡多天后，对电磁雷管主要技术性能指标在现场测试 4 项：电阻值、毫秒量、爆力、磁环引爆。经过水中浸泡后的电磁雷管，不会影响雷管起爆与磁环的高频导电性能。

3)选择不同段别的数码电子雷管多发，分别在岩塞所处深度的水下浸泡 3～7d 后，用专用仪器测试数码电子雷管的延期时间精度及起爆可靠度。

4)防水处理。由于雷管脚线要与电缆线连接，其接头必须进行防水处理，以保证雷管起爆时通电正常。不管岩塞爆破时采用的是电雷管、电磁雷管、数码电子雷管，接头处都应做好防水处理，将雷管脚线与电缆线接好后，分别用高压绝缘胶布缠紧，再用防水胶布包裹多层，做好防护的雷管脚线与电缆接头不要浸泡在水中。

8.5.2.2　炸药质量检测

普通抗水炸药的爆速和猛度都会随着水压的增加而减少，当水深增加到 30m 时，爆速平均减少 26%，猛度平均减少 33%，爆破效果就有较大的差别，甚至产生爆轰中断，残留炸药的危险。炸药直接与水接触，抗水性能差的炸药会丧失爆炸能力，抗水性能强的炸药的爆炸能力也会减弱，且时间越长，影响越大。岩塞爆破中选用的炸药，除进行防水处理还应做浸水试验。

(1)药卷外观质量

在岩塞装药前应对炸药卷的外观、药卷的饱满度进行检查，如药卷有破损，药卷不饱满的应视为不符合质量要求，在加工中和装药时不准使用。

(2)药卷浸水试验

岩塞爆破时，所使用的炸药性能和质量，必须满足防水性、耐水压性的要求。炸药在现场必须进行浸水试验,浸水深度是岩塞体的深度。乳化炸药经防水保护后,进行72h、120h、168h的浸水试验。

炸药浸水试验是检查炸药的爆速、殉爆距离、猛度、准爆性能的测试。炸药浸水后用经浸水后的导爆索引爆25mm的药卷,用雷管引爆75mm的药卷,测试准爆性能。

8.5.2.3 导爆索质量检测

在岩塞爆破施工中,为确保"一炮爆通",对所使用的各种火工产品的质量要求特别严,对所使用的火工产品都要做试验,试验合格后的产品才能用到岩塞爆破。

(1)导爆索外观检查

导爆索外观有破损、不饱满、有折断痕迹、包缠层不牢固、涂料不均匀等,检查时都作为质量不合格处理。

(2)导爆索起爆性能检测

把导爆索放在水下浸泡3～4d后取出,将2m长的导爆索与25～32mm的药卷连接,再用雷管起爆导爆索。检测导爆索的起爆性能。

(3)传爆性能检测

把导爆索放在水下浸泡3～4d后取出,取8m长的导爆索,将其切为1.0m长5段、3.0m长1段,用并接和搭接方式连接,用浸泡过水的雷管起爆,检测导爆索的传爆性能。经过切割的导爆索两头可采用塑料套封闭,塑料套封闭后用熔化的蜡进行套口封闭,确保封闭质量。

在岩塞爆破施工中,为确保"一炮爆通",对所使用的各种火工产品的质量要求特别严,对所使用的火工产品都要做试验,试验合格后的产品才能用到岩塞爆破。

同时,岩塞爆破所用炸药、雷管(电雷管、电磁雷管、数码电子雷管)、导爆索必须具有防水性能或者是经过防水处理,都必须是新定购的同厂、同批、同型号的产品,并经过验收合格后才能使用。

其他指标由厂家在供货时直接提供检测报告,到现场只需对外观进行检查和进行水下浸泡后的起爆试验。

8.6 起爆网路模拟试验质量要求

为检测所采用的爆破网路的可靠性,岩塞爆破前对实际爆破网路进行1∶1的网路模拟试验。在一开阔平坦处,以岩塞直径画一圆圈,在圆圈内按各孔的位置钉一木桩以示孔位,在网路模拟试验中不装炸药,不敷设导爆索,仅做爆破网路试验。

8.6.1　爆破网路试验

(1)爆破网路的操作

在试验中装药组分成两组施工,各组负责装两个区域,施工中各试验孔的雷管不能装错,并由专职的质量人员进行检查与确认。采用电雷管时,先将雷管并联后接入端线,然后各孔端线串联,再接支线串入附加电阻值后,测支线路电阻值是否在允许范围内,各支线并联于主线,并联入主线后实测网路总电阻值,最后接 380V 电源。采用电子雷管时,可以预设时间,再按设计要求装入,也可以装入后再根据孔位设置时间,根据施工队伍的作业习惯来选择。

(2)爆破网路的可靠性

在岩塞爆破中采用电磁雷管、数码电子雷管时,实际爆破网路要比电雷管简单一些,为节约起爆器材,减少试验工作量,只进行实际网路的简化模拟。因为简化模拟试验已能反映出整个网路传爆可靠性和实际延期时间。试验中模拟网路的传爆雷管、起爆雷管全部按设计的时间引爆,证明所采用的网路是可靠的,质量是过关的。

(3)提高施工人员联网质量

在正式爆破前,进行的爆破网路实际操作试验,第一是验证爆破网路的可靠性和准爆性,第二是岩塞装药前对施工与技术人员进行一次实际操作,了解各药室和各炮孔是装几号雷管,避免实际操作时出现错装。同时,进行雷管联网操作,一组人员联网,另一组人员进行检查,有效提高了爆破网路的施工质量,达到确保药包全部安全准爆的目的。

8.6.2　电雷管电爆网路

8.6.2.1　电爆网路连接型式

施工中要求电爆网路具有较高的可靠性,电爆网路采用"并—串—并"的连接型式,在设计网路时,使每发电雷管获得相等的电流值。在爆破网路模拟试验时能准确获得各支路的雷管数,也准确知道各支路的电阻值是否相等,如果电阻值不等,需要在支路配制附加电阻,进行电阻平衡,保证每发电雷管获得相等的电流值。在试验中,使施工技术人员熟悉了操作过程,也提高了对电阻平衡认识,有效提高了联网的施工质量。

在水下岩塞爆破施工中寻求通过复式电爆网路达到安全准爆,同时应加强现场的组织管理和过程控制是确保成功爆通的关键,岩塞爆破施工中必须高度重视。

8.6.2.2 汾河水库岩塞爆破网路模拟试验

（1）网路型式

汾河水库岩塞爆破的网路设计型式为"并—串—并"毫秒微差复式电爆网路，即孔内并联电雷管，孔外各孔串联成分支线路，并设主、副两条网路，最后各分支线路并联于主线，主线经闸刀开关与电源线相接，形成一个完整的电爆网路，网路共有 8 条支线，4 个梯段（即 1、2、4、5 段，中间跳过 3 段）电雷管引爆。

（2）网路模拟试验

为了检验爆破器材及联成网路的安全可靠性，同时使操作人员熟练掌握操作工艺以及提高解决实际操作过程中出现问题的能力，项目于 1995 年 4 月 19 日上午进行了一次 1∶1 网路模拟试验。在距进水塔下游 90m 的开阔河坦处，以直径 8.0m 画一圆圈，在圆内各孔的位置上钉一木桩以示孔位，在网路试验中不装药，不敷设导爆索，仅做电爆网路试验，对 3# 支路中的一个雷管束带一根导爆索并引爆 100g 水胶炸药。

网路试验的材料按设计要求量加工制作，端线采用 YZ-2×1mm²，支线采风 YC-2×25mm² 的电缆线，主线采用 BLX-7×2.12mm² 的铝导线，附加电阻由 800W 电炉丝按需要制备，使每条支线路的电阻值相等。

试验中先将雷管并联后接入端线，然后各孔端线串联，再接支线串入附加电阻值后，测各支线路电阻值在允许范围内（设计值为 12.353@），8 条支线并联于主线，入主线后实测网路总电阻值为 2.6Ω，最后接 380V 电源，主线电流为 146A，各支路电流为 18.25A，推算每发雷管的起爆电流为 9.1A。

在网路起爆时主线与电源线之间设两道铁壳开关，第一道开关为量测网路电阻值用，并由专职联网的炮工掌握其开关箱的钥匙，第二道开关为合闸起爆开关，在其电源线上串联两盏 220V 灯泡，以示电源线接通。试验网路合闸起爆后，找回所有雷管残体，经现场检查网路 166 发雷管全部起爆，试验圆满成功，达到预期目标。

8.7 雷管、导爆索、炸药加工质量

岩塞爆破的药包加工前应对采用的爆破器材进行严格筛选，确保爆破器材的质量，然后检测主要性能指标，根据炸药的主要指标值合理调整设计装药量。药包加工必须使用经过现场浸水前后测试合格的爆破器材，加工过程中必须严把质量关，确保每个接口、接头的连接防水处理有效，以及药卷和引爆的位置正确。

首先要检查雷管、导爆索、炸药包、药卷外形质量，外形质量必须符合要求。

（1）雷管外形质量

在岩塞爆破的药包加工时，所用雷管均需先进行外观检查，对雷管表面有擦痕、锈

蚀、铜绿、裂缝、封口塞松动、脱出的雷管及脚线绝缘层与外套塑胶管受损坏、磁环接头损坏的雷管严禁使用。

（2）导爆索外形质量

预裂孔与药室起爆体中用的导爆索外观应无折伤、变形、缠绕层松散、发霉等现象，不符合质量要求的导爆索不得使用。

（3）炸药包、药卷外形质量

岩塞正式爆破使用与测试是同批号的炸药，从预定爆破时间推算炸药的储存时间不得超过 3 个月。使用的炸药包和药卷出现破损、不饱满、挤压变形等现象，看作不符合质量要求，不得使用。

8.8　爆破药管的质量要求

岩塞爆破的装药形式有两种类型：一种是药室集中药包装药，另一种是两种直径钻孔（主爆孔、预裂孔）的药卷装药。由于岩塞钻孔较深，多数钻孔为向上倾斜孔，为降低倾斜深孔直接装药卷的施工难度，便于炸药防水处理，采用孔外先加工好药管，即在孔外先向硬质塑料管内装药，装药时把装好炸药的塑料管推入炮孔中。

爆破药管的加工必须满足质量要求，由于岩塞炮孔是倾斜孔、孔的深度大，因此预裂孔和主爆孔装药难度大。为了保证装药质量和数量，变孔内装药为孔外装药。按照设计要求的装药结构，在竹片上固定好炸药、雷管与导爆索后在装入 PVC 管中。

（1）药管的加工

检查药管制作质量，编号是否准确，封口是否严密，脚线或导爆索的保护管有无损伤，检查判断雷管与脚线的电阻有无变化，电子雷管应检查全部雷管是否输入起爆器中、规定的毫秒量是否正确，并做好记录备查。

1）预裂孔的炸药与导爆索一起按设计要求捆扎在竹片上，装药量应严格按设计药量加工，不准随意改动药量，把捆扎好炸药的竹片送入 PVC 管中，然后在管子两端用橡胶塞塞紧，并用防水胶布扎牢管子端头。预裂孔间隔装药结构如图 4-1(a)所示，预裂孔间隔装药结构与预裂孔连续装药结构如图 4-1(b)所示。

2）主爆孔装药时，把炸药均匀布置在竹片上并绑扎好，严格按照设计要求把雷管插入规定的前、后药卷中，对装药结构为间隔装药时，前、后起爆体中间段设置的导爆索要安装好，管子两端封塞和预裂孔一样。

3）对加工好的预裂孔与主爆孔的方药管，严格按设计要求进行两头封堵，并采用防水胶布进行防水处理，加工好的药管按岩塞体上的排号进行编号，编号好的药管按装药顺序堆放，堆放时技术人员应进行核实，其堆放位置不能出差错，并做好记录。

（2）起爆体加工

1）起爆体的外壳采用耐压、不易变形的木板制作箱子，木箱接头接缝采用卯榫连接，接缝用胶黏结，箱子内层刷一层沥青，箱体顶盖必须设为抽拉式。

2）起爆体箱子制作完成后，在装入炸药之前应在箱子内壁铺装整张防水塑料布，装入炸药应按设计要求的方式码放，对箱子内的装药空隙应用散装炸药填充密实。

3）起爆体中雷管插入药卷时应注意保护好雷管脚线，并用高压防水胶布将雷管脚线与药卷相交处缠牢，然后再用胶布将雷管脚线、导爆索与炸药药卷绑扎牢固，防止装药和接线时脱落。同时，做好雷管脚线出口端、导爆索端头和起爆体引出线部位的防护、防水处理。

8.9 岩塞体装药前对炮孔、药室的检查

8.9.1 装药前对炮孔、药室的检测验收

（1）炮孔检查

装药前应对每一个炮孔及药室进行一次全面检查，炮孔检查是指检查孔深和孔距，开孔孔距都是按设计参数控制，因此炮孔的检查，主要是炮孔深度和倾角的检查。孔深检查，分三级检查负责制，即打完孔后打孔人检查，接班时由代班人（班长）抽查，最后是专职质检人员检查验收，检查孔口编号标注与记录是否一致。

（2）药室检查

集中药室装药前，对集中药室内进行再一次清理，药室内如有积水须人工排除，排除时采用塑料瓢盛水到塑料桶运出，并在支洞口拦截其他洞室的水自流到药室中。

8.9.2 炸药运输堆放

炸药装填必须在爆破技术人员指导下进行，技术人员不到位不得进行作业。每个药室的炸药量应分别堆放，各分区药管应堆放规则，并有专人验收和发放记录在案。装入药室的数量也有专人记录，并确保与设计数量一致。

8.9.3 药室装药

（1）药室装药要求

药室中装药都是整箱或袋进行装填，操作时应按设计好的位置、数量码放整齐，要保证装药均匀。装药时还需要预留出安放起爆体的位置，起爆体布置在药室中心稍微偏上位置，以便使爆炸冲击波能够同时传播到各边缘点上。起爆体周围应用散装炸药

卷(原包装药)填满,不准出现遗留较大空隙影响爆破效果。

（2）预裂孔装药

岩塞周边预裂孔药管安装时,应严格按药管和炮孔编号分组逐孔进行装药,操作时可视施工方便确定先装哪一组。预裂孔每一孔药管送入炮孔中应立即固定,药管固定妥当后,及时进行炮孔封堵,封堵时应注意不要损伤雷管脚线,每组炮孔堵塞后,现场加工引爆体。

（3）主爆孔装药

岩塞爆破的主爆孔药管安装过程中,施工人员严格按药管和炮孔编号逐孔进行装药,不能随意改变装药顺序。药管装入炮孔中应立即固定,固定好药管及时检测雷管电阻,检测无误后即可进行炮孔封堵,炮孔封堵时如果孔中有渗水,可在药管堵塞底部安装一软管把水排出炮孔外,同时在固定药管和堵塞时注意不要伤害雷管脚线。

（4）淤泥孔装药

在排淤泥岩塞爆破时,淤泥孔严格按程序装药,各个淤泥孔内引出的导爆索、导爆管均应做好标识。并用吊锤法检查药包长度,确定装药位置,保证淤泥孔装药长度满足设计要求,每个炮孔检查时都进行记录。

（5）雷管脚线保护

在药室的预留起爆体位置由技术人员指导爆破员进行起爆体的安放,同时做好起爆体引出的雷管脚线的理顺和保护工作。引出脚线可用套管予以保护,药室装药完成后,多余人员撤出导洞外,技术人员和炮工对起爆网路进行检查,检查后由现场负责人签字验收。

8.10　岩塞药室与炮孔堵塞质量

8.10.1　药室堵塞

在药室的药包四周缝隙及药室口段用黏土填满后,为保证装好的炸药不受到挤压,在药室口处用 15mm 厚的木板覆盖药室口,木板用木枋支撑,注意木板内填塞的黏土应密实,然后在木板外垫 2 层(全断面)石棉被隔热,将石棉被四边与洞壁压紧、封死,以防灌浆时冲坏填塞体。

各药室做好上述封堵,立即检查起爆线路保护胶管外缠的石棉布有先损伤,以及量测雷管电阻值有无变化后,开始导洞内回填碎石,并把灌浆管和排气管安置于导洞顶部,主导洞口按设计要求制作一木插板门锁口,导洞内碎石回填满后,利用设在集渣坑尾部的灌浆机对导洞进行灌浆。

8.10.2 炮孔堵塞

(1)炮孔堵塞与排水

在炮孔装药过程中,对于少数还存在少量渗水的炮孔,可采用插细胶管引出的排水方法,防止堵塞炮泥被渗水挤出,排水胶管应设置在炮孔的下部。

炮孔堵塞的质量非常重要,对于有水渗出的炮孔在堵塞时先安装一根细塑料管把水排出孔外,然后用防水腻子先堵塞15cm长,再用黄泥条堵塞,堵塞长度和堵塞密实是非常重要的两项指标,应严格控制堵塞质量。

(2)炮孔堵塞要求

炮孔堵塞时应用炮棍把炮泥捣实,堵塞过程应注意保护雷管脚线,如发生雷管脚线的损伤、损坏,应及时进行更换,更换后进行导通检查和电阻测量,并经现场监理、设计人员认可,各项措施符合规定要求方可重新装药堵塞。

导洞的回填堵塞段的灌浆管应将排气管与灌浆管固定在主导洞顶部,先从导洞顶端预埋管进行灌浆,灌浆时压力采用0.15MPa、0.2MPa和0.25MPa逐级加大,然后用导洞顶部的预埋管补灌密实,最后将排气管灌密实。

如果预裂孔不是采用爆破药管,预裂孔进行封堵时,应注意先用稻草或其他废纸堵塞管口与孔壁之间的空隙,预防堵塞物进入预裂孔空气间隔段而影响预裂效果。

8.11 网路敷设保护质量措施

在岩塞完成装药和堵塞完毕,经四方联合检查合格后,方可进行下一步爆破网路接线工作。

岩塞爆破采用正、副两条起爆网路,在雷管联网时应十分细心,前边有人联网穿线,后边有人检查,确保雷管全部联网(如果采用电子雷管,进入起爆器编码程序时不要产生漏接),雷管漏联网、漏编程序都会给岩塞爆破带来负面影响,严禁产生雷管漏联网现象。

8.11.1 网路敷设人员要求

1)建立严格的联网制度,由经过培训的爆破人员联网,并由主管技术工程师负责网路的检查。在雷管脚线的布设过程中,需要注意对雷管脚线的保护和固定,所有的其他施工都不得危及和损坏雷管脚线。

2)在岩塞爆破的雷管联网时,为了保证联网不错接、不漏接,岩塞起爆网路敷设必须由有资质且有经验的爆破员或爆破技术人员实施,并实行联网双人作业制,必须一人连接,一人监督检查并做好记录。

8.11.2　引爆母线

1)引爆母线必须在集渣坑顶部混凝土浇筑前预埋钢管于集渣坑顶部,并引到进口闸门井到地面,预埋钢管时穿 2 根三芯电缆,至集渣坑顶部接线盒分成两路,即由预埋管各穿 1 根电缆到岩塞底面。

引爆母线每根长 300m,中间不得有接头,即要求采购时应到厂家定制相应规格的电缆 3 根,其中 1 根备用。

2)电缆穿线前后,均要逐根进行电阻量测,并记录电阻值,对电缆采用电阻、外观检查合格的电缆穿线,穿线后的电阻值测试与网路试验时检测结果符合的导线做好标识、做好两端绝缘保护,并将闸门井外明铺电缆在平台上暂时盘好并专人看管。

3)母线的保护。母线敷设检验合格后,及时堵塞接线盒和岩塞底面处管口。接线盒封堵先用石棉包裹电缆及管口缝隙,再用高压胶布缠紧,然后用防水砂浆将盒内填平并覆盖住电缆线,最后用混凝土堵塞。管口用橡胶塞封堵,密封措施与药管口相同。

8.11.3　网路接线质量要求

(1)药室内网路要求

岩塞爆破网路敷设施工中必须严格按设计要求及施工规范要求施工,药室与导洞内爆破网路布线应尽量紧贴岩壁,减少占用导洞空间和防止施工破坏,对于导洞底部横穿过道的网路应加强保护,对起爆网路可能造成损害的部位,必须采取保护措施,确保在施工过程中免遭损坏。

(2)主爆孔网路连接要求

主爆孔网路接线时(电磁雷管),操作人员要仔细认真,严格按设计的雷管分组,采用 2 根检查合格的主线分别串联一组雷管形成正、副网路。穿磁环和接线时分成两组操作:一组穿正网路,另一组穿(联)副网路,不得出现有漏穿(漏联)雷管,施工中应理顺主线,在网路联线后给质检人员创造方便。将 2 个或 5 个一组的磁环用高压胶布包裹密封做防水处理。

(3)网路检测要求

引爆主线与母线连接后,必须检测全线路的总电阻。总电阻值应与实际计算的值符合(允许误差±5%),若不符合,应检查接头、接线,必须查明原因,并调整到符合要求为止。然后在母线引出端挂有标签标识,标签上注明正、副网路母线的颜色等。网路电阻验收后,经指挥部批准,再进行洞内现场的有关脚手架、电线、管路撤除、撤退工作。

（4）岩塞导爆管要求

导爆管要留有一定富余长度，防止因炸药下沉拉断网路。网路连接时应在无关人员全部撤离爆区以后进行，网路联好后，要禁止非爆破人员进入岩塞体爆破区内。网路连接后要有专人警戒，以防发生意外。最后雷管引爆时，将雷管导线擦去氧化层再接线，并用胶布裹紧。整个网路连接完毕，应由爆破技术负责人、现场爆破工程师对网路进行最后检查确认。

（5）网路各类接头防潮处理

为了保证爆破网路的安全，所有网路导线接头、电磁雷管、数码雷管脚线出口端、非电网路导爆索和导爆管端头都应做好防水防潮处理。岩塞药室起爆体中的电磁雷管、数码雷管起爆系统、预裂孔、主爆孔电磁雷管、数码雷管引爆起爆药卷系统，以及淤泥孔中的数码雷管引爆非电网路系统连接头都应置于塑料包装内，达到防水防潮目的。

（6）网路连接人员与检测

岩塞网路连接由施工方（具有资质）人员连接，相关专家进行技术指导。网路连接结束后由各方（设计、监理、施工）共同检查整个网路。在撤除脚手架与平台前，同样由各方对整个网路进行联网检测，网路检测合格后，才能对脚手架、临时电源、提升机等进行撤除，撤除过程中必须严格保护好起爆网路不被损伤。若岩塞采用充水爆破时，应对水下网路做好防护工作，防止充水过程中损坏起爆网路。

（7）撤除过程中施工要求

在岩塞爆破网路全部连接完成后，网路连线应尽量贴挂在岩面上。进行脚手架与平台、临时线路拆除时，在爆破网路醒目部位应设置警示牌，以提醒施工人员注意严禁拉拽、挤压、碰撞、随意移动爆破网路布线，严禁爆破网路遭受损坏。

（8）缩短岩塞起爆时间

为了避免岩塞内部装药及起爆体在水中浸泡时间过长而影响起爆与爆破效果，集渣坑充水完成至岩塞起爆间隔时间应尽可能缩短。

第 9 章　岩塞爆破施工安全

水下岩塞爆破是一项专业化很强、技术要求很高的工作,在岩塞的高边墙集渣坑、岩塞导洞、药室、探孔、药筒加工、装药(药室、炮孔)、平台拆除、深淤泥钻孔施工中,安全管理者必须要对各施工细节中的安全有较深厚的理解。因此,要做好岩塞爆破安全管理,需要具有丰富的安全管理与较强的爆破技术知识,不能是单一的懂安全知识而不懂爆破的人来管理岩塞爆破,这是很容易出现安全事故的。

除进水口闸门井外,从混凝土临时堵头至岩塞体属于岩塞爆破的施工范围,集渣坑等施工以输水洞作交通道,应注意闸门井口的封闭,开挖期通风、危岩处理等应严格按照有关规范、规程进行,确保施工期的安全。

9.1　岩塞爆破施工安全管理体系的建立

岩塞爆破施工安全管理,必须建立相应的对策,自觉建立有效的岩塞爆破施工安全管理体系才能确保各个环节的施工安全。岩塞爆破施工安全管理体系包括以下具体几个方面的内容。

(1)岩塞爆破施工时建立完善安全的生产管理组织机构

任何一个岩塞爆破施工必须有以下完善的安全生产管理组织机构,项目部成立安全生产领导小组,安全领导小组负责人由项目经理担任,并指定一名行政副职领导分管岩塞爆破施工的安全。建立健全安全管理机构,设置专职安全员,负责日常施工的安全生产管理工作。

(2)健全岩塞爆破施工安全管理制度和安全措施

根据国家的有关政策法规,结合岩塞爆破施工的实际情况,建立健全安全施工规章制度,使安全施工管理有法可依。安全施工规章制度主要有:安全施工责任制度、安全施工教育制度、安全会议管理制度、安全检查和事故隐患整改制度、安全施工考核和奖惩制度、特种作业和危险作业审批制度、安全技术措施管理制度、职工守则和工种安全操作规程等。岩塞爆破施工安全措施包括:严密可靠的岩塞爆破作业方案、现场作业人员的安全管理、岩塞导洞与药室开挖安全管理、岩塞钻孔作业过程中的安全管理、药筒加工安全管理、装药与连网安全管理等主要内容。岩塞爆破施工时对工程中存在或可能产生的危险和有害因素，编制施工安全技术措施，根据岩塞爆破施工特点编制施工技术操作规程和安全技术交底。

（3）严格对岩塞爆破作业人员的管理

对岩塞爆破作业人员进行严格培训和管理是保证岩塞爆破安全的首要条件。由于岩塞爆破施工具有特殊危险性，因此要求从事岩塞爆破施工作业的技术人员必须深入现场，参加施工、指导施工，针对施工中出现的新情况及时调整处理。参与岩塞爆破的辅助作业人员必须接受爆破技术训练，熟悉岩塞爆破药筒加工、装药顺序、爆破网路连接等施工程序，并严格执行安全规程、规范。

（4）设计严密可靠的岩塞爆破安全作业方案

岩塞爆破施工方案包括爆破方法、岩塞模拟试验、爆破器材的选用、爆破器材试验、起爆网路设计与试验。施工中掌握岩塞爆破周围环境的实际情况，制定出可靠的岩塞爆破施工方案是确保爆破安全的必要条件。因此，在编制岩塞爆破施工方案时，可通过查阅原始地形、地质资料，充分考虑岩塞体的结构特点、岩塞爆破范围、爆破药量和施工现场与周边环境情况，不仅要保证岩塞爆破施工的顺利进行，还要保证不危及大坝、闸门井、水库环境与人员的安全。同时为确保岩塞爆破每道工序都严格把关，把可能出现的各种危险都必须考虑在内。在实施岩塞爆破施工前，组织有关岩塞爆破人员进行方案审查，以确保岩塞爆破方案的科学性、可行性。

9.2 岩塞爆破气象与水文预报

岩塞爆破施工时除进水口、闸门井外，从混凝土临时堵头至岩塞体属于岩塞爆破施工范围。集渣坑等施工以输水洞作交通道，应注意闸门井口的封闭、开挖通风、危岩处理等应按有关规范、规程进行，确保施工期的安全。

9.2.1 气象预报

水下岩塞爆破采用电雷管时是串—并—串电爆网路、采用电磁雷管时是复式电爆网路、采用数码电子雷管也是复式电爆网路起爆，尽管采用电磁雷管与数码电子雷管具有抗直流和工频交流性能强，但对抗雷电性能尚不清楚。因为雷击时产生的雷电流在其周围空间形成强大的变化电磁场，处于电磁场内的导体就会感应出极高的电势，在导线内产生强感应电流。这对于已装好起爆体的药管（装好炸药的炮孔）和起爆网路具有很大的危险性，雷击时可导致起爆网路上的电雷管产生早爆事故。

因此,在岩塞爆破装药阶段要求充分考虑气象因素,应避免在雷雨期进行装药爆破,加工药管时,应充分注意雷击时的电磁感应作用的危险,做好电雷管脚线与电磁雷管外露磁环屏蔽保护工作。

根据岩塞爆破施工进展情况,在岩塞开始装药至起爆前,要求做好气象预报工作,为岩塞爆破做好服务。

9.2.2 水文预报和库水位控制

由于岩塞爆破大多在水库内进行,水库在灌溉季节之后停止放水,特别是夏季库水位的变化受上游区域降雨的控制。而库水位的高低关系到岩塞爆破施工期的安全、渗漏水量及其防渗处理措施,特别是岩塞起爆时的库水位关系到爆破效果,当岩塞爆破采用气垫时又关系到闸门井内充水水位及充水量。

同时,要求在岩塞爆破施工期内做好水库的水文预报,进行上库水位的预测和观测,自岩塞开挖导洞和钻孔时起,控制库水位不超过设计最高水位,并进行岩塞起爆时的水库水位预测,控制岩塞爆破起爆水库水位不超过设计水位。

9.2.3 岩塞爆破安全警戒

在岩塞爆破时不管采用电力、电磁、数码电子雷管起爆,最大单响药量尤为重要,单响药量较大时其爆破时震动较大,对水库的水产生较强的冲击波,并在进口处由压缩气体及爆生气体产生强大的逸出气流,形成浪击波。

由于岩塞爆破位于大坝上方,水库中有渔船,水库下侧有货运码头与简便道路。为保障群众生命财产安全,以及岩塞爆破施工人员的安全,岩塞爆破时必须对施工现场实行警戒。

(1)警戒区范围

1)岩塞装药期间从进口闸门井平台至岩塞爆破施工区;岩塞起爆时要求陆地从下游大坝(包括坝顶)到码头侧山坡之间约 500m 范围,水域为坝前 3000m 范围禁止人员潜水作业、游泳,岩塞爆破时 1000m 范围内禁止船只活动。

2)在岩塞起爆前 1h,岩塞下游地下工程中所有人员要撤出洞外,施工人员不得滞留在引水隧洞、闸门井、调压井等建筑物中,并要求关闭蝴蝶阀、施工支洞进入孔等。

3)岩塞起爆前 20min,水库水面上所有人员和船只必须撤出至 500m 以外,进水口周边的岸上人员撤至进水口 300m 以外,大坝坝顶人员从坝顶撤至岸上。

4)岩塞爆破的有关指挥领导、技术人员、岩塞爆破时的观测人员与合闸起爆人员等只能在指定的地点进行工作,不得随意乱跑。

（2）警戒时间

岩塞开始装药时，从闸门井与隧洞都应 24h 设置警戒，警戒时间从装药到起爆后的 30min。

（3）警戒方式及要求

1）岩塞爆破的警戒范围边界设置明显的标志，并张贴告示和通知当地乡政府与村庄乡民。

2）边界岗哨布置应使所有通道处于监视之下，设置的每个岗哨应处于相邻岗哨视线范围内。

3）岩塞爆破前必须发出警示音响和视觉信号，使在危险区内的所有人员都能清楚地听到或看到，并及时撤离到安全区域。

4）岩塞从装药到起爆这段警戒时间内，禁止一切外来车辆、人员到施工现场参观、逗留。

5）从岩塞装药到充水时期内，除警戒边界设岗外，对进口闸门井周围 100m 以内加强警戒，并派专人负责工作人员的验证工作，严禁一切非岩塞爆破工作人员进入施工重地。对过往群众实行定时、集结、有序通过。

6）在岩塞起爆警戒期的警戒范围内，除陆地指定工作区的工作人员外，警戒范围内应全面清场，陆地不得滞留人员；水域禁区内禁止一切船只行驶，以及人员下水。

9.3　爆破作业人员安全要求

岩塞爆破施工时对爆炸物品的管理必须要满足《中华人民共和国民用爆炸物品管理条例》，施工单位及施工人员要遵循《爆破安全规程》（GB 6722—2014）、《水利水电建筑安装安全技术工作规程》（SD 267—2013），同时要执行项目强调的施工安全和准爆安全事项。爆破作业人员的资格及职责规定如下：

1）在岩塞爆破施工中，从事爆破作业的技术人员必须持有公安部颁发的爆破工程技术人员安全作业证；炮工必须持有县级公安局颁发的爆破员作业证。

2）岩塞爆破作业必须严格执行《爆破安全规程》（GB 6722—2014）中相关条款执行，同时其他相关规范的安全标准与规范也必须执行。

3）凡是参加岩塞爆破工作的人员，都必须经过培训，经培训考试合格并持有合格证上岗。领导岩塞爆破工作的领导人、爆破工程技术人员应由经过爆破安全技术培训并考试合格的工程师、技术人员担任。

4）爆破工作领导人职责。

①爆破工作领导人必须是取得公安部民爆局颁发的爆破工程技术人员安全作业证

的人员担任,并主持制定爆破工程的全面工作计划,并负责实施。

②组织领导岩塞爆破施工,爆破安全的培训工作和审查、考核爆破工作人员与爆破器材管理人员业务。

③主持制定岩塞爆破工程的安全操作细则及相应的日常管理条例,组织领导岩塞爆破工程的试验、施工和总结工作。

④日常监督爆破人员执行安全规章制度情况,组织领导安全检查,确保岩塞爆破施工的工程质量。

5)爆破工程技术人员职责。

①爆破工程技术人员在岩塞爆破施工过程中,编写岩塞爆破施工措施,并向施工人员进行技术交底,指导岩塞爆破施工,对岩塞爆破全过程的质量进行监督和检查。

②编写岩塞爆破的安全技术措施,在岩塞爆破施工过程中,对岩塞爆破施工过程中全程检查施工安全执行情况。

③在岩塞爆破施工过程中,爆破工程技术人员执行爆破工作领导分配的各项工作。

6)爆破员。从事过三年以上的爆破作业工作,工作认真负责,具有初中以上文化程度,并取得县公安局发放的爆破员作业证。

合理和有效的人员配备是完成岩塞爆破的决定性因素,精干的专业爆破施工队伍是安全、顺利、按期完成岩塞爆破的关键所在。

9.4　炸药加工安全规定

岩塞爆破器材的贮存、运输、加工、管理,以及爆破作业的实施与事故处理,均应符合《爆破安全规程》(GB 6722—2014)及其他有关的安全操作规程的规定。在任何情况下,炸药都不得与雷管一起运输或存放。

1)加工场地。在岩塞爆破的药筒和起爆药包加工时,应在业主单位保卫部门许可的特定地点进行,加工场地布置应符合安全技术工作规程的规定要求,并做好保卫防卫工作。

2)加工人员要求。起爆药包和药筒加工的操作人员必须持证上岗,必须是接受过岗前教育和技术交底人员,必须要有安全意识,加工人员严禁在加工场内吸烟、打逗。

3)炸药和雷管要求。对起爆药包和药筒加工所用的炸药、雷管、导爆索等必须数量清楚、专人妥善保管。加工时应对领取数量、使用数量及加工后剩余数量进行登记,不得丢失。

4)对炸药加工现场应设警戒和保卫,加工现场照明用低于 36 V 电压,加工现场严禁非工作人员进入及参观。

5)严禁物品。现场加工人员不得穿带静电的化纤衣服进行炸药加工,所有加工场工作人员禁止带火具、带手机到场,禁止吸烟、穿着铁钉鞋入场,共同做好防火工作。

9.5 岩塞装药堵塞安全规定

岩塞进入装药程序前,为确保安全,应在装药前将岩塞和集渣坑内的动力线、电气设备和导电器材,全部撤离到洞外。当动力线与电气设备撤离完全后,即可在岩塞、导洞、药室检测有无杂散电流,杂散电流应控制在 30mA 以下,在确认安全无误后方可开始进行岩塞装药。

9.5.1 岩塞体遇到下列情况时应禁止作业

1)未严格按照设计及其技术要求做好准备工作;

2)撤退的通道不安全或通道阻塞;

3)在岩塞爆破危险区边界上未设警戒;

4)岩塞体工作面光线不足或无照明;

5)岩塞体工作面有涌水危险或炮孔温度异常。

9.5.2 岩塞装药时人员进出要求

岩塞爆破时从炸药运入现场开始,应划定装、运警戒区,并实行封闭管理,并挂牌说明装药区、非装药施工人员禁止入内。凡有关部门人员需要进入现场,经指挥部同意,并核发准入证,安全小组方允许进入,并要求把手机、打火机等物件交给安全组,进行登记,出来后要收回准入证。作业人员吃饭、上下班、换班都要进行检查,防止将炸药、雷管带出作业区。警戒区内禁止烟火,搬运爆破器材应轻拿轻放,严禁冲撞起爆药包。

9.5.3 警戒要求

在警戒范围和时间内,临近其他项目应停止施工,相应机械设备及人员撤离到安全地点。警戒时间内,所有工作人员必须树立安全意识,要牢固建立安全第一的思想,严格遵守有关规章制度,确保岩塞装药施工现场的安全。

9.5.4 岩塞装药时的其他安全要求

1)岩塞装药工作开始之前,应将岩塞工作面至集渣坑内的所有电气设备和导电器材(包括风、水、电与管道)全部撤离。同时,进口闸门井平台处 50m 范围的一切电源(包括自备电源)及动力线导线,必须全部拆除,装药前必须检测作业面范围内的杂散电流值,并设专人定时检查,爆破作业场地的杂散电流值大于 50mA 时,应及时查明原因,并及时排除。

2)在岩塞导洞、药室开挖出来之后,炮工应对药室和导洞工作面进行仔细清理,及时排除开挖残留的炸药、雷管。

3)岩塞装药炮工和其他施工人员进入现场禁止带火具、吸烟、穿钉鞋、带手机和穿化纤衣服到作业面,全体施工人员共同做好防火工作。

4)照明方式。在岩塞底面装药及运送带有电雷管的药包或炸药时,岩塞工作面采用蓄电池灯、安全灯或绝缘的手电筒照明。

5)炸药的运送。在炸药运送时不准拖拽、随意抛掷炸药,运炸药时轻载人员应主动给重载人员让路,药筒要运到指定位置存放,由装药人员对号送入孔内。炸药包运至导洞口,由专人接力传送到药室内,炮工按要求整齐堆码药包,中途尽量不休息。传送炸药人员之间的距离应保持 1.5m,不要靠得太近。在药筒运输过程中必须对端线、导爆索进行安全保护。

6)岩塞装药过程中,药室的雷管脚线已敷设和保护好,在进行下一步施工中必须保证敷设的爆破网路不受损害。不准踩、轧导爆索和雷管脚线。

7)劳动力安排。岩塞装药时导洞段内断面小,其他运送人员在脚手架上的问题,作业人员应分为多班操作,做到勤换人,保持充足的体力和精神。堵塞时注意保护好起爆网路,在换班时测定一次网路电阻或导通检查,并做好检查记录。

8)装药期间的安全检查。岩塞装药期间,安全员应随时注意检查岩塞体、导洞和药室内有无危石及支护完好情况,发现问题及时报告处理。同时,对脚手架、跳板进行检查,检查脚手架的扣紧螺丝有无松动,跳板是否稳定和有无损伤,出现问题应及时更换。

9)在岩塞装药堵塞过程中如果发生意外事故,全体施工人员要保持镇静,听从安全人员指挥,并有秩序地撤离到安全地点。

9.6 起爆网路连接安全规定

1)所有参加岩塞爆破网路连接组的施工人员,必须经过技术培训后发给网路作业施工牌,并参加岩塞爆破网路模拟试验,才能允许到现场作业。

2)在岩塞爆破的雷管、炸药、导爆索等器材的仪表中,不允许使用不合格的爆破器材及仪表,试验和装药过程中不能丢失爆破器材,不允许在洞内切割导爆索。

3)加工岩塞的起爆器材及敷设起爆网路时,必须严格遵守《爆破安全规程》(GB 6722—2014)的工艺要求及设计图纸和有关的技术措施要求。施工人员不许穿化纤衣服、不许带手机、不许带火柴与打火机进入现场,施工现场不许吸烟。

4)在岩塞体装药和网路连接时,如出现雷雨气候施工现场停止一切起爆网路连接作业及起爆体的制作、雷管等的检测作业。

5)爆破电桥、电磁雷管检查器等电气仪表检查;数码电子雷管确定起爆时间输入芯片后,到施工现场及监测网路前应各检查一次,最后确定电磁雷管是否依然导通,数码电子雷管芯片中输入起爆时间在电脑系统中进行逐孔的校验是否准确。

6)只准采用专用爆破电桥导通网路和校核电阻。专用爆破电桥的工作电流应小于30mA。必须在装药堵塞完毕和无关人员撤离现场后,才准在起爆站导通网路和校核电阻,按要求进行监测记录。

7)爆破网路敷设。岩塞爆破网路母线应与其他电源线路分开敷设,并应采用绝缘性能良好的导线。线路要依一定的位置细心敷设,并做好保护。数码电子雷管的连线接头不能置于水中,需制定严格保障措施将所有接头高于水面,在爆破前要专人守护。

8)在网路敷设时,必须严格检查母线、主线、雷管脚线的通断与绝缘情况。在网路连接前,网路敷设后的电阻等检查必须合格。

9)岩塞整个网路电阻不符合规程规定的误差要求,以及导线接头防水措施不符合要求时,集渣坑内不允许充水。

起爆网路的防护是岩塞爆破成败的一个很重要的环节,必须建立严格的联网制度,由经培训的爆破人员联网,并由主管技术工程师负责网路的检查。必要时,所有雷管脚线都要引到地表进行时间设置和网路起爆操作,因此在雷管脚线的上引过程中,需要注意对雷管脚线的保护和固定,所有其他工作都不得危及雷管脚线的安全。

9.7 岩塞爆破施工中的安全

在岩塞体施工中,从打探测孔、集渣坑开挖、导洞及药室、主爆孔、预裂孔、岩塞装药、岩塞堵塞、淤泥打孔、脚手架拆除都存在作很多安全风险和各种困难,并探索出合理的施工与安全方法,施工中根据地质情况适当调整施工方案,严格执行施工技术要求和安全要求,在施工过程中采取各种行之有效的安全措施。

9.7.1 集渣坑开挖期安全

有集渣坑的岩塞爆破施工中,由于集渣坑开挖期间会出现高边墙,为满足集渣坑的顶拱和高边墙的稳定以便多层开挖施工,确保集渣坑施工期的安全。

1)集渣坑处于离岩塞爆破近区,又是高边墙地下结构,在施工中高边墙稳定条件是十分注意的安全问题。施工时影响边墙稳定的因素主要是地质构造与边墙的组合关系,与边墙交角小的陡倾角的顺坡构造面,被其他方向的构造面切割成不稳定岩体直接威胁施工时边墙的安全。

2)当集渣坑边墙有顺坡的倾向渣坑的断层通过时,对边墙的稳定安全威胁较大,必须对边墙采取加固措施。一是在边墙上打 $\phi25 \sim \phi28$mm、长 3.0~5.0m 的预应力锚杆对边墙进行加固,锚杆孔向下倾斜 5° 设计,同时,采用挂 $\phi8$mm 的钢筋网,网格为 15cm×15cm 设置,然后喷 200# 混凝土,厚度 10~15cm 进行安全支护。

9.7.2 导洞与药室开挖安全要求

岩塞体和集渣坑开挖前,由项目安全部编制安全措施,对集渣坑顶部浇混凝土、集渣坑开挖、岩塞平台搭设、打探孔、岩塞体灌浆、导洞和药室开挖、排孔钻孔、爆破试验、装药、回填灌浆、平台拆除等项目编写专项安全措施,从组织和措施上确保施工安全。

9.7.2.1 药室与导洞施工用电安全

在岩塞体的药室和导洞、排孔施工时,由于平台较高,都是由架管、工字钢搭成,用电安全极为重要,平台上用电应采用 36V 的低压电,电线接头用绝缘胶布缠好,电线和钢管接触时应采用胶管隔离。

开挖施工用电措施由专业电工人员负责编制,编制内容包括配电装置及用电容量、供电线路的走向和现场照明的设置、生产、生活设施用电负荷,根据用电情况编制有针对性的用电安全技术措施。

9.7.2.2 岩塞导洞与药室施工安全要求

1)岩塞导洞、药室、排孔、装药、联网、平台拆除等施工都存在着高空、多工种、多工序的平行和穿插施工,施工人员多、设备多、用电点多,这时安全工作尤为重要。安全网、安全帽、安全带必须按规定进行配制和佩戴使用。

2)导洞(连通洞)及药室开挖必须设有超前孔探测渗漏水,最后一个循环的超前孔不得钻穿岩面。当导洞(连通洞)和药室掘进方向朝向水体时,超前孔预留深度为 0.8~1.5m。

3)导洞与药室每次爆破后应及时进行安全检查和测量,及时纠正断面位置及尺寸的偏差,并对不稳定围岩进行撬除和锚固处理,只有确认药室安全无误后,方可继续开挖。每次药室爆破后,施工人员再进入工作面的等待时间不应少于 15min,进入工作面前应采用高压风通风。

当导洞和药室在钻超前孔时,如发生较大裂隙漏水和管涌现象时,应采取应急措施,用施工前准备好的水玻璃、水泥灌浆材料,做应急封堵灌浆处理,对于互相串通的钻孔采用水玻璃灌浆止水。

9.7.2.3 岩塞钻孔安全要求

(1)施工平台要求

由于岩塞钻孔是在钢管脚手架平台上,属于高空作业,要求对脚手架的连接扣进行经常性检查,对螺帽出现松动应及时加固,脚手架两侧和基础与混凝土拉模筋焊接、后部与钢平台焊接牢固。施工人员作业面处应满铺 8~10cm 木板,木板与脚手架用 8# 铁丝绑扎牢固,在脚手架下方挂双层安全网,作业面的其他三面也布置安全网,施工人员在打钻过程中系安全带。

（2）钻机就位

将潜孔钻机摆到正确开钻位置,钻杆放在样架的定位钢管（半管）上,使钻机的钻杆与炮孔（预裂孔）的轴线在同一条直线上,随即使钻机精确就位,然后固定好钻机。

进行钻孔作业时施工人员应拴好安全带操作钻机,开孔阶段要慢速钻进,钻孔过程中应及时检查调整孔位、孔向,防止钻孔偏位。

（3）人员要求

所有参加岩塞钻孔人员必须接受岗前培训,了解本工种的施工规程及安全注意事项,否则不准上岗。钻孔期间施工班次配一名技术人员在现场观察渗漏水情况,如发现渗水量增加或出现突变等情况,应立即向项目汇报,项目经理和总工程师及时到现场处置。

9.7.2.4 其他安全要求

1）岩塞钻孔现场应有足够的照明设施保证平台上操作人员的安全,平台上所有输电线路不允许出现破损,线路在钢管上固定时必须用胶管进行隔离,做到钻孔施工期安全用电。

2）所有在岩塞平台上的施工机械的位移、拆除安装都必须做好安全防护,在钻机钻杆接长、拆卸和堆放都要做好安全防护,避免钻杆掉落伤人。所有施工人员在平台上施工,在脚手架下方挂安全网,人员系安全绳。

3）岩塞钻孔期间对交通便道经常进行检查与加固,对出现松动、不牢靠的施工便道及步梯进行维修和加固,在钻孔施工期间严禁在平台上跑步、乱跳等现象,防止平台在施工期出现变形。

在岩塞平台钻孔和其他施工期间,严禁随意从高空向下抛掷物品和材料,严禁高空施工人员酒后上平台上班,严禁有高血压和恐高症人员上平台。

9.7.3 施工中的安全检查

1）各部位施工前由项目部组织技术与安全部对有关施工人员进行详细的专项技术与安全技术交底,并做好技术交底的会议记录,安全部专职安全员对安全技术措施执行情况进行监督检查,并做好记录。

2）加强职工安全教育工作,施工人员进场时应对其进行安全教育,增强职工安全意识,贯彻落实"安全第一、预防为主"的方针。

3）在项目现场设立必需的安全标志和标识牌,给施工人员与公众提供安全指导,标识牌包括警示与危险标志、提示标识、指路标识。

4）在岩塞体的药室和导洞、排孔施工时,由于平台较高,都由架管、工字钢搭成,用电安全极为重要,平台上用电应采用 36V 的低压电,电线接头用绝缘胶布缠好,电线和钢管接触时应采用胶管隔离。

5)在加工炸药和装药时,应对装药点、岩塞体部位进行杂散电流的测试,如果杂散电流较强应查找原因并及时消除,拆除平台时用探照灯远距离照明,确保装好炸药的岩塞体的安全。

6)岩塞体工作面辅助绝缘手电筒照明,更换电池一律要到洞外进行。留作灌浆用的动力线,应有专职电工负责管理,经常检查线路绝缘情况,电动机与接线箱等底部需垫橡胶板,保证与地绝缘。

7)尽管采用电磁雷管(电子雷管)具有抗直流和工频交流性能强的特点,但对抗雷电尚不清楚,因此要充分考虑气象因素,避免在雷雨期进行装药爆破、加工药管时,应充分注意电磁感应作用的危险。岩塞开始装药至起爆前,应做好气象预报。

9.8　高空作业安全

1)岩塞导洞、药室、排孔、装药、联网、平台拆除等施工都存在着高空、多工种、多工序的平行和穿插施工,施工人员多、设备多、用电点多,这时安全工作尤为重要。安全网、安全帽、安全带必须按规定进行配置和佩戴使用。

2)岩塞体施工平台拆除时一定要有详细措施,拆除时从上到下依次拆除,在拆除上中部架管时,一定注意不要伤害到起爆网路,拆除承重梁时应从左到右、从里到外依次拆除,作业人员应拴安全带,拆除人员无高血压、无恐高症、身体健壮。

3)高空拆除施工平台时,集渣坑内应无其他施工人员,在搬运拆下材料时平台上边停止拆除,并且平台上不留任何人员,以免发生意外。拆除平台时,集渣坑外应有安全员执勤,严禁人员进入集渣坑内,避免意外事故发生。

4)岩塞爆破高空作业搭设的脚手架施工平台,必须经过技术员和安全员的检查验收,验收合格后才能使用,为确保施工人员在脚手架上的安全,脚手架上的行走跳板应按规定进行绑扎牢固。

5)岩塞上部在施工时,应在集渣坑斜坡处设立警戒线,现场必须有安全员站观察哨及指挥,避免有人员误进入发生意外事故。同时,高空作业时严禁向下随便扔建筑和其他物品,防止乱扔物品意外伤人。

9.9　炸药加工场的安全

1)在平洞段设立的炸药加工场应加强管理,对运至加工场的炸药、雷管、导爆索都应登记,使用多少每天都应进行清点,对剩余数量进行登记,不得丢失。加工场内使用的照明电应是 36V 低压电。同时,对进入现场加工药管的人员应进行专业培训,应对加工炸药的结构、装药量、封堵十分熟练,加工时严格按设计装药量执行。

2)所有参加岩塞爆破装药、联网的施工作业人员必须经过技术培训合格后,才能参加装药和网路作业。加工起爆器材及敷设起爆网路必须严格遵守《爆破安全规程》(GB 6722—2014)的工艺要求及设计图纸和有关的技术要求进行。

3)进入加工现场人员应挂戴工作牌,其他人员严禁到加工现场。现场工作人员不许穿钉鞋和产生静电的化纤衣服,严禁烟、火、手机和其他电子产品带入加工现场,加工好的药管应按孔位编号与分区堆放,加工区域内的电线应完整无损伤,从炸药进入加工场到岩塞起爆前,现场必须 24h 值班,确保施工期安全。

9.10 岩塞装药过程中的安全

1)岩塞体装药时,施工平台上要严格控制人数,炸药包在装运时应轻放不能随便乱丢,药室装药时应传递到炮工手中,装起爆体时应检查雷管是否有变动,发现有不对的地方应开箱检查,确认无误后再装入药包中。

2)主爆孔与预裂孔装药管时,首先检查药管和装药孔的编号是否一致,药管与孔位编号不对时,严禁装入炮孔内。同时,对药管外的雷管脚线、导爆索外部进行检查是否有损伤,对装入炮孔内的药管外露雷管脚线和导爆索进行保护。

3)对回填填充物的导洞进行回填灌浆时,应控制回填灌浆的压力、控制灌浆速度,确保导洞封堵门的安全。

4)岩塞爆破对水运、陆路交通有一定影响,在决定起爆时间后,应提前与公安部门和地方政府联系,并在爆破前 48h 内贴出通告,提前做好安全防范工作。

5)从装药到充水时期,除警戒边界设岗外,对进口闸门井周围 100m 以内加强警戒,并派专人负责验证工作,严禁一切非岩塞爆破工作人员进入施工重地。

6)在起爆警戒期的警戒范围内,除陆地指定工作区的工作人员外,应全面清场,陆地警戒区内不得滞留其他人员,警戒水域内禁止一切船只行驶和人员下水作业。

9.11 安全校核

以汾河水库为例进行安全校核,汾河水库泄洪隧洞进水口岩塞爆破于 1995 年 4 月 25 日成功爆破,这次爆破是在 24m 深的水下和 18m 厚的淤泥下实施的大型岩塞爆破工程,岩塞上部有较厚淤积物覆盖,在国内外尚属前例。加之水库大坝为 1.4m 深的水中填土均质土坝,坝体干容重较低(1.45),坝脚距爆源较近,仅为 125m,水库又地处太原市上游。所以本次岩塞爆破的效果及大坝等保护物的安全,被全社会普遍关注。

岩塞爆破方案是采用集中药室和岩塞后部钻孔相结合的布置型式,集中药室的作用是将岩塞与淤泥爆通并在地表形成较规整的爆破漏斗。岩塞中心线的岩石厚度为 9m,参考以往岩塞爆破工程经验,取 $W_\perp=4.3m$,$W_\top=4.7m$,$W_\top/W_\perp=1.093$,可取得良好的爆破效果。药室的大小要由装药量来控制,如果按爆破试验药量推算正式爆破药量则为 916kg,但爆破漏斗底坎高程为 1089.8m,不能满足 1088.0m 的要求。为此计算了爆破药量为 1291kg、1865kg 等几种情况,以确定合理的坎底高程。

为使爆破漏斗底坎高程控制在 1088m,则要求 $R=12.85m$,$n=2.816$,$F(n)=13.798$,药量 $Q=1865kg$。底坎若满足 1088m 高程,则最大一响药量将增至 1865kg,已超过大坝安全控制标准,从当时大坝做的工作看,最大一响药量为 1500kg 时坝体是安全的。因此最大一响药量 1291kg 是可以接受的。另外,由于岩塞轴线与岩坡斜交,最小抵抗线方向改变,实际的 $W_\perp=3.6m$,为偏于安全考虑,仍以 $W_\perp=4.3m$ 进行爆破漏斗参数设计。

9.11.1　大坝安全校核

1)根据试验爆破观测数据得到的公式进行振动各参数值的预测结果,参照密云水库岩塞爆破标准而拟定的汾河水库大坝安全标准 $a<0.5g$,$V<5cm$,$d<0.5mm$ 进行安全评估的结果,最小安全系数均为 2.7～7.1,据此,用爆破力学方法评估,汾河水库土坝是足够安全的。

2)岩塞爆破时土坝抗滑稳定性分析。

根据中国地震局工程力学研究所建议的计算方法和动强度的取值,对岩塞爆破时最大一响炸药量 1291kg 时进行土坝抗滑稳定性分析计算,其计算式如下:

$$K=\frac{\sum_i^n\{C_d b_i\sec\alpha_i+[(W_1+W_2)\cos\alpha_i-P_i\sin\alpha_i]\tan\varphi_d\}}{\sum_i^n[(W_1+W_2)\sin\alpha_i+(P_i L_i)/R]}$$

用搜索滑弧圆心的计算法,编成相应的计算机程序,电算结果:抗滑稳定安全系数 K 为 1.123,安全系数大于规范规定的 1.05 的要求,所以可以肯定,最大一响炸药量为 1291kg 时,汾河水库大坝在岩塞爆破时不会发生滑坡震害。

3)爆破地震时大坝液化势安全性评估。

对岩塞爆破最大一响炸药量 1291kg 来说,预测的水平地震加速度峰值 0.182g,与其相应的地震烈度效应不会大于Ⅷ度,可取循环次数 $N=11$,取最小固结比 $K_c=1.5$,取最大动应力比 $K_d=3.0$,将这些数值代入下式,计算岩塞爆破地震时的最大动孔压比 $U_{\max}$:

$$U_{\max}=1-e^{-0.032N}[K_d-0.53(K_c-0.5)]$$

算得 $U_{max}=0.58$，则最小安全系数 $K=1.72$，大于 1.05，计算结果说明最大一响炸药量 $1291kg$ 在岩塞爆破时，汾河水库土坝不会液化失稳。

此外，由爆破地震加速度反应谱可以看出，爆破地震的反应谱与天然地震反应谱有很大差别。汾河水库岩塞试验爆破地震反应谱的主振周期为 $0.05s$ 左右，而天然地震反应谱主振周期为 $0.1\sim0.3s$，前者比后者时间要短得多，汾河大坝的自振周期为 $0.3s$，比爆破地震的主振周期大 6 倍。由此可见，汾河水库岩塞爆破中不存在人们常常担心的共振破坏大坝的问题。

综上所述，可见汾河水库岩塞爆破最大一响药量为 $1291kg$ 时，土坝是安全的。

9.11.2　泄洪隧洞进水塔安全评估

汾河水库泄洪隧洞进水塔地面至爆心距离 $R=86m$，岩塞爆破最大一响药量为 $1291kg$。若以竖向速度峰值和加速度峰值作为校核标准，爆破前借用丰满、镜泊湖和密云水库岩塞爆破公式计算的 V_p 和 a_p 情况如下：

丰满岩塞公式：$V_p=6.94cm/s$，$a_p=2.72g$，安全系数：$0.72\sim0.37$。

镜泊湖岩塞公式：$V_p=2.2cm/s$，$a_p=2.4g$，安全系数：$2.27\sim0.42$。

密云岩塞公式：$V_p=2.37cm/s$，$a_p=0.49g$，安全系数：$2.11\sim2.04$。

上述安全系数值是按《爆破安全规程》(GB 6722—2014)中 $V\leqslant5cm/s$，$a\leqslant1g$ 的标准，而爆破时实测进水塔前地面 $V_p=14.49cm/s$，$a_p=1.99g$，按此求得安全系数仅为 $0.35\sim0.5$，和丰满公式的估算值相近，说明进水塔不安全。但岩塞爆破后检查进水塔闸门井、塔筒、启闭机室等均完好无损，未发生震害。仅启闭机室靠爆源侧砖墙（非承重）上有很少细小裂缝，不影响使用。这也说明厚壁钢筋混凝土筒式结构有较高的抗震能力。

第 10 章　岩塞爆破安全监测

10.1　安全监测的目的和内容

为了更好研究岩塞爆破的动力影响,施工过程中采取相应的防护措施,并使岩塞爆破能达到安全、爆通、岩塞轮廓成型较好等技术要求及提高施工技术水平,需要在水下岩塞爆破施工过程中进行集渣坑永久及施工观测、集渣坑爆破振动观测、上库进口和出口岩塞爆破地面观测、岩塞爆破前后的测量与检查,以及爆破前后对上库大坝的位移、沉降、扬压力等的观测,从而获得必要的资料和数据,进行分析比较,达到提高国内岩塞爆破施工技术的目的。

根据国内 18 次水下岩塞爆破已经进行的科研观测,可以归纳为以下几个方面:

(1)集渣坑永久和施工观测项目

1)围岩变形观测;

2)锚杆内力观测;

3)衬砌混凝土应力观测。

(2)集渣坑爆破振动观测项目

1)爆破振动效应,包括径向、切向、竖向地震速度和加速度;

2)水中冲击波压力;

3)空气冲击波压力;

4)集渣坑与闸门井水位观测。

岩塞爆破引起的围岩变位、衬砌混凝土及锚杆应力变化,利用永久及施工观测点结合进行。

(3)上库进口、出口岩塞爆破地面观测项目

1)已建水工建筑物地震响应观测,包括进口闸门启闭机房和上库大坝的径向、切向、竖向地震速度和加速度;

2)库水冲击波压力观测;

3）岩塞爆破的水面鼓包运动及波动过程；

4）大坝原有的观测项目包括位移、沉陷、扬压力等，在岩塞爆破前与岩塞爆破后应进行对照观测。

（4）岩塞爆破前后的测量与检查项目

1）岩塞爆破前对爆区内已有建筑物进行全面的外观检查；

2）爆破后进水口水下地形测量，包括爆破漏斗形状和岩塞成型断面测量；

3）集渣坑与闸门井混凝土裂缝检查；

4）集渣坑堆渣曲线测量；

5）已建工程爆破宏观检查。

10.1.1　测点、测线和测面布置

1）测点布置。一般在集渣坑内布设至少三个围岩位移观测断面、一个衬砌混凝土应力观测断面（与围岩位移观测断面结合）、一组锚杆内力观测断面。动力观测点分别布置于顶拱、端墙、堵头等不同部位。为了解集渣坑与闸门井充水位变化情况，控制充水和补气措施，在集渣坑首部侧墙布置浮子水位计两个，闸门井布置压力式水位计一个。观测单位可根据实际需要调整测点布置。但改变后的测点、测线、测面布置应有利于电缆和电缆管的安装，达到方便施工，有利于操作，并省工程量的目的。

2）集渣坑内动力观测点布置时不应紧靠岩塞爆破的爆源点，以避免爆破时直接损坏仪器。所有布置的测点、测面应覆盖所测物理量可能峰值点的位置。

3）测点布置点数必须确保所测量的数据量满足回归分析精度的需要，数据有一定的安全裕度。对于围岩位移观测，应使所布置的测点、测面能反映集渣坑围岩变化规律。

4）集渣坑和启闭机房测点的观测站设于进口启闭机房的永久观测房内。由于闸门井水位计系永久水位计，其永久终端设于电站厂房地面控制楼内，由计算机自动监控。岩塞爆破期间为便于与集渣坑水位计协调观测，可将终端临时设于闸门井上部永久观测房内。

5）岩塞爆破后水面鼓包运动及波动过程观测点，应选在能全面观测到岩塞爆破时的全过程，有较好的拍摄距离和角度，又能保证观测设备和人员安全的位置。

10.1.2　观测建筑物振动量的测点布置

应根据结构物的特点及观测的对象把测点布置在建筑物上，如对泄水洞混凝土拱结构，大多数把测点布置在顶拱、拱脚、拱肩和边墙上。对大坝，可沿坝轴线方向，在坝基廊道及坝顶部位布设测点了解在爆破振动影响下大坝的动力反应。对一些典型坝段又可沿坝的不同高程布置测点，观测不同高程的振动速度和振动加速度，来了解坝段对

坝基地震波的放大作用和分布规律,其典型测点布置如图 10-1 所示,对这样典型坝段至少要在三个高程上进行布点。

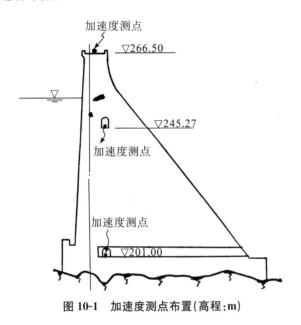

图 10-1　加速度测点布置(高程:m)

其他为了观测某些特殊地质构造和地形地貌对地震强度的影响,测点就应围绕着这些特殊的地质构造、地形、地貌周围布置。

为了获得较为准确的振动量的资料,必须把拾振器用黏胶或速凝水泥砂浆黏结在基岩和建筑物上,并测量确定测点坐标,以便计算测点到爆心距离。

爆破振动的衰减公式,我国大多数爆破观测中,对质点振动加速度和振动速度采用的经验公式的形式为:

$$a(U) = K \left(\frac{Q^{1/3}}{R} \right)^{\alpha} \tag{10-1}$$

式中:$a(U)$——质点振动加速度(g)或速度(cm/s);

Q——最大单响药量(kg);

α——与介质特性有关的衰减系数;

K——与地基、地形、爆破条件、爆破方式有关的系数。

对质点振动位移,国内观测资料较少,目前尚无经验公式可循。

10.2　观测设备

工程中常用的振动测量仪器系统可分为电动式测振系统、压电式测振系统和应变式测振系统三大类。比较广泛使用的观测系统和其他观测设备如表 10-1 所示。

表 10-1

爆破地震效应仪器观测系统

拾振器或测振仪型号	记录器型号	测量的物理量	观测范围	频率范围/Hz	振动方向
维开克弱振仪	SC 系列光线示波器	位移速度	2.0mm	<40	垂直与水平
65 型地震仪	SC 系列光线示波器	位移速度	2.0mm	<40	垂直与水平
哈林强振仪	SC 系列光线示波器	位移速度	1~100mm 100cm/s	1~50	垂直与水平
702 强振仪配 GZ_2 六线测振仪	SC 系列光线示波器	位移速度	100cm/s	<60	垂直与水平
CD-1 型磁电式传感器 配 GZ_2 六线测振仪	SC 系列光线示波器	位移 加速度	1mm(单峰) 5g	10~500	垂直与水平
DZJ_5-70 型地震小检波器 (阻尼电阻 600Ω)	SC 系列光线示波器	速度	30cm/s	30~250	垂直
RDZ_1-12-66 强振仪	SC 系列光线示波器	加速度	3g	0.5~80	垂直与水平
701 型脉动仪 配低频放大器	SC 系列光线示波器	位移速度	±0.6~ 6.0mm	0.5~100	垂直与水平
YD 系列压电晶体 加速度计	SC 系列光线示波器 或阴极射线示波器	加速度	200g 500g	10000	垂直与水平

1)响洪甸抽水蓄能电站取水口岩塞爆破时在集渣坑、上库进水口和出水口岩塞爆破地面观测,爆破前后对上库大坝的位移、沉陷、扬压力等观测所配备的主要观测设备(表 10-2)。

表 10-2

其他主要观测设备

序号	设备名称	单位	数量	测量范围	备注
1	岩石多点位移计	支	14		
2	锚杆应力计	支	3		
3	混凝土应力计	支	5		
4	压力传感器	套	3	0~2MPa	
5	晶体传感器	套	11	0~5MPa	
6	遥测水位计	只	1		压力式
			2		浮子式
7	加速度计	套	11	5g	
8	速度计	套	8	30cm/s	
9	高速摄影机	台	1		
10	通信电缆	m	9320		四芯屏蔽

所用电缆线均应具有耐酸、耐碱和防水性能。每 100m 电缆线单芯电阻应不超过 1.5Ω,芯线之间每 100m 电阻差值应≤0.05Ω。要求电缆芯线在 100m 内无接头。

单根电缆的备料长度按下式计算:

$$L = KL_0 + B \tag{10-2}$$

式中:L——电缆下料长度;

L_0——从测点到测站牵引路线长度;

K——接长电缆系数,一般取 1.05;

B——观测端加长值,取 2~3m。

2)刘家峡水电站洮河口排沙洞进口段岩塞爆破工程分三个阶段监测。

第一阶段,在隧洞开挖施工时,监测施工期的围岩稳定状态,评价施工的合理性和一次支护效果;

第二阶段,在岩塞爆破前,排沙洞形成时,对排沙洞不同断面的岩体、混凝土及钢筋等做静态监测,掌握其静态的变化规律,与岩塞爆破后的监测结果进行对比,为有效监测排沙洞在爆破前后的基本状况及变化规律,及时发现异常现象并分析处理提供必要的依据;

第三阶段,为运行期,及时掌握围岩和结构的安全状态,为安全运行提供依据。

刘家峡水电站洮河口排沙洞进口段岩塞爆破监测仪器设备技术指标如表 10-3 至表 10-5 所示。

表 10-3　　　　　　　　　排沙洞永久期监测仪器设备技术指标

序号	名称	产地	主要技术指标
1	锚杆应力计	进口组装	量程:2500$\mu\varepsilon$,分辨率:1$\mu\varepsilon$,温度范围:−20~60℃
2	多点位移计	进口组装	量程:100mm,分辨率:0.025%F.S,精度:0.1%F.S,温度范围:−25~60℃
3	单点位移计	进口组装	量程:100mm,分辨率:0.025%F.S,精度:0.1%F.S,温度范围:−25~60℃
4	渗压计	进口原装	量程:1.0MPa,分辨率:0.025%F.S,精度:0.1%F.S,温度范围:−25~60℃
5	应变计	进口组装	量程:3000$\mu\varepsilon$,分辨率:1$\mu\varepsilon$,温度范围:−20~60℃
6	无应力计	进口组装	量程:3000$\mu\varepsilon$,分辨率:1$\mu\varepsilon$,温度范围:−20~60℃
7	钢筋计	进口组装	量程:3000$\mu\varepsilon$,分辨率:1$\mu\varepsilon$,温度范围:−20~60℃
8	裂缝计	进口组装	量程:12.5mm,分辨率:0.025%F.S,精度:0.1%F.S,温度范围:−25~60℃

序号	名称	产地	主要技术指标
9	测缝计	进口组装	量程:50mm,分辨率:0.025%F.S,精度:0.1%F.S,温度范围:−25~60℃
10	锚索测力计3000kN级	进口组装	量程:3000kN,精度:1.0%F.S,温度范围:−40~80℃,分辨率:0.02%F.S
11	振弦式读数仪	进口组装	振弦式仪器的人工测读仪,频率范围:450~6000Hz,环境温度−35~50℃;电源(充电电池);温度测量范围:−20~60℃,温度测量精度:0.5%~1.0%FSR
12	仪器电缆	国产	芯线材料:四芯镀锡铜线,芯线颜色:4种不同的颜色,屏蔽网;高密度镀锡铜网;护套厚度:>1.65mm±5%,绝缘电阻:>50MΩ;工作温度:−25~60℃;承受外水压力:≥1.0MPa
13	集线箱	国产	人工监测,32通道

表 10-4　　　　　　　　　　　　　　观测仪器及材料数量

序号	项目名称	单位	工程量
1	应变计	支	21
2	钢筋计	支	21
3	无应力计	支	6
4	锚杆应力计(3测点)	套	6
5	测缝计	支	13
6	渗压计	支	7
7	进口边坡多点位移计(4测点)	套	2
8	排沙洞多点位移计(4测点)	套	5
9	单点位移计	套	2
10	锚索测力计	套	4
11	四芯屏蔽水工观测电缆	km	25
12	手动集线箱(32通道)	台	5
13	振弦式读数仪	台	1
14	PVC电缆保护管 ϕ90mm	km	1.5
15	钢管电缆保护管 ϕ110mm	m	300

表 10-5　　　　　　　　　排沙洞永久期监测仪器土建工程量

序号	项目名称	规格	单位	数量
1	监测房	砖混结构 3m×5m	座	1
2	多点位移计钻孔及灌浆	钻孔直径 ϕ 90mm,开孔直径 ϕ 110mm,钻孔深度 1.20m,钻孔深度按仪器埋深加深 1.5m(其中,进口边中加深 0.5m)	m	135.5
3	单点位移计钻孔及灌浆	钻孔直径 ϕ 60mm,开孔直径 ϕ 90mm,钻孔深度 0.80m,钻孔加深 1.0m	m	19
4	锚杆应力计钻孔及灌浆	锚杆设计长度为 6.0m,钻孔加深 0.5m,钻孔直径为 ϕ 60mm	m	39
5	测缝计钻孔	围岩内钻孔直径 ϕ 90mm,深度 50cm	m	6.5
6	渗压计钻孔	钻孔直径 ϕ 60mm,深度 3m	m	21
7	电缆沟开挖与回填	40cm×30cm	m	250

刘家峡水电站洮河口排沙洞工程进口段岩塞爆破安全监测分为三个阶段,包括隧洞开挖、岩塞爆破、运行期的安全监测,监测项目较多,安装的监测仪器比其他岩塞爆破工程多,这也为今后类似工程提供了借鉴。

10.3　仪器埋设、安装

(1)仪器埋设要求

集渣坑内的观测仪器安装位置误差不得大于 10cm;地表测点仪器水平位置误差不得大于 20cm;水库内水中测点水平位置误差不得大于 50cm,高程误差不得大于 20cm。

(2)传感器安装要求

岩塞爆破时的传感器或拾振器应固定于基岩或建筑物结构层上,地面振动观测点的位置高程应大致相同。所有测点安装结束后均应进行位置测量,确定所有仪器安装固定是否稳定。

(3)电缆保护

电缆穿管时应保持平顺,禁止出现绕结。电缆在电缆管出口和入口处应用橡皮或麻布包扎,以防施工过程中受损破口。电缆跨缝时,应采取措施使电缆在跨缝时有伸缩余地。集渣坑内的观测电缆管除设计转弯点外,施工中不得有其他弯曲点。

(4)电缆接头保护

电缆敷设好在与仪器连接前,应对电缆线端头进行妥善保护,严禁端头浸水或淋雨,以免芯线锈蚀与降低绝缘度。水中测点应做好电缆接头的防水密封。

沿施工道路敷设的电缆和电缆管应做好明显标记和保护,以免造成外物碰压,降低电缆传递数据的准确度。

(5)岩石多点位移计安装与检查

岩塞爆破时的岩石多点位移计应在现场进行组装,组装好装入检查孔时应确保连接处无脱节,整体无扭转。测杆与孔轴线角度偏差不大于1°。

岩石多点位移计和锚杆应力计安装完成后,应进行一次整体检查,随后进行一次线路连通性实验,检查合格后的孔位方可进行封孔灌浆。

(6)埋式测点的钻孔与灌浆要求

洞埋式测点钻孔完成后,要用风水冲孔内石粉,经检查合格后,才能安装仪器,随后进行灌浆封堵,钻孔和灌浆应符合《水工建筑物水泥灌浆施工技术规程》(SL/T 62—2020)的有关规定。

10.4 观测和测试

爆破安全监测的基本要求:

1)集渣坑充水至岩塞爆破之前,集渣坑和闸门井水位计应协调使用,同时观测,并根据集渣坑和闸门井水位情况及时作出判断,并及时发出水泵继续供水、停止供水或空压机开机补气的操作指令。

2)对于原有的永久及施工观测项目(包括大坝原有观测项目),在岩塞爆破实施前和实施后的正常观测期间,应定期进行仪器检查与校核。

3)大坝原有观测项目(位移、沉降、扬压力等)在岩塞爆破前后至少应进行一次对照观测。对于岩塞爆破后观测值出现异常的项目或测点,应延长观测时间,增加观测频次。

4)记录要求。岩塞爆破前后的观测项目,工作人员对所有观测项目均应认真填写观测数据,注明观测所用设备名称、仪器有无异常、仪表有无故障情况。

为了得到不失真和比较理想的波形图,保证记录数值的完整,应根据炸药量,测点与爆破中心的距离,以及地震波传播所经介质的特性,对每一测点可能达到的振动量进行估算,一般估算的方法有以下几种:

1)采用已知同类型,地质情况相类似的岩塞爆破工程的经验公式进行本工程的估算,表10-6、表10-7是国内水下岩塞爆破工程振动速度,振动加速度实测K、α值,可作为估算参考用。

2)在岩塞爆破以前,可在爆破区附近选取工程地质比较相似的区域,进行小药量的爆破试验确定公式(10-1)中的K、α值,据此估算正式爆破所产生的振动量,从工程实践来看,此法有较大的可靠性和准确性。

表 10-6　　　　　　　　　国内水下岩塞爆破工程振动速度实测 K、α 值

序号	工程名称	爆破方案	地质条件	方向	K	α	p 值适用范围 $P = \dfrac{Q^{\frac{1}{3}}}{R}$
1	镜泊湖岩塞爆破	洞室	闪长岩	地面径向	85.0	1.42	0.019～0.135
				地下径向	52.0	1.53	0.026～0.088
2	丰满岩塞爆破试验	洞室	变质砾岩	地表竖向	139.0	1.85	
3	丰满岩塞爆破	洞室	变质砾岩	地表竖向	219.0	1.67	0.020～0.250
				地表径向	304.0	1.61	0.020～0.160
				地表切向	134.0	1.79	0.020～0.160
4	香山水库岩塞爆破	排孔	微风化粗粒花岗岩	地表竖向	164.9	1.50	0.016～0.088
				地表径向	256.3	1.61	0.016～0.088
5	密云水库岩塞爆破	排孔	混合花岗片麻岩	地表竖向	86.3	1.84	0.032～0.085
				地表径向	64.6	1.70	0.032～0.085

表 10-7　　　　　　　　　国内水下岩塞爆破工程振动加速度实测 K、α 值

序号	工程名称	爆破方案	地质条件	方向	K	α	p 值适用范围 $P = \dfrac{Q^{\frac{1}{3}}}{R}$
1	镜泊湖岩塞爆破	洞室	闪长岩	地表径向	72	1.98	0.015～0.135
				地表竖向	309	2.35	0.015～0.320
				地下径向	26	1.77	0.024～0.440
				地下竖向	157	250.00	0.024～0.430
2	丰满岩塞爆破试验	洞室	变质砾岩	地表径向	90	1.65	
				地表竖向	80	1.73	
3	丰满岩塞爆破	洞室	变质砾岩	地表径向	126	1.74	0.020～0.180
				地表竖向	97	1.73	0.010～0.180
4	香山水库岩塞爆破	排孔	微风化粗粒花岗岩	地表径向	300	2.48	0.015～0.050
5	密云水库岩塞爆破	排孔	混合花岗片麻岩	地表径向	16	1.50	0.015～0.230
				地表竖向	10	1.50	0.015～0.230

3）对上述两种方法较难实施的情况下,可采用两套拾振器在同一测点同时进行记录,一套设备灵敏度定低一点,另一套设备定高一点,以保证最后得到完整的波形和数据。

10.5 观测资料的整理和分析

(1)资料整理要求

每次观测原有的建筑物和新修建的建筑物后,应及时对原始数据加以检查和整理,并对数据进行分析。对于永久观测项目,每年应进行一次资料整编和分析。

(2)观测项目

在岩塞爆破工程中对于永久和施工期观测(包括大坝原有观测项目),在下列时期应进行资料分析,并提出监测报告。

1)集渣坑施工结束时;

2)岩塞爆破完成时;

3)抽水蓄能工程竣工验收时;

4)运行期每年汛前;

5)出现异常或险情状态时。

对于岩塞爆破观测,则应在岩塞爆破完成时及时收集资料,并及时进行资料分析,及时提交监测报告。

(3)搜集相关观测图

对于岩塞爆破原有永久建筑物及施工期观测项目(包括大坝原有观测项目),应提出所测物理量完整的过程线图及原因量与效应量的相关图,绘制所测物理量的分布图。分析所测物理量的变化规律和趋势,判断有无异常情况。

(4)对爆破观测成果要求

对于岩塞爆破时的爆破观测,观测单位应提供完整的时程分布曲线,并根据不同物理量分析相应的监测成果,得出观测结论。

(5)岩塞爆破地震效应观测

提供波形图及其特性,包括最大振幅 $A_。$ 及对应周期 $T_。$ 和主振相持续时间 $t_。$、波速等;爆破地震动衰减规律及相应动力系数 K、α 值等。

10.6 水中冲击波监测

10.6.1 水中冲击波的形成

岩塞爆破是一种水下岩体内部药包的爆破,岩塞爆破所产生的水中冲击波不同于一般水中裸露药包爆破所产生的水中冲击波,其水中冲击波实质上是药包爆破后产生的激波,由岩体传播至岩石与水体分界面折射入水中而产生的激波和爆轰后高压气体膨胀作用在水体中所产生的激波。故其压力峰值比同药量的水中爆炸所产生的水中冲击波压力峰值要小,为其压力值的 10%～15%,但持续时间要长。不同爆破方式的水中冲击波压力值如表 10-8 所示。

表 10-8　　　　　　　　　　　不同爆破方式的水中冲击波压力值

爆破方式	资料来源	冲击波压力经验公式与经验数据	相当于同参数 $P=\dfrac{Q^{1/3}}{R}$ 的水中爆炸压力值百分比	备注
水中爆炸	P. 库尔(美国)	$P=533\left(\dfrac{Q^{1/3}}{R}\right)^{1.13}$	100	
	匹田强(日本)	$P=531\left(\dfrac{Q^{1/3}}{R}\right)^{1.13}$	100	
	黄埔港(中国)	$P=540\left(\dfrac{Q^{1/3}}{R}\right)^{1.13}$	101	
	丰满水下岩塞爆破	$P=530\left(\dfrac{Q^{1/3}}{R}\right)^{1.15}$	100	
水下钻孔爆炸	大三岛(日本)	$P=187\left(\dfrac{Q^{1/3}}{R}\right)^{1.12}$	35	
	休德巴斯水下岩塞爆破(加拿大)	在河床岩石钻孔爆破有 20% 能量将转换成水中传播的冲击波	55	
	黄埔港(中国)	$P=156\left(\dfrac{Q^{1/3}}{R}\right)^{1.13}$	29	
	211 工程水下岩塞爆破	认为水下岩塞爆破中钻孔爆破有 5.5%～16% 能量将转换成水中传播的冲击波	34～50	
	苏联	认为钻孔药包转化为水中冲击波能量只等于相同距离裸露药包的 1/5	55	堵塞质量较差
	苏联	当堵塞质量高时,还可以减少到裸露药包能量的 14%～15%	48～52	堵塞质量较高

续表

爆破方式	资料来源	冲击波压力经验公式与经验数据	相当于同参数 $P = \dfrac{Q^{1/3}}{R}$ 的水中爆炸压力值百分比	备注
水下洞室爆破	丰满水下岩塞爆破	$P = 64.3\left(\dfrac{Q^{1/3}}{R}\right)^{1.10}$	12	在抵抗线方向为15%
	镜泊湖水下岩塞爆破	$P = 68\left(\dfrac{Q^{1/3}}{R}\right)^{1.22}$	12	
	A. 爱德华		10～14	
水底岩面裸露药包爆破	丰满水下岩塞爆破		50	根据黄埔港坞门实测应变资料分析而来
	黄埔港(中国)		40～46	

尽管从表 10-8 可以看出水下岩体洞室爆破所产生的水中冲击波压力不大,但是在水下结构物附近进行爆破作业,或者进行水下钻孔爆破由于堵塞质量不好,其水中冲击波效应仍是一个不可忽视的问题。

10.6.2 水中冲击波效应观测

10.6.2.1 观测方法

药包在水下岩塞体药室和排孔中爆破时,量测到的水中压力值是由水岩界面上诸点折射到水中的压力波,并通过水体传播在该点叠加的结果,另外由于爆炸气体膨胀传入水中的压力波亦是水下岩塞爆破水中冲击波的组成部分。因此,从理论上进行定量计算是相当困难的。为了简化问题的分析,在沿爆破漏斗岩水界面处布置一条测线,测量界面处折射到水中压力值。在沿岩塞爆破临水面的单个药包的最小抵线方向布置一条测线,测量沿最小抵抗线方向在水体内传播的压力峰值衰减情况,以及沿一定水深(对应于岩水界面诸测点)布置一条测线,借此三条测线测量的结果来综合分析岩塞爆破的水中冲击波效应。

10.6.2.2 观测仪器

岩塞爆破时,水中冲击波的基本参数有压力、正压区持续时间、冲量和能量,主要是测定压力—时间曲线,即 $P(t)$ 曲线。测压力主要仪器有:

(1)压电晶体测试仪

压电晶体测量系统由压电晶体传感器、前置放大器及阴极射线示波器组成,压电晶体采用电气石、石英、钛酸钡和锆钛酸铅等。其中,以电气石因其侧向效应小为最好,传感器尺寸为 4mm×4mm,前置放大器设在测点附近的浮标上,压力波首先到达触发探头,经前置放大和阻抗变换送入示波器 x 轴开始扫描,然后压力波作用到测量探头,产生电信号经前置放大器以阻抗变换送入示波器 y 轴进行记录。压电测量系统如图 10-2 所示。

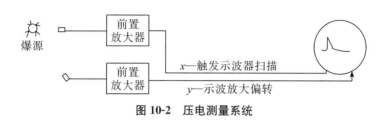

图 10-2 压电测量系统

仪器的通频带为 1～10MC,用激波管和标准药球在水中爆炸进行标定。

(2)电阻式压力测量仪

该测量系统的传感器系以承压面直径为 20mm、厚度为 1.3mm 的弹性薄膜上贴以电阻应变片作为感应元件(自振频率为 50KC),讯号经 JDF-2 型超动态应变仪放大,用阴极射线示波器进行记录。当压力波正压作用时间较长时,亦可采用普通载波应变仪配以光线示波器记录,电阻式测量系统如图 10-3 所示。

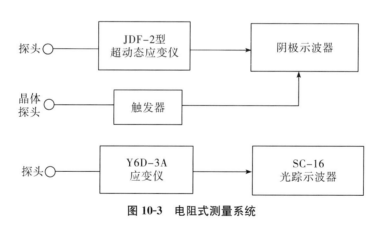

图 10-3 电阻式测量系统

(3)薄膜指示器

利用膜片塑性变形的挠度大小作为压力的度量,当指示器的膜片固有振动周期远远超过冲击波正压区持续时间时,本仪器亦可用作冲击波能量密度的测量装置。

塑性变形膜片系采用厚度为 0.5mm、直径为 25mm 的紫铜片做成。

在这里应当提出的是测量冲击波压力时,对压力传感器要求频率响应高,灵敏度稳定,绝缘电阻大,电缆屏蔽好,杂音分量小,才能真实地记录到冲击波压力讯号。因此,采用压电晶体传感器测量冲击压力是较为理想的测量方法。

10.6.3 测点布置及测前压力值的估算

为了准确得到水下岩塞爆破的水中冲击波压力衰减规律,获得比较理想的波形图,保证记录数值的完整,在测前应很好地考虑测点的布置及测前压力值的估算,一般应考虑以下几种情况。

首先要在沿爆破漏斗岩体与水界面处布置一条测线,主要目的是了解在水下岩塞爆破时,在界面上诸测点所测得冲击波折射入水中的压力值,并利用水中测得的压力值估计应力波在岩体中的衰减规律。

由于界面的存在,向水中透过的应力波压力 P_2 与岩体中入射的应力波压力 P_1 之间的关系可近似地用一维波关系式来表达。

$$P_2 = \frac{2\rho_2 c_2}{\rho_1 c_1 + \rho_2 c_2} \cdot P_1 \tag{10-3}$$

$$P_1 = 248 \left(\frac{Q^{1/3}}{R} \right)^2 \quad (\text{原型观测结果,变质砾岩})$$

或

$$P_1 = 320 \left(\frac{Q^{1/3}}{R} \right)^2 \quad (\text{室内试验结果,花岗岩})$$

式中:ρ_1——岩石密度(2.7g/cm^3);

　　P_2——水的密度(1g/cm^3);

　　c_1——岩石的纵波速度($4500 \sim 5000\text{m/s}$);

　　c_2——水的纵波速度(1500m/s);

　　Q——药量(kg);

　　R——爆心距(m)。

由式(10-3)即可估算边界面上折射入水中的压力值。

其次要沿最小抵抗线方向布置一条测线,主要了解岩塞爆破水中冲击波的组成部分、波形特征和验证水中衰减系数。

沿最小抵抗线方向在岩面与水交界处水中冲击波压力可借式(10-3)估算(令 $R = W$,W 为最小抵抗线长度)。

至于沿最小抵抗线方向水中诸测点水中冲击波压力可借式(10-4)估算。

$$P = P_0 \mathrm{e}^{-\mu x} \tag{10-4}$$

式中:μ——水中的衰减系数;

　　P_0——岩体与水交界处水中压力值(kg/cm^2);

　　x——测点至交界处的距离(m)。

再次要在距水面一定深度,距爆心 $9 \sim 100\text{m}$ 处,在水中布置一条测线,并结合水下建筑物布置测点来测量岩体爆破时在岩塞口附近水中冲击波压力大小和分布情况。其压力值估算可根据表 10-8 进行。

同时，还要在岩塞口附近，以爆心为圆心，在半径为 25～35m 的圆周上等分地设置若干个钢球压力计和薄膜指示器，定性地观测岩塞爆破时水击波冲量与能量的分布。

10.6.4　波形图分析

水下岩塞爆破的近区水中冲击波图形与水中爆炸冲击波图形相似(图 10-4)。

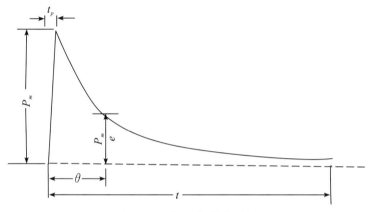

图 10-4　电阻式测量系统

波形图分析的主要参数有下列几项：

压力峰值 P_m 为波形最大振幅；

时间常数 θ 为冲击波压力峰值衰减测 $\dfrac{P_m}{e}$ 所需的时间；

上升时间 t_0 为最初扰动到压力峰值的时间。

持续时间 t 为从最初扰动到压力值衰减到 $\dfrac{P_m}{10}$ 所需要的时间，实际观测到的持续时间常为时间常数 θ 值的 5～6 倍。

根据国内大多数岩塞爆破资料和国外水下钻孔爆破资料，此类型的爆破在水中产生的水中冲击波主要由两部分组成：一是炸药在水下岩体内爆炸在基岩中产生的应力波，到达基岩和水的分界面时折射到水中产生的冲击波；二是由高压爆炸气体溢出到水中产生的冲击波。在波形分析中，可以根据波到达的时间、波形的特征、频率的成分把波区分开，先到达的波，上升时间较缓、低频成分较为丰富，后到达的波，上升时间较快，高频成分较为丰富。

在岩塞爆破施工中实测压力峰值 P_m 与药量 Q、爆心距 R 之间关系同样可用经验公式 $P_m = K(\dfrac{Q^{1/3}}{R})^2$ 表示，式中 K、α 一般采用实测值按最小二乘法求得。

对波形上升时间、持续时间，以及 K、α 的分析，使我们能够了解岩塞爆破水中冲击波压力特性和其与水中爆炸水中冲击波压力的差异，从而为水击波的防护技术提供基本参数。

10.6.5　水中冲击波效应观测成果

综合国内多年来水下岩塞爆破施工，对水下岩塞爆破的水中冲击波效应观测资料，获得了以下几个方面的认识：

1）岩塞爆破时在水中产生的压力波可分为两部分：岩塞药包爆炸后产生的激波通过岩水分界面折射入水中的激波；爆炸气体传入水中的压力。故岩塞爆破水击波压力要比水中爆炸的水击波压力要小，但持续时间要长。

2）岩塞爆破的水击波压力、冲量、能量在最小抵抗线方向最大，伴随最小抵抗线的角度变化而有所变化，当夹角小于 45°时，其数值彼此相接近，但当夹角大于 45°时，其压力、冲量、能量均有随角度增加明显减小的趋势。

3）在岩塞爆破施工中，通过水下岩塞爆破漏斗区和近旁水中测点，实测到的若干波形的特征，以及从水面鼓包运动的高速摄影图像的分析（水溅现象与水鼓包出现时间分析），进一步论证了岩石爆破的机理应是冲击波和气体膨胀做功共同作用的结果。

4）国内在水下爆炸时，科研单位通过水下爆炸几种类型的水中冲击波效应的观测比较，得出水下药室爆破产生的水击波效应为最小，水下钻孔爆破和水底岩基表面裸露药包爆炸产生的效应次之，水中爆炸产生的水中冲击波效应为最大的结论，故在水下建筑物的附近进行爆破作业时应该考虑到上述情况来选定爆破方式。

5）国内丰满岩塞爆破工程试验时，临水面药室的药量 $Q = 280\text{kg}$ 时，爆破作用指数 $n = 1.75$，最小抵抗线 $W = 3.5\text{m}$，围岩是变质砾岩，其水击波压力经验公式为：

$$P_m = 64.3(\frac{Q^{1/3}}{R})^{1.10} \tag{10-5}$$

式中：P_m——水击波峰值压力（kg/cm^2）；

Q——药量（kg）；

R——爆心距（m）。

在上述公式中的指数为 1.10，与水中爆炸击波压力经验公式中的指数比较接近。

6）水底地形条件和水的深度，对水下岩塞爆破远区的水击波压力峰值影响较大，由于水底障碍物和水表层对水击波的多次反射将会削弱远区的水击波压力值。

7）由于水下岩塞爆破所产生的水中冲击波效应较水下爆破小，一般来说对水工建筑物影响较小，不能与水中爆破破坏效应等价视之，但是距水工建筑物较近进行爆破作业时，预估有可能产生危害时，仍需对水工建筑物、薄板（壳）结构（如钢闸门）等考虑防护措施。

8)防护时采用气泡帷幕、微差爆破,科学合理布置药包位置与起爆顺序,注意药室通道与炮孔堵塞质量,以及在结构物上敷设缓冲材料等方法都能起到降低水中冲击波效应的作用。

10.7　应变和应力观测

10.7.1　观测方法的基本要求

测量爆破荷载作用下的岩体和混凝土的应力应变在观测技术上是比较复杂的,由于冲击荷载的瞬态特性,荷载几乎在瞬时就上升到峰值,以后又迅速地下降,其作用时间一般是用微秒或毫秒单位来表示。这就要求仪器的频率响应特性要满足测量要求,量测系统的工作频率至少要大于 50KC 以上才行,由于应力波在岩体内传播的特点,要求传感器与被测对象的阻抗匹配一致,否则会引起波的折射与反射,给测量带来一定的误差。由于要把传感器埋入岩体与混凝土中,进行量测时要求注意埋设方法和回填料的声阻抗接近被测对象。只有考虑到这些才能使整个量测系统较真实地反映瞬时动态应变和应力。

在爆破这种类型的冲击荷载下,岩石的应力与应变关系与静荷载下应力与应变关系相比有很大的不同,由于在冲击荷载作用下因加载的速度不同,亦即应力和应变的变化速度不同,应力—应变曲线是不同的,也就是动弹模不是一个定值。因此在实际观测工作中,分别对应力与应变进行测定。

10.7.2　应变观测

在水下岩塞爆破中,应变观测对象往往是岩体应变、水工建筑物应变(如混凝土坝、隧洞衬砌、闸门井、钢闸门、集渣坑边墙混凝土、金属结构等)的测量。应变观测系统如表 10-9 所示。

表 10-9　　　　　　　　　　　　应变观测系统

传感元件	放大器	记录器
岩石应变传感器、环氧砂浆应变砖、水泥砂浆应变砖、应变式钢环、应变片等	Y60-3A 动态应变仪,YD-15 动态应变仪,Y6C-9 超动态应变仪,YJF-2 型高频应变仪	SC 系列光线示波器,磁带机、阴极射线示波器

岩石中应变探头多采用在岩芯上贴电阻片的岩石探头,或在圆柱形环氧砂浆上贴

电阻片的环氧砂浆探头、应变钢环,也可直接将电阻片贴于岩壁表面上。探头埋设均需钻孔埋入岩体内,回填料采用高强度的胶泥,其配方如下:

水泥∶混合金刚砂∶水＝1∶2∶0.25

在这些应变探头中以岩石探头较为理想,只要薄胶泥的弹模再提高一些,严格控制回填工艺,这种探头的实测应变值将会接近真实应变值。至于岩壁上贴片进行应变测量,在阻抗匹配上是没有什么问题的,但是必须注意测点附近的岩石必须平整光滑,在实测前要注意对岩石和混凝土表面进行清洗、贴片黏结、防潮绝缘处理等事项,以保证使用效果。

混凝土中应变探头,多采用 $100mm \times 20mm \times 20mm$ 长条形带锯齿状的环氧砂浆预埋件,元件内粘有 $3mm \times 5mm$ 应变片,应变片电阻为 120Ω。应变元件配方和物理性能如表 10-10 所示。

表 10-10　　　　　　　　　　　　　　应变元件配方和物理性能

配方					力学指标	
环氧树脂 6101/g	二丁酯/g	乙二胺/g	石英砂/g	石英粉/g	弹性模量/(kg/cm²)	抗压强度/(kg/cm²)
100	15	8～10	550	180	(18～22)×10⁴	900～1200

为了使元件与混凝土胶结良好,在混凝土建筑物施工过程中就先预埋进去。信号输出的导线采用塑料套管保护起来以克服测量中的电缆冲击效应。实际观测说明此类环氧砂浆应变元件防水性能良好,有些元件在水下 20 多米深处经历了三年浸泡,元件的绝缘电阻还在 $40M\Omega$ 以上。

应变的测量系统有两种:一种是测量冲击应变的,它的放大器采用超动态应变仪,如 Y6C-9 超动态电阻、应变仪采用 YJF-2 型高频应变仪,记录仪器采用 SBE-20、SBE-7 双踪示波器和 SBS-2A 型双线四踪示波器,整个测量系统工作频率在 10～500KC,它非常适用于测量 1～2 倍最小抵抗线范围的爆炸近区冲击应变。

另一种测量系统采用通常用的 Y6D～3A、YD-15 型动态应变仪和 SC 系列光线示波器,磁带机进行记录,这样的测量系统的工作频率为 0～1500Hz,非常适合测量大爆破,持续时间较长,或距离爆心较远处的讯号(频率在 1000Hz 以下)的动态应变测量。

对于混凝土结构物应变测点布置要按建筑物结构特点和工程防护具体要求进行布置,如对混凝土拱型结构动应变测量点布置如图 10-5 所示。

在测试时应事先估算动应变量,选标定应变量接近于待测应变量以减小测量误差。测试后根据记录示波图进行应变和频率计算。

在弹性变形区,岩石应变状态可按弹性理论计算应力。

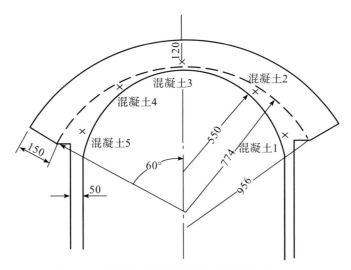

图 10-5　混凝土拱型动变测量点布置(单位:cm)

单向压缩应力按下式进行计算:

$$\Theta = E\varepsilon \tag{10-6}$$

$$\tau = Gv \tag{10-7}$$

平面应力按下式进行计算:

$$\sigma_1 = \frac{E}{1-\mu^2}(\varepsilon_1 - \mu\varepsilon_2) \tag{10-8}$$

$$\sigma_2 = \frac{E}{1-\mu^2}(\varepsilon_2 - \mu\varepsilon_1) \tag{10-9}$$

$$\tau_{max} = \frac{E}{2(1+\mu)}v_{max} \tag{10-10}$$

式中:E、G——弹性模量;

μ——泊松比;

σ_1、σ_2——主应力;

ε_1、ε_2——切应力和最大切应力;

v_{max}、v_{max}——切应变和最大切应变。

10.7.3　应力测量

爆破现场土岩介质应力测量是一个综合性的技术问题,不仅需要性能良好的应力计和可靠的测量系统,有关的现场测量技术(如回填材料的配比、回填装备和工艺、应力计的安装和定位、应力计的防潮措施、电缆的防护、记录装置的同步问题等)都将直接影响到测量结果的可靠性和精度。

(1)现场测量系统

现场应力测量的几种典型测量系统如表 10-11 所示。

表 10-11 应力测量系统

传感元件	放大器	记录器
应变式应力计,压电应力计, 压阻式应力计,变磁阻应力计	动态应变仪,前置放大器,监视器	SC 系列光线示波器,磁带机,阴极 射线示波器

(2)测试方法

一种办法是直接测试办法,该办法是把岩体应力计直接埋设在岩体介质中进行测量,这种方法对应力计的回填工艺和绝缘要求比较高。

另一种方法是从地表向岩体内钻入多个垂直于地表,相互平行,相隔一定间距的钻孔作为观测孔,观测孔内充满水,把压电应力计或应变式应力计放入孔中观测爆破瞬间动水压力,岩体应力计算按下式进行。

$$\sigma_1 = \frac{\rho_{01} C_1^{2(1-2\mu)}}{\rho_{02} C_2^{2(1-\mu)}} P \tag{10-11}$$

式中:P——钻孔内实测压力值(kg/cm^2);

ρ_{02}——水介质密度(g/cm^3);

ρ_{01}——岩石介质密度(g/cm^3);

C_2——水介质中声速(m/s);

C_1——岩石介质中声速(m/s);

μ——泊松系数。

该式适用于击波波长大于钻孔直径特征尺寸。

如果钻孔向着爆心方向,或者击波波长小于钻孔直径特征尺寸,则岩体应力 σ_2 可近似用下式表达。

$$\sigma_2 = \frac{\rho_1 C_1 + \rho_2 C_2}{2\rho_2 C_2} \cdot P \tag{10-12}$$

(3)测点布置和测值估算

由于是研究爆破作用下岩体中应力衰减规律,通过实测应力值推算经验系数 K、α 值,测点宜沿爆破中心径向布置一条测线,测点之间间距宜前近后远,测点到爆破中心距离控制在 $1\sim10$ 倍抵抗线长度。

实测应力值在测前进行估算,大多数采用实施过的工程中实测的数值所得到的经验公式进行估算。例如,在丰满岩塞爆破(变质砾岩)实测岩体应力 σ 可作为实测估算之用。

$$\sigma = 248(\frac{Q^{1/3}}{R})^2 \qquad (10\text{-}13)$$

式中：σ——岩体应力(kg/cm^2)；

　　Q——药量(kg)；

　　R——爆破中心距离(m)。

对一些特殊、重点工程,可在实测前采用小药量进行小规模试验,找出在爆破过程中应力状态与药量、距离的关系,作为岩塞爆破时应力估算用。

对于地下洞室,其边缘部位应考虑动应力集中系数,根据已发表的资料和文献所述,动应力集中系数可取 3～4。

10.7.4　应变观测成果

在国内丰满水下岩塞爆破中,实测泄水洞混凝土衬砌拱结构的动应变如表 10-12 所示。

表 10-12　　　　　　　　　　丰满水下岩塞爆破实测顶拱动应变

测点编号	测点位置	测点方向	应变值/$\mu\varepsilon$			理论计算应变值/$\mu\varepsilon$	峰值上升时间/ms	正向持续时间/ms	主振相持续时间/ms	备注
			压应变	拉应力	残余应力					
混凝土$_1$	1 断面左拱脚	环向	−276	+156	−17	−204	9	50	80	1 断面距爆破中心 17m, 2 断面距爆破中心 10.8m
混凝土$_2$	1 断面左拱肩	环向	−467		−259		5	50	80	
混凝土$_3$	1 断面顶拱	环向	−465	+87	−102	−426	5		100	
混凝土$_4$	1 断面右拱肩	环向	−502		−104		5	34	100	
混凝土$_5$	1 断面右拱脚	环向	−155	+52	−86.5		11	47	100	
混凝土$_6$	2 断面左拱脚	环向	−208	+69		−188	10	31	90	
混凝土$_9$	2 断面右拱肩	环向	−467	+65	−81		5	33	100	
混凝土$_{10}$	2 断面右拱脚	环向	−127		−157		5	32	100	

丰满水下岩塞爆破共分为三响:第一响药量为 208.6kg,第二响药量为 1979kg,第三响药量为 1888kg。岩塞爆破后所记录到的波形如图 10-6 所示。

从实测应变波形图和表 10-12 中可以看到动应变有以下特征:

1)各测点应变峰值上升时间较快,一般为 5ms 左右,且呈指数衰减,正相持续时间 25～50ms,波形符合爆炸近区特点。

2)各测点应变波形主振相持续时间 80～100ms,0.2s 后所有波形呈平直状态,多数有受强残余应变,说明拱结构距前缘 3.6m 以后未出现破坏迹象。

3)比较 1、2 断面各对应点观测值,1 断面均大于 2 断面,由于混凝土厚度不同(拱脚

2.5m,顶拱 1.2m),应变值亦各异,1 断面拱肩较大,顶拱次之,拱脚最小。

4)隧洞拱脚应变值左侧大于右侧,和理论分析顶拱承受均布荷载的假设不同,这是受地质条件影响,冲击波不是均匀衰减,因此作用于两侧的荷载也不同。

5)从理论计算的应变值与实测应变值相接近,说明测量系统满足要求。

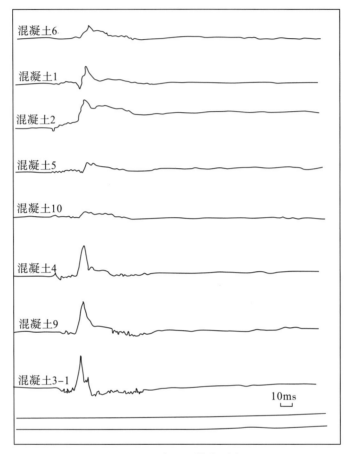

图 10-6 泄水洞顶拱实测波形

10.7.5 应力观测成果

综合国内水下岩塞爆破的岩石动应力观测资料而获得了以下几个方面的认识:

1)从水下岩塞爆破漏斗区和近旁岩石与交界处实测到的岩干波形,可以初步认为:岩石爆破破坏应是冲击波和气体膨胀做功的共同作用的结果。

2)岩塞爆破时岩体应力状态可借经验公式:

$$P = 248(\frac{Q^{1/3}}{R})^2 \quad (变质砾岩)$$

$$P = 185(\frac{Q^{1/3}}{R})^{1.17} \quad (闪长斑岩、含水率大)$$

根据上述公式进行估算和判断在爆破冲击作用下的岩石破坏情况。

3)岩塞爆破时从爆破近区观测到的波形,可以看到离爆破中心近的波形冲击特性非常明显,正相持续时间为 3~5ms,随着距离的增加波形由冲击型的振动波形演变为振动波。该现象说明在坚硬岩石中,冲击波传播只限于一个不大的区域。

4)在工程允许的范围内,对水与岩石边界面上应力波传播现象,采用声学理论来说明,可得到近似结果。当水下岩体爆破所取爆破参数与陆地爆破相同时,其爆破漏斗半径要比陆地爆破小。因此,考虑到水的覆盖影响,水下岩体爆破较陆地爆破增加 25%~30%药量以取得与陆地爆破相同半径的爆破漏斗。

10.8　空气冲击波

炸药在岩体中爆炸和岩塞体爆通以后,将在隧洞内产生空气冲击波和气浪(或爆生气体冲出水面后冲击空气而产生)。一般来说,冲击波对隧洞内混凝土建筑和设施无较大破坏影响。但是由于地质构造上的偶然因素、施工方面的误差、爆破设计疏忽,往往会造成爆轰气体产物沿某一薄弱面冲出,形成强烈的空气冲击波,又加上在隧洞内空气冲击波压力较开阔场合衰减得慢的特点,使得空气冲击波效应显得比较强烈。因此,在任何一次爆破设计和施工中不宜忽视冲击波的破坏作用,故有必要对岩塞爆破时在隧洞内产生的空气冲击波进行研究和防护,确定冲击波量级,以便对建筑结构物采取相应的防护措施。这就需要对岩塞爆破过程中空气冲击波和气浪进行观测。

10.8.1　基本物理现象

岩塞爆破时,在隧洞和集渣坑内空气冲击波形成的过程如下:

1)岩塞爆破时由岩体内冲击波从被爆介质(岩石)面折射入空气中,在岩石与空气交界面上会产生弱的空气冲击波;

2)爆炸气体生成物以超声速逸出,这种能量是产生空气冲击波的主要原因;

3)岩塞中的岩块崩落也会产生弱的空气冲击波;

4)岩塞爆通后,高速水流(流速 30m/s)也会导致隧洞内产生弱空气冲击波。

由于岩塞爆破时第 1)、3)、4)三种工况下所产生的空气冲击波太小,对建筑物产生破坏有限,第 2)种情况时产生冲击波较大,对建筑物产生影响大,应着重注意和研讨第 2)种情况。

当爆炸产物以极高的速度向周围扩散时,如同一个超音速活塞一样,强烈地压缩相邻的介质(空气),使其爆破压力、密度、温度突跃式地升高,并形成初始冲击波。在隧洞内岩塞爆破所产生的空气冲击波是在一个有约束边界的空间中传播,其传播过程与冲击波管中击波传播过程大同小异,入射波与从岩壁反射回来的反射波叠加,会加强空气冲击波的强度。并以平面波的形式向前推进,爆炸产物这个活塞最初以极高的速度运动,随后速度又很快衰减,一直到 0 为止(此时爆炸产物膨胀到某一极限体积,而压力降至周围介质未受扰动的初始压力 P_0),实际上爆炸产物此时没有停止运动,由于惯性作用而过度膨胀,直到某一最大容积,这时爆炸产物的平均压力低于未经扰动的介质初始压力,而出现了负压区。典型的空气冲击波的 $P(t)$ 曲线如图 10-7 所示。

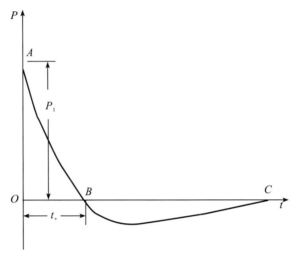

图 10-7 空气冲击波 $P(t)$ 曲线

空气冲击波的基本参数有压力、运动速度、正压区作用时间和冲量,其中主要的是测定 $P(t)$ 曲线。

10.8.2 空气冲击波参数计算

(1)在大气中的爆炸

对于装药密度为 1.6g/cm^3 的球形 TNT 药包爆炸时,空气冲击波峰值超压 ΔP_m 的计算如下:

$$\Delta P_m = \frac{0.84}{\bar{r}} + \frac{2.7}{\bar{r}^2} + \frac{\bar{T}}{\bar{r}^3} \quad (\text{适用于 } 1 \leqslant \bar{r} \leqslant 10 \sim 15) \tag{10-14}$$

式中:$\bar{r}$——比例距离$(\text{m/kg}^{1/3})$,$\bar{r} = \dfrac{R}{Q^{\frac{1}{3}}}$,其中,$Q$ 为药量(kg);

R——测点至药包中心距离(m)。

施工中若使用其他炸药或装药密度不同时,由于炸药爆热不同,可根据炸药能量相似原理,换算成标准的 TNT 当量再进行计算。

$$Q_{当} = Q_i \frac{W_i}{W_T} \tag{10-15}$$

式中：Q_i——炸药的重量(kg)；

　　W_i——炸药的爆热(kcal/kg)；

　　$Q_当$——Q_i 折算成 TNT 的当量(kg)；

　　W_T——TNT 炸药的爆热(kcal/kg)。

(2)洞内裸露药包爆炸

隧洞内裸露药包爆炸时，空气冲击波超压可按式(10-16)进行计算。

$$\Delta P = (0.29 \frac{\varepsilon}{R} + 0.79 \sqrt{\frac{\varepsilon}{R}}) e^{-\alpha} \frac{R}{d} \tag{10-16}$$

式中：ΔP——空气冲击波超压(kg/cm²)；

　　R——测点到爆破中心的距离(m)；

　　ε——平面波的能流密度(cal/cm²)；

　　α——巷道粗糙系数($\alpha=0.045\sim0.063$)。

隧洞内爆炸时的能流密度(当隧洞一端封堵时)：

$$\varepsilon = \frac{Q_T W_T}{S}$$

式中：Q_T——使用炸药的 TNT 当量(kg)；

　　W_T——TNT 炸药的爆热(cal/kg)；

　　S——隧洞的断面面积(m²)。

(3)洞内深孔爆破

隧洞内的深孔爆破时，空气冲击波超压可按式(10-17)进行计算：

$$\Delta P = (0.29 \frac{n\varepsilon}{R} + 0.76 \sqrt{\frac{n\varepsilon}{R}}) e^{-\alpha} \frac{R}{d} \tag{10-17}$$

式中：η——能量转移系数，为空气冲击波的能量与药包总爆能之比，$\eta=0.012\sim0.014$。

(4)空气冲击波正压作用时间计算

对于 TNT 球形装药方式，在空中爆炸时其正压作用时间 t_+(s)为：

$$t_+ = 1.5 \times 10^{-3} R^{1/2} Q^{1/6} \tag{10-18}$$

对于巷道中空气冲击波正压作用时间 t_B(s)为：

$$t_B = t_1 + \sqrt[6]{\frac{2\pi}{S}} \sqrt[3]{R} = 1.5 \times 10^{-3} \sqrt[6]{\frac{2\pi Q R^3}{S}} \tag{10-19}$$

(5)空气冲击波速度与峰值压力关系

爆炸时入射空气冲击波压力与冲击波速度 D 有如下关系：

$$\Delta P_m = \frac{1}{6}(\frac{7D^2}{C_0} - 1)P_0 \qquad\qquad (10\text{-}20)$$

式中：P_0——介质未扰动前的压力（kg/cm²）；

C_0——介质未扰动前的声速（m/s）；

D——冲击波速度（m/s）；

ΔP_m——入射空气冲击波峰值压力（kg/cm²）。

在岩塞爆破试验中，当测定了冲击波速度 D，就可计算出空气冲击波压力。

10.8.3 空气冲击波压力测量

对于某些工程的技术和课题要求，仅需要得到峰值压力资料，除了直接测量冲击波峰值压力外，通过冲击波速度的测量也可以得到峰值压力 P_m。

（1）冲击波速度的测量

一般的冲击波速度测量系统多半是测定距爆破中心不同距离各点的冲击波到达时间，由此得到冲击波走时曲线。冲击波走时曲线如图 10-8 所示。

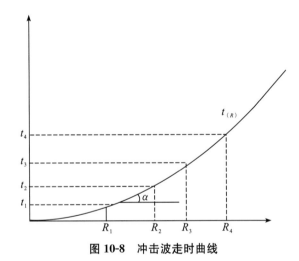

图 10-8 冲击波走时曲线

距岩塞爆破中心不同距离 R 点的冲击波速度 D 可由冲击波走时曲线的斜率决定，即

$$D(R) = C\cot\alpha \qquad\qquad (10\text{-}21)$$

冲击波走时测量系统方框图如图 10-9 所示，所用仪器的组合型式较多，每个工程或使用者可根据工程使用条件和精度要求进行选择。

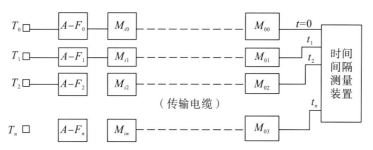

图 10-9　冲击波走时测量系统方框图

T—冲击波感元件；$A-F$—放大和整形电路；M_i—始端匹配网路；M_0—终端匹配网路

（2）冲击波压力的测量

冲击波压力测量系统由压力传感器、讯号变换及放大电路、记录器三个主要部分组成。常用的测量系统如表 10-13 所示。

表 10-13　冲击波压力测量系统

压力传感器	讯号变换及放大电路	记录器
应变式压力传感器,压电式压力传感器	动态应变仪,前置放大器,电荷放大器	示波器,磁带机

除了上述电测仪器外,在大药量(几十吨级以上)爆破中,机械式压力传感器也是测量空气冲击波压力的主要手段之一。

10.8.4　空气冲击波压力测量成果

在国内多个岩塞爆破工程中,曾在整个泄水洞(隧洞)中布置了空气冲击波压力测线,在测量后得到以下初步成果。

对圆形断面内径达到 9.2～10m 的泄水洞内,裸露药包爆炸在隧洞内衰减规律为:

$$P_0 = 10.5 \left(\frac{Q^{1/3}}{R}\right)^{0.74} \tag{10-22}$$

式中：P_0——空压值(kg/cm^2)；

Q——药量(kg)；

R——测点至爆心距离(m)。

当岩塞部位地质条件较好和主药室堵塞效果较好时,爆破所产生的空气冲击波压力值不大,宏观调查也证明空气冲击波压力对隧洞、闸门井、堵头、混凝土建筑物影响很小。

例如,响洪甸抽水蓄能电站进口岩塞爆破中,通过对集渣坑充水而使岩塞和集渣坑之间形成一个缓冲气垫,对减小岩塞爆破时的闸门井井喷高度、防止石渣进入下游闸门槽及引水洞内、降低爆破冲击力、保护地下工程的安全起到重要作用。

响洪甸岩塞爆破时,闸门井涌浪由安装了闸门井内的水位计自动测记,最高涌浪水位128m,未出现井喷。由安装于堵头上的晶体传感器测得作用于堵头上的最大冲击波压力为0.8MPa,岩塞爆破对上库大坝坝体最大振动速度为1.34cm/s,最大振动加速度为0.73cm/s²,作用于上游坝面的动水压力为0.10~0.13MPa,岩塞爆破时坝体最大位移增值0.05mm(正垂线),10~20min即恢复正常。

爆破后通过水下摄影、测量等检查,石渣平缓堆积在集渣坑,下游闸门井及隧洞内无散落石渣,形成的进口体型符合设计要求,闸门井、集渣坑边墙、混凝土堵头均未发现裂缝,其结构均完好无损。

同时,有的岩塞爆破工程为了降低隧洞内空气冲击波压力,曾在隧洞内架设了柔性防护帷幕,从柔性防护帷幕前后测点所观测到的测值表明,防护帷幕作用明显,可削减压力值的1/2左右。

(5)岩塞爆破的地震效应

受传播介质岩体含水量的影响,爆破地震波随传播距离而衰减的速度较陆地情况为慢。周围水工建筑结构产生的地震效应值得重视,尤其是对土坝及其他建立在非岩地基上的建筑物,要预防由爆破振动引起饱和土体液化和边坡失稳造成的破坏,对于水利枢纽主体建筑的振动安全问题尤为重要。

第11章　工程实例

11.1　九松山岩塞爆破

密云水库九松山隧洞是北京市第九水厂的首部工程,第九水厂(二期)在密云水库取水,日供水能力 100 万 t。九松山主隧洞长 3034m,洞径 3.5m。距进水口 184m 为深 60m 的闸门井,井内装有动水闸门和拦污栅。隧洞出口 155m 处有岔口,由此引出直径 2.5m、长 87m 的支洞,支洞出口有弧形闸门与平板检修门。支洞是岩塞爆破后为石渣和流水的出口,将来为隧洞检修的进出口。主洞通过 51m 钢管进入第九水厂取水站,岩塞爆破时钢管末端用钢板闷头封堵。

(1)岩塞基本情况

隧洞进水口岩塞底坎高程为 117.0m,取水口位于水库蓄水位以下 30m,岩塞形状为截头圆锥体,岩塞底部直径 3.5m,上部开口直径 7.5m,岩塞体平均厚度 4.75m,体积约为 124m³,岩石表面倾角 60°,岩塞爆破时水库水位 153.0m。九松山岩塞爆破是水头较高的一个岩塞工程,也是国内第十一个岩塞爆破工程。

九松山隧洞岩塞体岩性为角闪斜长片麻岩,表面地形倾角 60°,围岩强风化层厚 1～1.5m。岩塞体为弱风化岩,岩塞体内口的上半部、顶部和左、右壁围岩比较完整,下半部围岩稍差,节理间距 0.5～1.0m,西边腰部上、下节理较发育,裂隙中有夹泥。

(2)岩塞爆破方法与布孔

岩塞采用全排(炮)孔爆破方法,岩塞炮孔的布置,在岩塞 3.5m 的断面上其中心布置 100mm 的空孔,在距中心 0.3m 处均匀布置 4 个 90mm 的掏槽孔,在距中心 0.8m 处均匀布置 6 个 90mm 的内圈主爆孔,在距中心 1.45m 处均匀布置 12 个 90mm 的外圈主爆孔,在距中心 1.75m 处均匀布置 42 个 40mm 的预裂孔。岩塞体上另外有 1 个贯穿孔,12 个超前灌浆孔。岩塞布孔除掏槽孔为平行岩塞轴线以外,其余炮孔方向全部是以截锥顶点为中心的放射方向。

九松山岩塞内直径 3.5m,其面积 9.62m²,设计钻孔 78 个,实际钻孔 80 个,钻孔总进尺 347m。其中 40mm 直径的钻孔 57 个,钻孔进尺 255m。直径 100mm 的中心空孔和直径 90mm 的主爆孔共 23 个,钻孔进尺 93m。除了 4 个掏槽孔为平行岩塞轴线以外,其他孔是以岩塞锥顶为焦点的放射方向钻孔,并使用专门研究的控制孔位和方向的方法、工具。炮孔钻完后,孔位经过反复检查,最后逐孔检查误差,钻孔的平均误差为:中心距 5cm,孔深 9.5cm,倾角 1.8°。

(3)排孔(炮孔)爆破参数

九松山岩塞爆破采用排孔(炮孔)方法爆破时,岩塞爆破时的总药量为:岩塞体积 $V=124.06 \mathrm{m}^3$;装药孔数为 4+6+12+50;掏槽+内扩大孔+外扩大孔+预裂孔;总用药量 $\sum Q=219 \mathrm{kg}$;单耗药量 $K=\sum Q/V=1.765$。

岩塞炮孔装药数据如表 11-1 所示。

(4)岩塞体开挖要求

开挖到设计岩塞掌子面附近 5m 时,这时离水库坡面很近,开挖时采用浅孔、密孔、小药量爆破掘进,一是保证岩塞底面不出现超挖,二是防止发生大的漏水,三是避免破坏岩塞体围岩。尤其到岩塞掌子面附近,爆破开挖更是要特别小心,钻孔前应反复核实和测量,确保岩塞体厚度,并注意岩塞体基岩构造的变化。最后岩塞掌子面位置比较准确,最大误差 30cm。

(5)防渗堵漏方法

九松山隧洞的岩塞位于一个半岛上,隧洞的前面、上面、东边、西边四面是水库,水头高、岩塞体薄,岩塞体钻孔施工中漏水是一大难题。施工中安排了多种防渗堵漏措施。

1)在水面浮排上用岩芯钻钻深孔帷幕灌浆,围住岩塞进水口周边。

2)隧洞末端岩塞附近 15m,地形太陡,深水下钻孔钻头打滑,甩在帷幕以外。在隧洞掘进中,在洞内做超前灌浆,固结隧洞周边围岩,达到减少渗漏的目的。

3)隧洞开挖到岩塞掌子面后,对岩塞体进行灌浆处理。特别是靠西边有几条交叉节理中夹泥,其漏水量较大,约 5L/s,隧洞进行灌浆后,明显改善渗漏情况,渗漏量减少到 0.5L/s,渗漏在半年内无大变化。

4)在岩塞面钻孔阶段,在 9.62m² 的掌子面上钻了 80 个炮孔,其孔底口只剩 70cm 岩层,大部分钻孔都漏水,有的炮孔钻到 2.0m 左右就汹涌冒水。还有贯穿孔必须打透岩层直通水库。岩塞面钻孔堵漏无疑是岩塞爆破施工的最大难题之一。

表 11-1

岩塞炮孔装药数据表

炮孔类型	孔数 N	钻孔直径 /mm	孔圆半径 /m	孔距 /m	抵抗线 /m	设计孔深 /m	炸药密度 /(kg/m³)	计算单孔药量/kg	药径 /mm	单节药长 /m	设计药长 /m	设计单孔药量/kg	装药节数	堵塞长 /m	每组药量/kg
掏槽孔	4	90	0.30	0.47	0.300	4.05	1400	10.45	60	0.20	2.60	10.3	13	1.45	41.20
内扩大孔	6	90	0.80	1.15	0.797	4.08	1400	8.71	60	0.20	2.20	8.71	11	1.88	52.26
外扩大孔	12	90	1.45	1.04	0.885	4.16	1400	7.38	60	0.20	2.00	7.92	10	2.16	95.04
预裂孔	50	40	1.93	0.28		4.30	相当线密度 180g/m		16	0.20+空0.16	2.00+空1.44	0.61	10	0.86	30.50

钻孔阶段的堵漏工作由北京水利水电科学研究院岩土所承担,所用堵漏的工具和材料效果良好。在40m水头的贯穿孔时,炮孔向外汹涌喷水,北京水利水电科学研究院施工人员将塞杆奋力插入孔内,随即拧紧止水螺栓,漏水立即止住。对漏水孔再进行化学灌浆,灌浆几个小时后,拔出塞杆,一般不再漏水。有的孔也出现反复,如底部49#预裂孔,钻孔到一定深度后漏水较大,达到42L/min,几次灌浆都没止住漏水,最后在孔内接入软管作为专门的排水孔,在旁边另补打一个新的49#预裂孔。50#预裂孔漏水时进行灌浆止水,灌浆后进行清孔,该孔未能清扫作为废孔处理,在旁边补打一新的50#预裂孔。

当全部钻孔完成以后,每个炮孔再重新用风钻清孔,有的清孔后又漏水,这时必须再补灌浆。直到全部钻孔都达到设计深度的要求,这时有少量孔还有少量漏水,不影响装药,不再进行补灌。

(6)"洞内集渣,控制出流"是一种新的岩塞爆破

由于修建该工程的目的是为水厂供水,岩塞爆破后的岩渣处理,也是整个工程的关键。在岩塞设计时,岩塞爆破后的岩渣处理对全泄渣、关门泄渣、堵洞泄渣、堵洞集渣和"泄渣—关门—门后清渣"五种方案进行了设计研究和科学试验,最后选定"泄渣—关门—门后清渣"的方案。该方案充分利用该隧洞长度大的特点,岩塞爆破后渣石泄过闸门井以后,适时关闭平板检修闸门,使渣石聚集在闸门井后的隧洞内,再用人工清理渣石。

九松山岩塞爆破于1994年10月27日15时给岩塞装药,于28日10时28分38秒合闸起爆。水库水面上岩塞口上方插着小红旗的浮标的北边缓缓冒起一圈接一圈波纹逐渐扩大,中间有浑水冒出。

在岩塞炮响的同时,进、出口同时冒出猛烈的气浪,烟尘浓密,闸门井、闸房门口附近和支洞出口前交通桥上,有高速气流冲来,爆破8s后石渣过闸门槽的撞击声从电喇叭中传出。22s时闸门井中连续两声巨响,吊挂闸门的钢丝绳猛烈晃动,可能是气浪冲击也可能是石块碰撞闸门。岩塞爆破35s后,指挥部下令开始下落进、出口闸门。进口闸报告,情况异常闸门放不下去;出口报告,气浪很大。指挥部下令,进口闸采取第二种方案,松开抱闸,手动下闸门,出口继续关闸门。爆破58s后,石渣已全部通过闸门井。1min30s,进口闸门开始手动松闸落门,2min25s时进口闸关到底。4min33s水到出口,此时出口弧门已关到只剩66cm开度,到5min25s时出口4个小排气阀全部关闭。6min35s时出口闸门关到只有3.5cm开度,出流水量不足0.5m³个流量,下游平安无事,指挥部宣布"岩塞准时爆通,洞内集渣,控制出流"的设计目标实现。

九松山岩塞爆破时隧洞内泄渣而不集渣,解决了施工困难的问题,减少了工程量,运行上也安全可靠,关门而不敞泄,使岩塞爆破后石渣水流运动得到了很好的控制,有

利于进、出口的水工设施和整个隧洞工程的保护,解决了下游淹没损失问题,即控制了岩塞爆破的危害性影响。对于今后愈来愈多地在现有水库、湖泊内取水,在采用岩塞爆破方式修建进水口时,当隧洞出口往往是农田、村镇,或离河道有较远距离时,采用"洞内集渣,控制出流"的方案,其优点是显而易见的。

(7)岩塞爆破施工中的创新

1)岩塞爆破后的岩渣处理采用"洞内集渣、控制出流"的岩渣处理技术,在国内外是一项新技术。它突破了国内外已往处理岩渣的集渣方式和泄渣方式的模式,岩塞爆破后以 $1m^3/s$ 的小流量,将爆破岩渣经下游河道排入潮河,而成为岩塞爆破岩渣处理的第三种方式。

2)岩塞炮孔在钻孔时角度、方向控制得好,爆破出的岩塞口形状非常标准,完全按预裂孔的方向,形成一个完整的截锥形喇叭口。爆破出来的岩塞轮廓既无欠挖,也无超挖,岩塞轮廓围岩完好无损。

3)岩渣破碎,隧洞磨损轻微。岩塞体为片麻岩,比较坚硬,而爆破后的岩渣,小于 5cm 者达 50%,小于 20cm 者为 77%,岩渣尺寸大于 1.0m 者有三块合计 $0.70m^3$。岩渣块度小,对闸门槽、闸门都无损伤,对隧洞没有有害磨损,使整个岩塞爆破完满,平安实现预定目标。

4)测量精度高。九松山岩塞爆破时,虽然岩塞口地形倾角 60°,岩塞在水深 36m 左右,给地形测量带来很大困难,但施工单位采用多种方式,反复摸测,把测量误差控制在 10cm 内。岩塞体贯穿孔实际孔深与计算值的孔深误差仅 4cm。

5)堵漏效果好。虽然岩塞上水头有 36m,而岩塞厚度仅 4.75m,漏水严重,施工前对岩塞进行了多次灌浆堵漏,在进行炮孔装药时,岩塞掌子面只有岩面上的少量渗流,其漏水总量不过 0.5L/s。

11.2 印江抢险全排孔岩塞爆破

1996 年 9 月 18 日,贵州省印江县峨岭镇发生一起特大型山体滑坡,230 万~240 万 m^3 的滑坡岩体阻断印江河,河水上涨,淹没了距滑坡体上游 4.6km 的朗溪镇,造成特大自然灾害。更为严重的是堰塞湖水位连续上升形成了约 3000 万 m^3 的库容,危及下游城镇安全。

为了防止堰塞体溃决、减缓上游灾情,必须尽快下泄上游洪水,经比较因堰塞体石方量巨大,交通不便,难以开挖泄洪槽,决定采用开凿泄洪洞方案。选择河流左岸布置一条断面为 7m×7m、长 717m、纵坡 0.5% 的城门洞型的泄洪洞。隧洞进水口位于滑坡体上游 250m 处的凹岸河湾地带,进水口采用岩塞爆破,岩塞直径 6m,实施爆破时岩塞口处于水深 25.52m。

该泄洪洞从 1996 年 11 月 23 日挂口至 1997 年 3 月 20 日开挖至岩塞爆破掌子面,历时 117d,完成钻孔进尺 708.84m,于 1997 年 4 月 1 日 16 时实施岩塞爆破,上游水深 25.52m,爆破后最大下泄流量 338m³/s,达到设计流量,3d 内放空堰塞湖,解除了上、下游险情。

11.2.1 爆破设计

在岩塞爆破设计前对水下地形、地质进行了详细的勘测。对岩塞爆破地表开口直径的 3～5 倍的水下测图范围,进行了仔细的查勘,并要求测图比例为 1：100、测点间距 0.5m。为保证测图的精度,水下测图至少进行了两次,两次测量误差都满足精度要求。同时,为了解覆盖层厚度、薄弱岩石的分界及岩石的物理性能,在岩塞面布置 3 个探孔检测岩塞实际厚度,并进行压水试验和声波试验。

(1)爆破方案的选定

岩塞体位于灰岩地层,岩石节理裂隙发育,风化严重,如果采用洞室爆破方案,在开挖导洞、药室时将产生大量漏水,处理十分困难,难以保证施工安全,因此采用全排孔爆破方案。

(2)岩塞体形状及尺寸

为满足过流条件和保证施工安全,岩塞布置成截头圆锥体。岩塞底部开口直径 $D=6.0$m,岩塞中心基岩厚 $H=6.5$m,岩塞体上部覆盖层厚 3.0m,岩塞厚度比 $H/D=1.08$。岩塞中心线与水平线夹角 30°,岩塞体倾角 60°。岩塞基岩体积为 432m³,覆盖层体积 289m³。岩塞中心线与主爆孔、预裂孔布置如图 1-8 所示。

(3)炮孔布置及装药量计算

在岩塞中心布置一个中心空孔,为掏槽孔爆破提供临空面,孔径为 107mm。距离岩塞中心线 0.3m 的圆周上,平行中心线布置 4 个垂直掏槽孔,孔径为 107mm。距岩塞掌子面中心 0.8m、1.6m、2.6m 的圆周上布置 3 圈 40 个主爆孔,主爆孔深 5.4～6m,呈散射状,孔径为 107mm。为了有效控制爆破成形,并减少爆破对围岩的振动影响,沿岩塞周边布置一圈预裂孔一共 60 个,呈散射状,孔径为 50mm。钻孔深度均控制距上游岩石面 0.8～1.2m,炮孔位置如图 11-1 和图 11-2 所示。

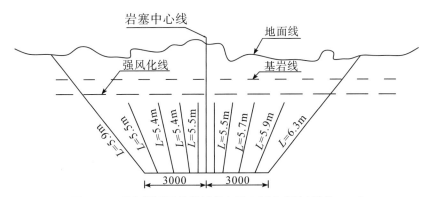

图 11-1 岩塞掌子面呈散射状布置 3 圈主爆孔(单位:mm)

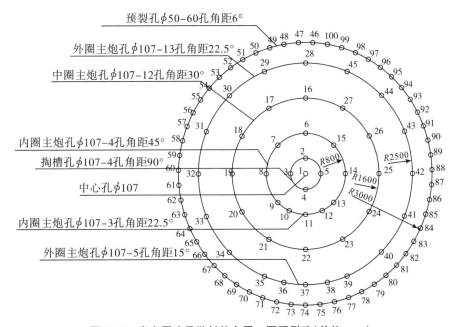

图 11-2 岩塞周边呈散射状布置一圈预裂孔(单位:mm)

根据岩性和工程类比,经计算确定爆破参数,岩塞爆破的单位耗药量选为 $K = 2.33 \text{kg/m}^3$,总装药量 1079kg。采用毫秒电雷管微差爆破,其最大单响药量为 504kg。

爆破网路设计:岩塞采用毫秒微差爆破,其最大单响药量为 504kg。爆破网路为复式"并—串—并"电爆网路,起爆电源为 380V 动力线,其起爆次序为:预裂孔→掏槽孔→内圈主爆孔→中圈主爆孔→外圈主爆孔。电爆网路如图 4-3 所示。

在岩塞炮孔装药完成后,由专人进行爆破网路的连接、检查,并验收网路电阻。当起爆报告批准后,进行网路总电阻和电源电压的量测,正常则合闸起爆。印江岩塞爆破网路电阻值对照如表 11-2 所示。

表 11-2　　　　　　　　　　　印江岩塞爆破网路电阻值对照　　　　　　　　　　　（单位：Ω）

项目	设计值	试验值	施工实测值
一段支路	8.30	8.40	8.60
三段支路	8.30	8.50	8.40
六段(一)支路	8.30	8.50	8.30
六段(二)支路	8.30	8.70	8.40
八段(一)支路	8.30	8.40	8.20
八段(二)支路	8.30	8.40	8.20
十段(一)支路	8.30	8.40	8.30
十段(二)支路	8.30	8.40	8.40
十段(三)支路	8.30	8.40	8.20
全线路电阻	1.30	1.25	1.25

用岩塞爆破技术处理堰塞湖，其目的是将湖中的水放空，无其他特殊要求，岩塞爆破采用直接排渣方案，不设置缓冲坑。

11.2.2　岩塞爆破施工

（1）岩塞尾部 5m 段施工

为减轻隧洞开挖对岩塞体及周边围岩受爆破振动影响，在距离岩塞掌子面 5m 内的隧洞开挖分两段进行钻爆施工，尾段隧洞采用短进尺，光面爆破法施工。并严格控制药量，施工中控制最大单响药量不大于 10kg。岩塞底部掌子面不能出现较大的超挖，超挖达到 0.7～1.0m 时，应对掌子面进行修补平整。

（2）测量放样

岩塞体呈截头圆锥体，岩塞除中心空孔和掏槽孔平行布置外，其余炮孔布置呈散射状，炮孔的空间角度不一样，主爆孔和预裂孔各有一个聚焦点。为使钻孔方便快捷，钻孔前用全站仪对两个聚焦点进行放样，并通过这两点对岩塞掌子面上各炮孔孔位进行放样。炮孔孔位用醒目油漆标示，聚焦点埋设固定桩。钻孔时在岩塞掌子面的孔位点和聚焦点之间拉方向线，指导多臂凿岩台车臂架调整角度。每个炮孔的角度调整时间平均为 7min。

（3）钻孔

印江岩塞采用一台日本古河多臂凿岩台车钻孔。岩塞的探测贯穿孔、超前灌浆孔、预裂孔均采用直径 46mm 的合金钻头钻直径 50mm 的孔，主爆孔采用直径 102mm 的合金钻头钻直径 107mm 的孔。钻孔顺序为先造贯穿孔和超前灌浆孔，再进行预裂孔和主爆孔(含空孔、掏槽孔)的钻孔,主爆孔钻孔时先造直径 50mm 的主爆孔探孔,再进行主爆孔的扩孔。根据贯穿孔的灌浆效果和同类工程"小孔易灌"的经验,改变了同类工程的钻孔方式即"打到出水就灌浆",岩塞的超前灌浆孔、预裂孔、主爆孔、贯穿探孔均采用了一次钻孔到设计深度的钻孔方法,这样不仅减少了扫孔和灌浆损耗,又加快了施工进度。岩塞钻孔和灌浆、扫孔和停电占用时间,钻孔实际施工时间共 9 个台班,完成进尺 1081.31m。

(4)灌浆止漏

岩塞大面积漏水时采用水泥灌浆,钻孔漏水量大于 $0.3m^3/h$,采用丙凝或聚氨酯灌浆。钻孔时漏水量小于 $0.3m^3/h$,采用水泥水玻璃浆液灌浆。灌浆压力大于孔内水压,为 $0.3\sim0.5MPa$。由于岩塞岩体风化严重,节理裂隙发育,导致设计布置的超前灌浆孔灌浆后无法形成封闭,造成主爆孔 80% 的孔漏水。为了使在主爆孔周围形成有效的隔水层,施工中在主爆孔位置先造小直径的主爆孔探孔,利用主爆孔探孔进行灌浆封闭,待浆液凝结后,再进行主爆孔扩孔,该方法获得成功。钻孔灌浆施工中,采取由少量漏水部位向漏水大的部位逐步推进的措施,有利于岩塞排水和减少重复施灌,也收到了好的效果。同时,有 3 个主爆孔在扩孔时,由于灌浆凝结时间不够,造成主爆孔满孔射流,水压在达到 0.2MPa,射流量 $0.6\sim0.8m^3/min$。在多臂凿岩台车的协助下,对这 3 个孔又进行水泥灌浆及化学灌浆后,渗水量小于 $0.3m^3/h$。

11.2.3 爆破器材的加工制作

(1)电雷管及加工要求

对电雷管先进行外观检查,雷管、脚线有无破损和压伤,对外观检查合格的电雷管进行电阻测定分组,选择电阻读数相同的一组雷管用于正式爆破(选择 $R=2.0\Omega$)。电雷管与加工好的端线连接测试电阻合格后,对电雷管做防水处理。加工好的电雷管按支路分好,端线进行短路,并妥善保存,勿混段。各正、副分支的端线总长及各支路支线长均加工成等长,以利各支路电阻平衡。为便于施工操作及检查,正、副分支利用端线的两种颜色来区分,支线两头编号。

(2)装药结构与加工

掏槽孔、主爆孔采用连续装药,正向起爆,药卷直径为 90mm,根据各炮孔的装药量及装药长度,将每个炮孔的药包用细绳连续捆扎在竹片上,加工成一整条药串。为了保证炸药传爆完全,各炮孔药包均增加两根并联的导爆索。预裂孔采用连续装药,导爆索传爆,预裂孔药卷直径为 25mm,药卷也用竹片连接成一整条,孔内 3 根并联导爆索传爆,孔外 2 根导爆索接雷管起爆。主爆孔、掏槽孔药包防水捆扎前作,预裂孔药包防水捆扎后作。加工好的药包分类存放,由专人看守。

(3)装药、网路连接及起爆

岩塞装药前先搭设装药平台,平台搭好检查合格后,炮工对每个炮孔进行一次全面检查(孔内有无岩渣、孔深、渗水等),并进行岩塞近区域杂散电流检测。主爆孔、掏槽孔的起爆药包设在孔口2~4节药卷处,每孔设置两个起爆药包。对有渗水的炮孔,当药包装入炮孔后在药包底部放入一根1.0cm的塑料管排水,先用稻草堵塞10cm后,再用炮泥封堵50~70cm。装药完成后由专人进行网路的连接、检查,并验收网路电阻。起爆报告批准后,进行网路总电阻和电源电压的量测,当总电阻和电源电压正常合闸起爆。

(4)岩塞装药量的计算

印江岩塞爆破采用全排孔爆破施工时,可以将岩塞顶部视为受钻孔底部预留岩体、覆盖层和水体的共同夹制孔作用,则岩塞爆破的边界条件与隧洞钻孔开挖的边界条件极为相似。其不同之处在于隧洞钻孔开挖的钻孔底部受整体基岩夹制,夹制作用要大些。把与岩塞地层相同的隧洞钻爆开挖的实际松动爆破单位耗药量 $K_{洞松}$ 乘上炸药浸水后爆炸能力下降的补偿系数 $a=1.2\sim1.3$,作为岩塞爆破的单位耗药量 $K=a\cdot K_{洞松}$,爆破体积只计岩石体积 $V=V_{岩石}$。采用这种办法来计算岩塞爆破装药量,能充分反映地质条件与爆破作用的关系,有效地控制爆破石渣的破碎效果,同其他计算方法相比总的单位耗药量不会增加。印江岩塞工程实际总装药量 1281.74kg,主爆孔装药量1095.5kg,预裂孔装药量 186.24kg。爆破岩石体积 432m³,覆盖层体积 280m³。爆破岩石单位耗药量为 2.54kg/m³(未含预裂孔)。采用上述办法计算:

$$K=a\cdot K_{洞松}=2.4\sim2.6(kg/m^3)$$

$$Q=K\cdot V_{岩石}=1036.8\sim1123.2kg$$

式中:$K_{洞松}$——实际松动爆破单位耗药量,$K_{洞松}=2.0kg/m^3$;

$V_{岩石}$——岩石爆破体积。

11.2.4 爆破效果

印江抢险工程左岸泄洪洞水下岩塞爆破中,工程实施中采用了多臂凿岩台车和乳化炸药,多臂凿岩台车在钻孔中机械化程度高,炮孔精度控制好,为岩塞爆破钻孔提供了安全快速施工的保证,乳化炸药采用极易操作的黄油法防水,在水深30m中浸泡时间不超过48h,经试验其各项指标满足工程要求。本次岩塞爆破准备时间仅7d,从装药到起爆的时间仅14h,与国内外其他类似工程相比,大大缩短施工时间。

该工程有3个创新点:

1)贵州省印江县岩口大滑坡形成堰塞湖,堰塞湖泄洪洞采用岩塞爆破方案,是国内首例在泄洪洞采用岩塞爆破方案的堰塞湖。

2)印江堰塞湖岩塞爆破中，岩塞上部开口直径 12.06m，岩塞底部直径为 6.0m。这是国内首例直径为 6.0m 采用全钻孔爆破技术的岩塞，使岩塞爆破技术取得长足进步。

3)在岩塞炮孔钻孔施工中，采用了多臂凿岩台车进行钻孔，多臂凿岩台车在钻孔中机械化程度高，炮孔精度控制好，为岩塞爆破提供了安全快速施工的保证。

11.3　汾河水库排淤洞岩塞爆破

山西省最大的水库——汾河水库，是一座多年调节的大型水利枢纽工程。建库 30 多年来，由于水库位置重要而防洪标准偏低，仅达 300 年一遇洪水，加之历年淤积严重，被中央列为全国首批 43 座病险库之一。为了提高水库防洪标准，保障下游太原市的安全，水利部批准在水库右岸增建一条内径 8m 的泄洪隧洞，设计最大泄流量 785m³/s，使水库防洪标准达 2 年一遇，并可多洞蓄近 10m³ 水量。初设方案的施工为岩坎加混凝土围堰挡水方案。施工过程中要求水库降低水位运行，直接影响水库效益，且工程量大，总工期延长。经技术与经济比较，将岩坎改为岩塞爆破方案，岩塞进口段平面布置如图 11-3 所示，岩塞爆破在技术上是可行的，经济上是节省的。岩塞与岩坎方案相比，岩塞方案节省工程直接费 186 万元，加上水库蓄水效益，其综合效益为 1512.3 万元。由中岩塞在水深 24m 处，泄洪隧洞进口基岩上有 18m 厚淤积层，水库大坝为水中填土均质坝，坝体土干容重较低（$r_d=1.45g/cm^3$），岩塞爆破中心距大坝坡脚最近距离只有 125m。水库又地处太原市上游，岩塞爆破对汾河水库大坝的安全影响也是至关重要的问题。

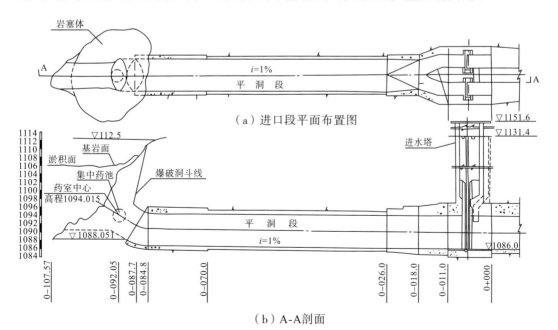

（a）进口段平面布置图

（b）A-A剖面

图 11-3　进口段平面布置图及 A-A 剖面(高程:m)

(1)设计原则和要求

1)汾河水库泄洪洞进水口岩塞爆破时,岩塞上有较厚的淤积物覆盖,在国内岩塞爆破中尚无先例,设计必须考虑淤泥的影响,做到一次爆通成型,进水口体型和尺寸满足水流流态和泄流量的要求。

2)岩塞进水口常年处于深水下运行,爆破后一般情况下洞脸不能再进行混凝土衬砌和相应的加固工作。因此,要求岩塞爆破后进水口周边的围岩应有一定的完整性和稳定性。

3)岩塞爆破位置距土坝边坡坡脚只有 125m,水库大坝为水中填土均质坝,坝体土干容重较低($r_d=1.45\text{g/cm}^3$),爆破时必须确保大坝等周围建筑物的安全。

4)岩塞设计方案中的技术问题,要通过室内水工模型试验,现场模拟爆破试验来解决。要做到设计数据有依据,技术措施落实到位,施工措施要完善。

5)设计中常将岩塞体预留一定的岩体厚度(覆盖层厚度不计),以便使岩塞体与其周边岩石有足够的抗剪强度来抵抗库水压力和岩塞体自重而产生的下滑力。汾河水库岩塞厚度应满足岩塞体在高水头及淤泥作用下的稳定。

6)岩塞采用泄渣方式的设计方案时,要适当考虑炮孔布置密度,用炮孔来控制爆破后岩渣的粒径,减轻粒径对洞内衬砌混凝土的撞击和磨损。

7)当采用泄渣方案时,岩塞瞬时爆破要求泄渣顺畅下泄,绝不允许发生堵洞事故。因此,对在岩塞底部是否设置缓冲坑应进行充分论证。

(2)岩塞形状的确定

汾河水库泄洪洞进水口岩塞形状为截头圆锥体,隧洞衬砌后的直径为 8.0m,选定岩塞底部开口直径 8.0m,顶部开口直径为 29.8m,岩塞厚度 9.05m,岩塞厚度与内口直径比为 1.13,岩塞中心线与水平线夹角为 30°,岩塞体倾角为 60°。施工中下半部超挖最深处达 2.7m,后用浆砌石衬砌修补平整,使岩塞体下半部直立于隧洞底平面,岩塞实际体积为 1743.5m³。岩塞体底高程为 1088.051m,岩塞爆破时的水位为 1112.02m,实际爆心处淤泥厚 12m,水深 18m。岩塞中心线剖面如图 1-5 所示。

采用排孔、药室方案,总装药量 2799kg,毫秒延时电雷管复式网路,设主、副两条网路系统。

(3)钻孔与药室开挖

钻孔的关键为准确控制孔位和方向,制作样板架固定在设计的标准岩面上,并将预裂孔及上部的内外扩大孔按设计要求点画在样板架上,遂孔定位放样,制作钻杆承托架来控制,承托架可上下升降和左右移动、水平调整,准确控制钻孔角度。施工中实施的岩塞钻孔爆破特性如表 11-3 所示。岩塞爆破集中药包与排孔布置如

图 3-3 所示。

表 11-3　　　　　　　　　岩塞钻孔爆破特性

项目	药室	扩大孔			预裂孔		渠底孔	合计
		上内扩孔	下内扩孔	外扩孔	装药孔	空孔		
钻孔直径/mm		50	90	50	42	42	90	
孔数/个	1	8	11	16	28	29	15	108
平均孔深/m		5.00	8.56	5.00	4.50	4.50	15.57	
钻孔长度/m		40.0	94.2	80.0	126.0	130.5	233.5	704.2
每孔药量/(kg/孔)		5.64	36.60	5.64	1.90		68.42	
药量/kg	1291.00	45.12	402.60	90.24	53.28		1026.40	2908.64
岩塞爆破量/m³								1743.5

注:岩塞爆破采用水胶炸药(型号 SHJ-K$_1$),药室单个药包尺寸为 20cm×30cm×30cm。要求密度 1.2g/cm³。防水要求在水下 15m 浸泡 72h 后,用 8 号雷管可引爆。

岩塞爆破的药室断面尺寸为 1.0m×1.0m×1.3m(长×宽×高),药室导洞开口处在岩塞面的顶部,与水平面的夹角为 15°,断面尺寸为 0.8m×1.0m(宽×高)。导洞开挖采用一次钻进,先预裂、短进尺(每次 0.5m)分段爆破的开挖方法,均采用 15°钻杆承托架辅助手风钻钻孔,中间导向掏槽孔采用潜孔钻钻孔。药室开挖时钻具受导洞高度的限制,只能造斜孔,且无法周边预裂,采用小药量、短进尺开挖方案。

(4)爆破器材试验

为了确保岩塞爆破成功,爆破器材必须进行试验。采用 SHJ-K$_1$ 型水胶炸药,厂家现场进行炸药密度、殉爆距离、爆速、猛度、爆力的试验,对 1~5 段 8 号毫秒延期电雷管,采用 BQ-2 型爆破器材参数综合测试仪,进行电阻值、延时值、最高安全电流、最低准爆电流测试;取 50m 导爆索,一端使用 8 号电雷管作引爆试验,经起爆试验全部合格。

(5)装药与堵塞

药室采用人工装药,装药的同时制作起爆体,起爆体设计两条起爆网路,各起爆 12 发 2 段雷管,雷管束与电缆线的接头进行防水处理。为了增加起爆体起爆能量,在起爆体木箱中放入一定长度的导爆索,将装满炸药的起爆体木箱捆绑牢固,药室炸药装到一半时放入起爆体,保护好穿电缆的管道,装完炸药后用 5cm 木板隔离,铺两层 3cm 厚的石棉被,再用 20cm 黏土堵塞,随后在导洞内填碎石,用回填灌浆封堵导洞。

汾河水库岩塞爆破为并、串、并毫秒延时复式电爆网路,即孔内并联电雷管,孔外各孔串联成分支线路,并设主、副两条网路,最后各分支线路并联于主线,主线经闸刀开关与电源线相接,形成一个完整的电爆网路,网路共有 8 条支线,4 个段数(即 1、2、4、5 段,中间跳过 3 段)电雷管引爆。

(6)爆破效果

起爆前量测主线电阻值,在起爆开关处测得电阻值为 2Ω,网路正常,岩塞准时起爆。起爆后在爆心的前上方距岸约 30m 水面处涌起一个高 6~7m 的水鼓包,紧接着在距岸约 20m 处又涌起一个泥鼓包,泥鼓包轮廓清晰,高 4~5m。随着爆破声响,黄黑色气浪由井口喷出,起爆约 1min27s 后黑水夹着石渣冲出洞口,3min 左右全洞满流,4~8min 出流最大,平均流速为 11.9m/s,8min 开始关闭进口闸门,15min 闸门全关闭。汾河水库岩塞爆破有以下两个创新点:

1)汾河水库泄洪隧洞进水口岩塞爆破设计科学合理,成功地解决了有较厚淤积物覆盖的水下岩塞爆破技术问题,为多淤泥水库改建工程进行岩塞爆破积累了经验。

2)汾河水库岩塞爆破是首次采用药室和排孔相结合的爆破工艺,使国内岩塞爆破方法增加了新的创意。

11.4 响洪甸水库抽水蓄能进口岩塞爆破

响洪甸抽水蓄能水电站位于安徽省金寨县境内,是国内第一座采用水下岩塞爆破形成进水口的抽水蓄能工程。水下岩塞爆破形成的进水口位于大坝上游 210m 处,岩塞中心高程 90m,水库正常蓄水位 125m,爆破时岩塞上部水头 26m,水下岩体边坡坡度 40°~50°,覆盖层厚为 1~2m,火山角砾岩,局部为溶结凝灰岩和粗面岩,岩石强度较高,透水较严重。

岩塞体为倒圆锥台体,上口直径 12.6m,下口直径 9m,岩塞体中心厚度 11.5m,左侧最大厚度为 13m,右侧最小厚度为 9m,岩塞爆破岩体方量 1350m³。岩塞爆破采取双层药室与排孔相结合的爆破方案,岩塞体内设置两层 3 个药室、135 个排孔,其中主爆孔 59 个,炮孔直径 80mm,预裂孔 76 个,炮孔直径 60mm,最大钻孔深度为 9.87m,一般钻孔深度为 8m 左右,总装药量 1958.42kg。上层 1 号药室装药量 285kg、2 号药室装药量 329.8kg(药室尺寸:长×宽×高=1.0m×1.0m×1.2m)、中部 3 号药室装药量 168.5kg(药室尺寸:长×宽×高=0.8m×0.8m×1.0m)。采用电磁雷管毫秒延时网路,分正、副两条起爆网路。响洪甸岩塞爆破纵剖面如图 11-4 所示。

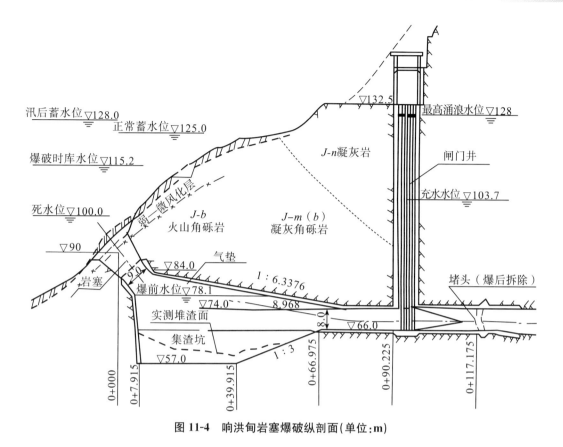

图 11-4　响洪甸岩塞爆破纵剖面(单位:m)

（1）钻孔及药室开挖施工

药室主导洞断面为 0.8m×1.0m，中导洞为斜洞，断面为 0.8m×0.8m(宽×高)。药室导洞采取先打中空孔，再进行周边孔分段预裂，然后采用短进尺、小药量、多循环的分段松动爆破方案，药室开挖时，先进行掏槽孔爆破，然后以小药量、短进尺扩挖，人工修整成型。

岩塞部位的钻孔施工时，在岩塞底部分层搭设施工平台，用地质钻机钻孔。以带刻度盘和指针的高精度旋转样架随时校正钻杆，确保钻孔角度。钻孔岩层出现漏水时，停钻灌浆堵漏处理，凝固后再扫孔继续钻进，直至完成全孔钻进。

（2）装药

药室装药时，清除药室积水后用塑料布封闭药室，将炸药垒在塑料布中，起爆体放在药包的中部，雷管脚线从药室引到导洞，穿入 PVC 管中进行保护，炸药装完后扎紧塑料袋口，用木板封闭药室口，并贴两层石棉隔热层，随后用黏土封堵药室，封堵长度 1m，在导洞内回填二级配骨料。为保证钻孔装药的质量与安全，采用 PVC 管装药，管子两端以用橡胶塞塞紧，将导爆索和雷管脚线引出后用防水胶布扎牢管子端头，然后将装好炸药的 PVC 药管推入炮孔中。

岩塞爆破采用正、副两条起爆网路,母线用 1 根 3×7/1.04BV300/500V 三芯铜电缆从闸门井引入集渣坑顶部至岩塞体,当电磁雷管导通检查无误后,将两根引爆主线自上而下呈"之"字形分别穿过正、副网路电磁雷管的磁环,最后将正、副两条网路的主线连接到母线上,测得两条母线电阻分别为 1.5Ω、1.6Ω,均小于准爆值 5Ω。

(3)气垫技术

岩塞内进行密封,采用高水位充水,在岩塞内部形成一个有压力的缓冲气垫,起到一个弹性的缓冲作用,以有效减弱岩塞爆破时的冲击波。充水过程中,随着闸门井水位的上升,岩塞后部,集渣坑上部的气垫室体积压缩,压力升高。当闸门井充水位达到 103.73m 高程时,相应的集渣坑水位达到 78.10m,气垫体积 1197m³,然后启动 20m³ 空压机通过预埋在洞顶部混凝土内的 ϕ50mm 钢管向气垫室内补气,形成 0.26MPa 压力气垫。

(4)爆破效果

1999 年 8 月 1 日上午 10 时起爆,水库水面传出沉闷巨响,进水口上方水面鼓起蘑菇状的浪涛,闸门井不断涌出气体。岩塞爆破后进行水下摄像观察检查,岩塞周边半孔留痕普遍清晰可见,成型好,闸门井门槽及底板没有石渣,只有几厘米厚泥沙,爆破石渣全部落入集渣坑内,集渣坑内堆渣曲线平缓。该工程有若干创新点:

1)该岩塞爆破是我国第一例抽水蓄能电站取水口岩塞爆破工程。

2)爆破前在隧洞闸门井后用球壳型混凝土拱做堵头,放下闸门。然后用 7 台水泵从湖中抽水从闸门井往集渣坑充水至库水面下 11m 高程,从而使岩塞底部形成封闭的气体空腔,并用空压机通过预埋于集渣坑顶部的钢管向封闭的气室内充气,气室内形成 0.26MPa 的气垫,形成 0.26MPa 的气垫应保持 30min 以上,然后爆破。这种封闭式气垫水下岩塞爆破法,可以减轻爆破冲击波和动水压力的负面影响,使爆渣较平缓的堆积在集渣坑中,有利于后期电站运行时,集渣坑内石渣的稳定。

3)首次在岩塞爆破网路中采用电磁雷管起爆系统,简化了起爆网路的设计,电磁雷管能在装好的药筒中进行通电检查,提高了爆破的起爆准确性。同时,保证了施工和作业安全,创造了水下岩塞爆破的新鲜经验。

4)首次在岩塞爆破集渣坑采用斜坡式集渣坑,改变了国内岩塞爆破的靴形、长方形集渣坑施工过程中运渣和开挖难度,斜坡式集渣坑施工时设备能进入坑内,加快开挖、运输速度,使开挖难度降低,工期有效缩短。

11.5 塘寨火电厂引水系统进口双岩塞爆破

贵州华电塘寨火电厂竖井加平洞取水方案,布置两条平行平洞,平洞施工采用预留岩塞挡水,待平洞内施工完成后,同时爆破两个岩塞,实现取水目的。取水洞设计断面为城门洞形,1#、2#洞在同一高程,并相互平行与连通洞垂直相交布置,长30m,开挖断面为3.5m×4m的城门洞形,轴线间距11m。岩塞爆破集渣坑布设于取水隧洞底部,相应的集渣坑尺寸为长×宽×深=3.5m×20m×3.5m,布设于取水隧洞桩号引0+27.0~38.0,集渣坑底部高程812.6m,洞室顶部高程819.17m。岩塞体为圆台形,外大内小,外口直径大于6.0m,内口直径3.5m,岩塞轴线水平线呈上倾30°。工程地质钻探显示,岩石为深灰色灰岩,裂隙溶槽发育,充填方解石及泥质,取水口区域库区水面宽阔。库区死水位822m,正常水位837m,每日水位涨落不规则。

1#岩塞轴线与水平线的夹角为30°时,其内口直径为3.5m,外口直径6.17m,岩塞上沿厚度3.63m,下沿厚度4.56m,岩塞平均厚度4.095m,岩塞爆破方量81m³。岩塞厚度与直径比值为1.17。

2#岩塞轴线与水平线的夹角为30°时,其内口直径为3.5m,外口直径6.02m,岩塞上沿厚度3.97m,下沿厚度4.31m,岩塞平均厚度4.14m,岩塞爆破方量82m³。岩塞厚度与直径比值为1.18。

为了保证岩塞爆破施工的安全,需对岩塞口周围的围岩进行锚杆支护,同时对岩塞口周边进行固结灌浆处理,达到对破碎围岩的加固和防渗的目的。锚杆超前支护,其孔深入基岩3~6m,间距1.5m,排距2.0m,梅花形布设。超前固结灌浆孔,其孔深入基岩3.0m,间距1.5m,排距2.0m,梅花形布设。

塘寨取水工程岩塞爆破选择大孔径排孔爆破方式,爆破孔采用直径100mm的YQ100B型潜孔钻机,岩塞周边预裂孔采用YT-28风钻钻孔径40mm的孔。因此其孔位布置原则不同于一般隧洞开挖的孔位布置原则。

深孔集成药室孔位布置:在直径为1.0m的区域内共布置12个炮孔,其中在半径0.25m圆周上布置4个孔,每90°布置1个孔,在半径0.5m圆周上布置8个孔,每45°布置1个孔,孔底与迎水面距离为0.8m;辅助炮孔共布置12个孔,在半径1.25m圆周上每30°布置1个孔,孔底与迎水面距离为0.8m;第四圈为预裂爆破轮廓孔,共布置36个孔,在半径1.75m圆周上每10°布置1个孔,孔底与迎水面距离为0.5m。1#、2#岩塞的布置基本相同,由于迎水面地形的差异,在相同的布孔原则下,2个岩塞的孔深会有细微差异。为了保证掏槽爆破的效果,在岩塞中心部位布置1个空孔,空孔与迎水面的距离按0.5m控制。

预裂孔爆破参数：为了减少爆破振动对围岩的破坏，控制取水口成型断面，在岩塞设计轮廓上布置一排预裂孔，预裂孔使用 $\phi32mm$ 药卷，采用不耦合装药结构，线装药密度为 $250\sim300g/m$，单孔装药长度为 300cm，装药量为 1.5kg，共计布孔 36 个，总装药量 54kg。1#、2# 岩塞体装药量如表 11-4 所示。

表 11-4   1#、2# 岩塞体装药量

岩塞编号	孔号及排数	孔数/个	孔间距/m	孔深/m	角度/°	单孔装药量/kg	延迟时间/ms	堵塞长度/m
1# 岩塞	Y0-Y35	36	0.31	4.04	13.80~47.70	1.500	0	0.5
	F0-F11	12	0.58	3.67	18.50~43.10	11.214	173	1.0
	T0-T11	12	0.35~0.38	3.58	25.85~35.75	10.836	98、108	1.0
	总药量					318.600		
2# 岩塞	Y0-Y35	36	0.31	3.79	13.80~47.70	1.500	0	0.5
	F0-F11	12	0.58	3.45	18.50~43.10	10.290	173	1.0
	T0-T11	12	0.35~0.38	3.53	255.85~35.75	10.626	98、108	1.0
	总药量					305.000		

数码电子雷管起爆系统：数码电子雷管是一种先进的起爆系统，在国内多个重点工程中进行应用，并取得良好的爆破与减震效果。数码电子雷管的延期时间可以任意设置，而且精度较高，雷管的正负误差能控制在 $1\sim2ms$ 以内。数码电子雷管的精度在一定程度上克服了传统非电起爆雷管大误差带来困境，数码电子雷管也具有一定的抗水能力，因此这次双岩塞爆破采用数码电子雷管。

双岩塞爆破数码电子雷管起爆方案，起爆顺序为周边预裂孔首先起爆，使岩塞周边形成预裂缝，然后中间掏槽排孔起爆，达到岩塞中间贯通，辅助爆破孔最后起爆使岩塞体爆通成型。爆破时每个孔内均装两发电子雷管，预裂孔使用导爆索作起爆体，用双发电子雷管联网。岩塞爆破分为 4 段起爆，其中预裂孔为 1 段，掏槽孔分为 2 段，辅助爆破孔分为 1 段。1# 岩塞爆破起爆网路如图 4-3 所示。

双岩塞爆破时各取的起爆时间如下：预裂孔 0ms，掏槽孔 98ms、108ms，辅助爆破孔 173ms。

1#、2# 岩塞体爆破钻孔参数、爆破参数和起爆网路相同，为了减小岩塞爆破振动效应，1# 岩塞比 2# 岩塞滞后 250ms 起爆，同时为了保证爆破安全，起爆用一台起爆器同时击发起爆。

双岩塞爆破的爆破器材消耗量为：数码电子雷管 144 发、导爆索 500m、炸药 650kg。双岩塞于 2011 年 8 月 31 日爆破成功。该工程有多个创新点：

1）该工程是我国第一个取水口双岩塞爆破工程。

2）首次在岩塞爆破中采用数码电子雷管起爆系统,简化了起爆网路设计,保证了装药施工和爆破作业安全,提供了水下岩塞爆破的新经验。

11.6　长甸电站改造工程岩塞爆破

太平湾发电厂长甸电站改造工程位于辽宁省丹东市宽甸县长甸镇拉古哨村中朝边界的鸭绿江右岸,工程是在原长甸电站的基础上进行改建的。改建工程为引水式电站,引水系统采用一洞二机的布置形式,引水隧洞全长 2127.6m,断面为 10m 直径的圆形隧洞,引水系统由岩塞进水口、事故检修闸门室、引水隧洞、调压井、两条引水支管等组成。改造工程安装 2 台单机 100MW 的机组,总装机容量 200MW。

进水口由岩塞爆破形成,改造工程的进水口底高程为 60.0m,位于水库设计死水位95.0m 以下 35.0m 处,位于水库正常蓄水位 123.3m 以下 63.3m。位于水丰大坝右岸上游约 650m 处,岩塞为圆形,内口直径为 10.0m,岩塞的外口直径 14.4m,岩塞厚度为12.5m,$H/D=1.25$,满足岩塞厚度与岩塞直径之比的安全要求。岩塞采用中间先行开挖 3.5m 直径的小洞,小洞前预留 6.0m 的岩塞厚度,其小岩塞的厚度与岩塞直径之比为 $H/D \approx 2.0$,也满足安全要求。岩塞后布置斜坡式集渣坑,岩塞爆破时集渣坑上部岩塞体下设置气垫,距进水口约 210m 处布置有事故检修闸门室。

进水口岩塞爆破采用全排孔爆破方案,这是国内采用排孔爆破直径最大的岩塞,国内早期对于直径较大的岩塞爆破工程,如国内丰满电站工程、310 电站扩建工程、清河水库取水工程、汾河水库泄洪洞工程、响洪甸抽水蓄能工程、刘家峡水库排淤工程等岩塞爆破工程都采用了药室爆破方案,药室爆破方案的集中药包爆破作用比较明显,相应的计算公式也较多,起爆网路简单,但爆破振动影响较大,进水口形状不容易严格控制,药室开挖时距迎水面较近,施工安全条件较差。随着施工机具的发展,国内岩塞爆破时采用排孔爆破方案的工程增多,如印江岩口抢险工程的 6.0m 的岩塞爆破、塘寨发电取水口双岩塞爆破工程、密云水库九松山进水口岩塞爆破工程都采用全排孔爆破方案。全排孔爆破方案,具有施工安全、机械操作施工方便、药量分散、爆破振动影响小、爆破的岩石块度均匀等特点。同时,施工前可以通过试探钻孔打穿岩塞,准确清楚地了解和确定岩塞体的真实厚度。

11.6.1　全排孔爆破方案要点

由于太平湾发电厂长甸电站改造工程进水口岩塞直径为 10m,厚度达 12.5m,是一个大直径、超厚岩塞。这种岩塞贯通的最大难度在于中心掏槽,在地下隧洞开挖中,隧洞掘进好坏与掏槽孔爆破效果至关重要,当掏槽效果好,则为后续辅助爆孔形成了良好的临空面。为了确保岩塞顺利贯通,设计的预掏槽全排孔爆破方案要点如下:

1)设计上采取在大岩塞的居中部位开挖一个直径为 3.5m、深度为 6.5m 的圆柱形小洞,前方预留 6.0m 厚度的岩塞。该圆柱形小洞在岩塞爆破时起着掏槽作用和形成临空面的作用。

2)这样就在直径为 3.5m 的小隧洞的末端迎水面形成一个直径 3.5m、厚度为 6.0m 的小岩塞。

3)岩塞爆破时,通过爆破网路控制起爆时间,小岩塞采用密孔装药首先爆破与贯通,并形成爆破临空面,为而后大岩塞体从内向外逐层依次按顺序爆破。

4)岩塞周边孔采用光面爆破,并根据周边轮廓面的受力状态,合理调整周边孔的孔距、线装药及起爆顺序。

11.6.2 小岩塞中心掏槽爆破参数

大岩塞掏槽施工完成后,在掏槽的末端形成了一个直径 3.5m、厚度为 6.0m 的小岩塞。这部分岩塞的特点是离水库水位近,产生渗漏水更多,体积小,受到围岩约束大,在爆破时按大单耗集中药量的方式爆破。小岩塞的爆破参数如下:

1)岩塞钻孔直径:钻孔直径采用 ϕ90mm,钻具采用 YQI100B 型潜孔钻机。

2)中心孔布置:小岩塞中心布置一个装药孔,中心孔孔径采用 ϕ90mm 的孔。

3)小岩塞布孔:在岩塞半径为 0.2m 的圆周上,布置 6 个孔,每 60° 布置一个孔,都为空孔(同时,为保证小岩塞揭顶爆通,使中心区域覆盖的岩石能够完全揭顶,空孔孔底可以考虑装 1.0m 的炸药,在中心区形成集中装药,更能确保岩塞揭顶爆通。装药采用 60mm 直径起爆具,空孔与中心孔同时起爆)。

4)在岩塞半径为 0.4m 的圆周上,布置 8 个孔,每 45° 布置一个孔,为掏槽辅助孔。

5)在岩塞半径为 0.9m 的圆周上,布置 8 个孔,每 45° 布置一个孔,为辅助崩落孔。

6)在岩塞半径为 1.75m 的圆周上,布置 15 个孔,每 24° 布置一个孔,为小岩塞外圈崩落孔。

7)孔底要求:炮孔底部距离迎水面垂直距离 1.5m,在保证不漏水的工况下,炮孔底部距离迎水面的距离越小越好。根据后期探孔探测情况调整孔底与迎水面的距离,其孔底垂直距离可在 1.0~1.5m 调整。

小岩塞爆破共布置爆破孔 32 个,钻孔直径为 90mm,采用直径 60mm 的中继爆具。空孔 6 个,钻孔直径为 90mm。

11.6.3 大岩塞爆破参数

在小岩塞爆破完成后,大岩塞爆破孔以小岩塞爆破形成的中导洞为临空面,由内向外依次向临空面爆破。大岩塞爆破共设计四圈爆破孔,自内向外分别为一圈、二圈、三圈、四圈(周边光面爆破孔)。其每圈的爆破参数如下:

1)钻孔要求。大岩塞的钻孔采用 YQI100B 型潜孔钻机或锚索钻机,钻直径为 90mm 的孔。

2)大岩塞布孔要求。在岩塞半径为 2.4m 的圆周上,布置第一圈炮孔,按每 24° 布置一个炮孔,一圈共布置 15 个炮孔。

3)在大岩塞半径为 3.4m 的圆周上,布置第二圈炮孔,按每 15° 布置一个炮孔,二圈共布置 24 个炮孔。

4)在大岩塞半径为 4.4m 的圆周上,布置第三圈炮孔,按每 12° 布置一个炮孔,三圈共布置 30 个炮孔。

5)大岩塞的炮孔都是深孔,其要求在钻孔过程中不要出现较大偏差,孔底与迎水面垂直距离控制在 1.0m 内。

大岩塞上布置的崩落爆破孔共有 69 个,钻孔直径为 90mm,炸药采用直径 60mm 的药卷。

11.6.4 大岩塞周边轮廓孔爆破参数

本次岩塞周边轮廓孔采用光面爆破,从轮廓面的成型效果来说,预装爆破要优于光面爆破,但在这种高水头压力的条件下,岩塞轮廓孔受到的约束较大。类似工程实践表明,预裂爆破在高围压条件下的成缝效果并不理想,对于长甸岩塞,目前尚无法评价围岩对预裂效果的影响,根据岩塞爆破试验情况证明预裂爆破在高水头压力工况下很难达到预期的效果,因此长甸岩塞设计按光面爆破设计。

在岩塞半径为 5.0m 的圆周上布置,每 7.5° 布置一个孔,一圈共布置 48 个孔。孔间间距为 0.65m,轮廓孔与最近的崩落爆破孔最小距离为 0.6m。轮廓孔采用 YQI100B 型潜孔钻机或锚索钻机钻孔,钻孔直径为 90mm。轮廓孔与迎水面的距离按 1.0m 设计。

在大岩塞的一圈、二圈炮孔的圈间间距均为 1.0m,而三圈炮孔与轮廓孔的距离为 0.6m,也主要是为了考虑爆破不能对保留轮面造成破坏。

大岩塞上所有炮孔的开口误差应严格控制在 5cm 内,孔底误差应小于 20cm,孔深误差在不透水条件下应小于 20cm。

11.6.5 装药结构设计

（1）小岩塞装药结构

小岩塞装药采用 ϕ60mm 起爆具装药，ϕ60mm 药卷单节重 1.5kg，单节长度为 0.33m。炮孔孔口堵塞长度为 1.4m，线装药密度为 4.5kg/m，单孔装药量为 16.5kg，小岩塞总装药量为 528kg（如果 6 个空孔底部 1.0m 装药时，小岩塞总装药量为 555kg）。

雷管的位置：数码雷管靠近炮孔孔口的端部，共计 3 发，为正向起爆；孔内的高精雷管装于炮孔孔底，共计 2 发，为反向起爆。

（2）大岩塞装药结构

大岩塞一圈、二圈、三圈崩落炮孔在小岩塞无中导洞的区域均采用装 ϕ60mm 的起爆具装药，其 ϕ60mm 药卷以单节重 1.5kg，药卷单节长 0.33m，在大岩塞有中导洞的区域装药采用 ϕ35mm 起爆具装药。全孔采用连续装药，炮孔的堵塞长度 1.3m 左右。每个单孔装药量为（22.50kg＋6.75kg）＝29.25kg，大岩塞一共 69 个装药爆破孔，其总装药量为 2018.25kg。虽然岩塞爆破总药量大，但是通过采用微差起爆网路，光面爆破的最大单段起爆药量仅为 59.4kg，主爆破孔的最大单段起爆药量仅为 87.75kg，满足一般建基面附近梯段爆破孔最大单段允许起爆药量 300kg 的规定，这样既控制了爆破振动等有害效应对周边保护物的影响，又提高了岩塞爆通的可靠度。

（3）周边轮廓孔装药结构

岩塞周边轮廓孔按光面爆破设计，其主要目的是减小爆破振动和爆破拉裂作用对保留围岩的破坏，控制岩塞成型断面。光面爆破孔装药采用 ϕ35mm 的中继起爆具，其 ϕ35mm 药卷以单节药卷重 0.15kg，单节药卷长 0.15m。采用不耦合装药，线装药密度为 1.16kg/m，炮孔底部 1.0m 加强装药，线装满密度为 2.6kg/m，炮孔孔口堵塞长度为 1.2m。把药卷用双股导爆索均匀绑扎在细竹片上，两根导爆索的底部必须插入药卷中，沿炮孔轴线方向必须和炸药紧贴。

岩塞共有光面爆破孔 48 个，光面孔单孔药量 14.85kg，光面孔总装药量 712.8kg。

岩塞爆破总药量：小岩塞药量＋大岩塞药量＋光爆孔药量＝555kg＋2018.25＋712.8＝3286.05kg。其中：ϕ60mm 起爆具 2107.5kg，ϕ35mm 起爆具 1178.55kg。

11.6.6 起爆网路设计

岩塞起爆网路是爆破成败的关键，因此在起爆网路设计和施工中，必须保证能按设计的起爆顺序、起爆时间安全准爆，且要求网路标准化和规格化，更有利于施工中连接与操作。长甸进水口水下岩塞爆破对起爆网路有如下要求：一是起爆网路的单段药量满足爆破振动安全要求;二是在单段药量严格控制的情况下,孔间不出现重段和串段现象;三是整个网路传爆雷管全部传爆,第一段的炮孔才能起爆。

长甸进水口水下岩塞爆破的设计是,3.5m 的小岩塞首先起爆,而后是大岩塞的爆破孔利用中导洞及小岩塞贯通形成的临空面按一圈、二圈、三圈的顺序起爆,最后是周边轮廓孔的光面爆破孔起爆,并实现整个岩塞的贯通,爆破石渣在库区水头压力下,随贯通水流平稳下泄入集渣坑中。

岩塞爆破追求最合理的抛掷方向、最优化的抛掷顺序、最佳的减震效果,因此对起爆顺序和起爆时间的准确性要求很高,传统的非电雷管和非电起爆系统难以满足要求。为了保证爆破效果,尽量减小爆破振动的影响,对孔间起爆时差提出了更高的要求。因此岩塞爆破要求采用高精度、高可靠性的起爆系统。

目前,国内与国际上普遍采用的高精度、高可靠性起爆系统主要有两种:第一种是高精度非电起爆系统,第二种是数码电子雷管起爆系统。这两种起爆系统均具有高精度、高可靠性的特点,在国内的很多很复杂条件下的工程爆破中使用均获得了很好的效果。设计考虑到长甸岩塞爆破的重要性,在岩塞起爆系统中采用高精度非电及数码电子雷管的双复式起爆系统。

长甸进水口水下岩塞爆破的起爆顺序为:一是中间 3.5m 的小岩塞起爆,形成中间贯通;二是小岩塞爆破使中间全贯通后,大岩塞爆破孔自内圈向外圈依顺序起爆;三是岩塞周边轮廓孔起爆,爆破完成后,形成设计的岩塞体轮廓形状。岩塞的每个起爆系统每个炮孔中均装 2~3 发同类延期雷管,并把雷管脚线引出洞外。

11.6.7　高精度非电及数码电子雷管双复式起爆网路设计

11.6.7.1　高精度非电起爆系统

国内多家单位研制的高精度的塑料导爆管非电起爆系统,其接力雷管延期时间分别是 9ms、17ms、25ms、42ms、65ms 等,而且精度较高。起爆雷管的延时有 600ms、1025ms 等,1025ms 的高精度雷管的误差可控制在 ±20ms 以内。以上雷管的精度在一定程度上克服了传统非电起爆雷管误差大带来的问题。采用高精度非电复式起爆系统时,为确保接力起爆网路的安全,孔内起爆应选用高段别雷管,孔外传爆选用低段别雷管,同时孔内高段别雷管的延时误差小于孔外段间雷管的延时。

(1)孔内起爆雷管的选择

在爆破时为防止由于先爆破孔产生的爆破飞石破坏其他起爆网路,孔内雷管的延期时间必须保证在首个炮孔爆破时,网路中其他接力起爆雷管已起爆。这样,就要求孔内起爆雷管的延时尽可能长一些,但延时间长的高段别雷管其延时误差也大,为达到圈间相邻孔不串段、不重段,同一圈相邻的孔间尽可能不重段的目的,在高段别雷管的延时误差不能超过段间接力传爆雷管的延时值,对单段药量要求特别严格的爆破,高段别雷管的延时误差还不能超过同一圈间的接力雷管延时值。

高精度非电复式起爆系统的延时选择:高精度雷管孔内均选择 1025ms 延时雷管。

(2)小岩塞爆破孔起爆雷管(高精度非电雷管)的选择

在小岩塞爆破时共布置有 5 圈炮孔,炮孔内装 1025ms 起爆雷管的前提下,小岩塞各圈炮孔孔外网路如下:

第一圈是 1 个炮孔直接起爆,炮孔内的雷管接到一起起爆,雷管延时时间 0ms。

第二圈是 6 个炮孔为空孔,如果 6 个空孔底部装药则与第一圈炮孔同时起爆,雷管延时时间 0ms。

第三圈是 8 个炮孔,2 孔一段分 4 段起爆,采用 17ms 做孔外接力雷管。延时时间 117ms、134ms、151ms、168ms。

第四圈是 8 个炮孔,2 孔一段分 4 段起爆,采用 17ms 做孔外接力雷管。延时时间 217ms、234ms、251ms、268ms。

第五圈是 15 个炮孔,分 4 段起爆,采用 17ms 做孔外接力雷管。延时时间 317ms、334ms、351ms、368ms。

(3)大岩塞爆破孔起爆雷管的选择

大岩塞上共有 4 圈炮孔,炮孔内全部装 1025ms 的雷管,同一圈炮孔段间采用 17ms 低段雷管作接力。各圈炮孔孔外网路如下:

第一圈有 15 个炮孔,分 7 段起爆,段间雷管为 17ms,延时时间为 409ms、426ms、443ms、417ms、434ms、451ms、468ms。

第二圈有 24 个炮孔,分 11 段起爆,段间雷管为 17ms,延时时间为 509ms、526ms、543ms、560ms、577ms、594ms、517ms、534ms、551ms、568ms、585ms。

第三圈有 30 个炮孔,分 14 段起爆,段间雷管为 17ms,延时时间为 609ms、626ms、643ms、660ms、677ms、694ms、711ms、617ms、634ms、651ms、668ms、685ms、702ms、719ms。

在考虑起爆雷管延时误差的情况下,必须保证先后圈相邻孔不出现重段或串段现象,并杜绝先爆圈炮孔滞后或同时于后圈相邻孔起爆。因此炮孔圈与圈之间的雷管延时误差应尽可能小于段间雷管的延时。根据长甸岩塞段间选择 17ms 延时的情况,相邻圈有 42ms、65ms 和 100ms 三种雷管可以供选择,同时考虑到延时时间大一点,更有助于先爆炮孔为后爆炮孔形成良好的临空面,因此,长甸岩塞爆破选择 100ms 的雷管做相邻炮圈之间的接力雷管。

（4）光面爆孔起爆雷管的选择

长甸岩塞共有光面爆破孔共 48 个，爆破时按 4 个炮孔为一段，共计分 12 段。每一段的延时时间为 709ms、726ms、743ms、760ms、777ms、794ms、717ms、734ms、751ms、768ms、785ms、802ms。

长甸岩塞爆破时，不论是孔内雷管还是孔外雷管，均采用两发雷管，使岩塞形成复式起爆网路。

11.6.7.2　数码电子雷管复式起爆系统

在当时，国内有数家单位已经开始生产数码电子雷管，其中有北京北方邦杰科技发展有限公司、贵州久联民爆器材发展股份有限公司及葛洲坝集团的爆破器材股份有限公司，国际上包括 ORICA 公司。而北京北方邦杰科技发展有限公司的雷管设计理念与 ORICA 相近，其数码电子雷管防水性能及起爆系统较可靠。数码电子雷管延期时间可以任意设置，且精度较高。雷管的正负误差基本能控制在 2ms 以内，数码电子雷管的精度在一定程度上克服了传统非电起爆雷管误差带来的困难，而且数码电子雷管也具有一定的抗水能力，数码电子雷管最大的优点是在网路连接完成后，可以对整个网路进行导通检查。

由于数码电子雷管起爆系统的时差可以任意设置，起爆系统设计如下：

（1）周边光爆孔起爆时差设计

周边光面爆破孔共 48 个，按 4 孔一段，共分 12 段，12 段起爆时间分别为 1734ms、1751ms、1768ms、1785ms、1802ms、1819ms、1742ms、1759ms、1776ms、1793ms、1810ms、1827ms。

（2）小岩塞掏槽孔起爆时差设计

小岩塞中心孔（第一圈）：1025ms；

小岩塞（第二圈孔）：1142ms、1159ms、1176ms、1193ms；

小岩塞（第三圈孔）：1242ms、1259ms、1276ms、1293ms；

小岩塞（第四圈孔）：1342ms、1359ms、1376ms、1393ms。

（3）大岩塞爆破孔起爆时差设计。

大岩塞（第一圈孔）：1434ms、1451ms、1468ms、1142ms、1459ms、1476ms、1493ms；

大岩塞（第二圈孔）：1534ms、1551ms、1568ms、1585ms、1602ms、1619ms、1542ms、1559ms、1576ms、1593ms、1610ms；

大岩塞（第三圈孔）：1634ms、1651ms、1668ms、1685ms、1702ms、1719ms、1736ms、1642ms、1659ms、1676ms、1693ms、1710ms、1727ms、1744ms。

数码电子雷管起爆系统共分 57 段起爆,主爆破孔最大单段药量为 87.75kg,轮廓光面爆破孔最大单段药量 59.4kg。岩塞爆破时不论孔内雷管还是孔外雷管,均采用三发雷管,使形成复式起爆网路。

11.6.7.3 高精度非电及数码电子雷管双复式起爆网路

高精度非电双复式起爆系统尽管在国内已经有非常成功的应用经验,其精度和可靠性已经得到了充分验证,但该系统和一般非电起爆系统都有一个共同的缺陷,就是爆破网路连接完成后,无法进行逐孔的整体网路校验,只能通过地表的脚线外观检查来确定网路是否安全。而数码电子雷管起爆系统在完成联网后,可以在电脑系统中进行逐孔的校验,即在全部网路工作完成后,岩塞起爆前还可以进行检查。但数码电子雷管起爆系统在有水压的复杂工况下,起爆的可靠性也会相应降低。为了克服上述两种起爆系统的各自缺陷,同时,长甸岩塞爆破的进水口在水下 60m 深处,水压力大,集渣坑中充水较深,岩塞底部形成有压力的气垫,为防止水压力在岩塞爆破时对雷管的影响,又为克服上述两种起爆系统的各自缺陷,充分发挥各自的优势,长甸岩塞爆破采用两套系统组成高精度非电及数码电子雷管双复式起爆系统。

11.7 刘家峡水库冲沙洞进口岩塞爆破

刘家峡水电站位于甘肃省永靖县,距兰州市约 80km。电站总库容为 57.4 亿 m^3,装机容量为 1390MW,多年平均年发电量 57.6 亿 kW·h。电站自 1969 年 4 月第一台机组发电以来,发挥了巨大的发电、防洪、灌溉、防凌、航运等综合效益,是西北电网中大型骨干电站。刘家峡水库自 1968 年 10 月蓄水运行至 1991 年汛后,运行 23 年来水库泥沙淤积量为 14.69 亿 m^3,剩余库容为 42.71 亿 m^3,库容损失 25.6%,有效库容淤积 5.89 亿 m^3,剩余有效库容为 36.1 亿 m^3,损失 14.0%,平均年损失率 0.61%。

同时,洮河系黄河一级支流,在距大坝上游 1.5km 的右岸汇入黄河干流,该河的特点是水少沙多。据统计,多年平均入库水量为 51.7 亿 m^3,仅占总入库水量的 8%,而多年平均入库沙量为 2860 万 t,占总入库沙量的 31%。洮河库容段死库容于 1987 年淤积满,此后每年来沙淤积占据电站有效库容,并且大量推移到坝前,使洮河口附近黄河干流形成沙坎,且水库淤积面逐年抬高,1987 年实测淤积面高程为 1695m 左右,到 1999 年实测淤积面高程 1697.5m,最高处达到 1703m,超过水库运行死水位 1694m 高程 1~9m。由于形成的沙坎造成河道阻水、坝前泥沙使发电机组严重磨损,而现有的排沙设施已不能解决洮河泥沙淤积并向坝前推移问题,给电站的安全运行和大坝度汛造成了严重危害。因此,增建洮河口排沙洞是解决刘家峡电站坝前泥沙淤积、保障电站安全运行和水库度汛非常迫切的问题。

修建洮河口排沙洞拦截入库泥沙是刘家峡电站解决泥沙问题的一项十分紧迫的工程措施。排沙洞的进水口采用水下岩塞爆破方案。岩塞爆破口位于洮河出口、黄河左岸,在水库正常蓄水位以下 70m,岩塞顶部尚有 11~58m 厚的淤泥层。岩塞的下开口直径为 10m(圆形),上开口直径约为 20m,岩塞体厚度约为 12.3m,预留岩塞保护层厚度为 5m。该排沙洞设计排沙泄流量为 600m³/s,发电引用流量为 350m³/s。岩塞爆破时采用周边预裂爆破,岩塞体采用全药室爆破,淤泥层采用松动爆破,岩塞爆破后的爆渣采用集渣坑集渣,使岩塞爆破后排输淤泥更加充分和有利,岩塞爆破后的爆渣采用集渣坑集渣,淤泥随水流输送到下游河床。刘家峡电站排沙洞是大直径、高水头、厚淤泥覆盖层排沙兼发电的岩塞爆破工程在国内外尚无先例,实现此类岩塞爆破有较大的难度。

11.7.1　岩塞段工程地质

11.7.1.1　地形地貌

排沙洞进口处黄河以 SE160° 流向与洮河汇合后,向下游转向 NE40° 流入坝区。施工期水库水位在 1726~1735m,高出岩塞进口顶板 51.0~60.0m,水面宽约 200m。该段水库岸为一凸出山脊,坡顶高程为 1742~1770m,系残留的黄河Ⅳ级阶地。地面冲沟发育,但切割不深,一般为 1.0~3.0m。

水库岸坡为悬坡,水上坡度一般为 70°~80°,局部地段为 50°~60°,水下坡度一般为 65°~85°,部分地段有连续的岩埂,岩埂高度为 5.56~15.00m,岩埂宽度为 1.4~6.6m。顺河向冲沟、山梁变化频繁,岩面处凹凸不平,岩面起伏较大,地形复杂。水下现代冲积淤积层顶面高程为 1702~1692m,厚度为 11~58m,呈缓坡状,大部分地段由岸边向主河槽逐渐降低,再向洮河口方向缓坡状逐渐抬高趋势。

11.7.1.2　岩塞段的地层岩性

岩塞进口段出露的地层岩性主要为前震旦系的深变质岩、第四系松散淤积物。前震旦系的深变质岩(AnZ)主要岩性有云母石英片岩、石英云母片岩。

(1)云母石英片岩(AnZ-cKSe)

该围岩呈灰白色,中细粒鳞片粒状变晶结构,片状构造,以石英为主,云母次之。黑云母与石英相间排列,片理发育,局部石英富集处呈现球状或团块状,云母相对集中处片理发育,易风化,主要分布于岩塞进口段。

(2)石英云母片岩(AnZ-KcSe)

该围岩呈灰白色至灰黑色,岩性为中细粒鳞片粒状变晶结构,片状构造,以云母为主,石英次之。云母定向排列,片理发育,岩性较软弱,易风化,分布于进口岩塞段。

以上两种岩性由于相变差异,云母石英片岩较坚硬,石英云母片岩相对较软弱。

11.7.2 第四系松散堆积物

主要有黄土类粉土、水下现代冲积淤积土层和人工堆渣。

(1)黄土类粉土(Q_4^{eol})

在水库中该黄土类粉土大面积分布于坡顶 $1745\sim1760m$ 高程以上,Ⅳ级阶地上,粉土厚度 $1\sim20m$,覆盖于前震旦系的深变质岩之上。

(2)水下现代冲积淤积土层(Q_4^{al})

水库中该冲积淤积土层主要来源于洮河,分布于岩塞口上下游,淤积土层层面高程一般为 $1702\sim1692m$,厚度为 $5\sim58m$,自上而下可分为 3 层:①淤泥质粉土,厚度一般为 $5\sim13m$。②粉土,厚度一般为 $3\sim15m$。③粉质黏土,厚度一般为 $3\sim30m$。

(3)人工堆渣(Q_4^s)

该渣分为水上、水下两部分堆渣,为修路、竖井和排沙洞施工弃渣。

1)水上部分沿进口上游陡坡段上部堆放,这部分渣分布高程为 $1734\sim1742m$ 处,无分选性。

2)水下部分分为西侧、北侧两块,西侧又分为 1、2 区,均位于排沙洞爆破区范围内,其分布在高程 $1702\sim1685m$ 的淤积层中间,西侧平均厚度 2.1m 左右,北侧平均厚度 0.7m 左右。

11.7.3 地质构造

由于岩塞进口工程区位于祁连山地槽与秦岭地槽的刘家峡次一级隆起部位,在构造体系上位于西域系、陇西系、河西系三个构造体系的复合部位,地质构造环境复杂,岩层中褶皱、断层均较发育。

(1)褶皱

在刘家峡峡谷区发育即红柳沟背斜和马柳沟背斜两个背斜,岩塞口位于红柳沟背斜的西南翼。红柳沟背斜轴向为 $N25°\sim35°W$,向北西倾斜,倾角为 $15°\sim25°$,轴面倾向北东,倾角 $65°\sim70°$,两翼岩层均为前震旦系深变质岩和第三系红砂岩等。

刘家峡冲沙与发电进水口岩塞口岩层为单斜岩层,岩层产状较稳定,走向 $N16°\sim20°W$,倾向南西,倾角为 $35°\sim45°$。

(2)断层

岩塞进口水面以上共揭露 7 条断层,断层说明如表 11-5 所示。

表 11-5　　　　　　　　　　　　　　　　断层说明

编号	性质	产状			破碎带宽度/cm	可见长度/m	组成物及其特性	备注
		走向	倾向	倾角/°				
F₁	性质不明断层	N20°W	SW	40	2~5	大于 10m	片状岩,岩屑及少量断层泥,胶结较好,沿片理发育	可研资料
F₂	正断层	N16°W	SW	77°	10~20	大于 20m	碎裂岩,片状岩、岩屑,胶结较好	可研资料
F₃	逆断层	N15°~30°W	SW	65	3~8	大于 10m	碎裂岩、片状岩、岩屑,胶结较好	可研资料
F₄	正断层	N60°E	NW	75	10~20	大于 20m	碎裂岩、片状岩、岩屑,胶结较好。上盘见擦痕	可研资料
F₅	正断层	N80°E	NW	70	2~5	大于 10m	主要由岩屑及少量断层泥组成	
F₆	逆断层	N60°~80°W	SW	30~40	30~40	大于 10m	由碎裂岩和糜棱岩组成,带内强风化,未胶结断层平直	可研资料
F₇	正断层	N60°~81°W	SW	60~68	2~4(局部20~40)	大于 15m	由碎裂岩组成,断带内无泥,局部见垂直向擦痕	

（3）裂隙

岩塞口水面以上经地表测绘有 4 组裂隙：

1）裂隙走向为 N15°~20°W,倾向 SW,倾角 35°~40°。裂隙张开 1~5mm,裂隙中充填岩屑、岩片,平行间距 10~30cm,个别裂隙为 40~50cm,延伸长度大于 20m,为层面裂隙。

2)裂隙走向为 N60°～75°E,倾向 SE,倾角 60°～70°。裂隙张开 1～5mm,裂隙中充填岩屑、岩片,平行间距 10～30cm,延长度大于 10m。

3)裂隙走向为 N16°～30°W,倾向 SW 或 NE,倾角 60°～80°。裂隙张开 1～3mm,裂隙中充填岩屑、岩片,平行间距 30～50cm,延伸长度大于 10m,为岩塞进口的主要裂隙。

4)裂隙走向为 N70°～85°W,与边坡斜交,倾向 NE(山里),倾角 75°～80°。裂隙张开 1～2mm,裂隙中充填岩屑,平行间距 10～20cm,延伸长度大于 10m,为岩塞进口下游侧的主要裂隙。

2)、4)组裂隙互相切割,使岩石呈 10～50cm 的块状。

卸荷裂隙位于排沙洞下游 13m、20m 处,有 2 条分布在陡壁起坡线 4m 和 6.5m 处。走向 N50°W,倾向 SW(坡内),倾角 75°。裂隙张开 40～50cm,向深部闭合,延伸长度 10m。

综合分析①组层面裂隙与③组层面裂隙走向基本相同,倾角不等,两组节理互相切割,与其他节理组合后,岩塞口上部岩体较破碎,对岩塞口稳定不利。

(4)现代冲积淤积土层分布

水库中现代冲积淤积土层(Q_4^{al}):分布于岩塞口上下游的水下,顶面高程 1702～1692m,呈缓坡状,大部分地段由岸边向主河槽逐渐降低,再向洮河口方向呈缓坡状逐渐抬高趋势。

勘察区内淤积层厚度为 5～58m,岩塞口范围内淤积层厚度一般为 5.37～43.97m,自上而下可分为 3 层。

1)淤泥质粉土:土为黄色,颗粒成分主要为粉粒级土,饱和,流塑—软塑状态。厚度一般为 5～13m。

2)粉土:土为黄色,软塑状态。土层厚度一般为 3～15m。

3)粉质黏土:土为灰黄色,饱和,软塑—可塑。土层厚度一般为 3～30m。

现代冲积淤积土层厚度变化较大,厚度为 5～58m。主要为淤泥质粉土、粉土及粉黏土,中间夹有腥臭味的薄层淤泥,及薄层细砂和碎石。淤泥质粉土、粉土呈流塑—软塑状态,粉质黏土呈软塑—可塑状态。该土属高压缩性软土,但又有一定的抗剪强度和渗透性。因此,在岩塞爆破设计时应充分考虑其产生的不利影响。

(5)基岩面形态对岩塞口爆破影响评价

1)平行洞轴线方向(垂直岸坡)岩面坡度陡峭,多呈峻坡—悬坡地形,高程 1646m 以下,岩面起伏差较大,为 4～10m。垂直洞轴线方向(平行边坡),岩面高差为 13.26～29m,变化很大;岩塞口部位,岩面高差为 5.32～16.88m,变化较大。

由于基岩面陡峭起伏、参差不齐,地形支离破碎、复杂多变。顺坡向坡度一般为65°～85°,属悬坡地形,部分地段出现连续的岩埂,岩埂高度为5.56～15m,宽度为1.4～6.6m。顺河向冲沟、山梁变化频繁,岩面处凹凸不平,岩面起伏较大,基岩地形复杂,给岩塞口爆破带来很大的难度。

2)断层F7其走向与岩塞口的轴线近垂直,断层切割形成的三面临空的三角体位于岩塞口的正上方,在岩塞爆破过程中和岩塞口形成后,存在岩体整体下滑或岩塞口上部岩体下滑的可能。一旦断层切割的三角体下滑,将堵塞进水口影响排沙洞的正常运行,应对该断层进行加固处理。

3)岩塞进口段无全风化岩、强风化岩,主要为弱风化岩体,分布有少量微风化岩石。弱风化岩石厚度为2.0～6.0m,岩石强度较高,岩块饱和抗压强度平均值为60MPa,为坚硬岩,岩石较完整,有利于岩塞爆破成型。

岩塞爆破方案的确定。对于刘家峡深水厚淤泥层下的岩塞爆破,淤泥扰动爆破和岩塞开口是最为关键的问题,必须保证抵抗线测量精度。当开挖接近岩塞厚度时,需打贯穿孔进行岩塞厚度复核,在位于岩塞口中心上可先打1个小直径(42～50mm)的贯穿孔,在需要的情况下,还可以在岩塞口周边上补打4个贯穿孔来确定岩塞厚度。利用这些孔来探明岩石与淤泥的分界面位置,为药室最小抵抗线和周边预裂孔深度设计获得可靠依据。

(6)分散药室爆破方案

根据国内大型岩塞爆破的经验,分散药室爆破方案也是大型岩塞多采用的方案。刘家峡排沙洞进水口岩塞爆破其内口为圆形,直径为10m,周边预裂孔的扩散角为15°,岩塞进口轴线与水平面夹角为45°,岩塞进口底板高程为1665.68m,岩塞厚度为12.3m,岩塞体方量为2606m³。

根据排沙洞岩塞口复勘成果,岩塞口表面起伏差较大,爆破时局部可能有大块石产生,处理不当会影响泄流或堵塞进口,对岩塞口上方局部岩石突起部分进行预先水上钻孔装药爆破清除或采用水上钻孔装药与岩塞口同时爆破清除。

药包布置:爆破采用单层7个药室进行岩塞体爆破,7个药室呈"王"字形布置,上部为1#、2#药室,中部为3#、4#、5#药室,下部为6#、7#药室,其中,4#药室分解成上、下两部分,称为4上#药室和4下#药室。各个药室通过导洞与外界相连。1#、2#、3#、5#、6#、7#药室近似位于同一平面上,其具体位置根据前后抵抗线的比值进行调整。后部与前部抵抗线之比控制在1.3～1.5。为了更好地爆通与成型,设计时将4#药室分解成上、下两部分,4上#和4下#药包的作用是将岩塞爆通,并使岩塞达到一定的开口尺寸,然后借助同一平面上的1#、2#、3#、5#、6#、7#药室的爆破扩大岩塞开口尺寸,而达到设计断面。

岩塞周边采用 42mm 的预裂孔，预裂孔平均孔距为 40.9cm，内口孔距为 32cm，外口孔距为 49.8cm。

岩石单位耗药量（不考虑水及淤泥影响）：根据分析岩石的具体情况并参考国内其他工程的经验，刘家峡岩塞设计时选取岩石单位耗药量 $K = 1.70$kg/m³。选用预裂孔线装药密度为 350g/m。预裂孔平均单孔卡 10.5m，装药长度 9.5m。

集中药室爆破作用指数 n 值（不考虑水及淤泥影响）：4$\frac{1}{上}$药室爆破作用指数 $n = 1.54$，为了使下部岩石充分破碎以及与 4$\frac{1}{上}$药室作用力的平衡，4$\frac{1}{下}$药室爆破作用指数 $n = 1.05$，同时考虑 4$\frac{1}{下}$药室爆破后仍然对后部药包有强大的压制作用及对各个药室的开口大小要求，设计中取 1#、2#、3#、5# 药室爆破作用指数 $n = 1.05$。而 6#、7# 药室位于岩室底部，所受约束作用最明显，所以爆破作用指数 $n = 1.21$。

（7）为克服水及淤泥荷载影响相关爆破参数的调整

在刘家峡冲沙洞的岩塞爆破中，为克服水及岩塞上部的淤泥荷载影响，根据计算分析，设计对岩塞爆破作用指数进行了修正。爆破作用指数修正计算结果如表 11-6 所示。

表 11-6　　　　　　　　　　爆破作用指数修正计算结果

部位	爆破作用指数	
	$n_{陆}$	$n_{水下}$
1# 药室	1.05	1.35
2# 药室	1.05	1.35
3# 药室	1.05	1.35
4$\frac{1}{上}$ 药室	1.54	1.98
4$\frac{1}{下}$ 药室	1.05	1.35
5# 药室	1.05	1.35
6# 药室	1.21	1.55
7# 药室	1.21	1.55

11.7.4 厚淤泥处理

为了保证冲沙洞岩塞爆通后，库内淤泥能顺利下泄，本方案采取岩塞上部在淤泥中钻孔爆破，淤泥中钻孔直径 100mm，一共布置 12 个孔，其孔间距为 2.0m、排距为 1.0m。在爆破孔内采取连续装药，封堵采用水封堵。淤泥爆破孔线装药密度为 5kg/m，淤泥爆破共计用药量为 600kg。淤泥爆破参数根据现场淤泥爆破试验验证确定。

11.7.5　药室封堵

为了保证岩塞爆破的效果,所有集中药室、预裂孔口及淤泥孔均需堵塞。集中药室采用黏土堵实,药室间连通洞以沙袋和沙填实,上、下进出洞口以混凝土封堵,预裂孔用黏土堵塞炮孔,库内淤泥孔用水封堵。

11.7.6　起爆顺序

刘家峡水库冲沙洞岩塞爆破共分 5 响起爆,其顺序为:第一响为预裂孔和水库内淤泥孔药包;第二响为 4上#、4下# 揭顶药室(掏槽孔);第三响为 1#、2# 药室;第四响为 3#、5# 药室;第五响为 6#、7# 药室。爆破时最大单响药量为 1758.20kg,为第二响。爆破采用毫秒雷管,雷管每段时间为 25ms,岩塞爆破炸药总量为 5921.95kg。分散药室爆破方案的爆破参数如表 11-7 所示。

表 11-7　分散药室爆破方案的爆破参数

部位	单耗 $k/(\text{kg/m}^3)$	爆破作用指数 n	抵抗线 w/m	药量 Q/kg	压缩圈半径 R_1/m	药室宽度 B/m	下破裂半径 $R_下/m$	上破裂半径 $R_上/m$
1# 药室	1.7	1.35	4.99	396.3	0.98	0.88	7.24	10.36
2# 药室	1.7	1.35	5.47	522.0	1.08	0.97	7.93	11.35
3# 药室	1.7	1.350	5.00	398.7	0.98	0.88	7.25	10.38
4上# 药室	1.7	1.983	5.40	1359.7	1.48	1.33	9.92	15.38
4下# 药室	1.7	1.350	5.00	398.7	0.98	0.88	7.25	10.38
5# 药室	1.7	1.350	5.88	648.4	1.16	1.04	8.53	12.20
6# 药室	1.7	1.550	5.09	590.6	1.12	1.01	7.99	11.82
7# 药室	1.7	1.550	5.34	681.9	1.18	1.06	8.38	12.40
合计				4996.1				
淤泥药包	0.5	0.7	10	600				

预裂孔	孔径/mm	孔深/m	平均孔距/m	孔数/个	孔口堵塞长度/m	线装药密度/(g/m)	单孔药量/kg	总药量/kg
	42	10.5	0.409	98	1.0	350	3.325	325.85

爆破顺序	第一响	第二响	第三响	第四响	第五响		总药量
药量/kg	925.85	1758.20	918.30	1047.10	1272.50		5921.95
备注	预裂孔、淤泥孔药包 0ms	4上#、4下# 揭顶药室(25ms)	1#、2# 药室(50ms)	3#、5# 药室(75ms)	6#、7# 药室(100ms)		

注:计算参数炸药密度取 1g/cm³,岩石压缩系数 $U=10$、$p=3$。

以上起爆顺序为原设计时的起爆顺序,后经专家咨询和讨论后,起爆顺序分为 7 响起爆,淤泥孔由原来 5 孔增加为 12 孔,第一次起爆 7 孔,岩塞爆通后再起爆 5 孔,这样使冲刷淤泥效果更加明显。岩塞爆破起爆顺序如表 11-8 所示。

表 11-8　　　　　　　　　　　　　　岩塞爆破起爆顺序

起爆顺序	延时/ms	起爆部位	备注
第一响	0	1#～7# 淤泥孔非电网路	引爆导爆索和导爆管网路起爆淤泥孔炸药
		观测信号点	表示起爆开始信号
第二响	50	1#～98# 预裂孔	起爆预裂孔内导爆索及炸药
第三响	150	4上#、4#集中药包	引爆药室内起爆药包,且附加双股导爆索
第四响	175	1#、2#集中药包	引爆药室内起爆药包,且附加双股导爆索
第五响	200	3#、5#集中药包	引爆药室内起爆药包,且附加双股导爆索
第六响	225	6#、7#集中药包	引爆药室内起爆药包,且附加双股导爆索
第七响	250	8#～12# 淤泥孔非电网路	通过引爆导爆索和导爆管网路起爆淤泥孔内炸药

刘家峡水库冲沙洞进水口岩塞爆破是采用数码电子雷管起爆系统。爆破网路采用数码雷管起爆、导爆索起爆和导爆管起爆的混合网路起爆法,其中数码雷管起爆网路共布置了两条相同的支路以增强准爆性。起爆网路使用的炸药和雷管,应按设计要求进行防水试验。起爆网路的主线,应采用防水性能好的胶套电缆,电缆通过封堵段时,应采用可靠的保护措施。岩塞爆破网路敷设与要求:

1)起爆网路严格按设计图纸进行连接,起爆网路均使用经现场检验合格的爆破器材。

2)在施工中容易对起爆网路造成损伤的部位,必须采取有效的保护措施,确保施工过程中不会遭到破坏。爆破网路线路(包括电导线、导爆索、雷管脚线和导爆管)敷设长度都应留有一定余度(10%～15%),以防施工拉扯损坏爆破网路。

3)爆破网路敷设施工中必须按设计要求及施工规范要求施工,洞室内爆破网路布线应尽量紧贴岩壁,以减少占用洞室空间和防止施工破坏,对于底部横穿过道的网路应加强保护。

4)为了保证起爆网路不错接、不漏接,起爆网路敷设必须由有资质且有经验的爆破员或爆破技术人员实施并实行双人作业制,必须一人连接,一人监督检查并做好记录。

5)为了保证爆破网路安全所有网路导线接头、数码雷管脚线出口端、非电网路导爆索和导爆管端头都应做好防水防潮处理,岩塞药室起爆体中的数码雷管起爆系统、预裂孔数码雷管引爆起爆药卷系统和淤泥孔数码雷管引爆非电网路系统连接头都应置于塑料包装内,以达到防水防潮的目的。

6)爆破网路连接及起爆的施工过程中必须严格遵守《爆破安全规程》(GB 6722—2014)和《水电水利工程爆破施工技术规范》(DL/T 5315—2013)中的相关规定进行操作,并尽量缩短装药到爆破的时间间隔,以避免炸药受潮和爆破网路发生变化。

数码雷管起爆网路的敷设与防护是爆破成败的一个重要环节,必须建立严格的联网制度,由经过培训(有资质)的爆破人员联网,并由主管技术工程师负责网路的检查。网路施工过程中应由安全人员看护施工现场,严格控制非施工人员和技术人员出入,施工现场凭出入证进出,严格保护好已敷设完成和检测合格雷管起爆网路、雷管脚线。数码雷管起爆网路连接要求如下:

1)数码雷管起爆网路连接人员必须经过培训及技术交底,并严格按设计要求进行连接和网路保护,必须持公安部发放的相应资质高级、中级安全技术证书人员担任。

2)所有参加加工、装药的爆破工作人员,须经过专业培训,并持有公安局发放的爆破作业证,才能上岗工作。

3)在岩塞装药与网路连接时,警戒人员必须在规定时间进入警戒岗位,设置明显警戒标识,严禁行人和其他施工设备进入警戒范围。警戒人员必须由责任心强、忠于职守的人员担任。

4)数码雷管在使用前应由监理、设计方、施工方、雷管提供方共同对雷管进行检测。由于洞内、水下情况复杂,起爆雷管数量多,雷管装孔前在现场根据设计图纸由前述各方按照事先设定好的原则,进行一对一的登记造册,以便于装孔,避免装药室时出现误操作。药室装药时,各药室应标注好编号,并与数码雷管 ID 号进行一对一的登记造册。

5)爆破施工前根据洞内现场情况由设计与技术提供方共同确定起爆网路组数,洞内数码雷管脚线应就近连接起爆母线,各起爆母线拉至就近起爆器连接点,淤泥水上连接电子雷管通过雷管脚线拉至岸边,连接好起爆母线,各起爆母线应拉至就近起爆器连接点。网路连接由施工方(具有资质)人员连接,技术提供方专家进行技术指导。

6)岩塞爆破前,由监埋、设计、施工、技术提供方一起对整个网路进行联网检测,网路检测合格后,才能进行工程防护和其他施工工作,在施工过程中必须严格保护好起爆网路。

7)若岩塞采用集渣坑充水爆破时,应对水下网路做好防护工作,防止充水过程中损坏起爆网路。

11.7.7　方案比较

第一方案:全排孔爆破方案。该方案具有适应复杂地形地质条件、施工安全、机械操作施工方便、药量分配均匀、爆破的岩石块度均匀、岩塞成型容易控制、爆破受水深和深覆盖层影响较小等优点。同时,它还可以通过试探钻孔打穿岩塞,通过钻孔打穿岩塞而更清楚了解岩塞厚度。其排孔缺点为排孔的孔位布置、炮孔装药、电爆网路敷设等工作量很大,同时钻孔时的角度控制较难,而且钻孔需要特殊的施工机械,钻孔施工技术要求也很高。该方案无大规模岩塞实施经验。

第二方案:排孔+洞室爆破方案。该方案具有施工安全、机械操作施工较方便、药量分配较均匀、爆破的岩石块度均匀、岩塞成型容易控制等优点。该方案的缺点是排孔的孔位布置、炮孔装药、电爆网路敷设等工作量很大,而且钻孔需要特殊的施工机械,钻孔施工技术要求也很高。断面为方圆形时,进水口过流条件不好。

第三方案:全洞室爆破方案。该方案采用洞室开挖、装药施工、洞室封堵、电爆网路敷设程序简单、施工速度快,可经过1:2模型试验检验,类似的工程爆破经验较多等优点;缺点是爆破的岩石块度不均匀、冲击波较大、岩塞成型不容易控制、爆破受水深和深覆盖层影响较大等,同时在药室开挖过程中有一定的风险。

综合上述三种方案比较,从一次爆通的把握来看,方案三可靠度比较高,由于岩塞上部覆盖的淤泥达27m,采用后两种方案把握性较小,不宜采用。从施工安全性比较,方案一具有明显优势,即先锋洞开挖施工简单,开挖断面小,施工期风险小。从岩塞揭顶爆破安全比较,方案二、三优于方案一。因此,在有厚淤泥层的岩塞爆破时,采用分散药室爆破方案具有明显优势,所以刘家峡冲沙洞岩塞爆破采用洞室爆破方案。

11.7.8 施工辅助洞布置

根据刘家峡冲沙洞岩塞爆破的8个药室的布置,为方便施工布置了上、下两条主导洞及6条连通洞。其中,布置在岩塞下方的称之为1#主导洞,长8.18m;布置在岩塞上方的称之为2#主导洞,该洞长8.43m。1#连通洞连接1#药室和2#药室,该洞长3.04m。2#连通洞连接1#、2#药室和4下#药室,连通洞长6.34m;3#连通洞连接4上#药室和6#、7#药室,连通洞长6.10m;4#连通洞连接3#药室和6#药室,洞长5.89m;5#连通洞连接5#药室和7#药室,连通洞长6.05m;6#连通洞连接6#药室和7#药室,洞长3.04m,岩塞的施工辅助洞总长为47.07m。

刘家峡冲沙洞岩塞体的主导洞及连通洞的开挖尺寸均为80cm×150cm(宽×高),主导洞与连通洞的石方洞挖工程量为56.48m³。

11.7.9 岩塞口上方局部岩石突起爆破处理与进口边坡加固

根据刘家峡冲沙洞岩塞口复勘成果,选定的岩塞口岸坡表面起伏差较大,岩塞爆破时岸坡局部可能会有大块岩石产生,如处理不好会影响冲沙泄流或堵塞进口。为解决岩塞体岸坡问题,设计拟定对岩塞口上方局部岩石突起部分进行预先岸坡水上钻孔装药爆破,清除岩塞上部突出部位,或者与岩塞口同时爆破清除。

在岩塞上部突出部位钻爆破孔 2 个,孔深分别为 7.2m 和 6.2m,钻孔直径为 100mm,线装药密度采用 6.5kg/m。单孔装药量为 46.8kg 和 40.3kg,局部岩石突起爆破的总药量为 87.1kg。

进口边坡加固:进口边坡处库岸凸出整体走向近 SN 向,坡角为 70°～80°,岩性为前震旦系石英云母片岩,灰白—灰黑色,呈弱—微风化,云母定向排列,片理发育,产状为 NE26°,倾向 NW,倾角为 35°。断层 F7 出露于凸岸坡顶 1733.00m 高程,走向 NW279°～300°,倾向 SW,倾角 60°～68°顺坡向库内发育,断层较平直,一般宽度为 2～4cm,局部宽度为 20～40cm,由碎裂岩组成,断层带内无泥,局部见垂直向擦痕。经计算和分析,F7 上盘岩体在天然状态下处于稳定状态,在岩塞爆破振动影响状态下处于不稳定状态,存在下滑的可能。岩体一旦下滑,将堵塞排沙洞口或部分堵塞,这样会影响岩塞爆破及排沙效果,因此须对 F7 断层上盘岩体进行加固。

对 F7 断层上盘岩体加固,最终选取 1000kN 锚索 2 根、2500kN 锚索 16 根进行加固,总锚固力为 41359kN＞38097kN,满足《水电工程预应力锚固设计规范》(NB/T 10802—2021)要求。鉴于现场实际地形情况,锚索外锚头布置如下:8 根锚索布置在明挖槽中、2 根布置在竖井中、8 根布置在开挖洞中。明挖槽长 17.82m,底宽 4.0m,两侧 1∶1 放坡,竖井深 8.5m,井身 4.0m×4.0m,开挖洞水平投影长 14.49m,洞高 3.5m,底宽 3.0m,顶拱为半径 1.5m 的半圆。每根锚索的长度、锚固角都不相同。

11.7.10　岩塞洞室封堵措施

(1)封堵顺序

根据岩塞的药室布置,上部连通药室和下部药室形成各自独立的体系,同时进行人工装药和封堵施工。对于上部连通药室,首先对 4$^\sharp$ 和 4$^\sharp$ 药室进行装药封堵,之后对 1$^\sharp$ 和 2$^\sharp$ 药室进行装药封堵,最后对上主导洞进行封堵。下部药室由下导洞进入 3$^\sharp$ 和 5$^\sharp$ 药室进行装药封堵,之后对 6$^\sharp$ 和 7$^\sharp$ 药室进行装药封堵,上部连通药室与下部药室可同时进行装药与封堵施工,以加快爆破工期,达到缩短炸药浸水时间的目的。

(2)药室封堵

在靠近各集中药室均用 15cm×15cm×25cm 的掺沙黄泥砖块封堵,黄泥与沙子体积比为 3∶1,封堵时用人工砌平并用木槌夯实,封堵厚度 50cm,然后紧邻掺沙黄泥砖封堵处采用砂浆砖砌体(24cm)封口,掺沙黄泥砖砌筑和砂浆砖砌体可平行上升,直至洞顶,砂浆砖砌体外表面采用 2cm 厚速凝砂浆抹面,确保洞室封闭密实。

（3）连通洞及主导洞封堵

连通洞及上、下主导洞均采用水泥灌浆封堵,在连通洞和上、下主导洞间及上、下主导洞出口处设堵塞段,连通洞和上、下主导洞间堵塞段采用砂浆砖砌体(48cm)封口,砂浆砖砌体外表面采用2cm厚的速凝砂浆抹面,确保洞室封堵密实。上主导洞出口采用砂浆砖砌体(100cm)封口,下主导洞出口采用砂浆砖砌体(48cm)封口,砂浆砖砌体外表面采用2cm厚速凝砂浆抹面。

（4）灌浆

在灌浆区预先在洞顶设置注浆管和排气管,灌浆用砂浆泵进行灌注,砂浆泵安置在平洞内。采用柴油机驱动灌浆泵,纯水泥灌注,水灰比为0.43,导洞前半部采用42.5#普通水泥加3%无水硫酸钠,导洞后半部用硫铝酸盐地质勘探水泥,其标号为800kg/cm²,试验测得水泥结面强度分别为124kg/cm²、325kg/cm²(1d强度)。

（5）预裂孔封堵

岩塞周边预裂孔采用人工装药,对于有渗水的孔,应在药串上安置细塑料管将水引出炮孔外,孔口堵塞段采用黄泥封孔,黄泥用木炮棍捣实,捣实封孔黄泥时,注意不得损伤引爆脚线,黄泥封孔长度不得小于设计的堵塞长度。

（6）淤泥封堵

在水库岩塞上部的厚淤泥中,为确保岩塞爆破后能有效排泄淤泥,淤泥中设置扰动淤泥的5个爆破孔,分布在进水口轴线上和周围,炸药装完后采用水堵塞炮孔。淤泥扰动爆破孔装药、封堵高程如表11-9所示。

表11-9　　　　　　　　　　　淤泥扰动爆破孔装药、封堵高程

部位	炮孔装药底高程/m	炮孔装药顶高程/m	炮孔封堵高程/m
1#	1674.50	1692.20	同库水位
2#	1675.20	1692.20	同库水位
3#	1674.50	1692.20	同库水位
4#	1673.72	1692.12	同库水位
5#	1674.50	1692.20	同库水位

11.7.11　岩塞爆破的起爆条件及关闸门时间的确定

（1）起爆水位的确定

根据方案设计,岩塞口进口底高程为1664.53m,相应部位淤泥顶高程1687~1692m,水库正常蓄水位1735.00m。起爆水位的确定应遵循以下原则:

1)确保岩塞一次爆通,尽量减少淤泥下泄时间。

2)岩塞爆破后岩渣能顺利进入集渣坑,减少下泄渣量,保证设计要求的集渣率。

3)应尽量减小施工难度,缩短工期,保证施工安全。

从以上三个方面比较,根据有关研究成果,水深大于30m时,加深水位对水下爆破的影响不大,而水库在死水位时,岩塞口在水下约30m处,因此,水位高低对岩塞爆破效果影响不大。

从岩塞爆破后淤泥下泄效果来看,根据模型试验及数值模拟计算结果,岩塞爆破时水库水位越深,则清除淤泥效果越好。淤泥饱和土层顶部位移与水头深度近似线性关系,因此,建议在淤泥顶面以上有10m以上水头时进行岩塞爆破。

从集渣角度分析,根据实验成果在低水位下1710～1720m进行岩塞爆破,集渣效果更好。实验结果显示,在水位1710m与1730m时,集渣率相差2.74%。同时,考虑岩塞体施工安全及难度,水库水位高时水上作业施工难度加大,岩塞漏水量可能增大,对施工工期、造价有一定影响,从上述方面来讲水位宜低。

综合上述因素分析,首先应保证岩塞爆通后顺利下泄淤泥,即岩塞起爆时淤泥上水深不宜低于10m,水库水位不宜低于1702m。

刘家峡水库排沙洞进口岩塞进口底高程为1665m,做了多种工况下的水工模型试验,并结合集渣、冲淤,起爆水库水位应在1710m上下为宜。因为此水位不仅能满足冲淤要求,渣坑中集渣效果亦较好,施工难度适中。受水工模型试验限制,只对水库水位为1710～1730m进行了模型试验,水位在1710m以下时的冲淤效果不明,因此,建议岩塞爆破时水库水位不宜低于1710m。在岩塞爆破时,可根据水库调度情况选取爆破时机。

（2）工程面貌要求

刘家峡水库排沙洞岩塞爆破采用开门爆破。岩塞爆破前应完成闸门井施工,具备下闸条件并验收合格,排沙洞上下游洞段应按设计断面全线完工,闸门井前永久结构施工完成,并验收合格,如厂房尚未竣工,厂房引水洞分叉处应采取措施预留岩塞,或下闸进行有效封堵。

（3）闸门关闭时间的确定

岩塞爆通后,水流挟带岩渣从洞中通过,初期洞内流态极为复杂,岩渣与淤泥形成渣团滚动前进,排出到洞外;之后洞内流态逐渐稳定,水流中基本不挟带岩渣。根据丰满岩塞爆破及其他工程经验,岩渣排泄过程约需20min。这时可逐渐减小工作闸门开度,将流量控制在600m³/s继续冲泄淤泥,待下泄水中泥沙含量小于5kg/m³时,即可关闭工作闸门,之后再关闭进口事故闸门,之后又逐渐提起工作闸门,放空洞内积水,全面检查隧洞磨损情况。

11.7.12 进水口段工程布置

(1)进水口段地形、地质条件

刘家峡水库排沙洞进口岩塞段布置于洮河口对岸(黄河左岸),位于一缓突向水库的山体内,山体向上游延伸较厚、较缓,向下游延伸较薄、较陡。临水库的山坡在正常蓄水位以下高程 1650～1720m 陡峻,坡度达到 45°～85°。

进水口段的山体岩石主要以云母石英片岩为主,局部夹有花岗岩脉或石英岩脉,其中花岗岩脉多沿层面侵入,呈眼珠状,石英岩脉多充填在裂隙缝隙中,厚度小,呈条带状。岩塞段强风化水平深度一般为 5～8m,裂隙发育,岩体呈碎裂结构,完整性差,以Ⅲ类围岩为主,局部裂隙密集处为Ⅳ类,成洞条件较差,弱风化岩石水平深度一般为 10～15m,但裂隙较发育,多为硬性结构面,岩体呈层状结构,完整性较好,以Ⅱ类围岩为主,局部Ⅲ类围岩,成洞条件较好,微风化—新鲜岩石裂隙很少发育,岩体呈块状结构,完整性好,围岩类别为Ⅰ～Ⅱ类,成洞条件好。

水库中岩塞口以上淤泥厚度约 25m,主要由壤土、黏质砂土、重砂壤土组成,并且呈互层或透镜状,淤泥的颗粒粒径主要在 0.05～2.0mm 范围内,占总颗粒粒径的 71%,0.005～0.050mm 范围内的颗粒粒径占 20%,其余 9% 为小于 0.005mm 的颗粒粒径。岩塞底坎上水深 70m。

(2)进水口段工程布置

从进水口事故闸门井前渐变段以前至岩塞爆破口前沿部分为进水口段,桩号为 0-018.60～0-110.87m。进水口段长约 110m,其方位角为 NE3°41′25″。

岩塞段位于进水口段的最前端,与水平面呈 45°夹角,岩塞体厚 12.3m,其底部内径 10.0m,底部中心点高程 1664.48m,桩号为 0-102.17m。岩塞底部紧接内直径 $D=$ 10m、衬砌厚度 1.2m、长 3.0m 的圆形锁口段,锁口段至桩号 0-082.99m 为排沙洞与集渣坑交叉部位,为高边墙段。此段上部为内径 $R=5.0m$ 半圆拱形断面,与锁口段采用半径 R 为 7.0m、圆心角为 52°35′29″的圆弧连接,下部为由半圆形变为方形的渐变段,与集渣坑底部相连,中部是高边墙结构,两侧边墙最高为 29.86m。此段均采用 1.2m 厚的钢筋混凝土衬砌。桩号 0-082.99～0-018.60m 为排沙洞进口段洞身部分。此段为 $i=0.133$ 的反坡段,长为 64.91m,与闸门井前渐变段通过半径 R 为 50m、圆心角为 7°35′29″的圆弧连接。此段衬砌均采用钢筋混凝土,在桩号 0-082.99～0-046.39m 衬砌厚度为 1.0m,在桩号 0-046.39～0-018.60m 衬砌混凝土厚度为 0.6m。

刘家峡冲沙洞岩塞爆破也采用集渣坑集爆破后的石渣,集渣坑布置在桩号 0-082.99～0-046.04m 段的排沙洞下部,剖面为城门洞形,顶拱为半径 R 为 5.0m 的半圆形,底部为矩形坑,坑底高程为 1632.00m,宽为 5.0m,在桩号 1637.00m 处坑宽扩为 10.0m,集渣坑边墙高由 10.53m 降为 7.50m。集渣坑的顶拱和边墙均采用 1.0m 厚的钢筋混凝土衬砌。

集渣坑经水工模型试验验证,集渣坑的集渣效果比较理想,集渣率能达到 70% 以上。为降低集渣坑、高边墙段的外水压力及增强高边墙的稳定性,在集渣坑顶拱及边墙上布置有系统排水孔和系统锚杆。

11.7.13　其他工程措施

虽然刘家峡冲沙洞进水口段结构稳定,但是通过计算发现在岩塞爆破工况时的水压起关键作用,考虑此段工程是利用排沙洞扩机发电及整个刘家峡水电站正常运行的关键,为确保工程安全,在进水口段采取以下几种工程措施。

1)利用地质探洞在探洞前部对岩塞段及其上部强风化及弱风化岩石进行固结灌浆,达到加强围岩的整体性及降低岩塞围岩的透水性的目的。

2)在探洞顶拱处布置直径 $\phi 50mm$、深 0.5m 的排水孔以降低外水压力,排水孔的排距为 3.0m,每排 4 个。在高边墙处布置间排距为 3.0m 的 $\phi 50mm$ 排水孔,孔深 0.5m。

3)在集渣坑、高边墙段的顶拱及边墙处布置 25mm 的锚杆,以增强高边墙围岩的稳定性,锚杆的间排距为 3.0m,入围岩深度为 5.0m 和 7.0m。

4)由于排沙洞及高边墙段是在爆破、泄渣、排沙下运行,需采用 C_{50} 硅粉钢纤维混凝土以提高抗冲耐磨能力。

刘家峡水库冲沙洞岩塞爆破是采用周边预裂爆破、主体采用"王"字形的药室爆破。这是在丰满水库泄水洞岩塞爆破采用全药室爆破后,再一次采用全药室爆破的排沙洞岩塞爆破工程。排沙洞闸门井前洞身为圆形断面,洞径 10m,塞体体型内口为圆形(内径 10m),外口近似椭圆(尺寸为 21.60m×20.98m),岩塞最小厚度 12.30m,塞体方量为 2606m³,岩塞口上方淤泥厚度为 25～27m,岩塞爆破总装药量 5921.95kg。岩塞于 2014 年底成功起爆。刘家峡水库冲沙洞岩塞爆破工程是国内近 30 多年来最大药室爆破岩塞工程。其工程有以下几个特点:

①刘家峡水库排沙洞岩塞爆破,其岩塞口上方淤泥层厚度达到 25～27m。这是国内岩塞爆破时最厚的淤泥层,为国内第一。

②排沙洞岩塞爆破时为了能有效、顺利排沙,首次在厚层淤泥中布置爆破孔,在岩塞爆破前和岩塞爆破时进行淤泥爆破,达到扰动淤泥的目的,当岩塞爆通后顺利把淤泥排走。

③岩塞口表面起伏差较大,爆破时局部可能会有大块石产生,处理不好会影响泄流或堵塞进口。对岩塞口上方局部岩石突起部分进行预先水上钻孔装药爆破清除,也可同岩塞口同时爆破清除。

11.8 温州电厂三期进水口岩塞爆破

温州电厂三期工程循环泵房进水口岩塞爆破,工程位于温州市乐清市磐石镇瓯江边炮台山上,开挖工程主要包括前池、引水隧洞、进水口三部分。引水隧洞全长38.4m,进水口段约10m,圆形断面直径5.2m,洞轴线向瓯江抬升35°,洞身段呈城门洞形,长约9.0m,断面尺寸6.4m×6.1m,顶拱半径3.2m,与进水口衔接。下游通过2.25m渐变与出口段衔接,出口段长约21m,圆形断面,开挖直径5.8m,混凝土衬砌后断面直径4.6m。洞身及出口段呈底坡$I=0.22$向前池抬升。

取水口位于瓯江入海口水位以下高程−7.53m,多年平均低潮位−1.98m,属于不规则半日潮,平均涨潮历时5.5h,落潮历时7h。工程取水口相邻关系:东面与一、二期取水口毗邻,水平距离45m;南面瓯江水域宽广;西北面相距80m是磐石渡口排水闸门;北面54m有三期进水闸门。

本工程进水口岩塞位于瓯江水位线以下约13m处(按6月上旬高潮位计),水下地形平缓,上覆盖岩层单一且较完整,地质状况与可爆性较好,岩塞爆破后不会形成不稳定边坡,但是外部开口尺寸容易过大。

同时,由于一、二期工程已投入运行,其取水口、水工建筑物、地面钢筋混凝土框架厂房与本次岩塞爆破距离较近,厂房内有大量的电气控制设备,这些控制设备对震动影响较为敏感,因此必须对岩塞爆破单响最大起爆药量加以限制。此外,岩塞爆破附近有航运船只过往,爆破产生的瞬时鼓包作用,将形成波浪,压力的传递会对船舶、潜水作业、鱼类造成安全威胁,需要按爆破规程设置警戒范围。

11.8.1 设计要求

该工程岩塞开口尺寸,里端直径5.2m,外端直径大于5.2m。岩塞爆破设计实施效果应满足以下要求:

1)岩塞一次性爆通进水,过流断面满足使用要求。

2)岩塞爆破后取水口不发生较大坍塌,取水口上部略呈喇叭状。

3)在岩塞爆破时有效保护一、二期循环泵房的正常运行及其水工建筑物的安全。

4)岩塞爆破时对周围建(构)筑物不产生结构性破坏。

5)岩塞爆破后85%的岩渣进入集渣坑中,7%~8%的岩渣落入江中,5%的岩渣存留在隧洞内,2%~3%的岩渣在高压水流挟裹下进入前池中。

11.8.2 岩塞形状尺寸的确定

岩塞形状尺寸直接关系到施工安全、排孔布置、装药量的多少和爆破效果,是岩塞爆破设计中的重要问题。

(1)岩塞开口尺寸的确定

岩塞开口尺寸要满足设计泄水量和过水断面要求,并结合考虑最大泄水量时,进水口的控制流速不大于隧洞洞脸处岩石的抗冲刷流速,尽量使水流平顺,避免冲刷岩塞的周边岩壁和上部过坡。对于泄渣方案,岩塞口下部和引水隧洞的过渡连接段,断面要适当扩大而曲线平滑,以利于爆破石渣顺畅下泄。在上述条件满足的情况下,尽量减小岩塞尺寸,以减轻爆破的振动影响和排孔炮钻孔的工作量。根据隧洞衬砌后的直径4.6m,选定岩塞体平均开口直径为5.2m。

(2)岩塞厚度 H 值确定

岩塞厚度的选定是确保施工安全和设计合理的主要影响因素。对于排孔爆破而言,预留岩塞越薄,可以减少钻孔的工作量和爆破用药量,也减轻了爆破振动的影响。但是岩塞越薄,离外坡体越近,这时岩塞体部位的节理、裂隙、岩塞体上部水压力和地下水对钻孔影响越大,装药与堵孔施工也会很困难,孔中的水压小可能会把炸药冲出孔外,影响爆破效果。

岩壁厚度的选取与地质条件、岩塞尺寸、上覆水深度等因素有关。根据隧洞开挖已揭示的地质情况表明,工程围岩等级为Ⅱ～Ⅲ类,局部有一条断层穿过岩塞面,中心处夹层宽10cm,横贯穿整个岩塞面与外面瓯江相通,岩塞体涌水情况较严重。

根据有关资料表明,当 D(直径)/H(厚度)值从 1.0 渐减为 0.75,做破坏试验时,塞体稳定性并未受到影响,所以岩塞厚度选取范围为 $H < 1.0D$。由于工程采用排孔爆破,加之水头不深(< 13m),故岩塞厚度可适当减小,取岩塞平均厚度为4.2m。岩塞剖面如图 11-5 所示。

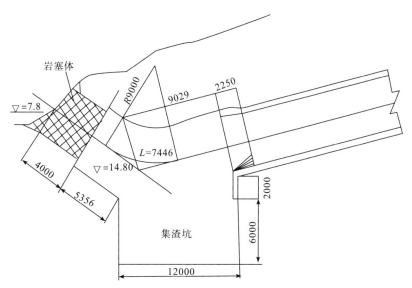

图 11-5　岩塞剖面(高程单位为 m,其余单位为 mm)

11.8.3　水下清淤与水下地形测量

1）在岩塞体施工前，必须搞清楚岩塞口上方的详细情况，如岩塞口上部覆盖层厚度、覆盖层是淤泥还是块石、岩塞口围边一定范围内的情况。本岩塞爆破对范围为进水口直径 5 倍的岩塞都进行清理，清淤采用 178m³ 的抓泥船。

2）水下地形测量：采用全球卫星定位仪（GPS）及声呐测量手段，对岩塞出口水下地形进行了测绘，依据观测资料用计算机进行平面绘制取水口水下地形测量平面图。

3）水下探摸及水文地质。为了确保水下地形资料的准确性，2004 年 6 月 19 日和 20 日两次进行水下探摸，探摸时以岩塞中心为基准，探摸半径为 5.0m 和 3.0m。探摸结果表明，地形情况基本与测量结果相吻合，水下地形没有较大起伏，渗水较大的部位属于贯穿裂缝渗水。同时，根据引水隧洞钻爆开挖结果分析，岩塞岩性为凝灰岩，岩体呈弱风化，有少量渗水。

11.8.4　岩塞面上探孔布置

在岩塞钻孔前为探明岩塞真实厚度、准确性，确保钻孔的深度和保护层预留厚度，在开挖好的岩塞面上共布置了 8 个探孔，其位置如图 11-6 所示。各探孔钻孔深度如表 11-10 所示。

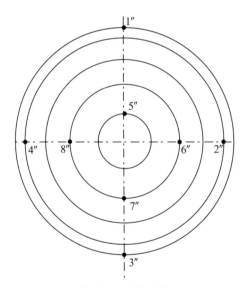

图 11-6　探孔布置

表 11-10　　　　　　　　　　　　各探孔钻孔深度

孔号	1	2	3	4	5	6	7	8
孔深/m	3.5	3.4	3.8	4.0	4.6	3.6	4.0	3.7

11.8.5 岩塞体渗水处理

岩塞面修至岩塞设计厚度时,有一条断层穿过岩塞面,中心处夹层宽约 10cm,横贯整个岩塞面与外面瓯江相通,在进行安全撬邦时出现严重漏水。漏水采用灌浆进行处理,具体措施如下:

1)在岩塞漏水处下方 50~100cm 处钻 4 个孔进行分流,钻孔采用直径 42mm 孔径,以利于后期堵塞,孔内装 15mm 铁管并带三通。

2)漏水可流入集渣坑内,再采用 1 台 4 寸 5.5kW 抽污泵将水排至前池集水坑,再由水泵抽至瓯江内。

3)分流后漏水处用棉花、约 20cm 竹签对缝隙进行封堵,封堵完成后在最靠近漏水处的分流孔内进行灌浆。灌浆机采用立式双缸灌浆机,灌浆材料采用纯水泥,水泥采用普通硅酸盐 42.5# 。

4)灌浆采用 0.6∶1 浓浆,灌浆时不打压力,当浆液在封堵处渗出时,应停止灌浆待凝 24h,随后将棉花、竹签等封堵物挖除,挖除深度为 20cm 左右,在用掺速凝剂的水泥砂浆将挖除部分封住,待凝 24h 后再进行灌浆。由于裂缝与外面瓯江相通,因此灌注一定时间(15~20min)的浓浆即可停止灌浆。此次裂缝漏水灌浆处理共消耗水泥 2t,从下一步岩塞体钻孔情况看,灌浆处理效果显著,岩塞面基本上没有渗水。

11.8.6 爆破方案设计

由于工程周边环境复杂、质点振动速度控制要求高的特点,加之预留岩塞厚度较小、爆破方量不大,采用洞室爆破方案不适合本岩塞工程,因此本岩塞确定采用排孔爆破、集渣坑聚渣与水力冲渣爆破方案。

(1)钻孔参数确定

从洞身段开挖所揭示的岩石地质状况看,岩石属于 Ⅱ～Ⅲ 类围岩,岩石炸药单耗 2.0kg/m³,岩塞爆破使用防水性能好、适合水下爆破工程的非电雷管和防水导爆索,以及 ML-1 型岩石乳化炸药。

岩塞爆破孔确定如下:

1)结孔直径:中心导向空孔 1 个,直径 110mm。掏槽孔 6 个,孔直径 90mm;主爆孔 60 个,孔直径 40mm;周边预裂孔 41 个,孔直径 40mm。

2)孔位布置:中心导向孔布置在圆形断面的中心上;掏槽孔布置在半径 30cm 的圆周上,间距 32cm;主爆孔第一环布置在半径 90cm 的圆周上,间距 47cm,孔数 12 个;主爆孔第二环布置在半径 160cm 的圆周上,间距 50cm,孔数 20 个;主爆孔第三环布置在半径 220cm 的圆周上,间距 49cm,孔数 28 个;周边预裂孔布置在半径 260cm 的圆周上,间距 40cm,孔数 41 个。以上钻孔,中心空孔、掏槽孔采用 YQ-100 型潜孔钻钻孔,其余采用手风钻钻孔。

(2)爆破参数计算

掏槽孔爆破参数:根据单位岩石炸药耗用量 2.2kg/m³,按抛掷率 60% 计算,爆破作用指数为 1.4 时。将掏槽孔装药按一定密度集合,掏槽孔同时起爆,其作用效果与集中药包相近。

掏槽孔延长药包平均长度为 240cm,布置在直径为 60cm 的圆周上,长径比小于 8,故按鲍式集中药包抛掷爆破公式计算。上部抵抗线按 $W_上 = 170cm$、下部抵抗线按 $W_下 = 200cm,W_下/1.18$。

1)总装药量计算:由于水头压力作用,在上部抵抗线 170cm 基础上增加 20% 的长度计算装药量,以确保药包能上、下爆通岩塞,并将抛掷方向设定为向上向江里。按抵抗线 $W = 204cm$ 计算:

$$Q = (0.4 + 0.6n^3)KW_上^3$$

式中:Q——集中药包药量;

n——爆破作用指数,取 1.4;

K——单位岩石炸药耗用量,$K = 2.2kg/m³$;

$W_上$——上部抵抗线,$W_上 = 2.04cm$。

2)爆破方向:由于上部爆破作用指数为 1.4,而经计算下部作用指数 $n = 1.14$,岩塞上部发生加强抛掷时,下部方向发生标准抛掷,爆破方向向上,可以爆通岩塞,并形成上下漏斗。

3)掏槽孔单孔装药量计算:

$$Q_单 = (\pi \times d^2/4) \times L \times \Delta$$

式中:d——药卷直径,$d = 6cm$;

L——装药长度,$L = 240cm$;

Δ——炸药密度,$\Delta = 1.10g/cm³$。

经计算 $Q_{单孔} = 7.46kg$,掏槽孔布置 6 个孔,总装药量实际取值 $Q_总 = 44.7kg$。

4)主爆孔爆破参数计算:

主爆孔单孔线状药密度:$q_{单孔} = \pi \times d^2 \times \Delta/4 = 1.38kg/m$,每孔装载量根据各孔孔深进行计算,计算结果如表 11-11 所示。

5)周边预裂孔爆破参数计算:

为减小爆破振动对岩塞周边围岩的破坏、控制岩塞成型断面、保护周边建筑物安全,在半径 260cm 的岩塞轮廓线上布置一排预裂孔,钻孔直径 $d = 40mm$、孔间距 $a =$

40cm,预裂孔总孔数为41个,孔中装22mm的药卷,不耦合系数为1.6。

本岩塞围岩极限抗压强度 $\sigma_{压}=1500$kg/cm^2（采用二期泵房应用参数）。预裂孔线装药密度经计算 $q_{线}=345$g/m。

岩塞爆破总装药量为313.73kg,岩塞爆破炸药单耗3.69kg/m^3。岩塞爆破参数如表11-11所示。

表11-11   岩塞爆破参数

序号	炮孔名称	孔数 /个	孔径 /mm	平均 孔深/m	装药 长度/m	单孔 药量/kg	总装 药量/kg	雷管 段位	间隔 时间/ms
1	导向孔中心	1	110	3.25	0	0	0	无	无
2	掏槽孔	6	90	3.22	2.42	7.46	44.76	4	50
3	预裂孔	41	40	3.43	3.03	1.05	43.05	2	0
4	主爆孔第一圈	12	40	3.32	2.82	3.89	46.68	5	25
5	主爆孔第二圈	10	40	3.37	2.87	3.96	39.60	6	50
		10	40	3.20	2.70	3.73	37.30	7	50
6	主爆孔第三圈	14	40	3.59	3.09	4.26	59.64	8	50
		14	40	2.71	2.21	3.05	42.70	9	60

（3）爆破网路

1）爆破网路形式。

岩塞爆破采用双复式非电起爆网路起爆,由两组电雷管引爆,41个预裂孔使用导爆索作为起爆体,主导爆索端部使用复式双发非电雷管联网。其余66个主爆孔,使用复式双发非电雷管和导爆索作为起爆体,组成双回路分别与击发电雷管连接,最后与起爆器电源连接。网路除预裂孔使用孔外延时首先起爆外,其他爆破孔均采用孔内延时。

2）爆破间隔时间。

本岩塞爆破采用毫秒微差爆破,使爆破后的岩块互相碰撞进行补充二次破碎。从爆破岩石的爆破过程分析认为,排孔爆破间隔时间应以后组炮孔在前组炮孔爆破后,岩面已开始形成裂缝、破碎,但尚未抛出时爆炸最为合适。据此,爆破选择毫秒爆破时间间隔值≤60ms。

3）爆破次序。

在岩塞爆破时,工程各保护对象对爆破振动的控制要求各有不同,经工地隧洞多次爆破试验与多次验算,岩塞爆破时取最大单响起爆药量≤60kg。结合岩塞爆破工程的施工特点,起爆次序设计为7段,各段起爆药量及间隔时间如表11-11所示。

4)非电雷管复式网路连接。

岩塞爆破的预裂孔导爆索由 2 段非电雷管起爆,形成 2 组共 4 发雷管,掏槽孔、主爆孔每孔均装 4 发毫秒微差雷管起爆,组成双复式起爆网路,即二簇回路,每簇连线由 2 发电雷管连接引爆。爆破网路如图 11-7 所示。

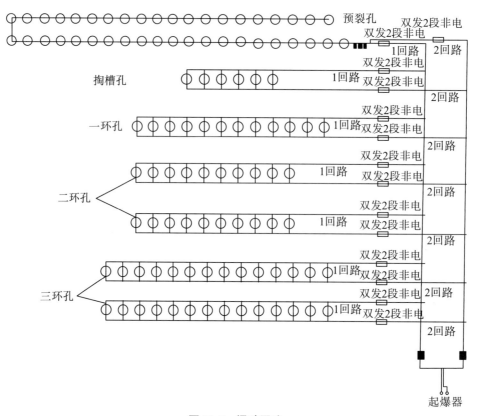

图 11-7　爆破网路

11.8.7　网路线的保护

由于施工中掌子面及集渣坑需搭设施工平台,因此在撤除架子时需对网路连接线进行保护。为防止爆破网路损坏,孔内非电雷管装好后上部先连线,然后撤除掌子面上的架子,再进行下部及孔外连线。并在集渣坑右侧边墙上用电钻钻 5~6 个孔,在孔内插入 $\phi 6mm$ 或 $\phi 8mm$ 的钢筋,把连好的网路线穿入 $\phi 100mmPVC$ 管内,把管子挂在集渣坑右侧边墙钢筋上,用细铁丝绑好至渐变段,等集渣坑脚手架拆完后再与电雷管连接。

11.8.8　岩塞爆破安全验算

(1)质点振动安全速度的确定

根据《爆破安全规程》(GB 6722—2014)规定及有关专家的安全评估认证,工程各测点安全质点振动速度为:一、二期循环泵房仪表盘柜 1.5cm/s,二期取水隧洞 7.0cm/s,三期钢筋混凝土泵房 3.5cm/s,磐石水闸 3.5cm/s。

(2)爆破振动对周围建筑物的安全验算

我国通常采用以下公式计算爆破振动安全允许速度:

$$U = K(Q^{1/3}/R)^\alpha$$

式中:U——保护对象所在地面质点振动速度(cm/s);

Q——单响最大起爆装药量(kg);

R——爆破中心至观测点的距离(m);

K、α——与爆破点至计算保护对象间的地形、地质条件有关的系数和衰减指数,根据工程前池开挖的爆破振动监测结果,经分析取 $K=156$,$\alpha=1.77$。

各保护对象的爆破质点振动速度计算结果如表 11-12 所示。

表 11-12　　　　　　　　　　爆破质点振动速度计算结果

保护对象	爆破中心距/m	最大段起爆药量/kg	振速/(cm/s)	
			计算值	允许值
二期循环泵房仪表盘柜	74	59.64	0.86	1.5
二期取水隧洞	45	59.64	1.88	7.0
三期钢筋混凝土泵房	54	59.64	1.77	3.5
磐石水闸	80	59.64	1.08	3.5

同时,岩塞爆破附近民房均远于以上计算的三期泵房及磐石水闸,因此不再计算。通过以上计算表明,各保护建筑物的质点振动速度均能控制在允许范围内。

11.8.9　爆破冲击波对周围建筑物的影响

根据《民用爆破安全规程》(GB 6722—2014)规定,水深小于 30m 的水域内进行水下爆破水中冲击波,最小安全警戒距离应遵守下列规定:

1)人员潜水不小于 900m,人员游泳不小于 700m。

2)非施工船舶位于爆破点上游 1000m,位于爆破点下游或静水区时 1500m,爆破前渡口船舶应离开渡口,同时在上下水域 500m 内设置警戒,临时封堵往船只。

3)在三期进水口闸门前面搭设一排钢管架,钢管架上绑扎木板或竹跳板,用于保护闸门。

11.8.10　岩塞控制爆破评价

温州电厂三期工程循环泵房进水口岩塞爆破,其周边环境复杂工况下,岩塞爆破得到了较好控制,各测点的地面质点振动速度均控制在设计的安全范围内。整个施工过程均未影响温州电厂的正常运行。

岩塞于 2004 年底爆破,岩塞爆破完成后,由潜水员水下检查进水口边坡、引水隧洞衬砌段、前池等部位,并对进水口断面进行测量。从检查情况看,进水口断面与设计轮廓线吻合,边坡稳定,引水隧洞衬砌段无岩渣,在前池两侧有少量岩渣需要进行清理。从岩塞爆破效果来看,岩塞爆破非常成功。本岩塞爆破有下列特点:

(1)有海潮的岩塞爆破

岩塞取水口位于瓯江入海口水位以下高程,属于不规则半日潮地区,涨潮对施工有一定影响,也是首例在涨潮区内的岩塞爆破。

(2)距离较近的建筑群

本次岩塞爆破与一、二期取水口毗邻,水平距离 45m,与三期进水闸门 54m,与磐石渡口排水闸门相距 80m,该岩塞爆破和众多建筑物距离较近,这也是其他岩塞爆破中未出现过的情况。

(3)非电雷管复式网路

这是在岩塞爆破中首次采用双复式非电雷管起爆网路起爆,由两组电雷管引爆。预裂孔导爆索由 2 段非电雷管起爆,形成 2 组共 4 发。掏槽孔、主爆孔每孔均装 4 发毫秒微差雷管起爆,并组成双复式起爆网路(即二簇回路),每簇连线由 2 发电雷管连接引爆。该起爆网路为岩塞爆破增加新的起爆方式。

参考文献

[1] 水利电力部东北勘测设计院. 水下岩塞爆破[M]. 北京:水利电力出版社,1983:225.

[2] 黄绍钧,郝志信. 水下岩塞爆破技术[M]. 北京:水利电力出版社,1993:292-149.

[3] 郝志信,赵宗棣,徐闯,等. 密云水库水下岩塞爆破技术[M]. 北京:水利部基建总局,1985.

[4] 于亚伦. 工程爆破理论与技术[M]. 北京:冶金工业出版社,2004:176-185.

[5] 梅锦煜,郑道明,郑桂斌. 水利水电工程施工技术:第2卷土石方工程第1册爆破技术[M]. 北京:中国水利水电出版社,2017:306.

[6] 赵宗棣. 我国应用岩塞爆破技术的新进展[J]. 施工组织设计(工程科技Ⅱ辑),2004(00).

[7] 许以敏,杨正清. 岩塞爆破技术在喀斯特地区的应用[J]. 爆破增刊,2000,17:158-163.

[8] 刘美山,童克强,余强,等. 水下岩塞爆破技术及在塘寨电厂取水工程中的应用[J]. 长江科学院院报,2011(10):156-161.

[9] 刘美山,余强,王缪斯,等. 贵州塘寨电厂取水口岩塞爆破[J]. 工程爆破,2011(4):36-40.

[10] 郑国和. 汾河水库隧洞工程岩塞爆破的组织与实施[J]. 水力发电,1996(1):11-12.

[11] 郑道明,丁隆灼. 响洪甸岩塞爆破技术简述[J]. 水利水电技术,2000(2):54-55.

[12] 彭兴国. 响洪甸抽水蓄能电站集碴坑施工[J]. 水利水电技术,2000(2):56-58.

[13] 楼望俊,王可钦. 岩塞爆破技术的新进展——九松山岩塞爆破简介[G]. 第三届水利水电工程爆破会议交流资料,1994.

[14] 杨正清. 印江岩口抢险工程水下岩塞爆破施工[J]. 贵州水力发电,1998:V12

(1)39-43.

［15］安徽省水利水电勘测设计院.安徽响洪甸混合式抽水蓄能电站进水口水下岩塞爆破施工技术要求［R］.1998.

［16］安徽省水利水电勘测设计院.响洪甸混合式抽水蓄能电站进水口水下岩塞爆破设计补充说明［R］.1997.

［17］陈志刚,潘伟君.循环水泵房进水口岩塞爆破设计与施工［J］.工程爆破,2005(4):27-31.

［18］长江水利委员会长江科学院,贵州新联爆破工程有限公司.贵州华电塘寨发电有限公司2×600MW机组新建工程取水口岩塞爆破设计［R］.2011.

［19］李文超,孙卫星,赵鹏飞,等.强透水环境下双岩塞爆破施工技术［J］.北京:中国水利水电建设集团公司2013年度科技进步奖申报材料汇编,2013.

［20］长甸改造工程建设处.长甸电站改造工程岩塞爆破工作情况介绍［R］.2012.

［21］长江水利委员会长江科学院.太平湾发电厂长甸电站改造工程水下岩塞进水口爆破设计［R］.2013.

［22］华东勘测设计研究院.长甸电站改造工程岩塞进水口第四次全断面岩塞爆破试验成果评析［R］.2013.

［23］中水东北勘测设计研究有限责任公司.刘家峡水电站洮河口排沙洞工程进口段岩塞爆破技术阶段方案比选报告［R］.2010.

［24］李江,叶明.刘家峡水电站岩塞爆破模型试验施工技术［J］.水利水电施工,2015(1):13-17.

［25］中国水利水电第六工程局有限公司刘家峡洮河口排沙洞及扩机工程项目部.岩塞爆破作业指导书［R］.2014.

［26］中华人民共和国国家质量监督检验检疫总局,中国国家标准化管理委员会.爆破安全规程:GB6722—2003［S］.北京:中国标准出版社,2004.